# 核辐射监测仪器维修手册

主编 许 鹏

西北工业大学出版社

西 安

**图书在版编目(CIP)数据**

核辐射监测仪器维修手册 / 许鹏主编. — 西安 ：
西北工业大学出版社，2022.11
ISBN 978-7-5612-8562-6

Ⅰ. ①核… Ⅱ. ①许… Ⅲ. ①辐射监测器-维修-手册 Ⅳ. ①TL8-62

中国版本图书馆 CIP 数据核字(2022)第 233686 号

**HEFUSHE JIANCE YIQI WEIXIU SHOUCE**
**核辐射监测仪器维修手册**
许鹏　主编

---

**责任编辑**：朱晓娟　　　　**策划编辑**：付高明
**责任校对**：张　友　　　　**装帧设计**：李　飞
**出版发行**：西北工业大学出版社
**通信地址**：西安市友谊西路 127 号　　　　邮编：710072
**电　　话**：(029)88491757，88493844
**网　　址**：www.nwpup.com
**印 刷 者**：西安五星印刷有限公司
**开　　本**：787 mm×1 092 mm　　　　1/16
**印　　张**：16.625
**字　　数**：436 千字
**版　　次**：2022 年 11 月第 1 版　　　　2022 年 11 月第 1 次印刷
**书　　号**：ISBN 978-7-5612-8562-6
**定　　价**：88.00 元

---

如有印装问题请与出版社联系调换

# 前　　言

1896年，贝克勒尔发现天然放射性现象，标志着物质结构的研究开始进入微观领域，核科学与技术得到了快速发展。随着我国1954年第一座核反应堆发电，1964年第一颗原子弹爆炸……核科学不仅广泛与科学研究的各个领域相结合，发展出了核天体物理学、核化学、核电子学、核医学、核生物学、核农学等许多交叉学科，而且进入了我们生活的方方面面——核能发电、核动力与核电池、医学诊断与治疗、辐射育种、辐照加工……大大改善了人类的工作条件，提高了人类的生存质量，促进了人类文明的发展。

由于核技术的日趋完善，核技术应用的安全性也在不断提高，对核辐射进行监测并做好安全防护已经成为核科学与技术领域工作实践的基本前提，使用仪器设备对射线性质或人员剂量进行测量更是一线操作人员必须掌握的一项基本技能。为了便于仪器设备操作人员了解核辐射监测设备的工作原理、结构组成、使用维修技术，我们编写了本书。

本书主要包括核辐射探测基础知识、核电子学系统组成与原理、核辐射监测仪器的使用与维修3篇内容，既有核辐射探测和核电子学的基础理论知识，又有常见辐射监测设备的使用与维修方法，实践性很强，可供辐射探测、辐射防护、环境监测等试验岗位工作人员，或科研院所、大专院校辐射防护与核安全专业师生使用和参考。它面向各种层次的读者，如科技工作者、工程师、试验操作员、大学师生等，是一本最基本的核技术应用工具书。

在编写本书的过程中，参考了相关文献资料，在此谨对其作者表示感谢。

由于水平有限，书中的疏漏与不足之处在所难免，恳请读者不吝赐教。

**编　者**

2019年9月于西安

# 目　　录

## 第1篇　核辐射探测基础知识



## 第2篇　核电子学系统组成与原理

# 第 1 篇　核辐射探测基础知识

# 第1章　射线与物质的相互作用

研究射线与物质的相互作用，在原子和原子核物理、核辐射探测和防护、核技术应用和核能利用等许多领域中有着重要的意义，主要体现在以下几个方面：

(1)根据射线与物质相互作用的机制特点，设计和制造各种核辐射探测器，并用这些探测器来进行核物理试验研究工作，如射线的能量测量、强度测量和各种核参数测量，环境中放射性水平的监测、监控等。

(2)在原子能工业、核医学和核科学试验中及在核反应堆的正常运行过程中，为了有效地进行核辐射防护，需要根据射线与物质的相互作用规律，选择合适的防护层和反应堆容器材料及厚度。

(3)通过观察射线与物质相互作用的试验了解有关微观物质运动的本质现象。例如，散射试验和各种核反应试验能提供有关原子和原子核结构方面的知识。

(4)射线穿过物质时，射线与物质的相互作用，引起射线能量损失、角度偏转和强度衰减及造成物质辐射损伤等，这些物理量的理论计算和试验数据分析，依赖于对射线与物质相互作用的了解。

(5)根据射线与物质相互作用的原理，人们已广泛开展核技术在边缘学科、工业、农业和医学等方面的应用研究工作。如离子束分析技术对材料元素成分的分析，离子束材料改性研究和离子注入半导体、金属材料分析，固体表面层和薄膜界面特性分析，晶体结构和辐射引起的损伤研究等方向的应用，工业上的射线探伤、测厚、料位监控，地质、油井勘探，多种材料和农作物、生物样品的辐照处理，以及肿瘤疾病的诊断和治疗等。

射线又称核辐射，它来源于某种核素的衰变或其他核过程。射线的种类很多，例如 $\alpha$ 射线、$\beta$ 射线、$\gamma$ 射线、p 射线、n 射线等，这些射线大致可以分为以下两类：

(1)带电粒子组成的射线，如由正电子或电子组成的 $\beta$ 射线、由氦原子核组成的 $\alpha$ 射线等。

(2)中性粒子组成的射线，如由电磁波组成的 $\gamma$ 射线和 X 射线、由中子组成的射线等。

本章主要讨论重带电粒子、快电子、$\gamma$ 射线和中子与物质的相互作用。

## 1.1　带电粒子与物质的相互作用

具有一定能量的带电粒子入射到靶物质时，与物质可能发生下列四种作用：①与核外电子发生非弹性碰撞；②与核外电子发生弹性碰撞；③与原子核发生弹性碰撞；④与原子核发生非弹性碰撞。

这些相互作用都是带电粒子入射在原子核和核外电子的库仑场中的作用。这些作用引起电离或激发、散射和各种形式的辐射损失，结果使入射带电粒子损失动能和改变运动方向。

发生上述各种相互作用的概率大小，对于不同种类、不同能量的带电粒子是不同的。而且，同一种相互作用的概率大小，与不同的靶物质元素也有关系。因此，在讨论带电粒子与物质相互作用的时候，有必要区分“重”带电粒子和“轻”带电粒子，应分别对其进行讨论。

### 1.1.1 重带电粒子与物质的相互作用

所谓重带电粒子，是指质量比电子大得多的带电粒子，如质子、氘核和 α 粒子等。重带电粒子与物质相互作用时，主要是和靶物质原子中的壳层电子发生非弹性碰撞而导致物质原子的电离和激发，散射现象不显著，轫致辐射可忽略不计。

1. 电离和激发

重带电粒子在从吸收物质原子近旁掠过时，由于它们与壳层电子（主要是外壳层电子）之间发生静电库仑作用，壳层电子便获得能量。如果壳层电子在一次作用中获得的能量大于它的电离能，它便能够克服原子核的束缚而成为自由电子。这时，物质的原子便被分离成一个自由电子和正离子（失去一个电子的原子），它们合称离子对。这样一个过程就称为电离。如果壳层电子获得的能量比较小，还不足以使它脱离原子的束缚而成为自由电子，但是却由能量较低的轨道跃迁到较高的轨道上去，那么这个现象称为原子的激发。处于激发态的原子是不稳定的，它要自发地跳回到原来的基态，这个过程就叫作原子的退激。在原子退激时，其中多余的能量将以可见光或紫外光的形式释放出来，这就是受激原子的发光现象。

由原入射重带电粒子直接与原子相互作用产生的电离称为直接电离或初级电离。在电离过程中发射出来的电子叫次级电子。如果次级电子具有足够高的能量（通常大于 100 eV），那么它还能进一步使物质的其他原子产生电离。这种由次级电子引起的电离或激发就是通常所说的次级电离。初级电离和次级电离之和构成了入射带电粒子的总电离。一般来说，次级电离要占总电离的 60%～80%。

2. 重带电粒子的电离损失

重带电粒子通过物质时，它的速度将慢慢降低而逐渐损失能量。这些损失的能量主要消耗于物质原子的电离和激发上。因此，人们就把这样的能量损失称为电离损失。重带电粒子在物质中通过单位长度路径时，由于电离和激发而引起的能量损失称为电离损失率或传能线密度，并用$(-\mathrm{d}E/\mathrm{d}x)_{电离}$来表示，其中的负号表示能量的减少，$(-\mathrm{d}E/\mathrm{d}x)_{电离}$的表达式为

$$(-\mathrm{d}E/\mathrm{d}x)_{电离}=\frac{4\pi \mathrm{e}^4 z^2 NZ}{m_e v^2}\left[\ln\frac{2m_e v^2}{I(1-\beta^2)}-\beta^2\right] \tag{1.1}$$

式中：$z,v$—— 入射重带电粒子的电荷数和运动速度；

$N$—— 每立方厘米吸收物质中的原子数目（又称原子密度）；

$Z$—— 吸收物质的原子序数；

$m_e$—— 电子的静止质量；

$I$—— 吸收物质原子的平均电离电位；

$\beta$——$\beta=v/c$，$c$ 是光速。

$(-\mathrm{d}E/\mathrm{d}x)_{电离}$的单位常用 MeV/cm 或 keV/cm 表示。

所谓平均电离电位，是指某吸收物质的一个原子中所有电子的电离能或激发能的平均值。它是能量损失率公式的一个重要参数。

由式(1.1)可以得到以下结论：

(1) 重带电粒子的电离能量损失率与它的电荷数 $z$ 的二次方成正比，在速度相同时，带电粒子的电荷愈多，能量损失就愈快。例如，α 粒子的 $z=2$，质子的 $z=1$，当它们以同样速度在同

一物质中通过时，α 粒子的电离能量损失率是同样速度的质子的 4 倍。

(2)重带电粒子的电离损失与它本身的质量无关，这主要是重带电粒子质量比电子静止质量大得多的缘故。

(3)电离能量损失与重带电粒子的速度有关，当入射粒子速度不很高时，电离损失率与速度的二次方成反比，速度越小，能量损失率越大。这是因为在发生碰撞时，带电粒子的动量转移与它和电子作用的时间长短有关。带电粒子的速度愈慢，掠过电子附近的时间愈长，它们之间的静电库仑作用时间就愈长，电子获得的能量也就愈大，因此，入射带电粒子的能量损失就愈大。反之，入射带电粒子的速度愈大，作用时间愈短，能量损失率就愈小。如 1 MeV 的质子和 2 MeV 的氘核，由于它们的速度相同(计算可得)，电荷数又都等于 1，故它们在同一物质中具有相同的能量损失率。

(4)重带电粒子的电离损失率与物质的电子密度($NZ$)成正比，对于能量相同的同一种入射粒子，物质的电子密度愈大，电离率也愈大。

3. α 粒子的吸收和射程

重带电粒子在物质中运动时，由于电离和激发作用不断损失能量。如果物质的厚度足够大，最后它们就会因能量完全耗尽而停留在物质中，这种现象就叫作入射粒子被物质吸收。带电粒子从进入物质到完全被吸收沿原入射方向穿过的最大距离，称为该粒子在物质中的射程。这里必须指出的是，射程和路径的概念不一样，路径是指入射粒子在物质中所经过的实际路程的长度。重带电粒子因为质量大，它与核外电子的非弹性碰撞以及与原子核的弹性碰撞作用，不会导致入射粒子的运动方向有很大改变。它的路径近乎是一条直线，只是在路径的末端略有一些弯曲。因此，重带电粒子的射程可以认为近似地等于路径长度。对于一束单能重带电粒子，它们在同一物质中的射程几乎相同。

α 粒子的射程与它的能量有关，能量越大，射程也愈大。α 粒子在空气中的射程和能量的关系，可以用下面的经验公式来表示：

$$\bar{R}=0.318E_{\alpha}^{3/2} \tag{1.2}$$

或

$$\bar{R}=1.24E_{\alpha}-2.62 \tag{1.3}$$

式中：$\bar{R}$——α 粒子在空气中的射程，cm(标准大气压，15℃)；

$E_{\alpha}$——α 粒子的能量，MeV。

式(1.2)适用于能量在 4～8 MeV 范围内的 α 粒子，根据 α 粒子能量即可估算出它在空气中的射程，或者根据测出的 α 粒子在空气中的射程，求出它的能量，以便对 α 放射性核素做出鉴别。

### 1.1.2 β 射线与物质的相互作用

β 射线(包括正电子和负电子)是轻带电粒子。电子质量小，所以能量损失情况和运动轨迹与重带电粒子相比很不一样。当快速运动的电子通过物质与靶物质发生相互作用时，除引起电离能量损失外，还会产生韧致辐射损失和多次散射。所谓韧致辐射是当快速运动的电子在掠过原子核附近时，由于受到原子核库仑场的作用，速度和方向会发生变化，这时电子能量的一部分或全部转变为连续能量的电磁辐射发射出去。电子通过物质时因产生韧致辐射而引起的能量损失称为辐射损失。在电子能量较低时，电离损失是主要的；而在电子能量较高时，韧致辐射损失是主要的。由于多次散射现象，电子在物质中的运动径迹十分曲折。正电子除了会发生湮没现象而放出 γ 光子外，其他与物质相互作用的情况均与负电子相同。

## 1.2 γ射线与物质的相互作用

γ射线、韧致辐射、湮没辐射和特征 X 射线等，虽然它们的起源不一、能量大小不等，但都属电磁辐射。电磁辐射与物质相互作用的机制，与这些电磁辐射的起源是无关的，只与它们的能量有关，所以这里讨论的 γ 射线与物质的相互作用规律，对其他来源产生的电磁辐射也是适用的。

γ射线与物质的相互作用和带电粒子与物质的相互作用有着显著的不同。γ 光子不带电，它不像带电粒子那样直接使靶物质原子电离或激发，或者发生导致辐射损失的碰撞，因而不能像带电粒子那样用阻止本领($dE/dx$)和射程来描述光子在物质中的行为。带电粒子主要是通过与物质原子的核外电子的许多次非弹性碰撞逐渐损失能量的，每一次碰撞中所转移的能量是很小的。γ 射线与物质原子的一次作用中可损失其大部分或全部能量。当 γ 射线的能量在 30 MeV 以下时，γ 射线与物质相互作用主要有三种类型：光电效应、康普顿效应和电子对效应。

### 1.2.1 光电效应

当 γ 光子与物质原子中的束缚电子作用时，光子把全部能量转移给某个束缚电子，使之发射出去，而光子本身消失掉，这种过程称为光电效应。光电效应中发射出来的电子叫光电子。

原子吸收了光子的全部能量，其中一部分消耗于光电子脱离原子束缚所需要的电离能(电子在原子中的结合能)，另一部分就作为光电子的动能。因此，释放出来的光电子的能量就是入射光子能量和该束缚电子所处的电子壳层的结合能之差。虽然有一部分能量被原子的反冲核吸收，但这部分反冲能量与 γ 射线能量、光电子的能量相比是可以忽略的。因此，要发生光电效应，γ 光子的能量必须大于电子的结合能。光电子可以从原子的各个电子壳层中发射出来，但是自由电子(非束缚电子)却不能吸收入射光子能量而成为光电子，也就是说，光子打在自由电子上不能产生光电效应。这是因为根据动量守恒的要求，在光电效应过程中，除入射光子和光电子外，还需要有一个第三者参加，这第三者就是原子核，严格来讲是发射光电子之后剩余下来的整个原子。它带走一些反冲能量，但这能量十分小。由于它的参加，动量和能量守恒才能满足。而且，电子在原子中束缚得越紧，就越容易使原子核参加上述过程，产生光电效应的概率也就越大，所以在 K 层上打出光电子的概率最大，L 层次之，M，N 层更次之。如果入射光子的能量超过 K 层电子结合能，那么大约 80%的光电吸收发生在这 K 层电子上。光电效应作用过程如图 1.1 所示。

发生光电效应时，从内壳层上打出的电子，在此壳层上就留下空位，并使原子处于激发状态。这种激发状态是不稳定的，退激的过程有两种方式：一种是外层电子向内层跃迁，来填补这个空位，使原子恢复到较低的能量状态。例如，从 K 层打出光电子后，L 层的电子就可以跃迁到 K 层。两个壳层的结合能之差，就是跃迁时释放出来的能量，这能量将以特征 X 射线形式释放出来。另一种过程是原子的激发能也可以交给外壳层的电子，使它从原子中发射出来，即发射俄歇电子。因此，在发射光电子的同时，还伴随着原子发射的特征 X 射线或俄歇电子。

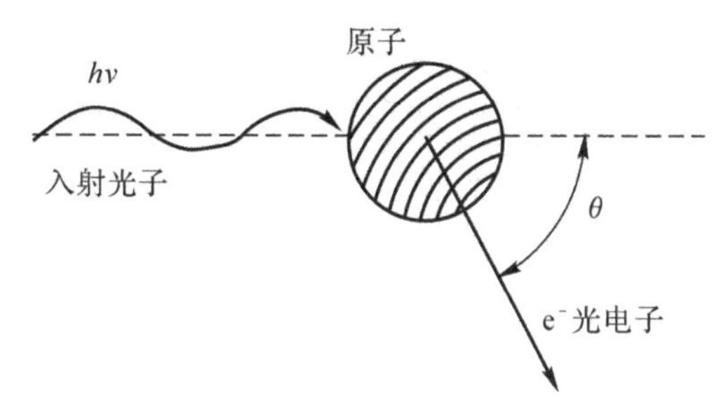


图1.1　光电效应的示意图

### 1.2.2　康普顿效应

康普顿效应又称康普顿散射。这个效应是入射光子和原子中的一个电子的非弹性碰撞过程。图1.2给出了这种作用的简单过程。在这种作用的过程中，光子只将自己的一部分能量传给电子，与此同时，光子本身则改变了频率并朝着与入射方向成$\theta$角的方向射出去，而获得能量的电子则以与光子的入射方向成$\varphi$角的方向从原子中飞出。$\theta$为散射光子与入射光子方向间的夹角，称为散射角；$\varphi$为反冲电子与入射光子方向间的夹角，称为反冲角。康普顿效应与光电效应不同：①光电效应中光子本身消失，能量完全转移给电子，而且光电效应发生在束缚得最紧的内层电子上；②康普顿效应中光子本身并不消失，只是损失掉一部分能量，而且康普顿效应总是发生在束缚得最松的外层电子上。由于外壳层电子的束缚能较小，一般是eV数量级，与入射光子的能量相比完全可以忽略，所以可以把外壳层电子看作是“自由电子”。这样康普顿效应就可以认为是入射光子与处于静止状态的自由电子之间的弹性碰撞。入射光子的能量就在反冲电子和散射光子两者之间进行分配。

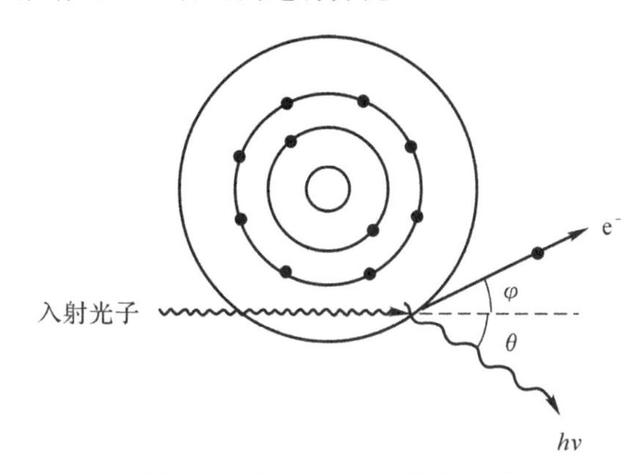


图1.2　康普顿效应的作用过程

### 1.2.3　电子对效应

如果光子能量大于两个电子的静止能量(即大于1.02 MeV)，则入射光子从原子核旁经过时，在原子核库仑场作用下，入射光子能量可能全部被吸收而转化为一对电子，即一个正电子和一个负电子。这个作用过程就称为电子对效应，如图1.3所示。

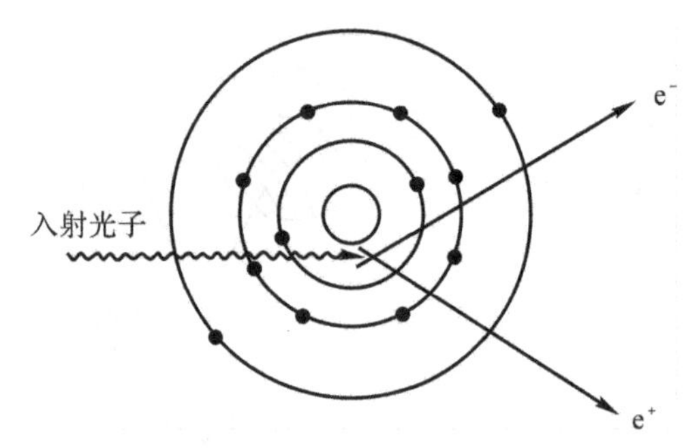


图 1.3 电子对效应的作用过程

电子对效应实质上是一个质能转换的过程，它与正电子的湮灭过程完全相反。能量 $2m_0c^2$ 是这个过程的阈能。当入射光子的能量超过 1.02 MeV 时，则其多余的能量将转化为正、负电子的动能。它们的关系如下：

$$E_e^- + E_e^+ = E_\gamma - 1.02 \tag{1.4}$$

式中：$E_e^+$—— 正电子的动能；

$E_e^-$—— 负电子的动能。

γ射线与物质三种相互作用的形式都与γ射线能量和物质的原子序数有关。不同能量的γ光子通过原子序数不同的吸收物质时，γ射线与物质三种效应的作用概率相差很大。试验表明：①对于低能光子和高原子序数的吸收物质，光电效应占优势；②电子对效应主要发生在高能光子和高原子序数物质中；③对于能量在 1～4 MeV 范围内的γ射线，康普顿效应占主要地位，而且与物质的原子序数几乎无关。

# 第2章　核辐射探测器

核辐射探测器简称"探测器"。一个完整的核辐射探测系统由探测器和信号处理系统两部分组成。一般情况下,探测器由下列三部分构成:

(1)灵敏区:在灵敏区内,入射粒子与物质相互作用。

(2)结构部分:这一部分用以形成和维持灵敏体积以及在必要时通过它加上电场。在通常情况下,结构部分把灵敏区完全密封,因此需要入射窗,以使被探测的射线透射到灵敏区内。

(3)信号输出机构:从灵敏区内引出信号并传输到信号处理系统。

信号处理系统的作用是把探测器输出信号转变成可用的信息,通常为核电子仪器。

绝大多数的探测器是根据射线与物质相互作用引起原子、分子的电离和激发效应制成的,它可以把射线的能量转变成电信号,再由核电子仪器记录和分析。因此,探测器是一种能量转换器件,是核辐射探测系统的主要组成部分。它和相关测量仪器配合可以测量射线在其中产生的脉冲数目、脉冲幅度,或平均电离电流和累积的电荷总量,或衰变粒子的飞行时间等。径迹探测器还可显示粒子运动的径迹。放射性测量的目的各种各样,从放射医学、辐射防护和放射性核素的应用来说,通常总是测量脉冲计数率(或大量入射粒子的平均电离效应)以确定放射性样品的活度或射线的强度;测量脉冲谱(经过能量刻度后变为能谱)以确定衰变粒子的能量和进行放射性核素分析等。

核辐射探测器通常按所用材料分类,有时也按探测器功能分类。本章主要介绍和讨论气体探测器、闪烁探测器和半导体探测器等。

## 2.1　气体探测器的物理基础

气体探测器主要包括电离室、正比计数管和盖革计数管,最后一种计数管通常又称G-M计数管。它们的工作原理虽有些不同,但是都以气体的电离和激发以及电子、离子在气体中的运动规律为基础。

### 2.1.1　气体的电离

入射粒子进入(或通过)气体时,与气体原子、分子发生碰撞而逐渐损失能量,碰撞的结果使气体原子、分子电离或激发,在粒子经过气体的径迹处产生离子对,即电子和正离子。这些离子对由两种过程产生:一种是入射粒子直接与气体原子、分子的电离碰撞,由此过程产生的离子对称初电离;另一种是初电离产生的高速次级电子与气体原子、分子的电离碰撞,由此过程产生的离子对称次电离。初电离和次电离的总和称总电离。如果考虑单位路径上的电离,相应的有初比电离、次比电离和总比电离。带电粒子在气体中产生离子对需要消耗其本身的能量,产生一对离子所消耗的平均能量称为平均电离能,并以 $W$ 表示。试验表明,在相当大的能量范围内,$W$ 大多在30 eV上下,对于不同能量的同种粒子或不同种粒子在同一种气体中的电离作用，其 $W$ 虽有差别，但都比较接近。

### 2.1.2 电子和离子在气体中的运动规律

1. 电子和离子的漂移

气体被电离后产生的电子和离子，在外加电场作用下将产生定向运动，这种定向运动称为漂移。电子和离子的漂移会在外加电场的收集电极上产生感生电荷，并且随它们的漂移而变化。感生电荷的变化在外回路中形成电流脉冲。因为离子的质量一般比电子的质量大 $10^3$ 倍，而电子的平均自由程（电子与气体原子、分子接连发生两次碰撞间所走的平均路程）又比离子的平均自由程大数倍，因此，在气体探测器的工作条件下，离子的漂移速度大约为 $10^3$ cm/s，而电子的漂移速度为离子的 $10^3$ 倍，即为 $10^6$ cm/s 左右，因此，在一个平均自由程内，电子将得到较大的动能，并且有更大的漂移速度。

试验表明，电子和离子的漂移速度在一定范围内与场强成正比，与气体压强成反比。

2. 电子和离子的扩散

气体被电离后，电子和离子的空间分布是不均匀的，这种空间分布的不均匀性使电子和离子由密度大的空间向密度小的空间运动，这种运动称为扩散。扩散与气体的性质、温度和压强有关。对于探测器来说，扩散是一种不利因素，因此，在制作探测器时要采取一定措施减少扩散的影响。

3. 电子复合和离子复合

电子和正离子碰撞或负离子和正离子碰撞都可能发生复合而形成中性原子（或中性分子）。复合的结果使离子对数减少，从而影响探测器的性能。负离子的形成与气体的性质有关，例如，氧分子、水蒸气分子和卤素气体分子等，它们与电子碰撞时可能俘获电子而形成负离子，这种类型的气体称为负电性气体。因此，三种离子存在着两种形式的复合，即电子和正离子的复合以及负离子与正离子的复合，它们分别称为电子复合和离子复合。电子和正离子是电离产生的，当然不希望它们产生复合。负离子和正离子的复合会导致漂移速度大大地减慢，从而增加复合损失，结果使收集到的电荷数减少，这将对气体探测器的性能产生极为不利的影响。因此，气体探测器中所充气体要尽量降低负电性气体的含量。

### 2.1.3 离子的收集和电压-电流曲线

为了对三种气体探测器的工作原理和它们的差异有一个直观的概念展示以及后面叙述的方便，下面首先介绍一下离子收集的电压-电流曲线。

三种气体探测器的基本结构和组成部件均相似。它们都以处于不同电位的两个电极为主体部件，其极间充以一定的工作气体。带电粒子进入（或穿过）气体空间使气体发生电离，电离作用产生的电子和正离子在外加电场的作用下分别向两极漂移，同时在电极上产生感生电荷。感生电荷的多少随着电子和正离子的漂移而变化，于是在输出回路中形成了电离电流信号。电离电流的强度由感生电荷的多少决定，而感生电荷的量与入射粒子在气体中产生的（或倍增、放大后的）离子对数相对应。因此，习惯上，这种感生电荷的大小总是称为电极上收集到的离子对数的多少。

离子收集装置和离子收集的电压-电流曲线分别如图 2.1 和图 2.2 所示。

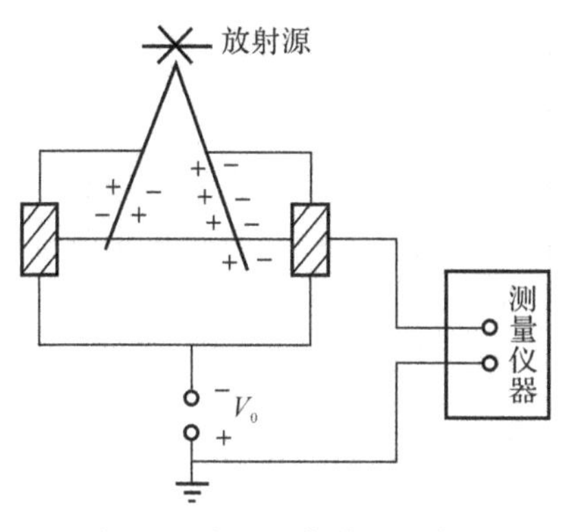


图 2.1　离子收集装置示意图

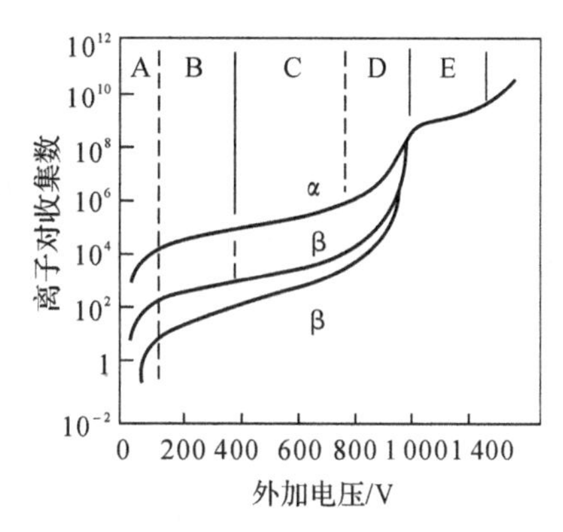


图 2.2　离子收集的电压-电流曲线

在入射粒子流强度恒定的条件下，由离子收集装置测得的外加电压与电离电流的关系曲线表明，曲线明显地分为五个区段，具体如下。

(1)A 区：因为复合的概率随外加电压的升高而迅速减小，因此，电离电流随外加电压的升高而迅速增大，在电压升高至某个值后，复合消失而电离电流趋于饱和。

(2)B 区：由原入射粒子产生的离子对全部被收集，电离电流达到饱和，即电离电流值与外加电压几乎无关而成平坦区段。此时电离电流强度等于单位时间内产生的原电离，这就是电离室工作区。

(3)C 区：此区内的电场强度大到足以加速次级电子而产生新的电离，离子对数将增加到原电离的 $10 \sim 10^4$ 倍，这种现象称为气体放大。增加的倍数称为气体放大系数。在固定的外加电压下，气体放大系数保持恒定。由此可知，此区内的电离电流正比于原电离的电荷数，所以它称为正比区，此即为正比计数管的工作区。

(4)D 区：此区的特点是，在固定的电压下，气体放大倍数不再保持恒定，称为有限正比区，此区内没有相应的计数管。

(5)E 区：由于外加电压较高，离子对的增殖比 D 区更为猛烈，气体放大倍数可高达 $10^5$ 以上。因此，电离电流也猛增而产生自持放电。此区内的特点是气体自持放电，原电离只起“点火”作用。一旦出现气体自持放电，放电就将延续下去，要使放电终止必须给以猝熄。因此，此区内电离电流的大小不再与入射粒子的能量和种类有关，这就是 G－M 区，G－M 计数管就工作在此区。

图 2.2 中所标明的曲线对应于 α 射线和 β 射线，明显地看出三条曲线在 G－M 区内归为一条曲线，这表明在此区内不能区分粒子的种类和入射粒子能量的大小。从图 2.2 中还可看到 G－M 区的曲线有一个平坦部分，在这个电压范围内，电离电流的大小几乎与外加电压无关。若电压继续升高，则曲线又迅速变陡，从而进入了气体连续放电区，并有光产生。高能核物理的粒子探测器(如流光室、火花室等探测器)均工作于这一区间，由于这类探测的描述超出本书所关心的范围，在此不做介绍。

## 2.2 电离室

电离室是气体探测器的一种,一般分为两大类:脉冲电离室和电流电离室(包括累计电离室)。前者又可分为离子脉冲电离室和电子脉冲电离室,它们主要用于测量单个带电粒子,特别是重带电粒子的能量和强度。后者是记录大量入射粒子在电离室中产生的平均电离电流或累积的总电荷量。因此,它们主要用于测量 X 射线、$\gamma$ 射线和电子流的剂量、剂量率和强度等。

### 2.2.1 电离室的组成和简单工作原理

无论何种电离室,其主体部分均由处于不同电位的两个电极组成。原则上,电极的形状是任意的,但实际上大多为平行板和圆柱形的,也有用球形的。电离室的两个电极之间用绝缘体分开。与测量仪器相连的一个电极称为收集电极,它通过负载电阻接地。另一个电极则加上数百至数千伏电压,称高压电极。在收集电极和高压电极之间还有一个保护,它与收集电极同电位,保护与两电极间也是由绝缘体隔开的。保护的作用是使高压电极的漏电电流不通过收集电极而直接通地,并且可使收集电极周围的电场保持均匀以及使电离室具有确定的灵敏体积。两电极间充以一定的工作气体后就构成了一个电离室。它的结构示意图和输出电路如图 2.3 所示。图中 $R_i$ 和 $C_i$ 分别为放大器的输入电阻和输入电容;$C'$ 为杂散电容,$C_0$ 和 $C''$ 分别为电离室电容和隔直电容;$R_L$ 为负载电阻。电离室的形状、大小、所充气体的成分、压强等要根据入射粒子的性质和测量目的来确定。同样,室壁材料也要由此而定,例如,测量吸收剂量的电离室,其室壁材料宜选用空气或与生物组织等效的材料。

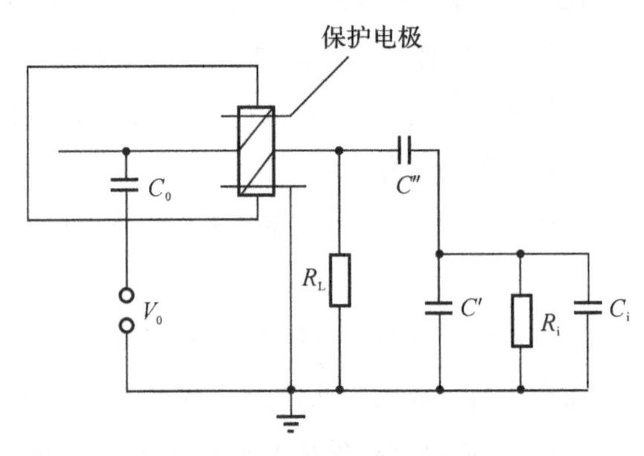


图 2.3 电离室结构示意图

入射粒子进入(或通过)电离室的灵敏区使气体电离并产生总电离 $N_i$,在外加电场作用下,电子和正离子分别向正极和负极漂移,这种漂移在电极上产生了感生电荷的变化,于是形成了电流脉冲,电流脉冲始于离子对的产生而终于离子对的全部被收集。

### 2.2.2 脉冲电离室

测量入射粒子脉冲谱(可对应于粒子的能谱)采用电压脉冲的形式,收集极输出的脉冲可直接耦合至电压脉冲放大器。离子脉冲电离室和电子脉冲电离室均属于脉冲电离室。两种电离室工作状态的不同在于选取的 $RC$ 值的不同,离子脉冲电离室的 $RC$ 常数要远大于正离子到达阴极的时间，而电子脉冲电离室的 $RC$ 常数则处于电子到达阳极和正离子到达阴极的时间之间。

1. 离子脉冲电离室

因为电子的漂移速度比正离子的漂移速度约大 3 个数量级，所以，在正离子被全部收集后，电子也必然被全部收集，即它的输出电压脉冲幅度 $V=N_i/C$，其中，$N_i$ 为原电离即产生气体放大前的总电离，$C$ 为两极间的电容。它与入射粒子产生电离的地点无关，但不同地点电子和正离子对脉冲幅度贡献的比例不同。若收集电极为正极，则电离地点愈接近收集极，电子的贡献就愈小。实际上，只有当电离地点在电离室两极间的中心距离上，电子与正离子的贡献才各占一半。

电压脉冲波形的变化可分三个阶段，即脉冲的上升、幅度达极大值和脉冲的下降。脉冲的上升时间取决于离子的收集时间，当正离子全部到达阴极时，脉冲电离室的输出脉冲幅度达最大值，此后脉冲将按 $RC$ 下降，整个脉冲的持续时间约为毫秒数量级，其波形如图 2.4 所示。

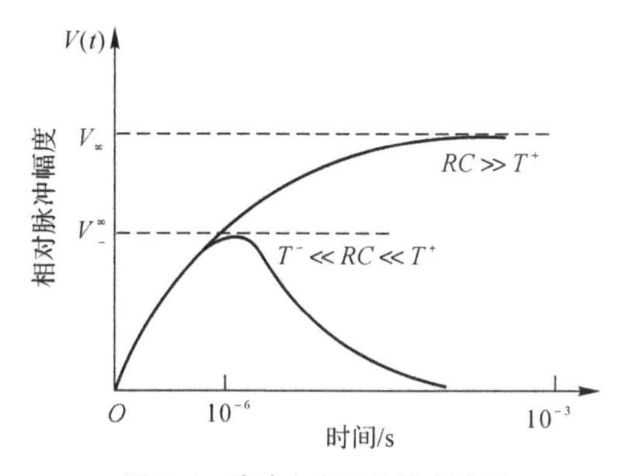


图 2.4　脉冲电离室的输出波形

由以上讨论可知，离子脉冲电离室的计数率不能过大，一般不超过 $10^2$ 脉冲/s，否则脉冲会出现严重的重叠而导致产生大量的漏计数。由于离子脉冲电离室的这些缺点，再加上半导体探测器的出现，这种电离室已很少使用了。

2. 电子脉冲电离室

电子到达阳极的时间比正离子到达阴极的时间快约 3 个数量级，当电子对脉冲幅度的贡献达最大值后就结束脉冲的上升，这将会使脉冲持续的时间大大缩短而提高计数率。电子脉冲电离室的工作条件为 $RC$ 常数大于电子到达阳极的时间而比正离子到达阴极的时间小得很多，其脉冲持续时间约为微秒数量级。因此，其计数率可比离子脉冲电离室的计数率大 2～3 个数量级。不过，电子脉冲电离室的输出脉冲幅度与入射粒子产生电离的地点有关，所以，通常采用两种方法克服这个缺点：一种是用特制的圆柱形电离室，要求它的外电极半径要远大于中央阳极的半径；另一种是采用屏栅电离室。这两种电离室都可用于测定重带电粒子的能谱。

### 2.2.3　电流电离室和累计电离室

脉冲电离室虽然可用于测定放射性样品的活度或射线的强度，但是，它不适用于高计数率的测量，否则，由于脉冲的重叠使电离室造成漏计数，甚至无法记录脉冲数目。在这种情况下，可用另一类型的电离室，即电流电离室和累计电离室。它是测量大量入射粒子产生的平均电离电流或累积的总电荷量来确定放射性样品的活度或粒子流的强度的探测器。

使用电流电离室时，常要考虑的指标主要有饱和特性、灵敏度和线性范围。用于剂量测量的电离室还必须考虑到它的能量响应特性。

1. 饱和特性

饱和电离电流随工作电压的升高略有增加，表现在饱和区内有一定的斜率，一般定义电压每升高 100 V 时输出电流变化的百分数为电流曲线的斜率。斜率的存在是造成测量结果误差的来源之一，必要时要对测量结果进行校正。要获得良好的饱和特性，就必须纯化气体，或在惰性气体中添加少量多原子分子气体；在结构设计上，应使电极间距尽可能地短，并使场强均匀分布。

2. 灵敏度

它是用单位辐射强度照射时输出电离电流的大小来度量的。不过，因为灵敏度与射线能量有关，所以电离室的灵敏度均指在特定能量下的数值。除此以外，灵敏度还与气压、电极间距以及室壁材料等有关。

3. 线性范围

在一定工作电压下，电离电流与入射粒子流强度呈线性关系。但在入射粒子流强度太大时，就有可能破坏这种线性关系，或者说超出了线性范围。在这种情况下，就很难以电离电流的大小来确定射线的强度。所谓线性范围是指电离室输出电流与辐射强度保持线性关系的范围。实用上，常以额定电压下保持线性关系的最大输出电流来标志电离室的线性范围。

### 2.2.4 能量刻度和能量分辨率

利用电离室测定入射带电粒子能量的框图如图 2.5 所示。记录和分析入射粒子的过程如下：入射粒子在探测器灵敏体积产生电流脉冲，它经输出回路变为电压脉冲并经前级放大器放大，然后经主放大器后送入单道或多道脉冲幅度分析器进行分析。由此可得到计数率随脉冲幅度大小变化的分布曲线，即脉冲谱。脉冲幅度经过能量刻度后，就可获得脉冲计数率随入射粒子能量的分布曲线，即能谱，如图 2.6 所示。

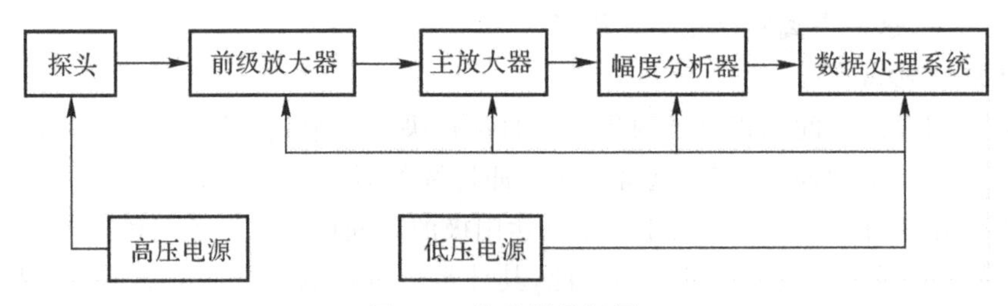


图 2.5　能谱测量框图

理想情况下，单能粒子的谱线宽度为零，但由于统计涨落及某些干扰而使谱线具有一定的宽度，此宽度常用半宽度[计数率极大值(谱线峰)一半处的全宽度]表示，英文缩写为 FWHM，它表明能谱仪对相邻两个谱线的分辨本领。因为有些干扰与能量有关，所以，实际上用相对分辨本领表示。脉冲谱的分辨率定义为

$$\eta' = \frac{\Delta V}{V} \tag{2.1}$$

与此对应，有能量半宽度 $\Delta E$ 和能量分辨率 $\eta$，它的表示式为

$$\eta=\frac{\Delta E}{E} \tag{2.2}$$

式中：$\Delta V$ 和 $V$—— 脉冲谱线的半宽度和计数率最大处的幅度值；

$\Delta E$ 和 $E$—— 与 $\Delta V$ 和 $V$ 对应的能谱半宽度和能谱峰值对应的能量(与入射粒子的能量对应)。

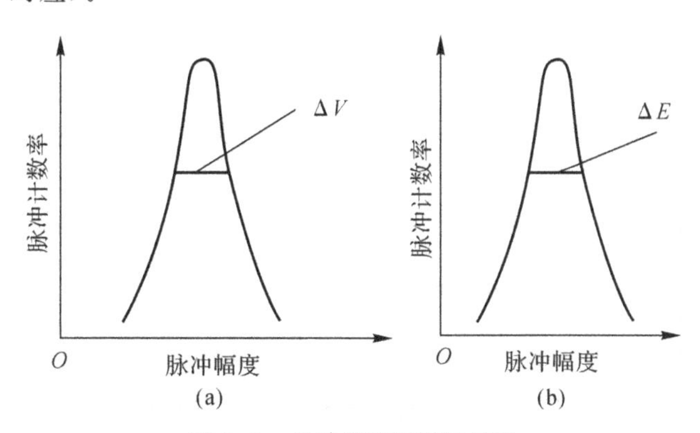


图 2.6　脉冲谱和能谱示意图

(a) 单能 α 粒子脉冲谱；(b) 能量刻度后的单能 α 粒子能谱

通常仪器工作在线性条件下，因此 $\eta=\eta'$。能量分辨率表示能谱仪对能量相近的入射粒子区分开来的本领，它是能谱仪的一个重要特性指标。

在电离室中造成谱线展宽的基本因素是电离的统计涨落，它是无法消除的，它决定了能量分辨率的极限值。还有其他一些因素，如测量系统的噪声、放大器增益的涨落、分析器道宽的漂移和放射性样品的厚度等都是造成谱线展宽的原因。电离室的极限能量分辨率对0.1 MeV约为 3%，对 5 MeV 约为 0.4%。

## 2.3　正比计数管

### 2.3.1　正比计数管的形状、结构及其优缺点

正比计数管的形状多数为圆柱形，其圆筒阴极和中央阳极成同轴结构，且用绝缘体隔离，如图 2.7 所示，管内充以一定的工作气体并密封(也有流气式等)。正比计数管是气体探测器的一种，它工作于电压-电流曲线的 C 区，因此，在收集极上感生的脉冲幅度正比于原电离感生的脉冲幅度。

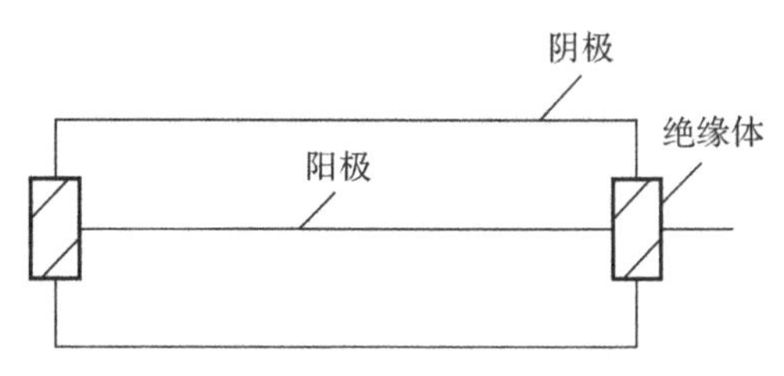


图 2.7　圆柱形正比计数管

与电离室相比，正比计数管有下列优点：第一，脉冲幅度大，比电离室输出脉冲的幅度大$10^2 \sim 10^4$倍，因此，它不需要有高增益的放大器。第二，灵敏度高，原则上，正比计数管中只要射线能产生一对离子就可引起计数，而电离室则要求原电离必须大于$2\times10^3$对离子才能分辨出来。因此，正比计数管可以探测低能或低比电离的粒子，如低能β粒子、低能γ射线或X射线等。若管壁涂以裂变物质或充以$^{10}BF_3$，$^3He$和含氢气体等物质也可探测中子。第三，输出脉冲幅度几乎与原电离产生的地点无关，且在一定工作电压下正比于原电离。因此，正比计数管可用作能谱测量。

正比计数管有如下缺点：第一，脉冲幅度随工作电压的波动而变化较大，因此，它要求高稳定度（≤0.1%）的高压电源。第二，它易受外界电磁干扰的影响。第三，在高计数率下，如$10^4$脉冲/s时，输出脉冲幅度可以变化百分之几十。

### 2.3.2　正比计数管的气体放大机制

正比计数管与电离室的主要区别在于正比计数管中出现了气体放大现象。在电离室中，由于工作电压低，次级电子不可能产生新的电离碰撞。在正比计数管中，由于工作电压较高，管中电场强度增大，电场对电子的加速使电子在一个平均自由程内所获得的动能足以再次产生电离。因此，电子被电场逐次加速使电离不断产生，从而导致气体中离子对的迅速增殖。这个过程称为电离雪崩，这种现象称为气体放大。增殖后的总电离与原电离的比值称为气体放大系数，用$A$表示，为$10 \sim 10^4$。气体分子的电离电位在10～20 eV之间，而电子在一个大气压下，其平均自由程为$10^{-4} \sim 10^{-3}$ cm，因此，电场强度至少为$10^4$ V/cm才能产生气体放大，这是正比计数管正常工作的第一个条件。正比计数管正常工作的第二个条件是：每个原初电子都放大$A$倍才能保证正比计数管的输出脉冲幅度与原电离成正比。这就要求产生气体放大的区域只占整个管子体积的很小部分。因此，圆柱形正比计数管中的气体放大正是在中央阳极附近几个自由程内发生，故满足上述条件。

假设圆柱形正比计数管的径向几何参量$R_0$和$r_0$分别为阴极半径和中央阳极半径，两极所加电压为$V_0$，则沿径向$r$处的电场强度为

$$E_r = \frac{V_0}{r\ln(R_0/r_0)} \quad (R_0 \geqslant r \geqslant r_0) \tag{2.3}$$

式中：$r$从轴心算起。

显然，当$r=R_0$时，$E_r$最小；随着$r$的减小，$E_r$逐渐增大；而当$r$接近$r_0$时，$E_r$急剧增大到$10^4$ V/cm左右。正比计数管中电场分布的示意图如图2.8所示。这种电场分布说明，电子在阳极附近得到的动能量大，因而产生电离的概率也最大，气体放大和电子雪崩只局限在阳极附近一个狭窄的区域内；同时还说明，正离子由于其平均自由程比电子的短，且向着电场减弱的方向漂移，所以它是不会产生次级电离的。

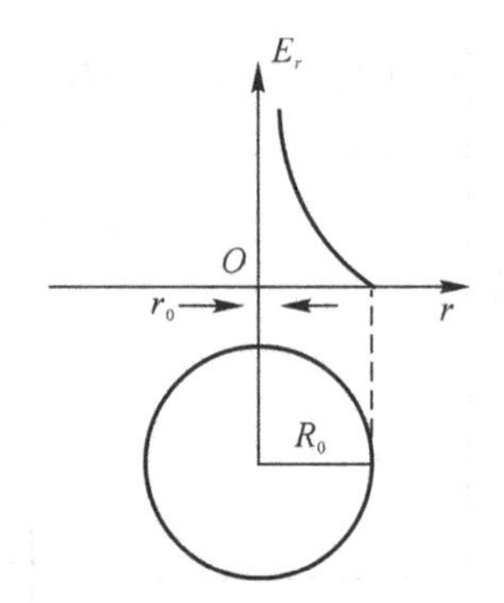

图2.8　圆柱形正比管的电场分布

### 2.3.3　正比计数管的输出脉冲

正比计数管两极间所加电压的接法如图2.9所示，图中$R_L$为负载电阻，$C_0$为两极间电容。

无论是使用正高压还是负高压，其收集电极永远为正极。一个入射粒子在管中产生电子雪崩后，收集极上感生的电压脉冲（通过负载 $R_L$）幅度为

$$V_\infty = -\frac{AeN_i}{C_0} \tag{2.4}$$

式中：$A$—— 气体放大系数；

$N_i$—— 原电离即产生气体放大前的总电离；

$e$—— 电子电荷；

负号—— 脉冲的极性。

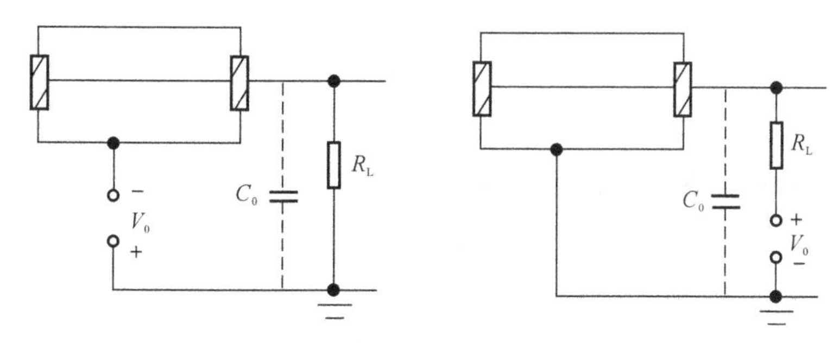


图 2.9　正比计数管的输出电路

因为雪崩总是产生在阳极附近，所以，离子对的急剧增殖也在阳极附近。增殖后的电子和正离子分别向阳极和阴极漂移，在收集极上产生感生电荷而使脉冲幅度迅速增大，脉冲的上升和下降经历以下四个阶段：

（1）从原电离开始到产生雪崩，脉冲幅度只有很小的增长，这时的脉冲为原电离所贡献。

（2）从雪崩开始到电子被阳极收集，脉冲幅度迅速增大至 $V_\infty^-$，这是增殖后电子漂移的贡献。

（3）脉冲幅度因正离子的漂移而继续增大，先是快速上升而后逐渐缓慢下来，直至达到脉冲幅度的最大值 $V_\infty^+$。

（4）此后脉冲幅度将按指数规律下降，下降的快慢由时间常数 $RC$ 决定。

整个脉冲的波形如图 2.10 所示。

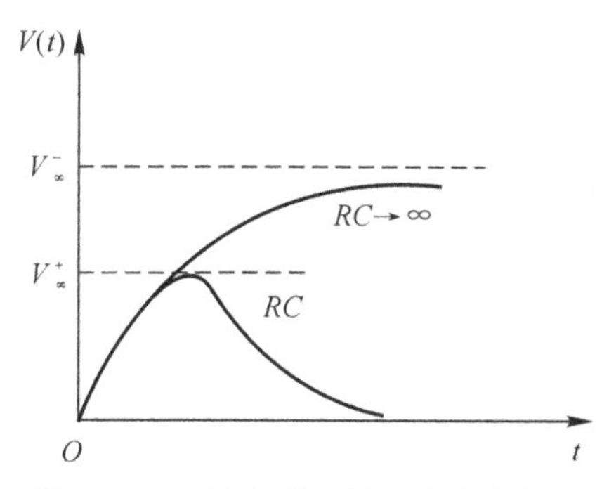


图 2.10　正比计数管的输出脉冲波形

设原初电离产生于某点 $r$ 处，则电子和正离子对脉冲幅度的某点贡献的比为

$$\frac{V_{\infty}^{-}}{V_{\infty}^{+}}=\frac{\ln(r/r_0)}{\ln(R_0/r_0)} \tag{2.5}$$

由于气体放大后的电子数大大超过原电离的电子数，故 $r\to r_0$ 时，$V_{\infty}^{+}\gg V_{\infty}^{-}$。因此，正比计数管的输出脉冲幅度主要由增殖后正离子的漂移所贡献，脉冲幅度与产生电离的地点基本无关。

由于离子运动速度缓慢，要 $10^{-3}$ s 才能达到 $V_{\infty}^{+}$，故实际应用中，为了进行快计数，可以在正比计数管的输出端配以微分电路使 $RC$ 至 $10^{-6}$ s。微分电路的接入使脉冲幅度下降一半左右，但分析表明脉冲幅度与原电离仍成正比关系。

## 2.4 G-M 计数管

### 2.4.1 G-M 计数管的形状、结构和优缺点

G-M 计数管是气体探测器的一种，它的形状多种多样，如圆柱形、钟罩形、半球形、球形和针形等。圆柱形和钟罩形管的外形如图 2.11 所示。不论何种形状，G-M 计数管都是以处于不同电位的两个电极作为主要组成部分，而在管内充以工作气体。

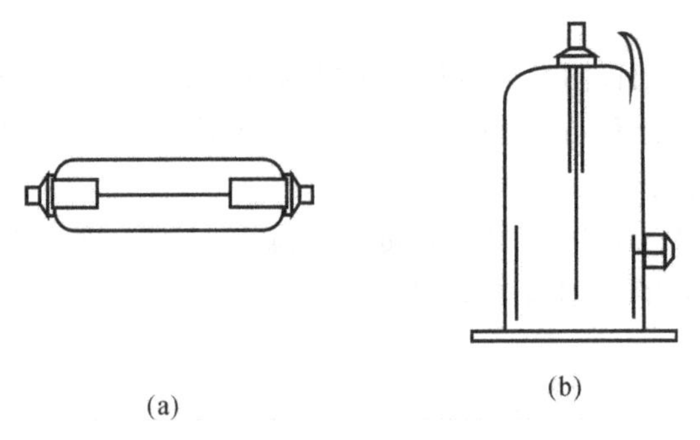

图 2.11　圆柱形和钟罩形计数管

(a)圆柱形管；(b)钟罩形管

G-M 计数管工作在电压-电流曲线的 E 区，即 G-M 区。此区又称为气体自持放电区，入射粒子只起触发放电作用，放电的终止要通过其他措施来实现。输出脉冲的幅度与入射粒子的性质和能量无关。

与电离室和正比计数管相比，G-M 计数管有如下的优点：

(1)气体放大系数在 $10^5\sim10^8$ 之间，脉冲幅度一般为伏特数量级，因此，用 G-M 计数器可直接记录脉冲数目；

(2)灵敏度高，入射粒子只要能在灵敏区产生一对正负离子就能产生脉冲计数；

(3)结构简单、制造容易、价格便宜；

(4)管子的形状可根据试验目的来确定和选用。

G-M 计数管的缺点如下：

(1)不能区分粒子的性质和测定粒子的能量；

(2)分辨时间长，不能进行快速计数；

(3)对 γ 射线的探测效率较低。

尽管 G－M 计数管有较大缺点,但它还是得到广泛的应用。

### 2.4.2　气体的自持放电

因为在正比计数管的工作条件下,气体放大倍数较小,所以,没有讨论光子的作用和正离子对电子雪崩的贡献(这两种作用完全可以忽略)。但是,在 G－M 计数管的工作条件下,情况就不一样了。

1. 光子的作用

入射粒子在 G－M 计数管灵敏体积中直接电离产生的电子向阳极漂移,在电场较强的阳极附近产生电子雪崩,雪崩过程中产生大量的离子对和激发态原子、分子。受激原子、分子退激而发射光子。由于 G－M 计数管的气体放大系数比正比计数管的气体放大系数大得多(至少大一个数量级),因此,雪崩过程中将产生大量光子。这些光子与气体原子、分子和阴极作用又会产生光电子。在电场作用下,光电子迅速向阳极漂移,在阳极附近又产生电子雪崩,依次类推,将不断地产生电子雪崩。这一点与正比计数管不同。一般来说,在正比计数管中只产生一次雪崩放电。

2. 正离子对电子雪崩的贡献

一方面,光电子运动方向的不规则性使雪崩在阳极附近到处产生,并迅速遍及整个阳极表面,而每次产生的光电子立即被阳极收集;另一方面,由于正离子向阴极漂移的速度很慢,当光电子被收集时,正离子仍在阳极附近。因此,每次雪崩过程中产生的大量正离子堆积在一起,在阳极附近形成一层称为正离子云的正离子鞘。正离子鞘的存在使阳极附近的电场强度减弱。随着新雪崩的不断产生,正离子云也不断扩展,迅速遍及整个阳极丝,从而使阳极附近电场强度减弱到气体自持放电的阈值以下,雪崩就不再产生。但是,正离子鞘在其形成和扩展过程中,也在向阴极移动。当它到达阴极时,就从阴极表面拉出电子与自身中和而处于激发态。激发态的原子、分子的退激又发射光子,这些光子打在阴极上又产生光电子;或激发态原子、分子通过与阴极直接相互作用而把激发能交给阴极原子、分子而产生次级电子。这些次级电子在电场作用下向阳极运动,在阳极附近又产生雪崩,又形成新的正离子鞘……如此循环,周而复始,使放电不断传播,雪崩不断产生。

综合上面两种作用可知,若一个入射粒子能产生第一次雪崩,则必定产生一连串的放电和雪崩,在计数管中就有一连串的脉冲信号。于是在计数管的脉冲计数率与入射粒子流强度间就建立不起定量关系,计数管也就失去了应用价值。要使计数管正常工作,则在产生一次计数后就必须使放电终止。终止放电称为猝熄。猝熄的方法有两种:一种是外电路猝熄,这种方法现在已很少采用了;另一种方法是利用某些气体完成猝熄作用,这种气体称为猝熄气体。充有猝熄气体的计数管特称为自猝熄 G－M 计数管。

### 2.4.3　自猝熄 G－M 计数管

1. 对猝熄气体的要求

G－M 计数管中的主要工作气体是不能自行终止放电的。能够终止工作气体放电的猝熄气体必须具有以下特性:

(1)有宽而强的吸收紫外光的吸收带,以抑制紫外光的作用。

(2)当猝熄气体原子、分子处于激发态时,其本身主要应以超前分解方式耗去激发能而回到基态。换言之,以发射光子方式回到基态的概率非常小。

(3)猝熄气体的电离电位必须低于工作气体的电离电位,以便发生转荷过程,使得到达阴极表面的正离子鞘全部由猝熄气体的离子组成。

常用的猝熄气体分为两类:一类是有机气体,例如酒精、戊烷、异戊烷和石油醚等;另一类是卤素气体,例如氯气、溴气等。以有机气体作为猝熄气体的G-M计数管称为有机管,以卤素气体作为猝熄气体的G-M计数管称为卤素管。

2. 有机管

有机管中的工作气体为纯单原子或双原子分子气体,一般用酒精作为有机猝熄气体,其含量约为10%,工作气体对自身发光的吸收概率很小,这些紫外光子与阴极表面作用产生光电子。但是加入少量酒精后,酒精就可以吸收这些紫外光子,进而抑制了紫外光在阴极表面产生光电子的可能性。因此,这些光子只能在阳极附近的气体中产生光电效应而引起雪崩,以此类推,产生放电的传播。与非自熄计数管不同,放电传播不是在阳极附近到处产生,而是从第一次雪崩区附近开始,继而沿着阳极逐步向阳极两端传播,进而遍及整个阳极丝使阳极附近电场强度下降到阈值以下为止。由于工作气体分子的电离电位高于酒精气体分子的电离电位,所以在正离子鞘向阴极的漂移过程中与酒精分子碰撞时,可能发生电荷交换。这样,到达阴极表面的正离子鞘几乎全部是由酒精离子所组成,而在电荷交换过程中产生的光子又被酒精分子所吸收。这种正离子鞘到达阴极表面时,由于静电作用而从阴极拉出电子与自身中和,从而变成了激发态的中性分子。这种分子超前分解的概率很大,而以发光方式回到基态以及通过直接作用从阴极打出电子的概率是很小的。对于少量处于激发态的工作气体分子,在其退激时所发射的光子又会被周围的酒精分子吸收,酒精分子又会超前分解,从而制止了正离子鞘在阴极表面产生次级电子的可能性。综上所述,酒精分子既吸收了雪崩过程中产生的紫外光子,又抑制了正离子鞘在阴极表面产生次级电子,于是放电自行终止了。

3. 卤素管

卤素管一般以氖气为工作气体,猝熄气体用卤素气体,例如溴,含量为0.1%～1%。

卤素管的放电和猝熄与有机管相仿,其主要不同点在以下几个方面:

(1)放电传播方式:卤素气体对紫外光的吸收系数比有机气体的小得多,所以管中气体激发态原子、分子退激发射的光子的存在范围比有机管的大。这样,卤素管的放电传播方式是介于有机管和非自熄管之间。

(2)阈电压:卤素管中,入射粒子除使惰性气体电离外还产生大量处于亚稳态的惰性气体分子。由于卤素气体分子的电离电位较亚稳态的惰性气体分子电离电位低,故亚稳态分子与卤素分子碰撞后使卤素气体分子电离,从而使离子对数大大增加。因此,卤素管的起始计数的阈电压低。

(3)卤素气体分子离解后又会重新复合:一个卤素气体分子分解后变为两个卤素原子,经过一定时间后,它们会重新复合成一个卤素气体分子。这样,有些卤素气体分子就可循环发挥猝熄作用,故卤素管的寿命比有机管的寿命要长。

(4)正离子鞘的分布范围大:卤素管的放电区域大,使得正离子鞘的分布范围也大,因此卤素管中的正离子鞘不能有效地削弱电场而终止放电,但其电子对脉冲的贡献也比有机管的大,这可使负载电阻上的电压降在短时间内增大,从而减弱了电场强度。这就是说,卤素管中电场的减弱要靠正离子鞘和负载电阻上电压降的共同作用来实现。

此外，强流管是卤素管的一种特殊类型。它的结构特点是，阴极直径比一般卤素管的小很多，而阳极直径又比一般卤素管的大很多，即 $R_0/r_0$ 较小，通常为 3～30。因此，管中电场分布较均匀，电子雪崩发生在整个管内，没有正离子鞘，放电终止要靠电子电流脉冲在负载上产生的电压降，强流管输出电流大，适用于高放射性样品活度的测量。

### 2.4.4　G－M 计数管的主要特性

1. 坪特性

在射线强度一定的情况下，计数管的计数率随工作电压变化的规律如图 2.12 所示，称为坪曲线。图中 $V_s$ 为计数管的起始电压或称阈电压。当计数管电压低于 $V_s$ 时，没有计数；电压从 $V_s$ 增至 $V_A$ 时，计数率迅速增加；电压在 $V_A \sim V_B$ 变化时，计数率的变化不大，仅随电压的升高略有增加，这段电压范围称为计数管的坪长，这段坪曲线的坡度称为计数管的坪斜。

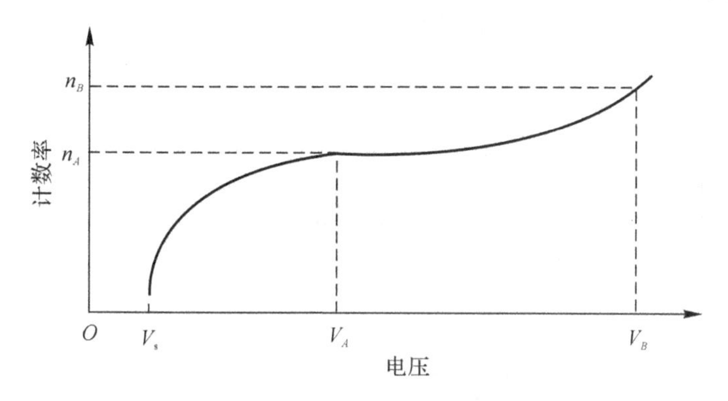


图 2.12　G－M 管的坪曲线

坪长和坪斜是计数管的重要特性。有机管的坪长为 150～300 V，卤素管的坪长在 100 V 左右。坪斜通常用电压每增加 100 V 或 1 V 时计数率增加的百分数表示，有机管的坪斜小于 5%/100 V，卤素管的坪斜小于 10%/100 V。

2. 死时间、恢复时间和分辨时间

G－M 管放电传播的终止主要是正离子鞘使阳极附近电场强度下降到阈值以下所致。在正离子鞘逐渐向阴极漂移时，电场强度逐渐恢复，经过一段时间，正离子鞘漂移了一定距离后，电场强度才能恢复到阈值。在这以前进入计数管的粒子是不会产生放电而形成脉冲的。计数管对入射粒子失效的时间 $t_d$ 称为死时间，如图 2.13 所示。由于 $t_d$ 只取决于离子的漂移速度，故不能像正比管中那样，采用 $RC$ 约为 $10^6$ 的微分电路来提高管子的分辨时间。经过死时间 $t_d$ 之后，只要正离子鞘没有被阴极吸收，阳极附近的电场强度就总是比正常值小，这期间进入计数管的粒子虽然能够产生脉冲，但其幅度还达不到正常值。直到正离子全部被阴极收集后，粒子进入计数管所产生的脉冲幅度才完全恢复到正常值。从死时间末端开始到脉冲幅度恢复到正常值时的这段时间称为恢复时间，用 $t_r$ 表示。G－M 计数管的死时间和恢复时间都较大，一般在 $10^{-4} \sim 10^{-5}$ s 数量级。

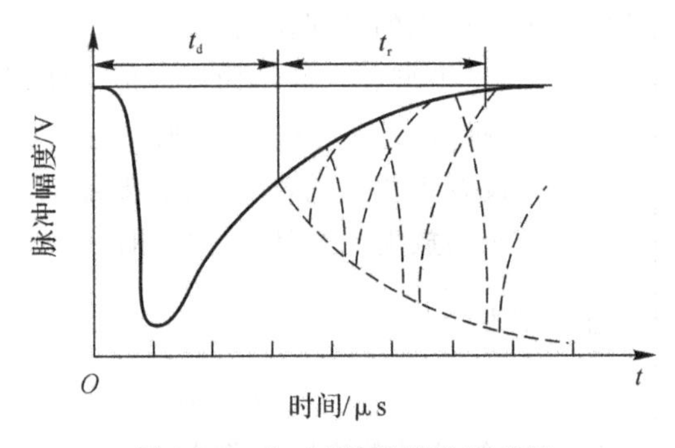


图 2.13 G-M计数管的死时间

因为计数率一般通过电子仪器才能读出，而电子仪器也有阈电压和时间特性，所以整个计数系统有一个分辨时间。所谓分辨时间，是计数系统在一次计数后恢复到能再次计数的时间间隔。分辨时间与仪器的阈电压有关，只有脉冲幅度大于仪器的触发阈后，才能显示出计数。如果以 $\tau$ 表示计数系统的分辨时间，则有 $t_d<\tau<(t_d+t_r)$。

3. 本征探测效率和寿命

定义本征探测效率为一个粒子进入灵敏体积中能产生计数的概率：

$$\eta=\frac{\text{探测器的输出脉冲数}}{\text{进入灵敏体积的粒子数}} \tag{2.6}$$

(1)对带电粒子的本征探测效率。一般来说，带电粒子在G-M计数管的灵敏体积中产生一次放电雪崩的概率接近于1。因此，G-M计数管对带电粒子的本征探测效率近似为100%。

(2)对γ射线的本征探测效率。γ射线能够在G-M计数管中触发一次放电雪崩的条件是γ射线能在计数管壁上产生次级电子，且次级电子能进入灵敏体积而至少产生一对离子。因此，γ射线的本征探测效率与计数管壁的材料和厚度有关，也与γ射线的能量有关。例如，对1.5 MeV的γ射线，其本征探测效率约为1%。

(3)计数管的寿命。通常计数管有搁置寿命和计数寿命两种寿命。搁置寿命是指计数管性能尚未发生变化的存放时间，计数寿命则指计数管性能尚未发生变化的累积计数次数。一般来说，有机管的计数寿命小于 $10^8$ 次计数，卤素管大于 $10^9$ 次计数。

### 2.4.5 G-M计数管的种类和应用

设计G-M计数管的主要依据是测量射线的性质和测量环境。管子的形状大多为钟罩形和圆柱形。测量α射线和β射线的计数管宜选用钟罩形或薄窗形。对 $E_m>0.5$ MeV的β粒子来说可用薄壁圆柱形管，壁厚(质量厚度)为25～40 mg/cm$^2$。对 $E_m$ 为0.25～0.5 MeV的β粒子来说可用钟罩形管，窗厚(质量厚度)为15～30 mg/cm$^2$。对 $E_m$ 为0.1～0.25 MeV的β粒子来说可用云母窗计数管，窗厚(质量厚度)为3～7 mg/cm$^2$。对能量更低的β粒子来说，最好选用流气式计数管。对于γ射线，一般用厚壁圆柱形计数管进行测量。

流气式计数管在测量过程中使新气体不断流过计数管以换去旧的气体，并且可驱走氧气和水蒸气等负电性气体，这样既可改善计数管的工作特性，又可以免去窗对于粒子的吸收，因此可以把放射性样品直接放入这种计数管内。流气式计数管的几何条件可以是2π，也可以是

4π，从而提高了计数效率，以利于低水平放射性样品的测量。

## 2.5　闪烁计数器

闪烁计数器是利用射线与物质相互作用时的激发效应，与气体探测器利用电离效应不同，它是另一类核辐射探测器。与气体探测器相比，它有分辨时间短、探测效率高等许多优点。因此，它在许多领域中代替了气体探测器，是目前使用最多的核辐射探测器之一。

### 2.5.1　闪烁计数器的组成和工作原理

闪烁计数器主要由闪烁体、光电倍增管和电子仪器组成。闪烁体和光电倍增管都要求避光保存和使用，通常把它们与前置放大器合装在一个暗盒中，统称为探头部分。闪烁计数器的组成如图 2.14 所示。

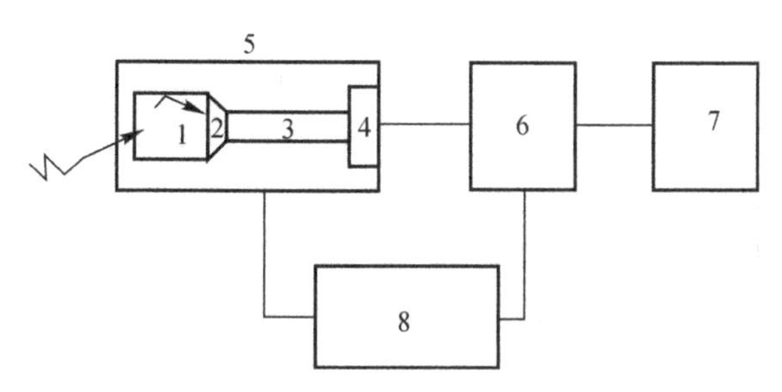


图 2.14　闪烁计数器组成示意图

1—闪烁体；　2—光导；　3—光电倍增管；　4—前置放大器；
5—暗盒；　6—放大器；　7—记录、分析仪器；　8—高低压电源

闪烁计数器记录粒子的过程是：粒子进入闪烁体，闪烁体分子、原子吸收入射粒子能量产生电离和激发，受激原子退激时发射荧光光子；光子经光导后打在光电倍增管的光阴极上发生光电效应而发射电子；光阴极发射的电子打在光电倍增管的打拿极上而逐级倍增；倍增后的电子到达光电倍增管的阳极产生电流脉冲；电流脉冲经过阳极负载电阻而产生电压脉冲；电压脉冲送入电子仪器放大、记录和分析。

### 2.5.2　闪烁体

在核辐射探测技术中，闪烁体是指在射线作用下能发射荧光的物质。固态闪烁体又称晶体。选用闪烁体应注意其性能和特性。闪烁体的主要特性如下。

1. 发光光谱

闪烁体在射线作用下能发射荧光。不同的闪烁体所发射的荧光的波长是不同的。对同一种闪烁体来说，它所发射的荧光波长也不止一种，即所发射的荧光并非单色，而是一个连续带谱。然而，每种闪烁体总有一两种波长的光是占优势的，这种光是闪烁体发射光谱的主要成分，称为最强波长。例如碘化钠(铊激活)，即 NaI(Tl)晶体的最强波长为 415 nm，蒽晶体的为 447 nm。了解不同闪烁体的发光光谱是为了与光电倍增管光阴极的光谱响应更好地匹配。

2. 发光效率

闪烁体吸收射线能量后，不是全部能量都转化为光能，还有其他形式的能量损失，例如转

变为闪烁体晶格的振动能等。转化为光能的那部分能量与闪烁体所吸收的射线能量之比称为闪烁体的发光效率,常用百分数表示。发光效率的另一种表示方法是以蒽晶体作为标准,规定其发光效率为1,定义其他闪烁体相对于蒽晶体的发光效率的百分数为相对发光效率。显然,发光效率越高越好,这在低能射线测量和低水平测量中尤为重要。

### 2.5.3 光电倍增管

光电倍增管是一种光电转换倍增器件,其作用是将闪烁体发射的微弱光信号转变为放大的电信号。光电倍增管的外壳由玻璃制成,光电转换部分为光阴极,它位于管子顶部,管中按一定方式排列有许多电极,称为打拿极,紧靠光阴极的电极为第一打拿极,依次为第二、第三……打拿极,最后一个打拿极后面的电极为阳极,它是收集倍增后电子的部分,通常由阳极引出电流信号。管内各电极均从管子底部引出,各电极通过分压电阻加有依次递增的电压,以使前极来的电子成倍地增殖。管内呈真空状态。

1. 光电倍增管的主要特性参量

(1)光阴极的光谱响应。光阴极受光照射后发射光电子的概率是入射光波长的函数,这种关系称为光谱响应。长波端的响应极限受到光阴极材料性质的限制,短波端的响应主要由入射窗材料对光的吸收来决定。

(2)放大系数。通常用放大系数和阳极光照灵敏度表征光电倍增管的电流放大特性。定义放大系数为光阴极发射一个电子经打拿极倍增后在阳极上收集到的电子数。图2.15为光电倍增管电子倍增的示意图。

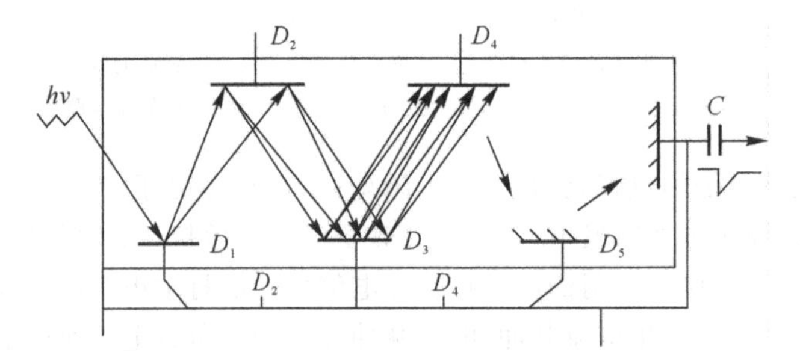


图2.15 光电倍增管电子倍增示意图

(3)使用光电倍增管应注意的问题。光电倍增管使用时必须十分小心,这里列出几条使用规则:①避光保存,长期暴露于自然光中会使暗电流增大;②如果是新管子或长期暴露于自然光中的管子,应在暗室保存24 h后再使用;③管子处于工作状态(即加有高压)时严禁打开暗室;④光电倍增管的外壳为玻璃材料,必须轻装、轻放,以防破碎。

## 2.6 半导体探测器

半导体探测器是20世纪60年代以来得到迅速发展的一种探测元件,其介质为半导体材料。这种探测器具有能量分辨率高、线性范围宽、脉冲上升快等优点,因此在射线测量中、特别在能谱分析中得到了广泛的应用。其缺点是抗辐射性能差、输出脉冲幅度小和性能随温度变化较大等。

### 2.6.1　半导体探测器的简单原理

半导体探测器记录粒子的过程与电离室记录粒子的过程类似，所以，人们又把它称为固体电离室。其相似之处如下：

(1)入射粒子在电离室中产生离子对，在半导体探测器中产生电子-空穴对。

(2)在电场作用下，电离室中的离子对分别向两极漂移而在收集极上产生感生电流脉冲，半导体中的电子-空穴对也分别向两极漂移而在输出回路中形成脉冲信号。

(3)电离室中有平均电离能的概念，在半导体探测器中产生一对电子-空穴对所需要的能量也可称为平均电离能，对一定的半导体而言，它又是一个常数。特别是对一些常用的半导体材料，如 Si，Ge 等，平均电离能与射线的性质和能量无关，这就保证了半导体探测器具有良好的线性。但是，半导体中的平均电离能 $W$ 与温度有关，对于 Si 来说，在 300 K 时，$W=3.62$ eV，在 77 K 时，$W=3.76$ eV；对于 Ge 来说，在 77 K 时 $W=2.96$ eV，而在气体中，在 77 K时，$W=30$ eV。可见，带电粒子在半导体探测器中和在气体中损失的能量相等时，在半导体中产生的电子-空穴对数要比在气体中产生的离子对数(原电离)大一个数量级。因此，半导体探测器的输出电荷量比电离室的大得多，其能量分辨率也就比后者大大提高了。同时，电子-空穴对数的涨落的相对方差也比电离室中离子对数的小得多，这也是半导体探测器能量分辨率高的重要原因之一。

(4)电离室中离子的复合和扩散在一定条件下可以忽略，半导体探测器中电子和空穴的复合和俘获在一定条件下也可以忽略。

(5)电离室的灵敏体积由电极板围住的气体构成，半导体探测器的灵敏体积由耗尽区构成。

因此，电离室中关于电压脉冲幅度、脉冲形状的讨论，基本上可适用于半导体探测器。

半导体探测器记录粒子的过程是：在半导体探测器的两极加上适当的反向电压，入射粒子在半导体探测器中损失能量并产生电子-空穴对，电子-空穴对在电场作用下分别向两极漂移，而后在输出回路中形成脉冲信号，最后由电子仪器记录和分析。

必须说明的是，在气体探测器中，正离子漂移速度比电子的小 3 个数量级；在半导体中空穴漂移速度只比电子的小 1/3～1/2。另外，在通常工作条件下，电子和空穴漂移速度即可达到饱和，因此，电子和空穴对信号的贡献是同数量级的，与气体中主要是电子的贡献(如屏栅电离室)或正离子的贡献(如正比管、G－M 管)是不同的。

### 2.6.2　金硅面垒型探测器

金硅面垒型半导体探测器用于测量重带电粒子能谱时，其能量分辨率比屏栅电离室和闪烁谱仪的都高，略次于磁谱仪。它的响应速度与闪烁谱仪差不多，常用它作定时探测器。它的本底计数率很小，适用于低水平放射性测量。

金硅面垒型探测器是先在 N 型硅表面通过蒸发沉积上一层金，然后通过氧化作用在金下面形成 P 型薄层而构成了 P－N 结，并在金与 N 型硅接触处形成了势垒，故称为面垒型探测器，如图 2.16 所示。在反向偏压下，入射粒子穿过“死层”进入耗尽区。损失能量产生电子-空穴对，这些电子和空穴很快分别向 N 型和 P 型区运动，最后被结电容收集而在输出端产生脉冲信号。

结电容 $C_d$ 与外加偏压有关，探测器的输出电压脉冲幅度又与 $C_d$ 有关，所以，探测器的输出电压脉冲幅度受到了外加偏压变化的影响，这是不利于能谱测量的。为此，这种探测器的输出回路要用电荷灵敏放大器(因为电压型和电流型放大器都不能克服 $C_d$ 的影响)，这种放大器的输入电容 $C_i$ 相对于 $C_d$ 极大，即 $C_i \gg C_d$，且又十分稳定。从下面的分析可知，它可使输出电压脉冲幅度不受 $C_d$ 变化的影响。

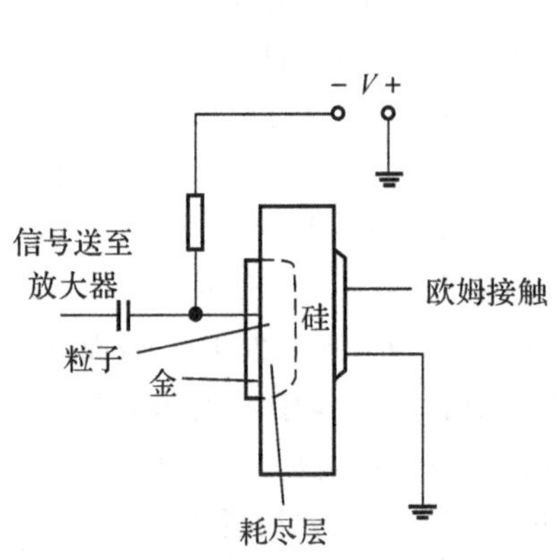


图 2.16　金硅面垒型探测器示意图

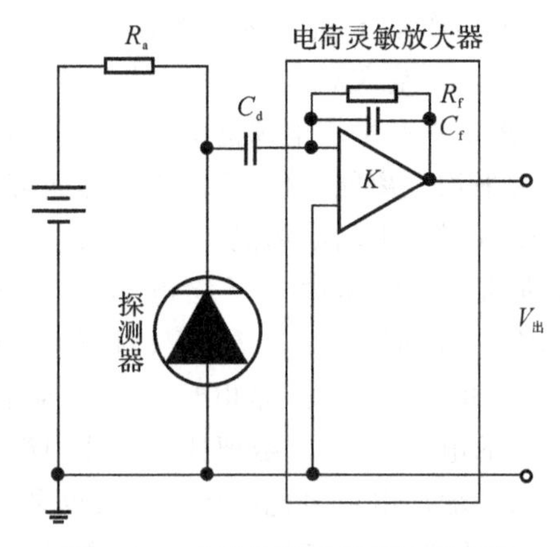


图 2.17　半导体探测器的输出电路

电荷灵敏放大器实际上是一个开环增益很大的电容负反馈放大器，如图 2.17 所示，$C_f$ 为反馈电容，要求其稳定性良好，$K$ 为电荷灵敏放大器的开环放大倍数。经过计算和简化，放大器的输入脉冲幅度(即探测器的输出脉冲幅度)可表示为

$$V_入 = \frac{Q}{KC_f} \tag{2.7}$$

式中，$Q$—— 探测器输出的总电荷量，单位为 C，$C_f$ 的单位为 F。

如未考虑到放大器的输入信号和输出信号极性正好相反，则输出脉冲幅度为

$$V_出 = -KV_入 = -\frac{Q}{C_f} \tag{2.8}$$

显然，$V_出$ 与 $C_d$ 无关。因为 $Q \propto E$(入射粒子在探测器灵敏区损失的能量)，所以 $V_出 \propto E$。如果入射粒子的能量全部消耗在灵敏区内，则可由脉冲幅度确定入射粒子的能量。

# 第3章 α放射性样品和β放射性样品活度的测量

在核辐射粒子的探测中，有许多物理量可测量，例如，辐射粒子的能量、径迹和飞行时间，放射性核素的半衰期，核反应截面以及放射性样品的活度等。然而，经常遇到的测量对象是活度和能量，在核科学技术的应用方面尤其如此。核辐射粒子有许多种类，例如，α粒子、β粒子、质子、中子、介子和γ射线等。其中，测量比例最大的是α射线、β射线和γ射线。因此，本章着重介绍α放射性样品和β放射性样品活度的测量。

## 3.1 放射性探测中的几个概念

### 3.1.1 本底计数及其来源

在放射性探测中，狭义的本底计数是指没有被测样品时测量装置显示出的计数，它主要来源于宇宙射线、环境放射性及电子学噪声等。而样品中干扰放射性产生的计数称为干扰计数。显然，总的本底计数应是上述两者之和。一般来说，直接测得的放射性样品计数都包括本底计数。不难看出，本底计数的多少会直接影响到测量结果的准确性。因此，分析本底计数的来源是非常必要的，这样可采取相应的减小本底计数的措施。

产生本底计数的主要因素如下：

(1)周围环境的放射性：它包括地壳物质和空气中的放射性，主要是$^{40}K$、$^{238}U$和$^{232}Th$衰变链中元素的放射性，靠近地面处有从地表面扩散出来的氡、钍射气及其子体的放射性，核爆炸产生的和核工厂、矿山等排放出的放射性物质。

(2)宇宙射线：它包括来自外层空间的初级宇宙射线(主要是质子)以及由它们与大气层中的物质作用而产生的次级宇宙射线。次级宇宙射线的主要成分是μ子、电子、正电子、光子和高能中子及质子。

(3)测量装置本身的放射性：它包括探测器材料和屏蔽物中含有的放射性杂质。

(4)某些探测元件的热噪声和电子仪器的噪声信号等。

(5)样品中含有的干扰放射性核素。在以后的讨论中，除非特别说明外，一般都认为干扰放射性核素可以忽略。

### 3.1.2 吸收和散射

从测量的角度来说，这里特别强调以下两点：

(1)放射性样品有一定的厚度(制备理想的无限薄样品是很困难的)，其本身发射的粒子在穿出样品之前有时也会被样品吸收，通常称为自吸收。自吸收的存在给测量α射线、β射线(特别是α射线或低能β射线)带来很大的困难。除源材料本身的自吸收外，还有源和探测器之间空气层的吸收以及探测器窗的吸收。

(2)散射对测量的影响有两类:①正向散射,它使射向探测器灵敏区的射线偏离而不能进入灵敏区,这种散射使计数率减少;②反向散射,它使原来不该射向探测器的射线经散射后而进入灵敏区,这种散射使计数率增加。散射现象在 α 射线和 β 射线的测量中必须予以考虑。

### 3.1.3 衰变率和发射率

放射性活度是一个基本物理量,它反映某种放射性核素的量的多少,它是处于特定能态的一定量的放射性核素在 d$t$ 时间内发生自发核跃迁数的期望值除以 d$t$。因此,放射性活度即为衰变率,其单位为 Bq。发射率是指放射性样品在单位时间内平均发射的粒子数,而把单位时间内能够穿出样品表面的粒子数称为表面发射率。显然,发射率大于或等于表面发射率。

例如,1Bq 的 $^{60}$Co 源,每秒平均衰变一次,其衰变率为 1;但在一次衰变中除发射一个 β 粒子外,同时还放出两个 γ 光子,故发射率为 3;如果 β 粒子被源本身吸收,则表面发射率为 2。

### 3.1.4 探测效率

一个计数装置总的计数效率(即探测效率)不仅与本征探测效率有关,还和放射源与探测器灵敏区之间的相对几何位置有关。放射源和探测器的几何形状可能有各种各样,而它们之间的相对几何位置也千差万别。为此,引进几何因子这个概念。所谓几何因子,即为探测器对源所张的相对立体角,它又称几何效率。计算几何效率是一个相当复杂的数学问题。此处仅介绍在两种特殊情况下几何效率的计算和处理方法。

1. 点源和圆窗探测器的几何效率

点源的定义是:放射源的线度比源到探测器窗的距离小很多。如图 3.1 所示,假定点源在圆形窗的轴线上,$r$ 为探测器窗的半径,$S$ 为点源,$H$ 为点源到圆形窗中心的垂直距离。假定源发射粒子是各向同性的,且发射粒子的总角度为 4π,源对窗所张的立体角用 $\Omega$ 表示,则源在 $\Omega$ 内发射的粒子数占总发射粒子数的分数为

$$G=\frac{\Omega}{4\pi} \tag{3.1}$$

式中:$G$—— 几何效率。

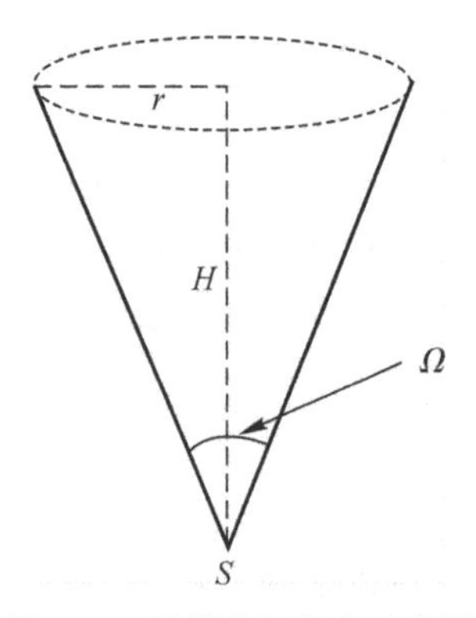


图 3.1 计算几何效率示意图

几何效率 $G$ 的大小可以表示为

$$G=\frac{1}{2}\left(H-\frac{H}{\sqrt{H^2+r^2}}\right) \tag{3.2}$$

对带电粒子，若其本征探测效率近似为 1，则在忽略吸收和散射的影响时，其计数效率近似等于几何效率，即 $\varepsilon \approx G$。

2. 均匀圆平面源与圆窗探测器的几何效率

在实际测量中，经常遇到的情况是放射源（或样品）的线度与探测器窗间的距离相比，不能视为点源。例如 α 放射源和 β 放射源，为了尽量减少空气层的吸收，不得不把放射源靠近探测器。在这种情况下，计算几何效率是相当复杂的。如感兴趣，可参考原子能出版社出版的高等教育教材《原子核物理实验方法》。

### 3.1.5　绝对测量和相对测量

测量放射性样品的活度，从总体上可分为绝对测量和相对测量两种。

绝对测量法是通过直接测量或经过校正后给出样品的活度。它适用于标准源的生产单位和剂量研究部门。

相对测量法也称比较法，它是将待测样品的测量结果与标准源的测量结果相比较，由比较得到待测样品的活度。从相对测量法的定义可知，这种方法的可比性要求满足如下几个条件：①样品和标准源应具有相同的特性，如最好为同种放射性核素（至少应能量相近），活度尽可能接近且组成成分、面积、厚度均应一样；②承托片和覆盖膜均应一样；③在测量中尽可能采用相同的几何条件。该方法校正因素很少，简单易行，适用于大量重复性的测量工作。因此，本方法是测量放射性样品用得最广泛的一种方法。

## 3.2　α放射性样品活度的测定

### 3.2.1　α粒子的特点

与 β 粒子、γ 射线和 X 射线相比，α 粒子有以下两个明显特点。

1. 穿透力弱、射程短

关于 α 粒子的这个特点有一种形象的说法，即一张纸可以阻挡 α 粒子。稍具体一点，例如 α 粒子在水、软组织或塑料中的射程在 20～100 μm 之间。因此，要使 α 粒子进入探测器灵敏区产生信号，首先必须使 α 粒子通过探测器窗，这个条件要求探测器是薄窗的或无窗的，以减少或避免窗吸收。为了减少或避免空气层吸收，应使样品尽量靠近探测器窗或把探测器和样品同置于一真空室中。因为粒子的射程短而有严重的自吸收，所以，相应于薄样品和厚样品有不同的测量技术。所谓薄样品，是指可以忽略自吸收的样品，在 α 粒子放射性测量中，制备理想的薄样品是一个突出而困难的问题。目前，普遍采用的方法是蒸发、电喷镀、电沉积和真空蒸发等。最理想的是分子层薄样品，但此技术对设备要求高，制样技术也难掌握，故还处于研究阶段。

2. 能量高、电离本领大

α 粒子的能量均在 MeV 以上。能量高而电离本领大，导致其产生的脉冲幅度大，从而提供了消除 β 粒子、X 射线和 γ 射线影响测量结果的可能性。例如，可以选择这样的探测器，使其灵敏厚度稍大于α粒子在此介质中的射程。这种探测器使β粒子、X射线和γ射线在灵敏区损失的能量很小，因此，其产生的脉冲幅度也就远比α粒子产生的小。利用电子学的甄别技术就可以使探测装置只记录α粒子产生的脉冲。

### 3.2.2 选用探测器的原则

在放射性样品活度测量中，选用探测器的一般原则是测量装置的优质因子高，即计数效率高而本底计数率小。然而，由于测量目的、方法和样品活度大小的不同而又有差别。在不产生严重漏计数的情况下，可选用高效率、低本底的探测器；在样品计数率足够大时，应选用分辨时间小的探测器；在探测器计数效率高而本底计数率也高或者与此相反的情况下，应具体问题具体分析。但总是应尽可能地选用优质因子高的探测器。如果在实际测量工作中，探测器选用合理，则可获得较好的试验结果。在α样品活度测定中，可供选用的探测器有如下几种：

(1)气体探测器：气体探测器中的电离室、正比计数管和G－M计数管都可列入选用的对象。对大面积的样品或比活度低而不得不制成大面积的样品，选用电离室合适；对低能α样品，宜选用正比计数管或G－M计数管；测量α样品表面污染常选用正比计数管。这三种探测器都可用于气态样品的测量。

(2)闪烁计数器：配有ZnS(Ag)或CsI(Tl)的闪烁计数器，对α粒子的本征探测效率几乎可达100%。特别是ZnS(Ag)，制备容易，价格低，是α放射性常规测量的理想闪烁体，另外也可选用价格更低的塑料闪烁体。液体闪烁体除本征效率可达100%外，还具备4π的几何条件，但作为常规测量并不理想，因为闪烁液用量过多。

(3)半导体探测器：常用的半导体探测器是面垒型探测器，金硅面垒型探测器用于测量20 MeV以下的α粒子，金硅面垒锂漂移型探测器则可阻止10 MeV的α粒子。因为这些探测器的厚度薄，故可用于强γ射线场中的样品测量。

### 3.2.3 薄α放射性样品活度的测定——小立体角法

1. 基本原理

小立体角法是一种绝对测量方法。所谓小立体角，有双重意义：在几何效率方面，它是相对于2π和4π立体角而言的；在实际测量中，它是指窄束射线的测量。因此，所选用的立体角小于2π，而射线相对于探测器是非平行束。小立体角法的基本原理是用效率已知的测量装置记录通过选定立体角内的α粒子所产生的脉冲计数率，然后，通过对某些因素的校正来确定α样品的活度。

2. 测量装置和某些要求

小立体角法测量装置如图3.2所示。根据图中标号略做介绍：① 7为屏蔽室主体，用高原子序数材料做成，以减少周围环境辐射的影响；主室内壁是由低原子序数材料如铝或有机玻璃做成的内层(其编号为6)，用以减小散射和韧致辐射的影响，室内抽成真空以减少空气层的吸收。② 2,4和5分别为准直器、样品支架和阻挡环，其材料均为低原子序数物质，以减少散射的影响。③ 1和3分别为探测器和样品，1还可选用ZnS(Ag)闪烁计数器。1与3间的距离要满足点源的要求；样品要均匀且发射粒子是各向同性的，同时还应满足薄样品的条件。④ 8为引出线，它是供探测器接通高压和引出信号等用的。

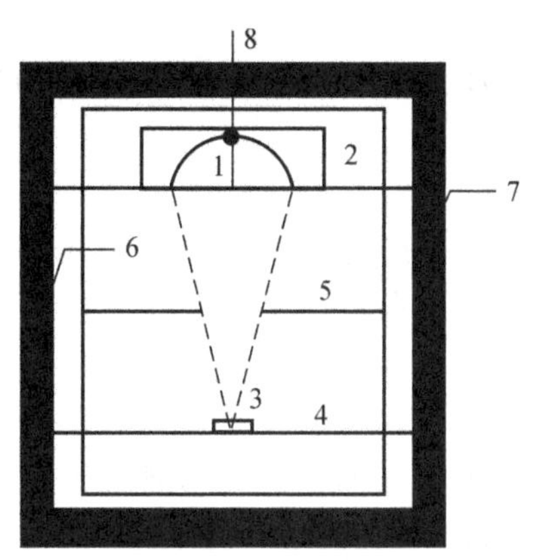


图 3.2　测量 α 样品的小立体装置

1—探测器；2—准直器；3—样品；4—样品支架；
5—阻挡环；6—有机玻璃层；7—屏蔽室；8—引出线

在实际测量中，样品应位于准直器的轴线上；立体角大小的计算要准确；准直孔应精确已知；为了克服粒子在样品承托片的反散射影响，立体角应当很小，同时要兼顾计数效率。

3. 样品活度的计算

样品发射出的 α 粒子，在选定立体角内进入探测器而产生脉冲，脉冲通过引出线送入电子仪器而被记录。若没有干扰放射性核素存在，由测量得到观测计数率为 $n_c$、本底计数率为 $n_b$，则样品净计数率为

$$n_a = n_c - n_b = \frac{\Omega}{4\pi}\eta A \tag{3.3}$$

式中：$\eta$—— 本征探测效率，此处 $\eta \approx 1$；

$A$—— 样品活度；

$\Omega$—— 样品对探测器窗所张的立体角。

小立体角法用于测量 α 样品的活度，其精度是相当高的。测量误差主要来于以下几个方面：

(1)立体角大小的不准确程度。

(2)样品的自吸收：因为制备理想的薄样品是相当困难的，所以，一般假定样品没有严重的自吸收，就可认为是薄样品，事实上自吸收总是或多或少存在的。检查是否为薄样品的方法是：预先测定样品的 α 能谱，如果谱线向低能方向畸变，说明有严重的自吸收存在。因为 α 粒子是单能的，射程又短，一旦样品厚度增加，有的 α 粒子就在样品中损失部分可观的能量，甚至全部能量，所以，谱线中的吸能成分就增加，从而引起谱线向低能方向畸变。

(3)样品的不均匀性：样品的不均匀性会使其厚度不均匀，厚的部分相对来说自吸收就要严重些，这也会影响测量结果。然而，样品均匀性的检查则是一个比较困难的问题，因此，制样时必须倍加小心、仔细。

## 3.3 β放射性样品活度的测定

### 3.3.1 β粒子的特点

上节讨论的α样品活度测定的基本原则，也适用于β样品活度的测定。然而，β粒子及其测定又有其本身的特点。

1. β射线具有连续谱的特性

β射线与α射线不同，原子核所发射的β粒子，在能量上从零到最大($E_{max}$)都有，即它具有连续谱的特性。不同能量的β粒子，其吸收厚度也不同。因此，β样品的自吸收和窗吸收比α粒子的复杂；进入探测器灵敏体积后产生的脉冲，其幅度也大小不一，小幅度脉冲可能连同噪声一起被甄别掉。这样，尽管探测器的本征探测效率可达100%，由于以上原因，仍然会使观测到的净计数率比实际进入灵敏体积内的粒子数少。

2. β粒子的散射较为严重

β粒子的质量小，易被原子和原子核散射。散射从以下两个途径影响测量结果：

(1)应该进入探测器灵敏体积的β粒子因中途被散射而未进入，使观测计数率减小；

(2)不该进入灵敏体积的β粒子因散射而进入了灵敏体积，使观测计数率增加。从形式上看，两种效应似乎可以补偿，然而，这两种过程是彼此无关的，不能相互抵消，因此，对计数结果必须做散射的校正。

### 3.3.2 选用探测器的基本原则

测量β样品活度时，选用探测器的基本原则与测量α样品活度的选用原则一样。测量β样品活度可供选用的探测器有G-M计数管、流气式正比计数管、半导体探测器和配有塑料闪烁体或液体闪烁体的闪烁计数器等。尤其是液体闪烁体的某些特性是其他探测器所不具备的，因此目前，它已成为常规测量β放射性特别是低能β射线的重要手段。

### 3.3.3 小立体角法——β样品活度的绝对测定

小立体角法用于β样品活度测定时需要指出以下三点：

(1)方法简单、设备少，但校正因素多、精确度相对较差。

(2)β粒子与α粒子性质上的某些差异使测量装置的结构也稍有不同。例如，由于β粒子的穿透力比α粒子的大，测量装置内可不必抽成真空，样品和窗之间的距离也可稍大一些。

(3)由于探测器的灵敏区厚度变厚(穿透力大)而使本底计数增加，故要采用铅屏蔽室，由于散射严重而不得不把屏蔽室内腔做得大些。

外屏蔽室用铅做成，以减少宇宙射线和周围环境所产生的本底计数。铅室内层室壁材料选用铝皮或塑料板和有机玻璃等低原子序数物质，以减少β粒子的韧致辐射和散射。样品支架用低原子序数材料做成也是为减少韧致辐射和散射的影响。准直器一般以黄铜为材料，其厚度稍大于β粒子在其中的最大射程。为减少散射的影响，整个室内腔比测α样品时的要大些。若选用G-M计数管或正比计数管，其入射窗通常为薄云母片。若选用塑料闪烁计数器，则闪烁体外面需用薄铝箔覆盖，用以避光。在选用半导体探测器时，其灵敏区厚度要足以阻止最大能量的β粒子。

令 $A$ 为β样品活度，$n_b$ 为本底计数率，$n_c$ 为样品实测计数率，则样品净计数率可表示为

$$n_c - n_b = AG\eta f_b f_s f_\gamma f_m f_\tau f_a \tag{3.4}$$

式中：$G$——几何效率；

$\eta$——本征探测效率；

$f_b$——反散射校正因子；

$f_s$——自吸收校正因子；

$f_\gamma$——γ计数校正因子；

$f_m$——多次计数校正因子；

$f_\tau$——分辨时间校正因子；

$f_a$——窗、空气层和保护膜等吸收校正因子。

由式(3.4)可知，若上述各项校正因子为已知，则可由实测计数率 $n_c$ 和 $n_b$ 求得 $A$；同时还看到小立体角法用于β样品活度测定时，其校正因子是相当多的。

# 第4章　γ射线强度和能量的测量

大多数放射性核素在衰变的过程中，都伴随有γ射线的发射。每种核素发射的γ射线都具有特征能量，而且γ射线的能量和强度的测量方法比较简便，准确性较高。因此，γ射线的测量不仅是进行核物理研究的一个重要方面（例如测量原子核激发态能级、研究核的衰变纲图、测定短的核寿命、进行核反应试验研究等都离不开对γ射线的测量），而且在环境监测、放射性同位素应用、核医学以及痕量元素分析等科学领域都有广泛的应用。

## 4.1　γ射线测量的一般考虑

对γ射线的测量从获取信号的方式看可以分为两类：一类是测量单个粒子脉冲，从测得的大量脉冲事件中，得到有关入射γ射线的信息，这是应用最广泛的一种方法；另一类是测量累计电流，大量的γ射线入射到探测器中测量其平均输出电流，从而定出入射γ射线的强度，这类探测器主要用于平均强度与剂量的测量。相比而言，脉冲的测量情况较为复杂，应用更为广泛，所以本章将重点讨论这种方法。

测量γ射线的输出脉冲，通常根据不同的试验目的可以分为三种类型，每种类型又可以根据情况的需要而选用不同的探测器。测量γ射线的强度，即记录入射到探测器的γ射线引起的探测器计数，常用的有G-M计数器、正比计数器、各种闪烁计数器[以NaI(Tl)为代表]等；测量γ射线的能谱，即计数随能量的分布，典型的以NaI(Tl)闪烁谱仪与HPGe谱仪为代表；测量时间信息，获得核事件产生的时刻，常用有机闪烁探测器等。

下面从γ射线的能谱与强度的测量角度分析一些主要因素。

在大部分γ射线的测量中，既要测量γ射线的强度，又要测量γ射线的能量。比如，在γ样品分析工作中，通过能量测量说明是哪一种放射性核素，通过强度测量说明放射性核素的含量。在一般情况下，希望一台谱仪都能满足这两方面的要求。NaI(Tl)与HPGe是两种最常用的γ的谱仪，其典型的单晶γ能谱仪框图如图4.1所示。为了更好地掌握和选择探测器，这里对它们的性能和指标做一综合性比较。

1. 能量分辨率

能量分辨率是说明对能量相近的入射γ射线能量分辨本领的量。对NaI(Tl)与HPGe来说，前者的能量分辨率差，后者的能量分辨率高。能量分辨率可用全能峰的半高宽(FWHM)或相对半高宽($\eta$)来表示。能量分辨率与入射γ射线能量有关。对于NaI(Tl)来说，通常给出的是对$^{137}$Cs源发出的0.662MeV γ射线全能峰的相对半高宽($\eta$)，一般的NaI(Tl)单晶谱仪能量分辨率为10%左右，好的可达到6%～7%。对于HPGe谱仪来说，能量分辨率常用$^{60}$Co源发出的1.33 MeV全能峰的半高宽(FWHM)来表示，典型值为FWHM=1.9 keV，好的可达1.3 keV。有的还给出1/10宽度(FWTM或FW0.1M)值，典型的为3.6 keV。图4.2给出了NaI(Tl)与Ge(Li)(与HPGe类似)谱仪的能量分辨率随能量变化的一般关系，图中也给出了正比计数器与 Si(Li)的数据。

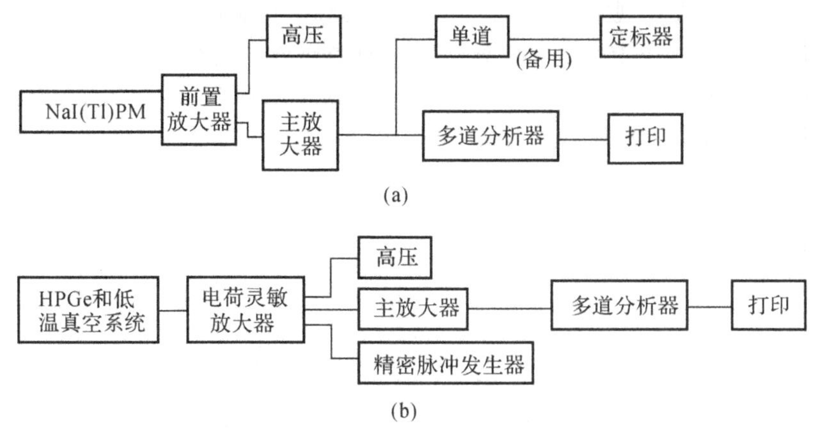


图 4.1　单晶 γ 能谱仪框图

(a) NaI(Tl)；(b) HPGe

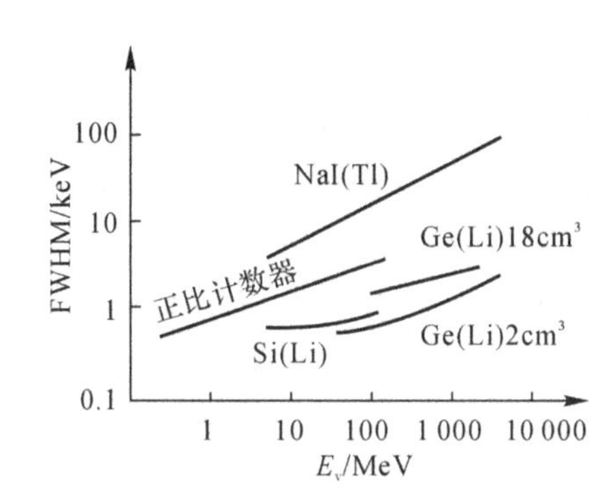


图 4.2　几种谱仪的能量分辨率比较

2. 探测效率

探测效率关系到测量中所花费的时间和所必需的最低源强。NaI(Tl)晶体由于其密度大及组成元素的原子序数高，其体积可以做得很大，因而其探测效率明显地优于 Ge 探测器。一般使用的 $\phi$76 mm×76 mm 的 NaI(Tl)探测效率比 50 $cm^3$ 的 Ge 探测器高一个量级左右。为了进行比较，HPGe[或 Ge(Li)]探测效率有时用相对于 $\phi$76 mm×76 mm 的 NaI(Tl)的效率来标志，对大多数同轴 Ge 探测器，这一效率在 7.5%～25%范围内，而目前大体积同轴 HPGe 的效率可以超过 100%。图 4.3 给出了几种不同探测器的探测效率。

3. 峰总比和峰康比

把全能峰内的脉冲数与全谱下的脉冲数之比称为峰总比。为了提高全能峰内的计数，一般要求峰总比越高越好。NaI(Tl)的峰总比要比 Ge 探测器大很多，通常前者为几分之一，而后者为几十分之一。影响峰总比的因素很多，如入射 γ 射线的能量、晶体大小、入射束的准直状态、屏蔽的好坏以及晶体的包装物质和厚度等。在晶体尺寸相同的条件下，比较峰总比的大小可以说明周围散射 γ 射线的干扰的情况。

峰总比难以精确测定，经常测量与峰总比有直接关系的另一个指标——峰康比，它是指峰中心道最大计数与康谱顿坪内平均计数之比。峰康比的意义在于若一个峰叠加在另一个谱线的康谱顿坪上，该峰是否能清晰地表现出来，即存在高能强峰时探测低能弱峰的能力。峰康比越大，对复杂的γ谱越便于观察和分析。一台谱仪的峰康比是由能量分辨率和峰总比共同决定的。对于HPGe来说，由于能量分辨率高，峰内计数可以限制在很窄的能量间隔内，所以虽然它的峰总比不如NaI(Tl)好，但峰康比却相当高。对于同轴HPGe来说，峰康比可达20∶1到50∶1，最好的可达82∶1，而一般NaI(Tl)谱仪的峰康比只有5∶1左右。

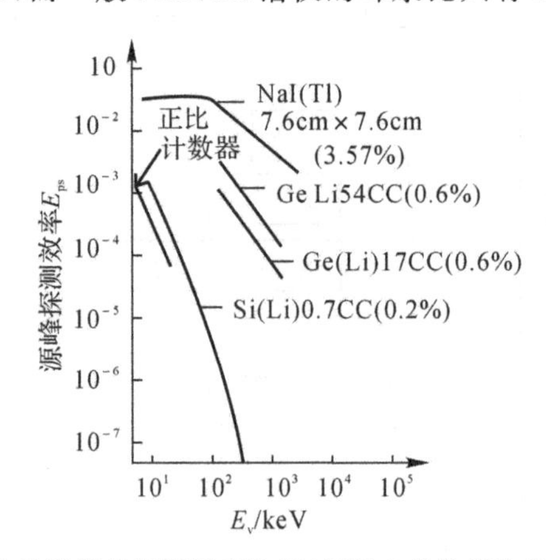


图4.3 几种谱仪的探测效率比较(括号内的数据为相对立体角)

4. 能量线性

谱仪的能量线性一方面取决于探测器本身的输出脉冲幅度是否与吸收光子的能量呈线性关系，另一方面也取决于电子仪器线路。对于Ge半导体探测器来说，由于平均电离能与粒子能量无关，因此其能量线性很好，在150～1 300 keV范围内，线性偏离小于0.2 keV，它主要由仪器线路(ADC模拟数字转换器)所决定。对NaI(Tl)谱仪来说，NaI(Tl)晶体本身在低能区线性不好，因此它的线性较差。在上述能量范围内的200 keV处线性偏差可达12 keV。

5. 晶体形状和大小的选择

晶体形状和大小应根据所探测射线能量与探测效率的要求而定。对于NaI(Tl)而言，在γ射线能量高时，为了提高探测效率与峰康比，应选用大体积的晶体，例如ϕ100 mm×100 mm或更大的。在γ射线能量较低时，应选择较小的晶体，此时仍可保证足够的探测效率，同时它的价格便宜，能量分辨率较高，还能减少本底与高能γ射线的影响。对于低能γ或X射线来说要选择薄片晶体。在样品的γ射线能量较弱时，为提高灵敏度，可选用井形晶体，它接近4π立体角，测量液体样品尤为方便，虽然这时分辨率可能稍许变差些。对于Ge半导体探测器来说，分为平面型与同轴型，一般来讲，前者分辨率更好些，而后者体积可以做得大些，探测效率较高。

## 4.2 γ射线能谱分析与能量刻度

### 4.2.1 γ射线的谱形及其影响因素

单能γ射线入射到探测器中，与探测器介质发生光电效应、康普顿效应和电子对效应，其输出能谱颇为复杂，在能谱中形成全能峰、康普顿坪、单逃逸峰(SE)和双逃逸峰(DE)等。当然，根据不同的探测介质与不同的入射能量，以上各峰的表现也不一样，典型的 HPGe 谱仪输出的能谱形如图 4.4 所示。

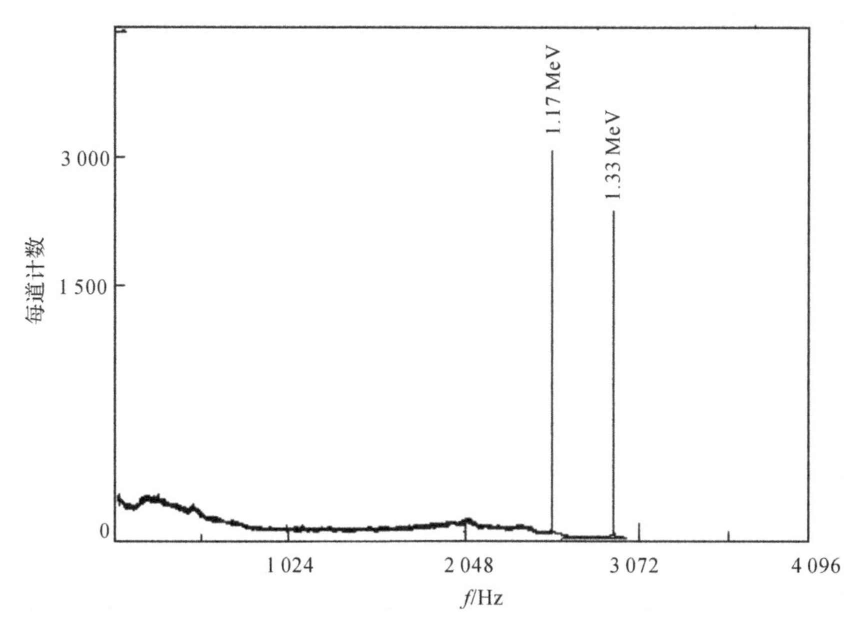


图 4.4　用 30 cm$^3$ 的同轴 HPGe 所测到的$^{60}$Co 源能谱形

除了考虑以上三种效应以外，在实际测量中，γ 能谱的形成过程中还伴随着其他的作用过程，从而使 γ 射线谱形更趋复杂化。

1. 散射光子与反散射峰

γ 射线打到源的衬托物上、探头外壳上（包括封装晶体的外壳与光电倍增管的光阴极玻璃）以及在周围屏蔽物质上都可以发生散射，产生散射光子，它们进入晶体被吸收使康普顿坪区的计数增加。另外，在康普顿坪上 200 keV 左右的反冲电子能量位置上能经常看到一个小的突起，这是入射光子在周围材料上产生的 180°方向的反散射光子所引起的，称为反散射峰。它的能量随入射光子的能量变化不大，通常在 200 keV 左右。因此，反散射峰的位置总是差不多。对$^{137}$Cs 的 0.662 MeV 的 γ 射线来说，计算得到的反散射光子能量为 0.184 MeV。

2. 湮没辐射峰

对较高能量的 γ 射线来说，当它在周围物质材料中通过电子对效应产生的正电子湮没时，放出的两个 0.511 MeV 的 γ 光子，可能有一个进入晶体，产生一个能量为 0.511 MeV 的光电峰及相应的康普顿坪，这个光电峰叫作湮没辐射峰。当放射源具有 $\beta^+$ 衰变时，$\beta^+$ 在周围物质中，特别是在放射源托架中湮没时也会产生湮没辐射。因此，在这种核素的 γ 谱上总可以看到湮没辐射峰。图 4.5 给出了用 NaI(Tl)闪烁谱仪测到的 γ 能谱，图中可以清楚地看到湮没辐射峰。

3. 特征 X 射线

许多放射源在 β 衰变中有轨道电子俘获或在 γ 跃迁中有内转换电子发出，其伴随着特征 X 射线放出，它们在能谱上形成特征 X 射线峰。例如在$^{137}$Cs 的 γ 谱上，最左边有一个 32 keV 的特征 X 射线峰。

γ射线与周围物质的原子发生光电效应，也可以发出X射线。例如，γ射线在屏蔽层铅中作用可引起铅的88 keV的X射线。这种辐射并不总是可以忽略的，特别是在低能γ或X射线测量中，有时需要对这种辐射效应进行校正。

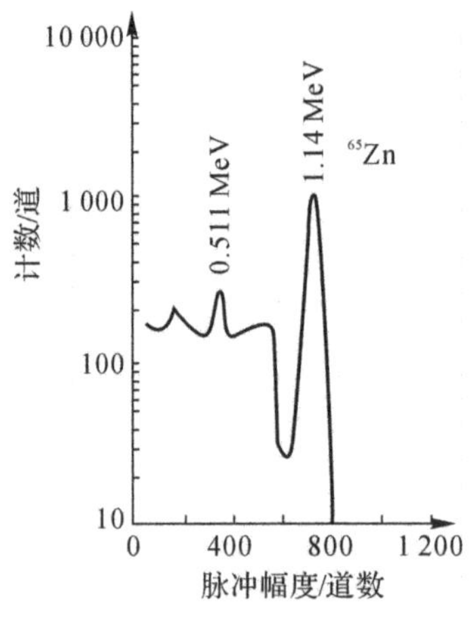


图 4.5　$^{65}$Zn 的γ能谱

4. 韧致辐射

γ射线常伴随β衰变放出，而β射线在物质中被阻止时会产生韧致辐射。韧致辐射的能量是连续分布的，它会影响γ射线的能谱，特别是当放射源的β射线很强、能量高而γ射线较弱时，韧致辐射的影响就更为严重。图4.6给出了$^{91}$Y的γ能谱。$^{91}$Y放出1.19 MeV的γ射线，但产额仅为2%，而β射线很强，产额为100%，在它的γ谱的康普顿坪区可以明显地看到韧致辐射的干扰。

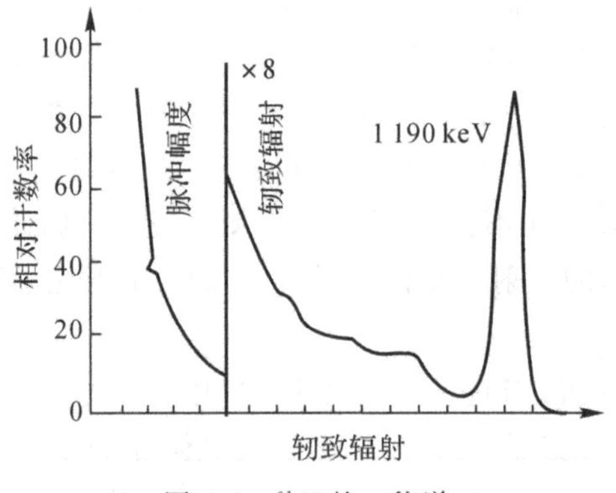


图 4.6　$^{91}$Y 的γ能谱

为了防止β射线进入探测器，通常在放射源与探测器之间放置一块β吸收片。由于在原子序数大的材料中，韧致辐射更容易发生，因此，这种吸收片要用低原子序数的材料(如Be、Al、聚乙烯等)做成，质量厚度为500～1 500 mg/cm$^2$。此外，源衬托及支架等也要用低原子序数的材料做成，这样韧致辐射的影响一般可以忽略。

5. 累计效应

γ射线入射到探测器中与物质相互作用产生的次级γ射线可以再次与物质发生相互作

用,其结果使得全能峰的计数增加,产生累计效应。例如,当 γ 射线在晶体中发生康普顿散射时,散射光子可能在没有逃出晶体前又和晶体物质原子发生相互作用。再次的相互作用可以继续发生散射,也可以发生光电效应的吸收。由于散射光子能量已降低,后者更容易发生。散射光子在晶体中再次引起能量被吸收的事件实际上几乎是与原散射中反冲电子被吸收的事件同时发生的,它们引起晶体发光在时间上是完全重合的,这样就只输出一个脉冲,其幅度等于晶体两次吸收光子能量之和所输出的脉冲幅度。若吸收 γ 光子的全部能量,就造成全能峰的脉冲幅度。这样,可使本来是属于康普顿坪中的脉冲转到全能峰中去,提高了全能峰中的脉冲数。

除康普顿散射外,在 γ 射线的其他相互作用中,也会发生累计效应。例如,对于电子对效应,也就相当于湮没辐射的两个光子又被晶体完全吸收而产生一个全能峰的脉冲。由于累计效应的存在,峰总比要提高。

累计效应的大小与射线能量、晶体材料、晶体大小与形状等特性有关。当射线能量低及晶体尺寸增大、晶体直径与厚度之比近于 1 时,累计效应更容易发生。为了比较,图 4.7 画出了对 NaI(Tl)晶体两种不同尺寸的峰总比,同时还画出了没有累计效应时的峰总比(光电效应截面 $\sigma_{ph}$与总截面 $\sigma_{ph}+\sigma_c+\sigma_p$之比)。可以看出,随着 γ 射线能量的增加,峰总比总是减少的,当晶体尺寸变大时,峰总比总是变大的。Ge 晶体的原子序数低于 NaI(Tl),其体积一般也较小,因而 γ 射线在其中的康普顿散射作用较强,散射光子也较容易跑出,故与 NaI(Tl)相比,累计效应较少发生,能谱显示出峰总比较小。图 4.8 给出了两种 Ge(Li)探测器的峰总比。从图 4.7与图 4.8 可以看出,对 NaI(Tl)来说,一般峰总比可达 1/4～1/2,对 Ge(Li)只有几十分之一。

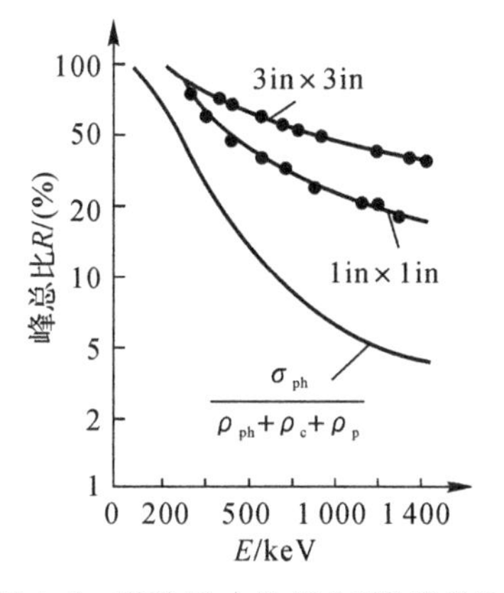


图 4.7　两种尺寸的 NaI(Tl)峰总比
注:1 in=2.54 cm。

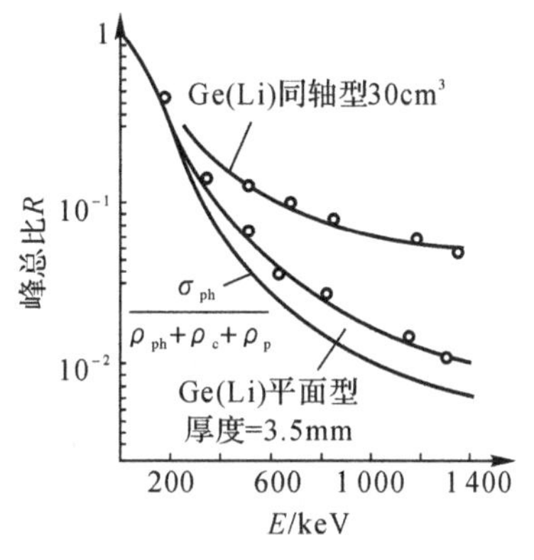


图 4.8　两种尺寸的 Ge(Li)峰总比

在 NaI(Tl)晶体中,累计效应对全能峰有一定“加宽”作用。NaI(Tl)晶体发光线性不是很好,尤其是在低能区,每单位能量吸收产生的脉冲幅度要比在高能区(1 MeV 左右)大 10%左右,因此通过累计效应所产生的脉冲将比用同样能量吸收的一次作用的脉冲幅度要大。对通常尺寸的晶体,全能峰中有相当多的脉冲来自累计作用,而它们的平均脉冲幅度又不一样,这样就会使全能峰的线宽增加,称为本征加宽。而对 Ge 晶体,由于它的线性好,不存在这种加宽作用。

6.和峰效应

在测$^{60}Co$源的γ谱时，一次衰变放出的两个级联γ光子(1.17 MeV与1.33 MeV)，它们有可能同时被晶体吸收，这是一个真符合事件，此时探头不是输出两个分开的脉冲，而是输出一个幅度相当于这两个光子吸收能量之和的脉冲，这种脉冲的产生称和峰效应。当这两个γ光子都发生全能量吸收时，在γ谱上相应于2.5 MeV处会产生一个峰，称真和峰，如图4.9所示。按符合公式，真和峰计数率$n_s$为

$$n_s = A\varepsilon_{sp1}\varepsilon_{sp2} \tag{4.1}$$

式中：$A$——放射源强度；

$\varepsilon_{sp1}$与$\varepsilon_{sp2}$——探测器对$\gamma_1$和$\gamma_2$的源峰探测效率。

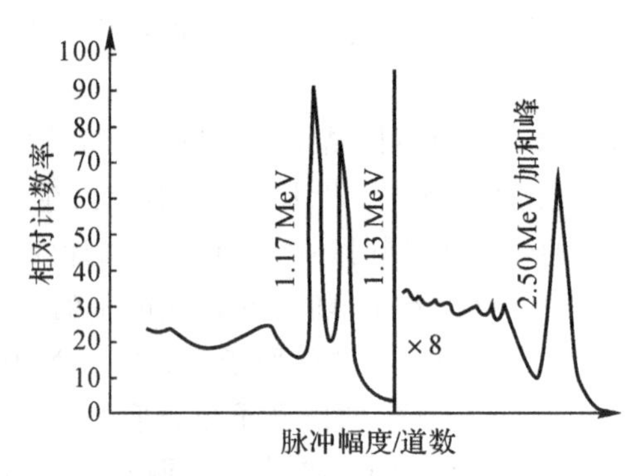


图4.9 $^{60}Co$的γ谱[10 cm×10 cm NaI(Tl)，相对立体角40%]

由式(4.1)可以看出，和峰效应与探测效率有很大关系，当晶体尺寸和探测器立体角都大时，容易产生和峰效应。若放射源的级联辐射中有一个γ光子伴随内转换现象，那么还有特征X射线产生，这时将产生两个和峰，一个是两个γ光子的和峰，另一个是一个γ和一个X的和峰，能谱进一步复杂化。$^{181}Hf$和$^{132}Te$就是这样的例子。$^{132}Te$的能谱如图4.10所示。

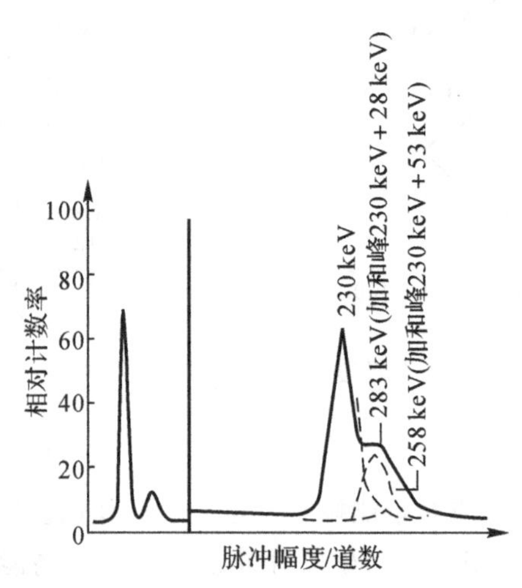


图4.10 $^{132}Te$的衰变图和γ能谱[10 cm×10 cm NaI(Tl)，相对立体角40%]

除级联辐射的真和峰外，通过偶然符合也能形成和峰，这是非同一个原子核在谱仪分辨时间$\tau$内同时衰变放出的γ光子所造成的，偶然符合计数率$n_{\gamma c}$为

$$n_{\gamma c}=2n_{P}^{2}\tau \tag{4.2}$$

式中：$n_p$—— 全谱下总计数率；

　　$\tau$—— 分辨时间。

可见，由偶然符合造成的脉冲叠加在高计数率时十分严重，并与谱仪的分辨时间 $\tau$ 成正比。

7. 碘逃逸峰

当 γ 光子在晶体中发生光电效应时，原子的相应壳层上将留下一空位，当外层电子补入时，就有 X 射线或俄歇电子发射出来。在 NaI(Tl)晶体中，碘原子的 K 层特征 X 射线能量是 28 keV，若光电效应在靠近晶体表面处产生，则这一 X 射线可能逸出晶体，相应的脉冲幅度所对应的能量将比入射光子的能量小 28 keV，这种脉冲所组成的峰称为碘逃逸峰。

图 4.11 给出了 $^{77m}$Se 的能谱，在光电峰左侧相距 28 keV 处的一个小峰就是碘逃逸峰，一般在 γ 射线能量大于 170 keV 时，随着 γ 射线能量的增加，这个峰就逐渐看不到了。这是因为较高能量的 γ 射线进入晶体内部深处所放出的 28 keV 的 X 射线就不容易逸出了；另外，由于峰的半宽度随着能量的增加，碘逃逸峰也就不太分得开了。

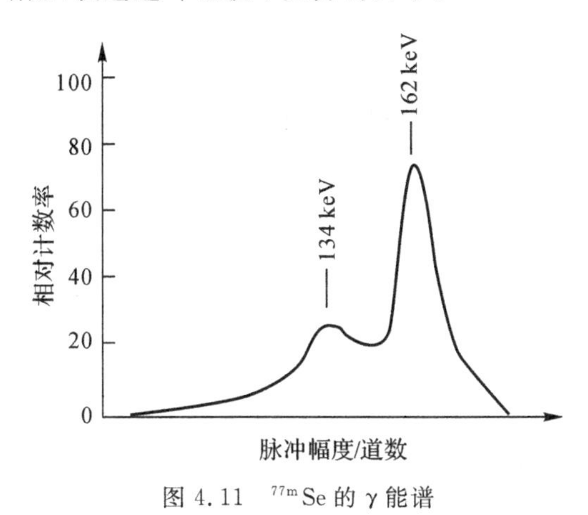


图 4.11　$^{77m}$Se 的 γ 能谱

对 HPGe 来说，由于 γ 射线容易进入晶体深处以及 Ge 的特征 X 射线能量更低，约 10 keV，容易被吸收，故碘逃逸峰不易看到。但对于小于几十 keV 的低能 γ 和 X 射线，仍要考虑这种效应。

8. 边缘效应

当 γ 射线在晶体物质深处发生相互作用时，γ 光子转移给次级电子的动能在一般情况下都为晶体所吸收。但若这个次级电子产生在靠近晶体边缘处，它可能逸出晶体以致这部分动能损失在晶体外，所引起的脉冲幅度也相应地减少些，这种效应称为边缘效应。特别是对于高能 γ 射线，由于次级电子的能量较高，因而其射程较长，边缘效应的影响更大些。

能量高的次级电子还可能通过辐射损失能量，而此辐射逸出晶体会影响 γ 射线的吸收。

通过以上的讨论可以看到，测量一个核素发出的 γ 射线的能谱，所得的谱形与很多因素有关，归纳起来有以下几个方面：

(1)γ 射线的能量和分支比。对于不同能量的 γ 射线，γ 能谱具有不同的特征。当能量较低时，主要是光电峰，包括出现的碘逃逸峰。对中等能量，除光电峰以外还有康普顿坪。当能量较高时，特别是在 1.5 MeV 以上，谱形上又出现单逃逸与双逃逸峰等。

(2)放射源的特性，比如是否有特征 X 射线及 β 射线放出，是否有级联辐射等。

(3)探测器的物理性质，包括探测器类型、晶体大小和形状、能量分辨率等。

(4)试验条件和环境布置，如周围物质、屏蔽材料、与源的距离、计数效率高低等。

### 4.2.2 能量刻度

为了根据 γ 射线的能量确定所测谱的峰位(道址)，或反过来，根据所测峰位确定 γ 射线的能量，都需要预先对谱仪进行能量刻度。能量刻度就是在谱仪所确定的条件下(包括谱仪的组成元件和使用参数，如高压、放大倍数、时间常数等)，利用一组已知能量的 γ 源，测出对应能量的全能峰峰位，然后作出能量和峰位(道址)的关系曲线。有了这样的能量刻度，测到了未知 γ 射线的峰位即可求出 γ 射线的能量。根据能量刻度结果还可以检验能谱仪的线性范围和线性好坏。典型的能量刻度曲线近似为一直线，如图 4.12 所示，此直线不一定通过坐标原点。通过对一组试验所测能量刻度数据的最小二乘法曲线拟合，可得到线性方程如下：

$$E(x_p)=Gx_p+E_0 \tag{4.3}$$

式中：$x_p$—— 峰位；

$E_0$—— 直线截距(对应零道所代表的能量)；

$G$—— 直线的斜率，即每道所对应的能量间隔，又称为增益，单位为 keV/ 道。

能量刻度曲线也可以写成另一种形式：

$$x_p=Z+E/G \tag{4.4}$$

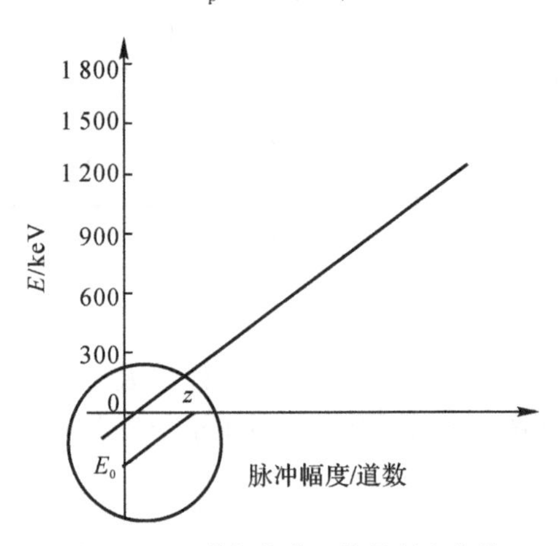


图 4.12　γ 谱仪的典型能量刻度曲线

进行能量刻度时常用一组能量精确知道的 γ 放射源。例如，用国际原子能机构(IAEA)推荐的一组标准源$^{241}$Am，$^{57}$Co，$^{230}$Hg，$^{22}$Na，$^{137}$Cs，$^{54}$Mn，$^{88}$Y，$^{60}$Co，基本上可以满足 60～1.8 MeV 的能区刻度。也可以用具有丰富谱线的放射性核素作标准源，例如$^{152}$Eu(22～1 408 keV)，$^{226}$Ra(186～2 448 keV)或$^{56}$Co(847～3 454 keV)。近年来，一些国家的计量单位和厂商还提供一些混合核素的标准源，以便于用一个放射源即可进行宽能区的能量刻度和效率刻度。在大于 3 MeV 的高能区，可利用的核素不多，有时可利用热中子在$^{14}$N，$^{3}$H 等核素上的俘获辐射来刻度，而 8 MeV 以上的，则要靠(p，γ)反应产生的 γ 辐射来刻度。在进行能量刻度时，要定准所测到的峰位，一般可用图解法将峰位定在峰上最高计数的一道，但这样是不够精确的。

比较好的方法是先进行曲线光滑，然后求一阶微商，过零点即为其峰位。也可用曲线拟合法定出。

在能量刻度中的能量和道数的关系是一直线，即如式(4.3)所示。实际上，有时要考虑非线性问题，通常用一个二次多项式来表示：

$$E = a_0 + a_1 x_p + a_2 x_p^2 \tag{4.5}$$

式中：$a_0$—— 零道所对应的能量；

$a_1$—— 增益；

$a_2$—— 系统的非线性，一般是个很小的值。

利用多点数据，通过最小二乘法求出 $a_0$，$a_1$ 与 $a_2$，也可用更高次多项式表示。

能量刻度是在一定条件下进行的，样品测量时也应保持测量条件一致，每当测量条件有较大变化时，应重新进行刻度，在使用过程中也应定期校核。

对 HPGe 谱仪来说，其能量分辨率好，线性也好，因此所测能谱的峰位可以定得十分准确。这就是说，只要能量标准是准确的，用 HPGe 谱仪测量 γ 能量要比用 NaI(Tl)谱仪有更高的精确度。如果适当地防止仪器不稳和线性偏离，HPGe 谱仪测量能量的精确度可达到几百电子伏甚至几十电子伏，在常规测量中也容易达到 0.2 keV 的水平。而用 NaI(Tl)谱仪测量峰能量的精确度最好只能达到 5 keV 左右。

在进行能量刻度时，也可以进行分辨率刻度，即求出谱仪半宽度和射线能量或峰位间关系，例如写成如下形式：

$$\mathrm{FWHM} = W_1 + W_2 x_p + W_2 x_p^2 \tag{4.6}$$

式中：$W_0$，$W_1$，$W_2$—— 分辨率刻度系数；

$x_p$—— 峰位。

这样的分辨率刻度曲线也是很有用处的，它不仅说明了谱仪的分辨率指标，而且在解谱中可根据峰位就把半宽度求出，从而在许多问题中可把半宽度作为已知的参量来处理，例如，用来计算峰面积、判别峰的真假、识别峰是重峰还是反散射峰等。

## 4.3　γ 射线强度测量与效率刻度

要确定 γ 射线的强度，必须知道探测器的探测效率，探测效率既与 γ 射线的能量有关，又与探测器的类型，晶体的大小、形状及源与探测器的几何位置等因素有关，所以要对每一台谱仪单独进行效率刻度。效率刻度是一项非常复杂的工作，此处不做详细的说明，感兴趣的读者可以查阅原子能出版社出版的《原子核物理试验方法》。

# 第5章　中子探测基础

中子探测是一项比较重要的内容，它在粒子探测中占有特殊的地位。其原因主要有以下三个方面：

(1)在20世纪30年代末，发现中子轰击铀原子核能引起核的分裂，并释放出巨大的能量，从而开辟了一条原子能利用的道路。中子在核能的释放过程中起着关键的作用，所以研究中子的性质和研究中子与物质的相互作用是过去几十年也是目前研究的一个重要方向。例如，核反应堆、核武器的设计和试验，都需要精确知道各种能量的中子与物质相互作用的截面、角分布等参数。这就大大促进了中子与核相互作用参数的测量工作。在进行这些参数测量时，要用到各种中子探测技术。

(2)近年来，中子活化分析、中子测水分、中子测井、探矿、中子照相、中子辐射育种和中子治癌技术有了很大的发展，这些工作都涉及中子的测量。

(3)中子不带电，它与原子核作用时不受库仑位垒的阻挡，利用中子引起的核反应研究核的性质，具有一定的优越性。因此关于中子以及与中子有关的一些问题的研究，已经发展成为一门专门的学科——中子物理学，而中子的探测也成为一个专门的研究领域。

## 5.1　中子与物质的相互作用

通常中子按能量大小进行如下分类：①高能中子，能量大于10 MeV；②快中子，能量在100 keV～10 MeV之间；③中能中子，能量在1～100 keV之间；④慢中子，能量在0～1 keV之间。慢中子根据需要又可分为冷中子、热中子、超热中子、镉中子以及共振中子等。能量低于热中子的中子称为冷中子。热中子是指与周围介质的原子(或分子)处于热平衡状态时的中子，其能量为0.025 3 eV左右。能量略高于热中子的中子称为超热中子。共振中子是指能量在1～100 eV范围内的中子，因为这种中子与原子核作用时，能够发生强烈的共振吸收。在很多有关慢中子的研究工作中，常用相当薄(厚度为0.5～1 mm)的镉片把热中子挡住，因为镉对能量低于0.4 eV以下的中子具有很大的吸收截面，通常把这种能被薄镉片吸收的中子叫作镉中子，而把能穿过镉片的中子(能量大于0.4 eV)称为镉上中子。

不同能量的中子与物质相互作用的种类和机制也不相同。中子与物质相互作用的类型可以粗略分为散射和吸收。中子散射根据能量的变化可分为弹性散射(n,n)和非弹性散射(n,n′)。吸收过程又可分为辐射俘获(n,γ)、发射带电粒子(n,p)、裂变反应(n,f)、多粒子发射(n,np)等。

1. 弹性散射

在弹性散射中，原子核与中子之间动能交换，原子核的内能不变，相互作用体系的动能和动量守恒。弹性散射可以分为势散射和复合核散射。势散射是中子受核力场作用发生的散射，这时中子未进入核内，而是发生在核的表面。复合核弹性散射是中子进入核内形成复合核，而后放出中子。根据对中子弹性散射特性的研究，轻元素是良好的快中子减速剂。因此，在中子防护中，常选用含氢物质或原子量小的物质（如水、聚乙烯、石蜡、石墨、氢化锂等）作为快中子的减速剂。

2. 非弹性散射

非弹性散射分为直接相互作用和复合核过程。直接相互作用过程是入射中子和靶核的核子发生非常短时间（$10^{-22} \sim 10^{-21}$ s）的相互作用，在每次作用过程中子损失的能量较小。复合核过程是入射中子进入靶核形成复合核，在形成复合核过程中，入射中子和核子发生较长时间（$10^{-20} \sim 10^{-15}$ s）的能量交换。

在非弹性散射中，入射中子所损失的能量不仅使靶核受到反冲，而且有一部分转变为靶核的激发能。因此，非弹性散射过程满足总能量和动量守恒，但不满足动能守恒。

非弹性散射发生的概率和入射中子的能量有关。只有当入射中子的能量大于靶核的第一激发能时才能发生非弹性散射。重核的第一激发能级在基态以上 100 keV 左右，随着原子量的增加，能级间隔愈来愈小，轻核的第一激发能级大约在基态以上几兆电子伏以上。因此，快中子与重核相互作用时，与弹性散射相比，非弹性散射占优势。根据这一特性，在中子防护中，往往掺入重元素或用重金属与减速剂组成交替屏蔽。

3. 辐射俘获

中子入射靶核中，与靶核形成激发态的复合核，然后复合核通过发射一个或几个 $\gamma$ 光子而回到基态，这一过程称为辐射俘获。

任何能量的中子几乎都能与原子核发生辐射俘获，其反应截面仅和中子能量有关。反应截面在低能区除共振外，一般随 $1/\sqrt{E}$ 变化。

各种核素的热中子俘获截面变化很大。在实际中，常用镉作为热中子吸收剂，因它的俘获截面很大 $\sigma_\gamma=19\ 910$ b（靶），大约 2 mm 厚的镉基本上可以把射在它上面的热中子吸收完。

4. 发射带电粒子

中子与靶核作用形成复合核，复合核再通过发射带电粒子（$\alpha$ 粒子、$\beta$ 粒子、质子等）而衰变的过程。例如，慢中子引起的（n，$\alpha$）（n，p）反应。在中子屏蔽中，有重要意义的 $^{10}$B 和 $^{6}$Li 参加的反应如下：

$$^{10}\mathrm{B}+\mathrm{n}\rightarrow{}^{7}\mathrm{Li}+\alpha+2.79\ \mathrm{MeV}\quad(6.1\%)$$

$$^{10}\mathrm{B}+\mathrm{n}\rightarrow{}^{7}\mathrm{Li}^{*}+\alpha+2.31\ \mathrm{MeV}\quad(93.9\%)$$

$$^{7}\mathrm{Li}^{*}\rightarrow{}^{7}\mathrm{Li}+0.478\ \mathrm{MeV}\quad(6.1\%)$$

$$^{6}\mathrm{Li}+\mathrm{n}\rightarrow{}^{3}\mathrm{H}+\alpha+4.786\ \mathrm{MeV}\quad(6.1\%)$$

虽然 $^{10}$B 的丰度只有 19.8%，$^{6}$Li 的丰度只有 7.52%，但上述热中子的吸收截面很大，$^{10}$B 热中子的吸收截面为 3 837 b，$^{6}$Li 热中子的吸收截面为 940 b。因此，在防护上常采用 $^{10}$B 和 $^{6}$Li 作为中子的吸收剂。

5. 裂变反应

重核在中子的作用下可以分裂为两个较轻原子核，并伴随放射 2～3 个中子及 200 MeV 左右的巨大能量。

6. 多粒子发射

多粒子发射是当入射中子能量大于中子的结合能时，复合核发射两个粒子或多于两个粒子的核反应，如（n，2n′）（n，np）。

## 5.2　中子探测的基本原理

重带电粒子(如 α 粒子)、轻带电粒子(如 β 粒子)以及电磁辐射(如 γ 射线)的探测,主要是靠射线与物质的某种相互作用实现的。那么,中子的探测也同其他的辐射一样,依靠中子与物质的相互作用实现。

但是,中子的特点是本身不带电,所以中子通过物质时,不能直接引起原子的电离,而是靠中子与原子核的相互作用,产生能引起电离反应的次级粒子才被记录的。因此探测中子的具体方法又和带电粒子有所不同。中子和原子核相互作用的类型主要有核反应、核反冲、核裂变、活化。这四种类型也是探测中子的四种基本原理。

### 5.2.1　核反应法

中子不带电,它与物质原子核之间没有库仑力,因此比较容易进入原子核,发生核反应。选择某种能产生带电粒子的核反应,记录带电粒子的电离现象就可探测中子了。这种方法主要用于探测慢中子的强度,个别情况下,也可以测量快中子能谱。目前,应用最多的是以下三种核反应:

$$n+{}^{10}B \rightarrow \alpha+{}^{7}Li+2.792\ MeV \quad \sigma_0=3\ 837\pm 9\ b \tag{5.1}$$

$$n+{}^{6}Li \rightarrow \alpha+{}^{3}T+4.786\ MeV \quad \sigma_0=940\pm 4\ b \tag{5.2}$$

$$n+{}^{3}He \rightarrow p+{}^{3}T+0.765\ MeV \quad \sigma_0=5\ 333\pm 7\ b \tag{5.3}$$

上面三个反应式中,2.792 MeV,4.768 MeV,0.765 MeV 分别为这三个反应过程中释放的能量,即 $Q$ 值,三个反应式都是放热核反应,所以 $Q>0$。$\sigma_0$ 是热中子的反应截面。中子能与很多原子核发生核反应,但是与其他原子核作用的截面一般都是几靶,上述三个反应截面都很大,所以采用这三种核反应来探测中子。

1. ${}^{10}B(n,\alpha){}^{7}Li$ 反应

这个反应是目前应用得最广泛的。其主要原因是硼的材料较容易获得,气态的可以选择 $BF_3$ 气体,固体状态的可以选择氧化硼或炭化硼。天然硼中,${}^{10}B$ 的含量约为 19.8%。为了提高探测效率,在制造中子探测器时多用浓缩硼(${}^{10}B$ 的浓度为 96%以上),而浓缩硼的获得并不十分困难。中子与 ${}^{10}B$ 作用有两种反应过程:

$$n+{}^{10}B \xrightarrow{\sigma_0=3\ 837\pm 9b} \begin{cases} {}^{7}Li+\alpha+2.792\ MeV & (6.1\%) \\ {}^{7}Li^{*}+\alpha+2.31\ MeV & (93.9\%) \end{cases} \tag{5.4}$$

第二种方程式的反应产物是 ${}^{7}Li$ 的激发态 ${}^{7}Li^{*}$,它的平均寿命是 $7.3\times 10^{-14}$ s,通过释放能量为 0.478 MeV 的 γ 光子跃迁到基态,这种方式占 93.9%。这种探测器目前应用比较广泛,主要是因为材料比较容易获得。

对于慢中子,很多元素与它的作用截面随中子能量的变化有一定的规律。在很大的范围内是一条直线,如图 5.1 所示,其斜率是 −0.5,可以用关系式 $\lg\sigma=-0.5\lg E$ 表示。亦即截面与能量的关系是 $\sigma^2\sim 1/E$,把中子的能量代入可知:在慢中子能区,中子能量满足上述的关系式,$E=0.5mv^2\sim v^2$,所以,$\sigma\sim 1/v$,此即截面变化的 $1/v$ 定律。

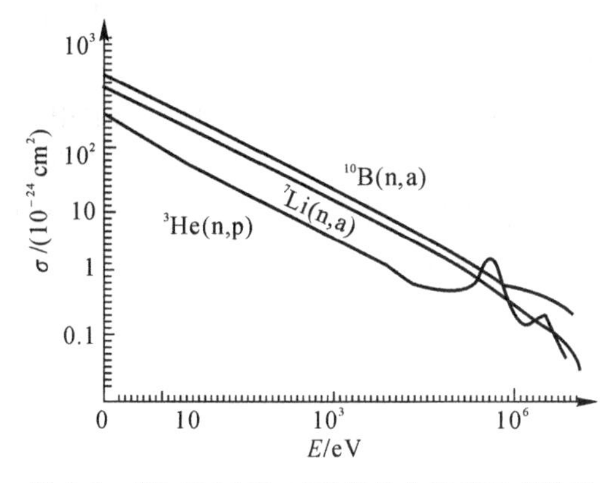


图 5.1 $^{10}B$,$^{7}Li$,$^{3}He$ 三种核的中子核反应截面

在中子能量小于 1 keV 的区域内,不仅硼是这样,锂和其他元素也有这样的规律。通常利用截面具有 $1/v$ 定律的材料构成的探测器又称为 $1/v$ 探测器。

基于$^{10}B$ 反应原理的探测器有三氟化硼正比管、含硼电离室和载硼闪烁计数器等。

2. $^{6}Li(n,\alpha)^{3}T$ 反应

这个反应的优点是放出的能量最大,所以把中子产生的信号和 γ 本底区分开来较容易。其缺点是 Li 没有合适的化合物,使用时只能采用固体材料。另外,天然锂的含量只有 7.5%,以天然锂做成的探测器,其探测效率很低,通常都用高浓缩的氟化锂($^{6}Li$ 的含量 90%~95%),这样价格就高了。

3. $^{3}He(n,p)^{3}T$ 反应

这个反应的优点是反应截面最大。其缺点是反应放出的能量最小,探测器不容易去除本底,而且天然氦气中$^{3}He$ 的含量非常低,大约只占 $1.4\times10^{-4}$%,所以$^{3}He$ 的获得比较困难。制备$^{3}He$ 有两种方法:一种方法是靠同位素分离技术,把$^{3}He$ 从天然氦气中分离出来;另一种方法是由同位素氚 β 衰变后得到,这时往往气体中含有氚,因此要有特殊消除氚的装置。用这两种方法制备氦的价格都比较高,20 世纪 70 年代以后才逐渐用起来,多数是制成$^{3}He$ 正比计数管或电离室。

### 5.2.2 核反冲法

入射能量为 $E$ 的中子和原子核发生弹性散射时,中子的运动方向发生改变,能量也有所减少。中子减少的能量传递给原子核,使原子核以一定的速度运动。这个原子核就称为反冲核。反冲核具有一定的电荷,可以作为带电粒子来记录。记录到了反冲核就是探测到了中子。这种方法就称为反冲法。

由动量、能量守恒定律可以推出,反冲核的质量越小,获得的能量就越大,所以在反冲法中,通常都选用氢核做辐射体。这时反冲核就是质子,有时也称反冲质子法。

发生散射后,反冲质子的能量和出射方向由动量守恒和能量守恒定律给出:

$$E_P = E_n \cos^2\phi \tag{5.5}$$

式中:$\phi$—— 反冲质子的出射角(反冲核出射方向与中子方向的角)。

当 $\phi=0°$ 时,相当于入射中子与氢原子核迎面正碰,反冲核获得的能量最大,$E_p=E_n$。

当 $\phi=10°$ 时，$\cos\phi=0.9848$，$\cos^2\phi=0.97$，则 $E_p=0.97E_n$，即当出射角在 0°～10° 之间变化时，反冲质子的能量只变化了 3%。

在实际中，单测 0°方向质子计数太少，一般都是测量沿入射中子束方向，张角为±10°的反冲质子。这时探测器接收到的反冲质子较多。测量的反冲质子的能量粗略地等于入射中子的能量，这样中子能量的测量就转化为质子能量的测量。图 5.2 给出了氢的中子散射截面，可以看出，在入射中子能量较低时(<0.8 MeV)散射截面还是比较大的。

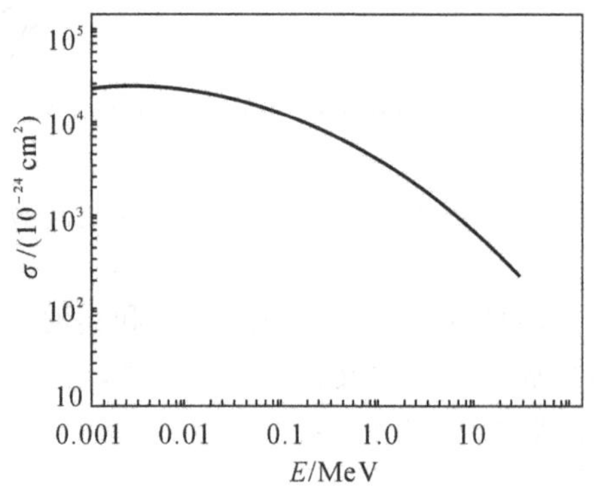


图 5.2 氢的中子散射截面

### 5.2.3 核裂变法

中子与重核发生作用可以引起裂变反应，通过测量产生的裂变碎片数就可以求得中子通量密度，重核裂变如图 5.3 所示。裂变法的优点是裂变碎片的动能大，一般两个裂变碎片的总动能为 150～170 MeV，每一裂变碎片的动能都在 40～110 MeV 之间，它形成的脉冲比 γ 本底脉冲大得多，可用于强辐射场内中子的测量。这对于探测反应堆中子通量密度特别有意义。但由于裂变碎片的能量比中子能量大得多，因此，此法不能用于测量中子能量。

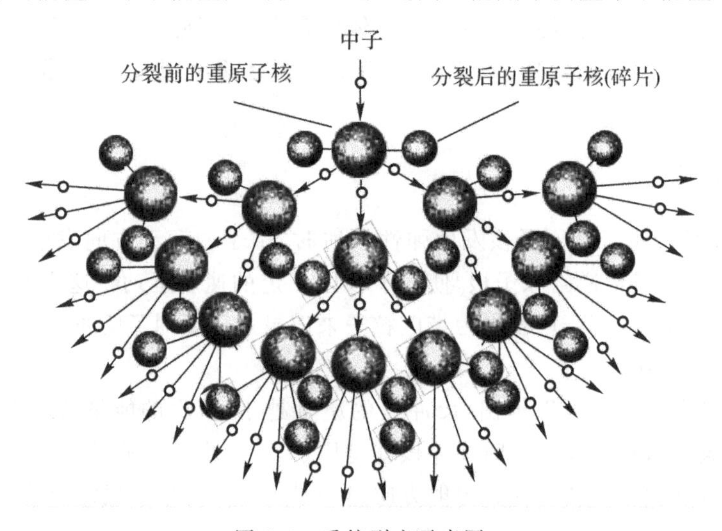


图 5.3 重核裂变示意图

由于慢中子和快中子都能引起裂变反应，所以裂变探测器探测中子能量的范围较大。

对于慢中子和热中子总是选用 $^{233}U$，$^{235}Pu$ 和 $^{239}U$ 作裂变材料，它们的热中子和裂变截面值见表 5.1。

**表 5.1　三种裂变材料的热中子截面**

| 裂变材料 | $\sigma_f/(10^{-24}\,cm^2)$ |
| --- | --- |
| $^{235}U$ | 583.5±1.3 |
| $^{239}Pu$ | 744.0±2.5 |
| $^{233}U$ | 529.9±1.4 |

许多重核只有在入射中子的能量大于某个值(称为阈值)后，才发生裂变。因此可利用一系列具有不同阈能的裂变核素来判断中子的能量，例如只有当中子能量大于 1.2 MeV 时，才能引起 $^{238}U$ 的裂变。这类探测器称为有阈探测器。

表 5.1 介绍了常用作探测器材料的特性。选择不同阈能的裂变材料作辐射体，便可测量某一能量范围内的中子通量密度。

核裂变法的缺点是探测中子的效率低。因为裂变碎片的射程极短，在铀中平均射程约为 8 mg/cm$^2$，裂变材料(辐射体)厚度只能做得很薄，一般是涂成薄膜，即使采用的高浓缩铀测量中子的效率也仅为 $10^{-3}$。采用增加辐射体的面积来提高效率也有困难。因为裂变物质本身是放射 $\alpha$ 粒子的。单个 $\alpha$ 粒子的脉冲幅度小(能量低)，但从大面积裂变物质上会有大量的 $\alpha$ 粒子发射，在探测器分辨时间内，大量小脉冲叠加起来，就会形成超过甄别阈的本底脉冲。

### 5.2.4　活化法

中子和原子核互相作用时，辐射俘获是很主要的作用过程。中子很容易进入原子核，形成一个处于激发态的复合核，复合核通过发射一个或几个光子迅速跃回到基态。这种俘获中子，放出 $\gamma$ 辐射的过程称为辐射俘获，用$(n,\gamma)$表示。一个典型的例子就是用 In 作激活材料，它受中子的照射时，发生如下反应：

$$n + {}^{115}In \rightarrow {}^{116}In^* \rightarrow {}^{115}In + \gamma \tag{5.6}$$

生成新的核素一般都是不稳定的，$^{116}In$ 就是 $\beta$ 放射性的，衰变方式如下：

$$^{116}In \rightarrow {}^{116}Sn + \gamma \tag{5.7}$$

这种现象称为活化或激活，所产生的放射性称为感生放射性。测量经中子照射后材料中的放射性，就可知道中子的强度，这就是活化法。

综上所述，中子探测的 4 种基本原理，就是中子与原子核相互作用的 4 种基本过程。

在不同的中子能区，这些作用过程的截面相差很大，所以对不同能区的中子要采取不同的探测方法和探测器。由于中子作用的截面一般都不大，所以中子的探测效率是较低的。与 $\alpha$ 粒子、$\beta$ 粒子和 $\gamma$ 射线相比，中子的探测效率要低一些，过程也复杂一些，测量精度也要差一些。

探测中子时，在大多数情况下，中子辐射场总是伴随存在 $\gamma$ 辐射，而中子探测器往往对 $\gamma$ 射线也有一定的响应，所以探测中子时，常遇到中子和 $\gamma$ 的甄别问题。

# 5.3 常用的中子探测器

根据上述的基本原理，可以看出中子的探测过程可分为以下两个部分：

(1)由中子与原子核的某种相互作用，产生带电粒子或感生放射性；

(2)用某种探测器记录带电粒子。

记录带电粒子的种类繁多，它们有各自不同的性能和特点，适用于不同的场合，这里介绍一些常用的探测器。

## 5.3.1 气体探测器

1. 三氟化硼($BF_3$)正比计数管

测量中子最通用的是三氟化硼正比计数管，通常称 $BF_3$ 计数管。热中子通过 $^{10}B(n,\alpha)^7Li$ 反应在计数管内产生离子对，再经气体放大产生电信号。这种计数管测量热、慢中子的效率相当高。在计数管外套上一层石蜡或塑料慢化剂，也可以用于记录快中子。

(1)输出脉冲的幅度及其分布。中子射入计数管，由 $^{10}B(n,\alpha)^7Li$ 反应产生 α 粒子和 Li 原子核，它们以相反的方向飞开。反应放出的能量 2.792 MeV(6.1%)或 2.31 MeV(93.9%)，由 α 粒子和 Li 原子核分配，它们的能量可根据动量和能量守恒算出。

若忽略中子带来的动量和能量(由于 $E_n \ll Q$)并用 $m_1$ 和 $m_2$ 分别表示 α 粒子和 $^7Li$ 原子核的质量，用 $v_1$ 和 $v_2$ 分别表示它们的速度，则有

$$\left.\begin{aligned} m_1 v_1 + m_2 v_2 = 0 \\ \frac{1}{2} m_1 v_1^2 + \frac{1}{2} m_2 v_2^2 = Q \end{aligned}\right\} \tag{5.8}$$

解该联立方程得：α 粒子的能量为(7/11)$Q$，$^7Li$ 核得到的能量为(4/11)$Q$。因此，在大多数情况下(93.9%)，α 粒子的能量为 1.47 MeV，$^7Li$ 的能量为 0.8 MeV。能量为 1.5 MeV 的 α 粒子在 $BF_3$ 计数管中的射程为 1 cm，$^7Li$ 核在 $BF_3$ 中的射程要短一些，这两种粒子产生的电离作用是相近的。假定 α 粒子和 $^7Li$ 核的射程都在计数管有效体积内，它们产生的离子对总数为

$$N_0 = \frac{2.31 \times 10^6\ \text{eV}}{w} = \frac{2.31 \times 10^6\ \text{eV}}{30\ \text{eV}} = 77\ 000\ 对 \tag{5.9}$$

$w$ 是在 $BF_3$ 气体中产生一对离子要消耗的能量，约为 30 eV。因此，一个中子和 $^{10}B$ 作用后，产生的离子对数为 77 000 对。假如 $BF_3$ 计数管的电容是 4 pF。正比计数管的放大倍数约为 10 倍，这些离子数引起的脉冲幅度为

$$V_0 = \frac{MN_0 e}{C_0} = \frac{10 \times 77\ 000 \times 1.6 \times 10^{-19}}{4 \times 10^{-12}} \approx 30\ \text{mV} \tag{5.10}$$

因此计数管最后输出的脉冲幅度约为 30 mV，需要经过放大才能记录。

如果计数管的尺寸很大，核反应产生的 α 粒子和 $^7Li$ 原子核的射程都在计数管气体内，输出的幅度将对应于核反应 $Q$ 值，形成二个单一的峰，两个峰的面积比是 93.9∶6.1。峰位则相应在 2.31 MeV 和 2.79 MeV 处。但如果计数管的尺寸很小，或反应发生在紧靠壁处，则 α 粒子或 $^7Li$ 原子核只有一个被记录，另一个有能量将损失在管壁内。此时输出的脉冲将呈现出

两个台阶的形状。这种效应称为壁效应。几乎所有的实际计数管都有壁效应。

图5.4所示是一个实测的$BF_3$计数管输出脉冲幅度分布，它的壁效应很小，而两个台阶仍然清晰可见。图上A相当于6.1%的过程(反应能为2.78 MeV)给出的脉冲信号。B相当于93.9%过程给出的脉冲信号，在这过程中，同时放出0.478 MeV的γ射线，由于γ比α电离比值小得多，这部分能量几乎没有消耗在计数管内，所以脉冲幅度谱中的B峰对应于总能量的2.31 MeV。B峰越窄，计数管的性能越好，好的计数管分辨率小于10%。图上C和D两个台阶分别相当于α粒子和$^7$Li原子核的贡献。

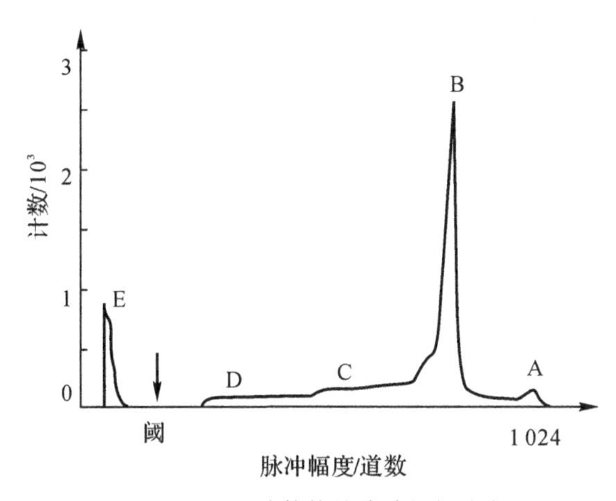


图5.4　$BF_3$计数管的脉冲振幅分布

在测量中子时往往伴随有γ射线，γ射线在计数管壁上打出的电子也能引起电离，而电子的射程要大得多，在计数管灵敏体积内损耗能量产生脉冲信号是比较小的，如图E部分所示。靠一定的甄别阈可以把本底脉冲去掉。测量时甄别阈选在D和E之间，计数最小的地方，这种即能除去γ本底，又能使中子产生的脉冲全部被记录。

当γ辐射较高时，γ脉冲产生堆积叠加而形成高脉冲，E和D之间的计数增加，B峰的分辨率也会变差。这时需要减小输出电路的时间常数，以减少γ辐射信号的堆积。这样做同时也会使中子信号幅度降低。实际应用中，选择适当的时间常数和甄别阈，可以取得最佳的n或γ甄别。

当γ辐射十分强时，γ信号堆积过大，可使E,D,C连成一片，不出现谷和最低点，B峰和A峰也将不再分开，甚至由于$BF_3$气体分子的分离，气体成分发生变化，正比放大机制减弱，中子脉冲幅度显著减少，使中子脉冲和γ脉冲连成一片，无法区分。一般$BF_3$正比计数管适用的γ照射量率上限是$12\times2.58\times10^{-4}$ C/(kg·h)。

(2)坪特性。选取一定的甄别阈以后，改变电压大小，则得到$BF_3$计数管的坪曲线，它的形状与G-M管的坪曲线相似，只是$BF_3$计数管的坪曲线随甄别阈的选择有较大的变化。当屏蔽得很好时，选择合适甄别阈，坪斜会小于1%，坪长可达到500 V以上。

(3)效率。正比计数管记录α粒子或$^7$Li原子核的效率为100%。中子是通过$^{10}$B(n,α)$^7$Li反应产生α粒子和$^7$Li原子核然后被记录的。

$BF_3$计数管探测中子的效率是和$^{10}$B发生反应的中子数与入射中子数之比。

如图5.5所示，假定计数管内中子通量$\phi$是均匀的，计数管有效体积是$V=\pi r^2 l$。$r$和$l$

分别是计数管的半径和有效长度。当中子是垂直于计数管的轴向射来时，在计数管的剖面 $S$ 上入射的中子数为 $S\phi=2rl\phi$，在计数管体积 $V$ 内与$^{10}B$ 发生反应的中子数为 $\phi Vn\sigma=\phi\pi r^2 ln\sigma$，$n$ 为单位体积$^{10}B$ 的原子数，$\sigma$ 是作用截面。根据定义，$BF_3$ 计数管的效率为

$$\varepsilon=\frac{\phi\pi r^2 ln\sigma}{2rl\phi}=\frac{\pi}{2}r\sigma n \tag{5.11}$$

$\pi r/2$ 就是入射中子在横向通过计数管时的平均距离。单位体积中的$^{10}B$ 核数可由阿伏伽德罗常量计算得出，1 g 分子的气体体积为 22 400 $cm^3$，分子数为 $6.022\times10^{23}$ 个，所以单位体积中 $BF_3$的气分子数为 $2.7\times10^{19}$ 个。天然硼中$^{10}B$ 的含量为 19.8%，如管内所充 $BF_3$的气压为 $8\times10^4$ Pa，对热中子，$^{10}B$ 的截面值 $\sigma_0=3\ 837$ b。如果计数管的内径 $r$ 为 2 cm，则此计数管对热中子的效率为

$$\varepsilon=2.7\times10^{19}\times0.198\times\frac{8\times10^4}{1\times10^5}\times3\ 837\times10^{-24}\times\frac{\pi\times2.0}{2}\approx0.05=5\%$$

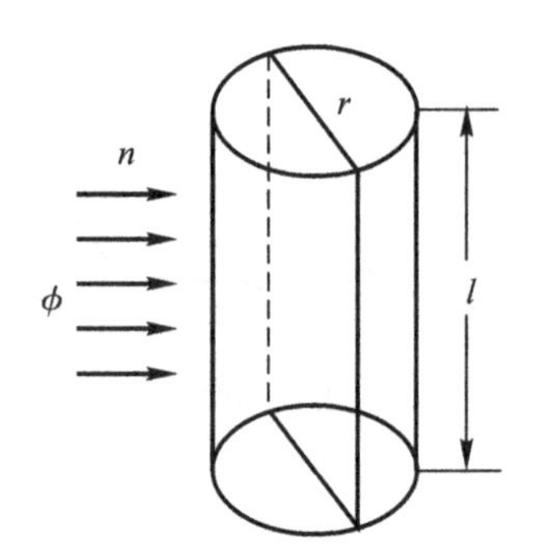


图 5.5　$BF_3$ 计数管效率估算简图

如果中子是沿计数管轴向入射，经过的有效距离长，效率也将高一些。当采用硼($^{10}B$)含量为 96% 的 $BF_3$气体时，效率可提高 5 倍左右。

对于慢中子，$^{10}B$ 的截面是按 $1/v\approx E^{-1/2}$ 变化的，所以中子能量越高效率越低。

测量表明，$BF_3$正比计数管的气体放大倍数随工作电压增大而急剧上升。在低气体放大倍数时，其分辨率较好，并可选取较低的阈值，因而探测效率比取高气体放大倍数时要大些，同时阈值的变化引起计数率的变化也小。另外，在低气体放大倍数时，计数管的抗 $\gamma$ 性能也好。正比计数管在使用时，中子与$^{10}B$ 原子核发生作用，$^{10}B$ 的数目逐渐减少，同时 $BF_3$气体也会分解。这不仅使计数管的效率降低，也会使分辨率变坏。

据报道，当气体放大倍数为 8，40 和 400 时，计数管使用的寿命分别是 $10^{11}$，$10^{10}$ 和 $10^9$ 个计数。

(4)长计数器。$BF_3$计数管是供测量热中子和慢中子用的，它对快中子的效率很低，但若用石蜡(或聚乙烯)使快中子经过慢化后再进入计数管，就可用来记录快中子。一般都用石蜡作长计数管慢化剂，因为灌注加工很方便，但时间长了石蜡容易变形。

图 5.6 给出了长中子计数器的结构示意图。中间部分慢化剂是减速快中子的，对着中子入射方向上开了 8 个孔洞，用来调节低能量的快中子探测效率，没有这些孔测量能量低的快中子效率低。计数管前面盖一层镉片是防止直射热中子计数率过高。为了防止四周附近来的中子射入，在慢化剂外围还有一层慢化剂和吸收剂。这种长计数器从热能到 5 MeV 快中子的探测效率见图 5.7 所示，图中曲线 1 分别为含氢正比计数管、半导体望远镜和光中子源等方法标

定的结果。曲线 2 是将计数管向后 5.5 cm 时的效率。由此可见，计数管所在的位置对效率是有影响的。

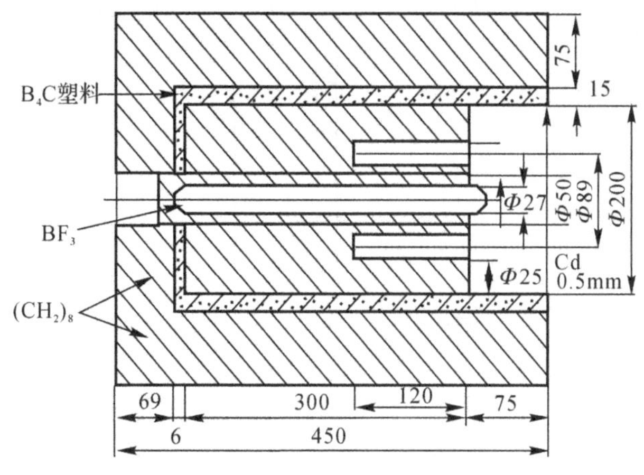


图 5.6　长计数器结构图

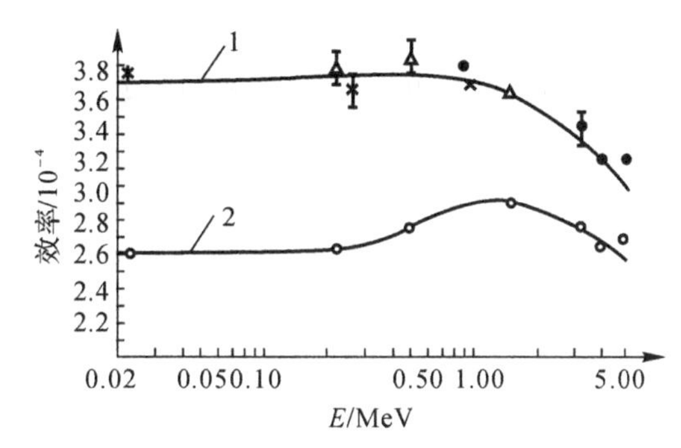


图 5.7　长计数器的探测效率

由于计数管效率随着能量的变化相当平坦，它的偏差不超过 5%，这个平坦区从热能一直延伸到 5 MeV，中子能量跨过好几个数量级，所以它叫作长计数器。

2. 硼电离室和裂变室

硼电离室和裂变室是目前反应堆中必不可少的控制部件。它们是用来探测热中子通量的。反应堆中热中子通量正比于堆的功率，因此可以用这种探测器控制反应堆的启动和运转。

(1)硼电离室。在电离室的电极上涂上一层含浓缩硼($^{10}B$)的膜。中子打在硼膜上，通过$^{10}B(n,\alpha)^7Li$反应产生 α 粒子和$^7Li$原子核，其中之一在气体中产生电离，通常是记录它们引起的电离电流来确定入射中子通量。

在反应堆中，γ 射线是很强的。为了能在强 γ 本底下测量中子通量，直接的办法是选择适当的工作气体和工作状态。例如气体选用氦，并减少 $pd$ 值(充气压力 $p$ 与极间距离 $d$ 的乘积)，可降低 γ 的灵敏度。实际上，常用一种“补偿型电离室”测量中子通量，其结构示意图如图 5.8 所示。$I_{\gamma1}$的两个电极上都涂有$^{10}B$，它既对中子灵敏，又对 γ 灵敏。因此，在这个电离室中除产生中子电流 $I_n$外，还要产生 γ 电流 $I_{\gamma1}$。$I_{\gamma2}$的电极不涂$^{10}B$，在此电离室内只产生 γ 电流 $I_{\gamma2}$。若两个电离室的有效体积相等，$I_{\gamma1}=I_{\gamma2}$。因为在两个电离室上加上了极性相反的电压，

$I_{\gamma1}$和$I_{\gamma2}$通过电流计的方向相反，结果在电流计中流过的电流如下：

$$I = I_n + I_{\gamma1} - I_{\gamma2} \tag{5.12}$$

这样就达到了补偿的目的。通过精心设计和加工，可以使γ的影响减少两个数量级。

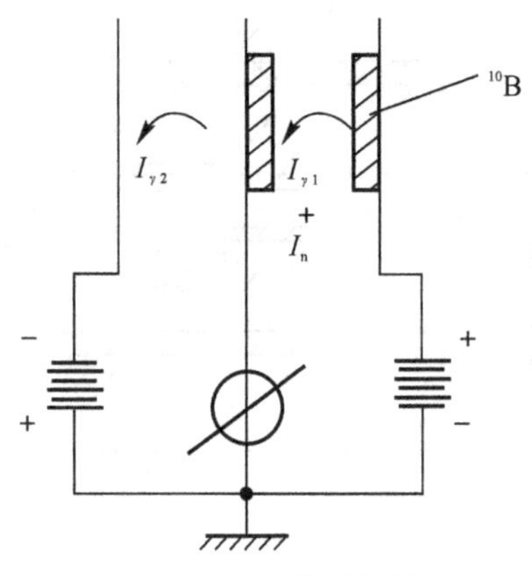


图5.8 反冲核的测量

为了提高灵敏度，补偿型硼电离室总是做成多层的，一般是50层；同时，为了能在反应堆活性区内工作，体积要做得比较小。这种电离室还要满足吸收中子少、耐高温、耐辐照等要求。国产补偿型硼电离室的一般性能如下：热中子灵敏度是$2\times10^{-14}$ nA/cm² · s，输出电离电流在350 μA以下时电流正比于热中子通量密度，测量中子通量密度范围是$10^4\sim10^{10}$/cm² · s。

(2)裂变室。如果在电离室的电极上涂上裂变物质$^{235}$U，中子打在铀上，$^{235}$U发生裂变，记录裂变碎片的电离作用也能探测中子。这种通过裂变法测中子的电离室就称裂变室。裂变室可以是记录脉冲的，也有记录电离电流的。由于裂变反应放出的能量大，裂变室甄别γ本底的本领比硼电离室更大。因为裂变碎片的射程很短，所以裂变涂层最厚(质量厚度)不能超过2 mg/cm²。我国生产的裂变室热中子灵敏度可达0.5 nA/cm² · s，最高计数率可达$10^5$ s$^{-1}$。

### 5.3.2 闪烁探测器

20世纪50年代以前中子探测大多靠气体探测器，例如$BF_3$正比计数器和各种类型电离室。50年代以后，随着闪烁技术的发展，探测中子也都用闪烁探测器。60年代发展了半导体探测器，大大改进了带电粒子和γ射线的测量技术。但是在中子测量方面，闪烁探测器仍然是最常用的。这是因为中子的测量都是经过核反应间接进行的，而中子对物质的穿透力比带电粒子和γ射线要大得多，所以要提高中子探测器的探测效率是很不容易的。而闪烁探测器的特点是效率高，时间响应快，这对提高效率和增加计数率都十分有利的。

1. 硫化锌快中子屏

快中子屏是由ZnS(Ag)粉与有机玻璃粉均匀混合，然后热压成圆柱形。其作用原理是快中子在有机玻璃中产生反冲质子，使ZnS(Ag)粉发光。这种闪烁体呈乳白色，光透明不高，所以不能做得很厚，一般最厚为7 mm。

为了提高效率，把透明的有机玻璃圆筒镶入ZnS(Ag)粉加有机玻璃粉的闪烁体中，这样闪烁体发出的部分光可经有机玻璃光导透出。整个闪烁体可以做得很厚，从而提高探测效率，这种形状的快中子屏俗称花卷形中子屏。它用于能量大于0.5 MeV的快中子强度测量。

2.硫化锌慢中子屏

它是把ZnS(Ag)粉、甘油和硼酸混合，压制密封在有机玻璃盖的铝盒中。中子通过$^{10}B(n,\alpha)^{7}Li$反应产生α和$^{7}Li$，使ZnS(Ag)粉发光。由于$^{10}B$的热中子反应截面很大，所以慢中子屏对热中子和慢中子的效率很高。

若将中子屏做成中空的圆筒，套在四面窗的光电倍增管的光阳极上，则这种闪烁体称为中子杯。

3.锂玻璃闪烁体

锂玻璃的成分是$LiO_2 \cdot 2SiO_2(Ce)$含有6.04%的锂，其中$^{6}Li$的丰度为90%以上。它是利用$^{6}Li(n,\alpha)T$产生的T和α使闪烁体发光。这种闪烁体适用的中子能量范围较宽，可以测量从热中子到几百千电子伏范围内的中子。它对热中子的探测效率极高，4 mm厚的闪烁室，热中子探测效率已达100%。

4.有机闪烁体

所有有机闪烁体都是碳氢化合物，含有大量的氢原子，所以都可用于快中子测量。快中子打在氢核上，通过n-p弹性散射产生反冲质子，反冲质子引起闪烁体的特征荧光而被光电倍增管记录。

有机闪烁体的另一个特点是发光衰减时间短，因此可用于高强度中子通量测量。在快中子能谱测量技术——飞行时间法中，发光时间快的有机闪烁体是唯一可采用的探测器。有机闪烁体还有一个特点，即闪烁光输出产额随时间的变化对于电子和重带电粒子是不同的(前者是由γ射线产生的，后者是由快中子产生的反冲质子)，利用适当的电子学甄别技术可以将中子和γ给出的脉冲区分开，因此可以在较强的γ本底下测中子。

(1)蒽和芪晶体。有机晶体中，蒽和芪常用于快中子测量。它们的发光效率高。蒽经常用来作标准。芪的发光时间特别短，适宜于飞行时间测量，但是不易做成大晶体，价格很高。它的温度效应也很显著，甚至不能直接用于操作，由于手接触引起的温度变化就有可能引起晶体损坏，此外，它对光响应是各向异性的，故逐渐被液体闪烁体代替。

(2)塑料闪烁体。普通塑料闪烁体的成分是聚苯乙烯加第一发光物质对联三苯，第二发光物质POPOP。塑料闪烁体的灵敏体积可以做得很大，对快中子的探测效率较高。

(3)液体闪烁体。液体闪烁体的配方有很多种，ST-451是用二甲苯作溶剂，PPO和POPOP分别作为第一和第二发光物质。将液体闪烁体去氧后封装在圆筒形玻璃容器内，容器连接一个球形缓冲室。二甲苯的体膨胀系数较大，白天和夜晚、冬天和夏天体积变化很大。若没有缓冲室，容器在温度变化时容易破裂。整个容器和缓冲室再装进一个铝盒内，周围填上氧化镁粉。

液体闪烁体发光效率为蒽晶体的45%，发光时间为3.7 ns，对光响应各向同性。液体闪烁体的另一个优点是脉冲形状甄别性能极好，因此主要用于强γ场中测中子。

# 第 2 篇　核电子学系统组成与原理

# 第6章 前置放大器与探测器电源

## 6.1 前置放大器概述

### 6.1.1 前置放大器的作用和特点

采用电子学方法进行核辐射测量时，要对探测器输出的信号进行处理，包括对所获取的信号进行放大、成形、甄别、变换、分析、记录等。由于探测器输出的信号往往比较小，一般情况下，需经过放大器的放大后再进行测量，所以，信号的放大是核电子学信号处理的一个必要过程。

在实际测量中，由于辐射的存在，从辐射防护角度，工作人员需要尽量远离辐射现场来操作测量仪器。探测器的输出阻抗较大，其输出信号通常为较小的电流或电压脉冲信号。如果采取探测器输出端直接连接一定长度的电缆，将信号传输到远处的放大器再进行放大的方法，则由于电缆线特性阻抗与探测器输出特性的不匹配必然会造成被测信号的严重衰减和波形失真。解决的方法是，把放大器分成前置放大器和主放大器两部分。前置放大器又称为预放大器，它的体积小，安装在探测器附近，使前置放大器的输入与探测器相配合，甚至可以将前置放大器与探测器输出端紧密连接，组装在一个结构中，称之为“探头”，其输出端再经过高频电缆与主放大器相连。这样做可以减小探测器输出端到后级放大器输入端之间的分布电容的影响，减少外界干扰，提高信噪比，并使连接信号用的高频电缆阻抗相匹配，尽可能减小被测信号所包含的信息的损失。为减小体积，前置放大器的参数一般很少变动，因而在测量过程中对信号所进行的必要调理(如放大倍数和成形时间常数的调节等)，都是由后面的主放大器来完成。

前置放大器在核辐射测量中的作用和特点，可以从以下几个方面作进一步说明。

1. 提高系统的信噪比

由于核辐射探测器一般紧靠辐射源(如放射源、加速器、反应堆等)，所以探测器工作现场可能是很强的辐射场，往往空间狭窄(如井状、冷罐等)，或环境恶劣(如高温、高压、高腐蚀等)，测试人员不宜在现场工作，而且也不宜放置大体积的仪器。如果把核探测器的输出信号直接传送到有一定距离的成套仪器的测量室，按图6.1所示来布局，可以发现：探测器与放大器之间连接的传输线越长，分布电容 $C_S$ 会越大，则信噪比相应越小，甚至无法区分信号与噪声(详见下一节中的信号分析：提高信噪比，必须减小分布电容 $C_S$)，而要把放大器等测量电路系统紧靠核辐射探测器构成探头，使其分布电容 $C_S$ 尽量减小，尽可能提高信噪比，再由屏蔽电缆远传给主放大器。此外，探头的体积小，也便于进行屏蔽、密封、加固，以适应较恶劣的环境条件。

2. 减少外界干扰的相对影响

由于空间电磁干扰存在，或有时屏蔽和隔离不好，在信号远距离传输时，信道中往往会串入外界干扰，所以需要设法提高信道的抗干扰能力，提高信号干扰比。

比较图 6.1 和图 6.2 所示两种结构和连接方式，前面一种探测器直接输出，由于输出信号较小，外界干扰相对较大，而后一种布局，由于前置放大器已对信号作了初步放大，因而提高了系统输出信号幅度和远传能力，外界干扰对信号的影响也就相对减少。

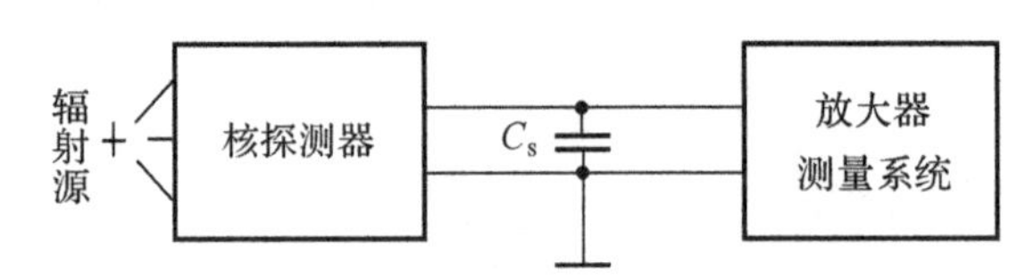


图 6.1　核探测器和测量系统

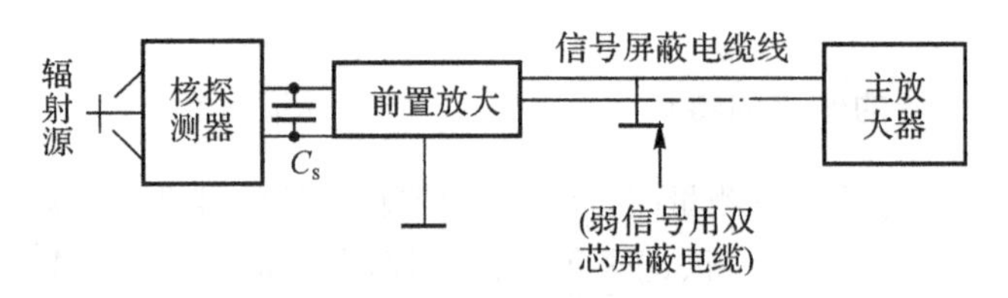


图 6.2　分成前置放大器和主放大器的系统

为了更好地抑制外界干扰，前置放大器与探测器合在一起，并采取良好的屏蔽、接地、隔离、滤波等措施。在弱信号传输时，还需用屏蔽良好、噪声较小的电缆线。当主放大器为差分输入时，则采用低噪声双芯屏蔽线。

3. 合理布局，便于调节和使用

为了缩小体积，紧靠辐射源的前置放大器通常要求有一定的放大倍数，工作稳定可靠，并做成非调节式。放大倍数以及成形时间常数的调节，则由主放大器来完成，主放大器放在测量室，便于实验者操纵调节。

4. 实现阻抗转换和匹配

前置放大器另一个主要作用是在探测器和主放大器之间作为一个阻抗转换器。探测器通常要求后级电路应有更高的输入阻抗以利于信号输出，而前置放大器通过电缆远距离传送给主放大器时，则要求有能与电缆阻抗相匹配的低的输出阻抗，以提供适当的功率传递信号。由于不同类型探测器的输出特性不尽相同，因而前置放大器的阻抗转变特性总是根据特定类型的探测器进行电路设计。

从前置放大器的特点可以看出，它主要起信号的初步放大和传输匹配的作用，因而也可以认为前置放大器是一个具有一定放大功能的阻抗变换器。

### 6.1.2　前置放大器的分类

与不同的探测器相配，可以有不同的前置放大器，例如电离室前置放大器电路、正比计数器前置放大器电路、半导体探测器的前置放大器电路和闪烁探测器输出电路等。

根据探测器输出信号成形方式的特点分类，前置放大器可以分为电压灵敏前置放大器、电荷灵敏前置放大器和电流灵敏前置放大器三大类。

1. 电压灵敏前置放大器

电压灵敏前置放大器实际上就是电压放大器，如图 6.3 所示。探测器输出的电流信号用

$i_D(t)$ 来表示，$t_W$ 为信号的持续时间，考虑到探测器的极间电容 $C_D$，放大器的输入电容 $C_A$，以及连线分布电容 $C_S$，则放大器输入端的总电容为 $C_i = C_D + C_S + C_A$。假定放大器输入电阻很大，可忽略其作用，则输入电流 $i_D(t)$ 在输入电容上的积分为输入电压信号 $v_{iM}$，其幅度值为

$$V_{iM} = \frac{1}{C_i}\int_0^{t_W} i_D(t)\,dt \propto Q \tag{6.1}$$

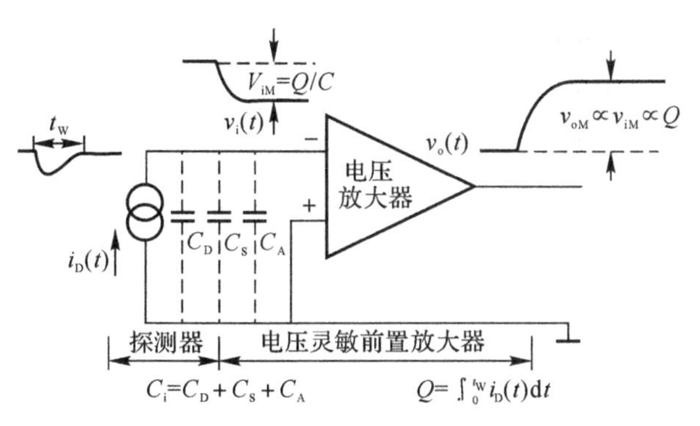


图 6.3　电压灵敏前置放大器

通过电压前置放大器后的输出幅度 $V_{oM} \propto V_{iM} \propto Q$，即输出电压幅度与电荷量 $Q$ 成正比（即电荷量 $Q$ 是与射线能量成正比的）。所以设计电压前置放大器时，在其输入端电阻足够大时，不论探测器电流脉冲的形状如何，只要它们所携带的电荷量 $Q = \int_0^{t_W} i_D(t)\,dt$ 相等，则放大器输出的电压信号的幅度也相等。

电压灵敏前置放大器的主要问题是输入端电容 $C_i$ 的不稳定会导致输出电压幅度 $V_{oM}$ 的不稳定。在能谱测量中，这将使系统的能量分辨率降低。$C_i$ 决定于 $C_D$，$C_A$ 和 $C_S$，它们的不稳定是常会出现的，例如探测器极间电容 $C_D$ 在使用结半导体探测器时，由于偏压不稳定，其结电容 $C_D$ 会产生变化，而放大器输入电容 $C_A$ 也随输入级增益的变化而变化，等等。

2. 电荷灵敏前置放大器

电荷灵敏前置放大器就是带有电容负反馈的电流积分器，如图 6.4 所示。由于引入反馈电容 $C_f$（或称为积分电容），这时从放大器输入端来看，加反馈后的输入端总电容（等效电容）$C_{if} = C_i + (1 + A_0)C_f$，其中 $A_0$ 为开环增益，$C_i$ 是不考虑 $C_f$ 时输入端总电容。当 $A_0$ 很大时，$(1 + A_0)C_f \gg C_i$，主要是 $C_f$ 起作用，可以认为输入电荷 $Q$ 都将积累在 $C_f$ 上，输出信号电压幅度近似等于 $C_f$ 上的电压，即

$$V_{oM} \approx \frac{Q}{C_f} = \int_0^{t_M} i_o(t)\,dt / C_f \tag{6.2}$$

因 $C_f$ 为常量，所以 $V_{oM}$ 只与总电荷量 $Q$ 有关，鉴于这一特点，常将这种类型电路称为电荷灵敏前置放大器。

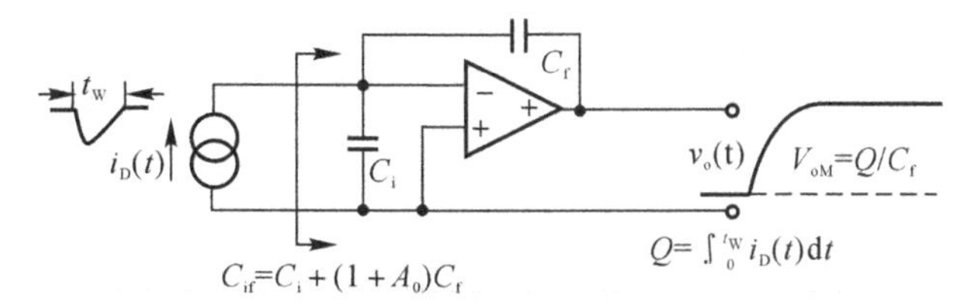


图 6.4　电荷灵敏前置放大器

由于反馈电容可以足够稳定，输入电容 $C_i$ 的影响可以忽略，这样输出电压幅度 $V_{oM}$ 将有很好的稳定性，因此这种电荷灵敏前置放大器常用于高能量分辨率能谱仪系统。

为了释放 $C_f$ 不断积累的电荷量，并稳定反馈的直流工作点，需要采取一些措施，如附加一个阻值较大（约为 $10^9$ Ω 量级）的反馈电容 $R_f$ 与 $C_f$ 并连，$R_f$ 常称为泄放电阻。

3. 电流灵敏前置放大器

电流灵敏前置放大器是对探测器输出电流信号直接进行放大，它通常是一个并联反馈电流放大器，如图 6.5 所示。此时输出电压或输出电流，都与输入电流成正比，故称为电流灵敏前置放大器。这类前置放大器输入电阻较小，但时间响应较短，常常用作快放大器。只因相对噪声较大，主要适用于时间测量系统。

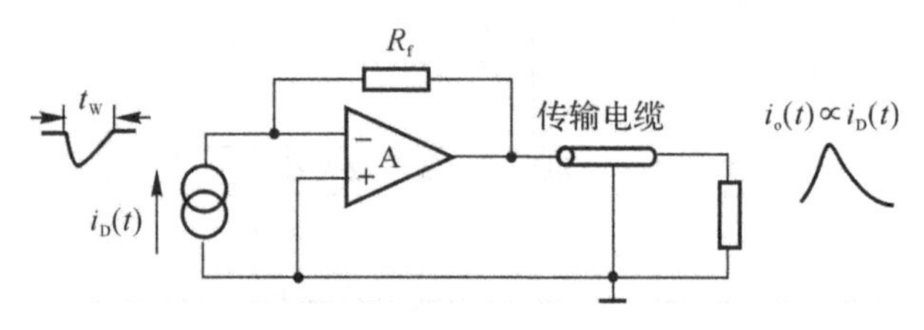


图 6.5　电流灵敏前置放大器

当然，从电荷（或电压）灵敏前置放大器至电流灵敏前置放大器，它们输出的信号所保留的信息，实际上都与探测器输出的模拟信号相对应。电荷灵敏前置放大器的输出的电压，经过一定的网络成形，也能产生正比于探测器输出的电流信号。反过来，电流灵敏前置放大器输出的信号既然与探测器输出的电流信号的波形保持一致，也就保留了输入信号的全部信息，包括电荷信息。因此这三类前置放大器在适当情况下可以互相转换。但从物理测量的要求来看，电荷灵敏前置放大器和电压灵敏前置放大器主要用于能谱测量分析系统，电流灵敏前置放大器则主要用于时间测量分析系统。

## 6.2　电荷灵敏前置放大器

电荷灵敏前置放大器是目前高分辨能谱测量系统中用得最多的前置放大器，它输出增益稳定，噪声低，性能良好。

图 6.6 给出阻容反馈型电荷灵敏前置放大器实例，它与金硅面垒型或锗锂漂移型半导体探测器等配合使用，也可与有关标准仪器插件组成 α 谱仪或 β 谱仪。对 $^{241}$Am(5.846 MeV)分辨率可小于 0.8%，噪声可小于 0.05 keV/pF(Si)。

图 6.6 所示的电荷灵敏前置放大器的形式就是带有反馈电容 $C_f$ 的放大器，整个电路实际上是由输入级 $T_1$，放大级 $T_2$，输出级 $T_3$，$T_4$ 组成的直接耦合的电荷灵敏前置放大器。半导体探测器直接连接在输入端，以减小分布电容，正偏压通过电阻、电容（$R_4$，$C_4$）滤波和负载电阻 $R_3$ 加到探测器上，输入端经交流耦合电容 $C_3$ 到第一级放大器，$C_3$ 采用漏电流小的高压电容，测试信号从检验端加入，输入电阻为 50 Ω，检验电容 $C_1$ 为 1 pF/3 kV，它把测试用的快电压脉冲转换成电荷。反馈电路由（$C_2$，$R_1$）组成，为提高转换增益，$C_2$ 采用 1 pF/3 kV，$R_1$ 为泄放电阻（$10^9$ Ω）。

第一级 $T_1$ 采用低噪声的 N 沟道场效应管（3DJ7G），电路的静态工作点由可调电阻 $R_{W1}$ 和

$R_{W2}$调整。调节$R_{W2}$使场效应管工作在合适的漏极电压，调节$R_{W1}$可改变$T_1$管的漏极电流，从而改变输出电压，通过反馈网络的电阻$R_1$改变$T_1$的栅极电位，通常使其接近零偏压，进而使$T_4$发射极电位$\leqslant -0.5$ V，这时$T_1$管工作在最大跨导区，噪声低。应特别注意，调整必须在第一级高阻抗屏蔽良好的条件下进行。此外，$T_1$管的漏极串接电感负载$L_{1\sim6}$，以增大输入级动态负载，提高开环增益。

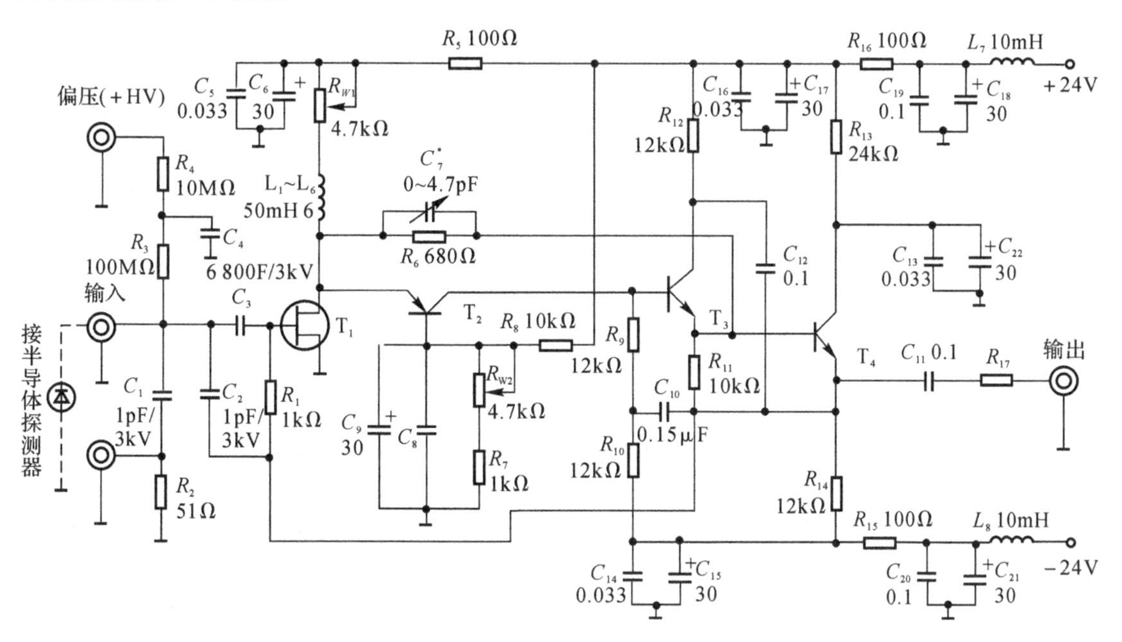


图 6.6　阻容反馈型电荷灵敏前置放大器实例

第二级是放大级，$T_2$采用反馈漏电流小而β大的 PNP 管组成的共基极放大电路，这种电路具有输入电阻小、输出电阻大、频带较宽以及工作稳定等优点。而且由于在$T_2$电路的输出上加了自举电容$C_{10}$(引入了适量的正反馈)，使$T_2$输出端动态电阻大大增加，可以得到较大的电压放大倍数。动态工作时，由于$T_2$的输入电阻相对$T_1$的漏极输出电阻很小，可以认为输出漏电流$i_D$几乎全部流入$T_2$的发射极，而又由于共基极$T_2$的输出电阻相对后接负载电路极大，此时其输出端可以等效为一恒流源，所以$T_2$在整个放大器中起至关重要的作用。

第三级为输出级，采用$T_3$，$T_4$(3DJ11F，×2)前后级直接耦合的二级射极跟随器。这样，可以提高输出负载能力，电压增益$A_3=0.98\approx1$，电流增益较大，使输出阻抗小于 50 Ω。$T_4$管发射极通过反馈电容$C_2$和反馈电阻$R_1$连接到$T_1$栅级，以实现阻容反馈的电荷灵敏结构。

需要指出的是，后级电路连接到$T_1$管漏极的较小的正反馈$R_6C_7$电路，是用来改善输出脉冲上升时间，以适用于输入端连接不同的探测器时，不同的结电容对上升时间的影响，适当保证整个放大器有较快的响应速度。

为了减少电源纹波的影响和由电源内阻耦合造成的寄生振荡现象，采用了多级 $LC$ 和 $RC$ 退耦合电路。

# 6.3 电压(灵敏)前置放大器和电流灵敏前置放大器

## 6.3.1 电压(灵敏)前置放大器

电压灵敏前置放大器常与闪烁探测器或气体探测器配合使用,电路较简单。不同的探测器对电压前置放大器的要求不一样,如配合光电倍增管时,由于输出信号幅度较大,仅配一级射极跟随器即可;而对于气体电离室或正比计数管,由于输出信号较小,需有较大的放大倍数(相应要求较低的噪声);如用作时间测量时,则主要考虑需有较快的上升时间和足够的放大倍数。

电压前置放大器的一般电路形式如图 6.7 所示。

为了提高工作稳定性,并改善上升时间,采用一定的负反馈。此时放大器增益:

$$A=V_o/V_i=(R_1+R_2)/R_1 \tag{6.3}$$

一般来说,电压灵敏前置放大器的噪声要比电荷灵敏前置放大器的噪声大,因此往往不直接作为前置级,但作为电荷灵敏前置放大器的后级电路,可使信号电压进一步放大。

对于闪烁探测器,为使探头输出的信号可以远距离传输,常直接采用跟随器形式的电压灵敏前置放大器。

由于结型场效应管 FET 具有高输入阻抗和低噪声的性能,因此仍常用来作为电压前置放大器的输入级。

图 6.8 给出了一个用 FET 作输入级的电压灵敏前置放大器的原理图,电路中采用了电压串联负反馈。$R_D$ 为 FET 漏极电阻,$R_g$ 为栅极电阻,$R_1$ 和 $R_2$ 为反馈电阻,反馈系数 $b=\dfrac{R_1}{R_1+R_2}$,前级电压放大倍数为 $A_1$,后级电压放大倍数为 $A_2$,当 $bA_1A_2 \gg 1$ 时,闭环放大倍数为 $A_f=\dfrac{1}{b}=\dfrac{R_1+R_2}{R_1}$,只要 $R_1$,$R_2$ 稳定,则 $A_f$ 是稳定的。FET 电压前置放大器的输入电阻由 $R_g$ 来决定,输入电容主要由 FET 的 $C_{gs}$ 来决定,约几皮法。

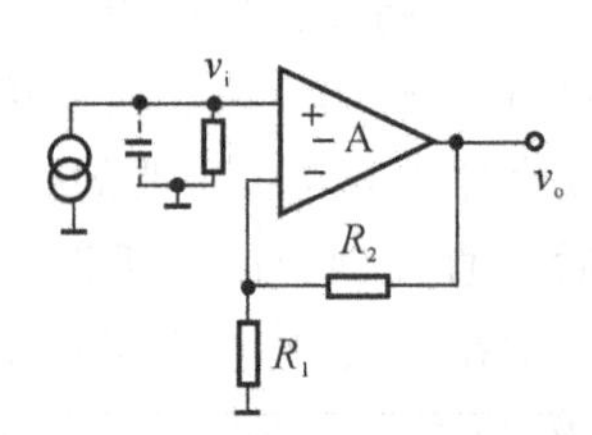


图 6.7 电压前置放大电路

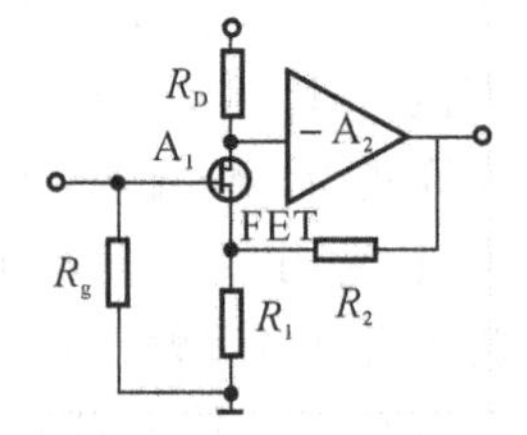


图 6.8 FET 电压灵敏前置放大器

图 6.9 所示是电压前置放大器的一个实例。输入端用结型场效应管接成共源极放大,经共发射极放大级($T_2$)、共集电极电路($T_3$,$T_4$)组成电压串联负反馈环。反馈信号由 $T_4$ 射极经电阻分压到的 $T_1$ 源极。为了提高开环增益,$T_3$ 的输出又反馈到 $T_2$ 集电极组成自举电路,使开环放大倍数可大于 8 000。$D_1$ 保护 $T_1$,避免探测器高压通或断时击穿 $T_1$。各级间直流耦合,而且用 PNP 与 NPN 配合。$T_2$,$T_3$ 管静态电流很小,以降低噪声。电压前置放大器的电压放大倍数为 10,上升时间小于 20 ns,最大输出幅度 3 V,等效噪声电压 0.25 μV(输入端开路),

积分非线性小于 0.3%，温度系数 0.03%/℃。测量方法与电荷灵敏前置放大器类似。

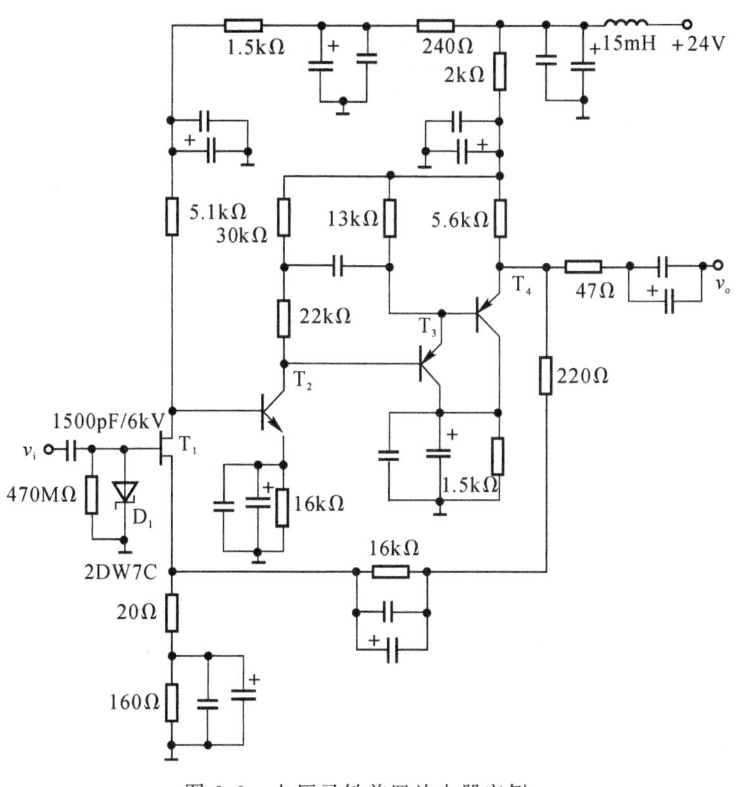


图 6.9　电压灵敏前置放大器实例一

随着制造工艺水平的大幅度提高，集成电路越来越多地在核仪器中所采用，特别是在指标要求不是特别高的电路中。图 6.10 给出了一个采用集成运算放大器构成的电压灵敏前置放大器，可用作 NaI(Tl)γ 谱仪的前置放大器。输入信号来自光电倍增管某打拿极，如 $D_{n-2}$（具体应用时应参照光电倍增管使用建议）。运算放大器采用带宽增益较大的 OP37 芯片，测试结果表明放大器工作稳定，放大倍数 $A_v=10$，上升时间 $t_r \gg 10$ ns。本电路要求供电 −12 V，为了减少供电电压噪声所带来的影响，在供电电路上加了滤波电路，滤除低频噪声的电容 $C_1=0.01\ \mu$F，滤除高频噪声的电容 $C_2=47\ \mu$F。在制作电路板时，应有良好的接地，以保证放大器工作更稳定。

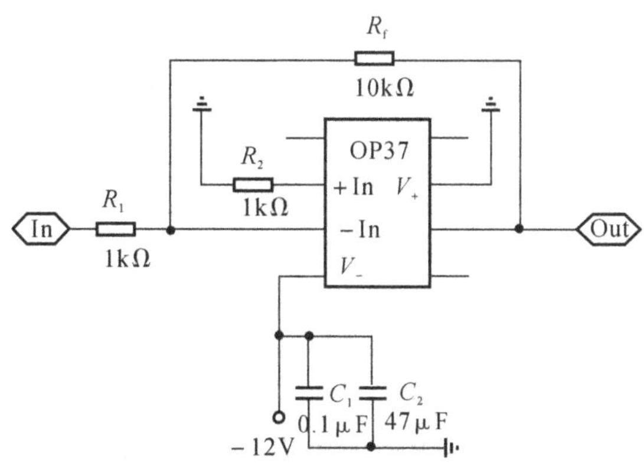


图 6.10　采用 OP37 芯片的电压灵敏前置放大器实例二

### 6.3.2 电流灵敏前置放大器

上面所讨论的电荷或电压灵敏前置放大器，其共同特点是：当探测器输出电流脉冲时，都对输入电容充电。

对电荷灵敏前置放大器：

$$V_{oM}=\frac{Q_i}{C_{if}}=\frac{\int i\mathrm{d}t}{C_{if}}\propto E \tag{6.4}$$

对电压灵敏前置放大器：

$$V_o=AV_i=A\frac{Q_i}{C_i}=A\frac{\int i\mathrm{d}t}{C_i}\propto E \tag{6.5}$$

它们的输出信号幅度都与射线能量成正比，所以均可用能谱仪测量。但由于输入的电流信号起了积分的作用，它们的输出电压的波形如图 6.11 所示，一般来说上升时间缓慢，不能给出快的时间响应，即不易对时间信息作精确测量，而且有较长的后延，也易产生堆积，不利于较高计数率的测量。

所谓电流灵敏前置放大器就是对输入电流响应较快的放大器，也称为快前置放大器，它是对来自探测器的输入电流信号进行直接放大，并非是将其积分成电压，这样它输出的电压或电流幅度与输入电流成正比。

分析如图 6.12 所示的电路。

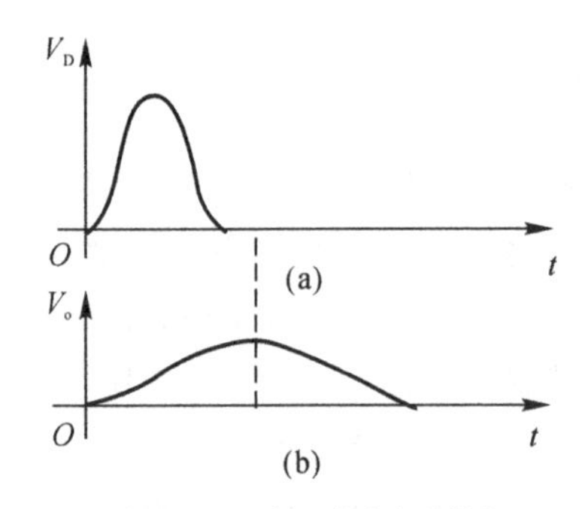


图 6.11 时间响应问题图

(a)探测器输出脉冲示意； (b)积分后输出电压脉冲

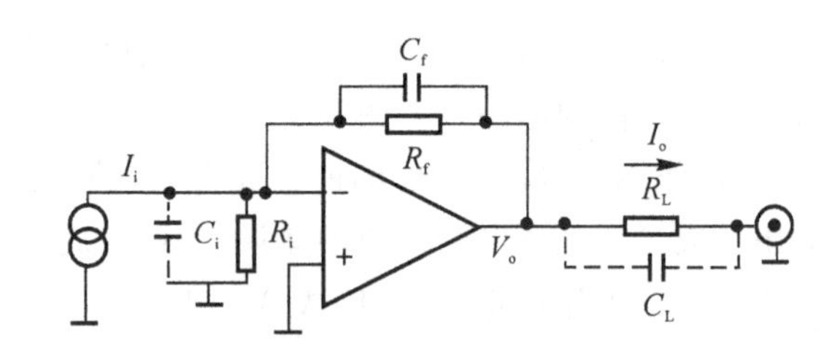


图 6.12 电流灵敏前置放大器

当该电路负反馈电阻 $R_f$ 取值较小时：①$C_f$ 的并联作用可以忽略；② 当 $R_i//C_i$ 阻抗较大时，对输入端阻抗来说 $R_f$ 起主要作用，而且是深度负反馈，则由虚地原理得

$$I_i R_f=V_o \tag{6.6}$$

即输出 $V_o\propto I_i$，是与输入电流成正比的，也就是说，这种电路是对电流灵敏的。

如果将输出电压信号变成电流信号 $I_o$，则由图 6.12 可知：$I_oR_L=V_o=I_iR_f$。

由此可以计算出电流放大倍数为

$$A_I=I_o/I_i=R_f/R_L \tag{6.7}$$

如果在远距离传输中，存在负载电容 $C_L$，则只要微调 $C_f$，使满足 $R_fC_f=R_LC_L$，这样输出电流的上升时间与电路时间常数 $R_fC_f$ 无关，输出电流与输入电流信号成相应的正比关系。适当

增大 $R_f$ 还为了获得较低的噪声，图 6.12 所示即为低噪声电流前置放大器。它包括电流灵敏前放和 $R_LC_L$ 成形网络两部分，从 $V_o$ 输出电压中用成形网络分离出时间信息。

电流灵敏放大器一般有如下特点：

(1) 由于快响应，可以获得精确的时间信息，用作定时测量；亦可由电流波形作粒子鉴别（如 $\alpha$ 粒子、$\gamma$ 射线）。

(2) 可以远距离传输信息，这在很多实际使用中经常需要。当探测器现场环境条件限制，不允许前置放大器靠近时，就可用电缆连接探测器和电流前置放大器。因为只有电流放大器的低输入阻抗才能与高频电缆的特性阻抗相匹配。

(3) 输出脉冲的上升时间和宽度都较窄，有利于高计数率测量，并且便于采用选通技术，适合于在高本底环境下的测量。

原则上讲，电流灵敏放大器也可用于能谱测量，即在其输出端加电容 $C$ 后，如图 6.13 所示，可求得

$$V_o(t)=\frac{A\int I_i\mathrm{d}t}{C}\propto Q\propto E \tag{6.8}$$

但此时因 $R_f$ 较小，噪声要比电荷灵敏前置放大器大得多，对能量分辨不利。

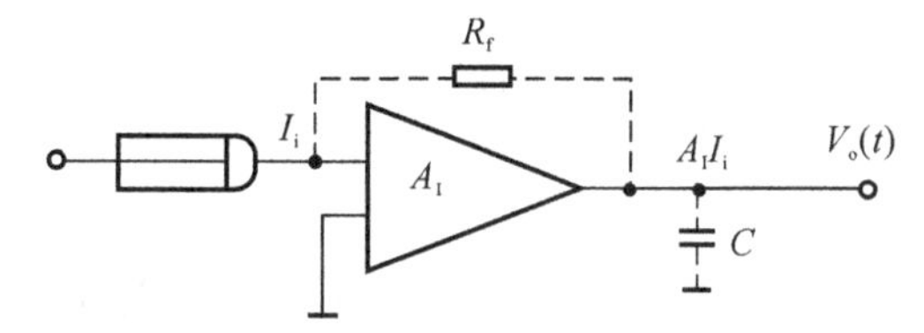


图 6.13　电流放大器用于能谱测量

## 6.4　探测器电源

各种仪器都需要电源才能工作，而核电子学系统需要各种稳定的高、低压电源的供电。常见的稳压电源有三种：①干电池，适用于便携式测量仪器；②能给出低于 50 V 的直流电压而电流较大（可达安培量级）的稳压源；③核辐射探测器以及示波管需要的电压高于 1 000 V，电流为毫安量级的稳定高压电源。后两种电源的原理是首先将 220 V 的电网交流电进行降压或升压，然后将它变成直流，再加上稳压装置。本节将主要介绍和分析探测器用直流高压电源的原理和电路。

### 6.4.1　整流滤波直流电路

整流就是将如图 6.14(a)所示的有正有负的交流电压（或电流）整成如图 6.14(b)所示的单方向变化的电压（或电流）。但这样的电压还不能用在仪器中，还需要将其进行平滑而变换成直流，即滤波。

常用的整流滤波电路有半波整流滤波电路、全波整流滤波电路、桥式整流滤波电路以及在探测器电源中的倍压整流滤波电路。本节主要介绍桥式整流滤波电路和倍压整流滤波电路。

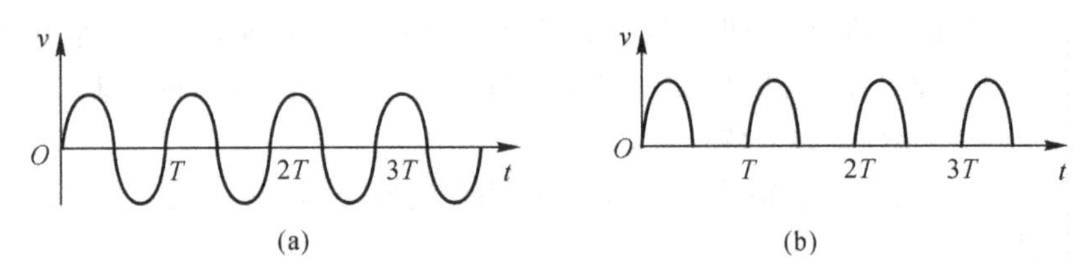


图 6.14　整流前后波形比较
(a)整流前的波形；(b)整流后的波形

1. 桥式整流滤波电路

全波桥式整流滤波电路的电路原理如图 6.15(a)所示。

正半周时，二极管 $D_1$，$D_3$ 导通，电流从 1 端经过 $D_1$ 流过 $R_L$，经过 $D_3$ 回到 2 端；负半周时，二极管 $D_2$，$D_4$ 导通，电流从 2 端经过 $D_2$ 流过 $R_L$，再经过 $D_4$ 回到 1 端。这样在正负半周时，$R_L$ 都有电流流过，而且方向一致，其波形如图 6.15(c)所示。

桥式整流滤波电路只使用一个绕组，就可得到与全波整流滤波电路一样的输出。每个二极管所承受的反向峰值电压近似为 $\sqrt{2}\widetilde{V}_2$。

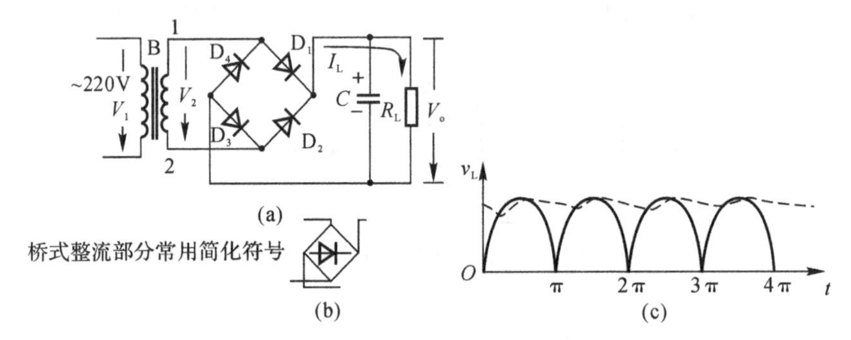


图 6.15　桥式整流滤波电路和滤波后的输出波形

2. 倍压整流滤波电路

由于核辐射探测器要求高达上千伏的直流电压和毫安级电流供电，为减小体积，通常采用倍压整流电路完成升压，当然这种电压还需进行滤波才能使用。

倍压整流电路如图 6.16 所示，它由 $2m$ 个二极管及 $2m$ 个相同的电容器组成。输出端如图中所示，输出直流电压 $V_o=2mV'$ 或 $V_o=(2m-1)V'$，$V'$ 为变压器 B 的次级交流电压的峰值，级数越多则所得到的电压越高。当然，要求负载电阻应较大，否则会因为电容器提供不了足够的电流而使输出电压降低。

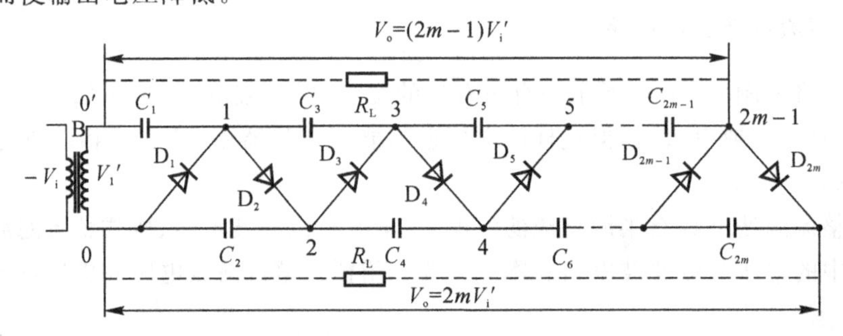


图 6.16　倍压整流滤波电路原理图

3. *RC* 和 *LC* 滤波器

在以上的整流滤波电路中，滤波的效果、输出电压的平滑程度取决于放电时间常数 $R_LC$。要求纹波电压小，就要增加 $C$ 值，但 $C$ 值的增加是有限度的，所以在某些要求更高的场合，就必须采用更复杂的电路来进行滤波。常用的有 *RC* 滤波器和 *LC* 滤波器。

(1)*RC* 滤波器。图 6.17 为一个具有 *RC* 滤波器的整流电路。它是在前面所讲过的整流滤波电路的基础上再加一个电阻 $R$ 和一个大电容 $C_2$ 构成的。图中 $C_1$，$C_2$ 和 $R$ 构成 *RC* 滤波器，因为它的形状很像希腊字母 π，所以又称为 π 形 *RC* 滤波器。

$C_1$ 的作用如前所述，它的电压 $V_{C1}$ 可以看成是一个直流电压和一个交流电压的叠加。当 $R$ 选择的比 $C_2$ 的容抗 $1/(\omega C_2)$ 大的多时，则 $C_1$ 上的交流纹波电压大多降在电阻 $R$ 上，输出电压 $V_o$ 上的纹波就相当小了。

但任何事物都是一分为二的。加上 $R$ 和 $C_2$ 后，减小了纹波电压，输出也平滑了，但由于 $R$ 和 $R_L$ 是串联的，所以直流输出电压也降低了。在不加 $R$，$C_2$ 时直流输出电压 $V_{o1}=V_{C1}$，加上 $R$ 后直流输出电压为

$$V_o=\frac{R_L}{R+R_L}V_{C1}=\frac{1}{1+R/R_L}V_{C1} \tag{6.9}$$

显然，$R$ 越大滤波效果越好，但直流输出电压就越小。该电路主要用在负载电流较小的情况。

(2)*LC* 滤波器。当负载电流较大时，常采用 *LC* 滤波器，如图 6.18 所示。

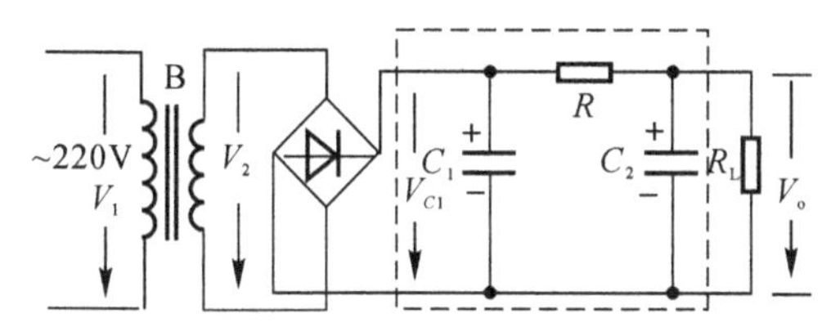

图 6.17　具有 *RC* 滤波器的整流电路

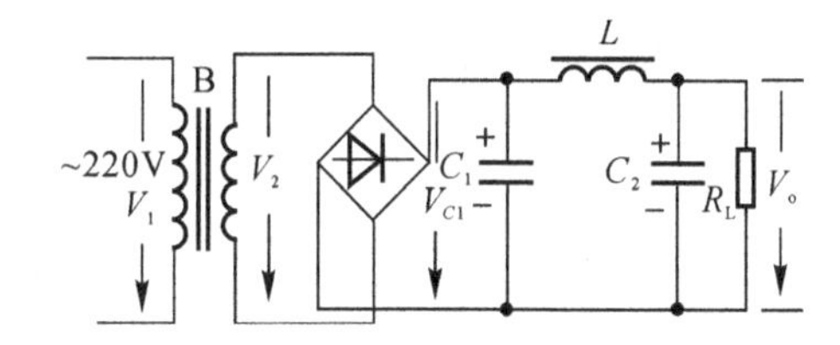

图 6.18　具有 *LC* 滤波器的整流电路

电感的直流电阻很小，而交流阻抗很大。当选择 $L$ 满足条件 $\omega L \gg 1/(\omega C_2)$ 时，则 $C_1$ 输出电压 $V_{C1}$ 中的交流纹波大多降在 $L$ 上，这样输出直流电压基本上没有什么纹波了。由于 $L$ 的直流电阻很小，可以忽略，所以直流输出电压与不加 $LC_2$ 时相比，损失较小。

*LC* 滤波器滤波效率很高，电压损失较小，这是它的优点。但由于在低频时电感的体积就会很大，所以它多应用在负载电流较大而要求纹波很小的场合，尤其适用于在频率较高(10 kHz 以上)的变换器输出信号的滤波。

### 6.4.2　低压稳压电源

上小节讨论的整流电路虽然已经将交流电压变换成直流电压，但它是不稳定的，这主要是因为受两个方面的影响：① 输入的交流电压是不稳定的，例如在 180 ～ 240 V 之间波动，这样根据已知的，输出电压也会变动；② 负载电流的变化。这两种因素是不可避免的，因此必须对直流电压加以稳定，以满足仪器的要求。本小节仅介绍一种最常见的稳压电源 —— 串联型稳压电源。

1. 硅稳压二极管及稳压电路

稳压二极管是稳压电源中不可缺少的器件，图 6.19(a) 和(b) 给出了一个硅稳压管(或称

齐纳二极管）的符号和特性曲线。当反向电压为 $V_{min}$ 时，管子开始击穿，这时流过管子的电流为 $I_{min}$，但管子并未损坏，此电流可以增大到 $I_{max}$，超过 $I_{max}$ 管子就会烧坏，相应的反向管压降为 $V_{max}$，这 4 个量的大小由工艺决定。稳压区就在 $V_{min} \sim V_{max}$ 之间。稳压二极管在工作时一定要加反向电压。

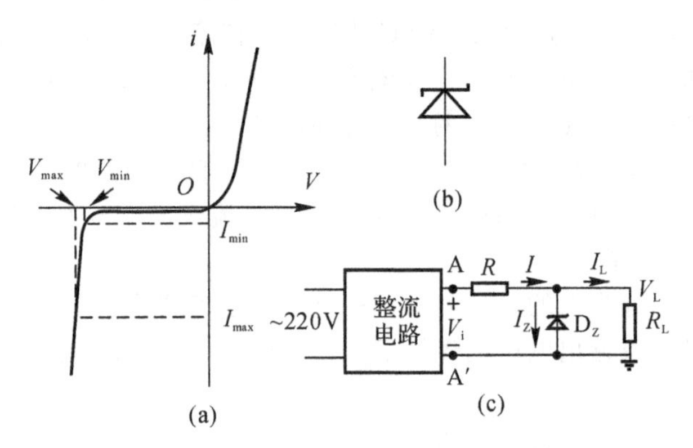


图 6.19　稳压二极管的符号、特性曲线及简单稳压电路

利用稳压管做成的稳压电路如图 6.19(c) 所示。交流 220 V 经整流滤波后得到不稳定的直流电压 $V_i$，此电压作为稳压电路的输入电压。稳压电路由限流电阻 $R$ 及稳压二极管 $D_z$ 组成，$R_L$ 为负载电阻，$V_L$ 为加在负载电阻两端的稳定电压，也就是稳压二极管的管压降。限流电阻的作用是保证流过稳压二极管的电流不超过 $I_{max}$，以免管子被烧毁，同时起保持输出电压的稳定作用。

2. 串联型低压稳压电源

前面提到，输入交流电压和环境温度的变化都会引起直流输出电压的变化，如采用图 6.19(c) 的电路在指标上还不能满足仪器的要求，所以还需要采取另外的稳压措施。如果稳压电源有相应的自动补偿和调节能力，当输入交流电压或环境温度发生变化时，电路可以自行跟踪这些变化并自动调整，从而使输出电压保持稳定。图 6.20(a) 给出了一种基于此种方案的稳压电源 —— 串联型稳压电源的原理框图。一个典型的串联型低压稳压电源如图6.20(b) 所示。下面讨论稳压原理。

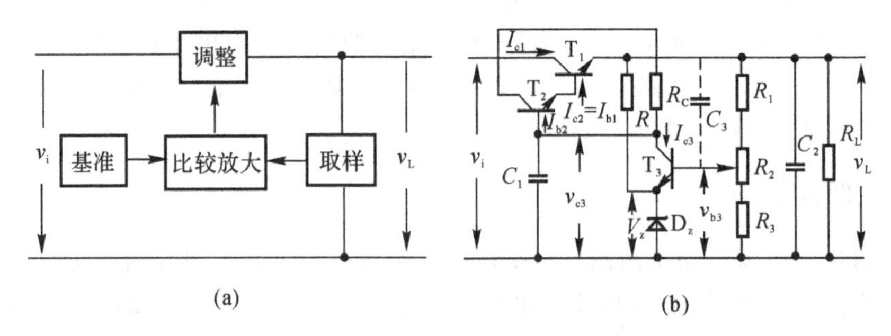


图 6.20　串联型稳压电源原理图

输入电压 $v_i$ 由整流滤波电路给出。当输入电压 $v_i$ 加上后，由于放大器的集电极电阻 $R_C$ 是接到输入端的，因此就有电流流过，并给管 $T_2$ 提供一个基极偏流，$T_2$ 导通，其发射极电流 $I_{c2}$ 作为管 $T_1$ 的基极电流注入 $T_1$，使其导通，进而产生输出电压 $v_L$，电路工作。因电阻 $R_C$ 接到输

入电压上 $v_i$，故能保证 $T_3$ 的集电极电压 $v_{C3}$ 高于基极电压 $v_{b3}$，使 $T_3$ 工作在放大区。输出电压 $v_L$ 通过限流电阻 $R$ 使稳压管工作在稳压区。

当输出电压 $v_L$ 因某种原因（如电压 $v_i$ 升高或负载电流减小）而升高时，取样电压 $V_{b3}$ 也随之升高。此升高的电压与发射极稳定电压 $v_z$ 进行比较，造成 $T_3$ 管基极射极电压 $V_{be3}$ 增大，管 $T_3$ 的集电极电流增大，集电极电压 $v_{C3}$ 下降，$T_2$ 基极电流减小，$T_1$ 管基极电流也减小，结果集电极电流减小，使输出电压下降，恢复到原来值，起到了稳压作用，此过程可表示为

$$v_L\uparrow \rightarrow v_{b3}\uparrow \xrightarrow{\text{与 } v_Z \text{ 比较}} v_{be3}\uparrow \rightarrow I_{C3}\uparrow \rightarrow v_{C3}\downarrow \rightarrow \mathrm{I}_{b2}\downarrow \rightarrow I_{C2}\downarrow \rightarrow v_{C1}\downarrow \rightarrow v_L\downarrow$$

这种由变化的量（$v_L$）本身来控制自己以求得稳定的自动调节作用，就是“负反馈”原理的实际应用。

同理，当电压 $v_i$ 下降或负载电流增大而使输出电压降低时，通过负反馈作用又会使输出电压上升，保持输出电压几乎不变。

由于这种自动调节作用，也就可以减小电源的纹波电压，这是因为可以把纹波电压看成是叠加在输入端上的变化量。当然，在实际应用中，在输出端与 $T_3$ 的基极之间接一个几微法的电容（见图中 $C_3$）可使纹波电压大大减小。$C_2$ 为滤波电容，通常须 100 $\mu$F 以上。$C_1$ 是为了减小输入中交变量通过电阻 $R_C$ 对调整管的影响，兼作消除电路内部的自激振荡。

### 6.4.3　直流高压电源

由于核辐射探测器所需的电源不仅要求电压高，而且要求稳定，所以还必须对倍压整流后的高电压进行稳压。目前仍然采用的是所谓的直流变换的方法来获得稳定的直流高压。其原理是：将低压稳压电源输出端的电压送给一个振荡器，使之产生几千赫兹的振荡信号（近似为矩形波），然后经过升压变压器变换成交流高压，再经过倍压整流滤波电路以达到所要求的直流高压，原理如图 6.21 所示。如果再加上稳定装置就可成为一个完整的高压直流电源了。从原理图可以看出，电路的关键部分为直流变换器。

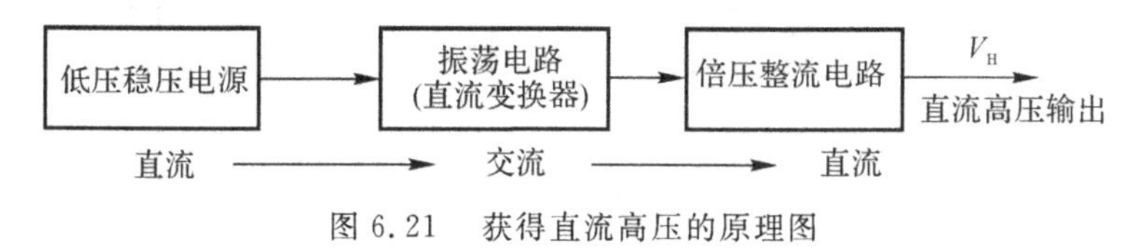


图 6.21　获得直流高压的原理图

1. 直流变换器

直流变换器可以用一个也可以用两个晶体三极管构成，前者用于要求较低、功率较小的便携式仪器中，而要求较高、功率较大的直流高压电源都采用双管式的。常用的一种电路如图 6.22 所示。图中集电极绕组 $W_{c1}$，$W_{c2}$，基极绕组 $W_{b1}$，$W_{b2}$ 和输出绕组 $W_o$ 都绕在一个磁芯上。输出绕组的圈数比集电极绕组的圈数多得多，作升压输出。电路要求对称，即晶体管 $T_1$ 与 $T_2$ 的特性尽可能相同，集电极绕组 $W_{c1}$ 与 $W_{c2}$ 的圈数相同，基极绕组 $W_{b1}$ 与 $W_{b2}$ 的圈数也相同，但绕组绕的方向必须使产生感应电动势有如图中黑点所示的极性（图中黑点代表同名端）。

2. 直流高压的稳定

由于受到变压器工艺的限制，通常直流变换器输出的交流电压的幅值电压并不高，在

1 000 V 左右，所以后边还需加接倍压整流电路，使之有更高的直流电压输出。尽管直流变换器的输入电压$-V_{cc}$可以很稳定，但由于温度、负载电流等变化的影响，都会使直流高压发生变化，还需增加稳压装置。

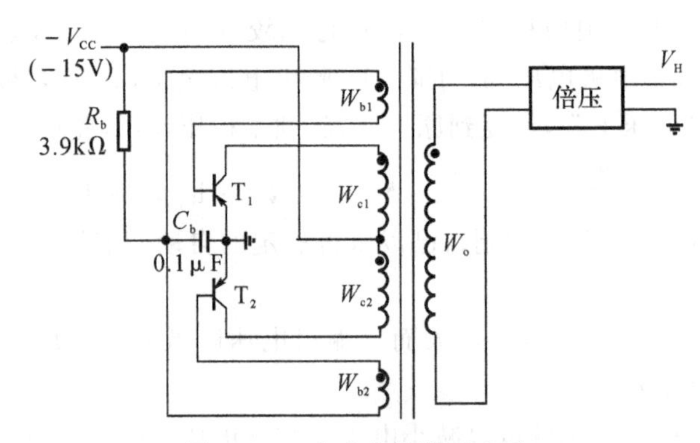


图 6.22　直流变换器原理图

由于输出直流高压直接与低压$-V_{cc}$成正比，故可以通过对$-V_{cc}$的调整来达到稳定输出的目的，其原理如图 6.23 所示。图中虚线框内的电路，实际上是一个低压“稳压”电路，但它的输出低压$V_{cc}$受输出高压的控制。在输出高压$V_H$升高时，通过取样电路，其取样电压与基准电压在比较放大器中进行比较放大后，产生一个控制信号去控制调整管使输出低压$V_{cc}$降低，从而使输出高压$V_H$得到稳定。在上述高压稳定装置中，一个重要问题是低压部分的基准电压低，仅十几伏，而输出高压很高，取样电路的分压比很小，仅百分之几左右或更小。因此要求比较放电路的电压增益很大且稳定，才能对小的取样电压经比较后所得的误差信号加以足够的放大来对调整管进行调整。只要这个问题解决得好，输出高压的稳定性就可以做得较好，其他的考虑基本上与低压电源相似。

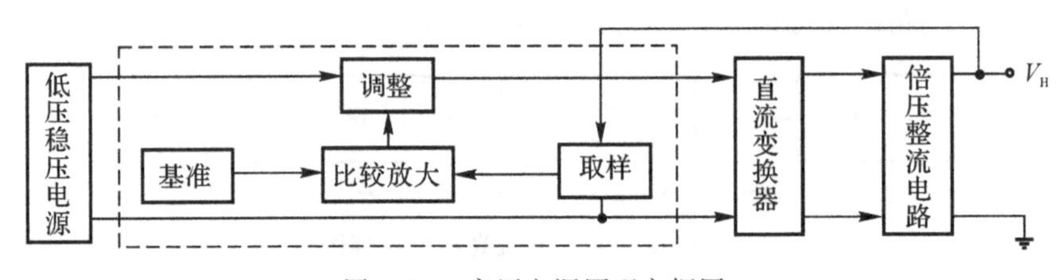


图 6.23　高压电源原理方框图

# 第 7 章　谱仪放大器和弱电流放大器

## 7.1 概　　述

第 6 章阐明了前置放大器的功能是解决与探测器的配合以及对探测器信号进行初步放大和处理。但是前置放大器输出的脉冲幅度和波形并不适合后面分析测量设备(如单道脉冲幅度分析器、多道脉冲幅度分析器等)的要求,所以对信号还需要进一步放大和成形,在放大和成形的过程中必须严格保持探测器输出的有用信息(如射线的能量信息和时间信息),尽可能减少它们的失真。这样一个放大和成形任务就交由放大器来完成。本章将重点讨论用于核辐射能谱仪中的放大器,通常也称为谱仪放大器。现在谱仪放大器的性能已日益完善,发展了滤波成形技术、基线恢复技术、堆积拒绝技术,建立了适用于高计数率、高能量分辨率的谱仪放大器,较好地满足了核辐射能谱测量的需要。

### 7.1.1 谱仪放大器的作用和组成

放大器在测量系统中的具体位置,可简化为如图 7.1 所示。

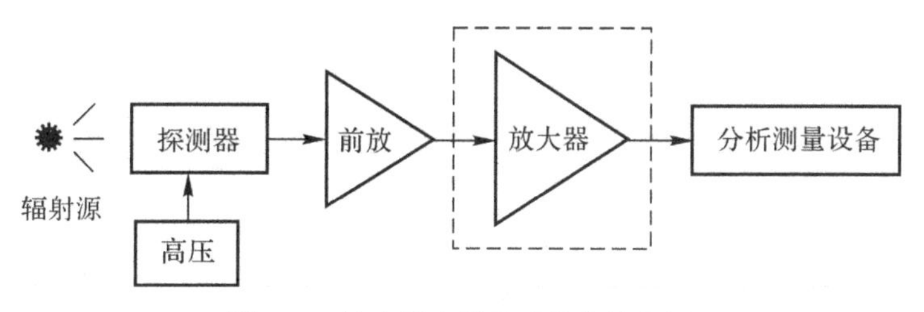


图 7.1　放大器在测量系统中的位置

放大器的输出信号要适应分析测量设备的需要,必须解决两个问题:一是把小信号放大到需要的幅度;另一个是改造信号的形状,通常称为滤波成形,目的是放大有用的信号,降低噪声,提高信号噪声比,并且使脉冲波形适合于后续电路的测量,当然在这个过程中应尽可能不损失有用的信息。图 7.2 给出了目前常用的谱仪放大器的原理。

高能量分辨率性能的探测器,要求放大器对总的能量分辨率的影响不超过万分之几,因此对放大器引起能量畸变的各种因素都要加以考虑。研制放大器的重点是放在提高测量能谱的精度和提高计数通过率这两个方面上。在谱仪放大器中,为了提高信号噪声比,往往采用一次微分和三次到四次的积分滤波成形电路。在较高计数率的情况下,信号堆积或隔直电容充放电均会引起基线偏移从而使谱线变宽,分辨率变坏,峰位移动,可以采用基线恢复器解决这个问题。另外,在高计数率条件下脉冲堆积的影响将是十分严重的,同样会导致能量分辨率变差，能谱畸变。采用堆积拒绝电路予以剔除堆积信号，就能使放大器的性能得到进一步改善。

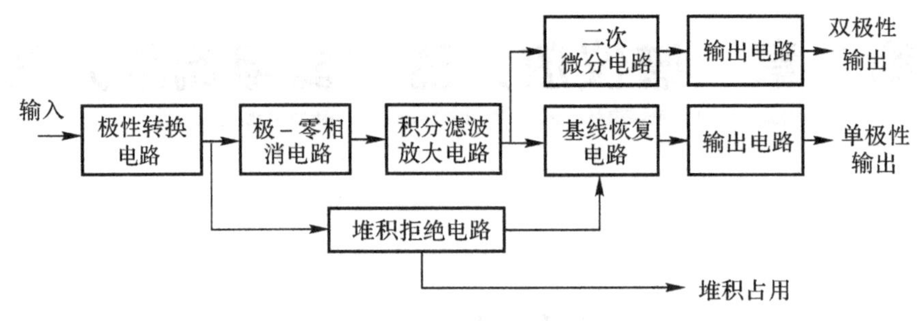


图 7.2　谱仪放大器原理方框图

目前，利用 DSP 技术解决基线偏移和堆积等问题正在趋于成熟，有些方法已经应用于数字化谱仪中。

### 7.1.2　放大器的基本参量

1. 放大器的放大倍数（增益）及其稳定性

对于谱仪放大器的放大倍数定义为：用阶跃电压或上升时间足够小、宽度足够宽的矩形脉冲波作为输入信号，在一定的成形电路时间常数条件下，输出脉冲幅度和输入脉冲幅度之比。

放大器的放大倍数取决于前置放大器输出幅值和后续分析测量设备所要求的信号大小。通常各种探测器的输出信号经由前置放大器放大后，其幅度约在毫伏到伏量级，而分析测量设备要求多在几伏到十伏左右。由此可知，通用放大器的放大倍数要求几倍至几千倍，而且可以调节。

放大器的放大倍数稳定性是放大器在连续使用的时间内（如 8 h）由于环境温度变化、电源电压变化等因素导致放大器放大倍数的不稳定程度。其结果是使测量到的能谱产生畸变，试验结果误差增大。例如，在目前高分辨率谱仪中放大倍数变化 0.1%也会影响测量结果，所以通常要求放大倍数的温度系数（$\Delta A/A$）/℃在 0.01%/℃左右。当电源电压变化 1%时，放大倍数变化应小于 0.05%。

提高放大倍数的稳定性最有效的方法是采用深度负反馈，负反馈越深，即 $A_0F$ 越大，放大倍数的稳定性也就越好。$A_0$为放大器无反馈时的放大倍数，一般在几百至几千倍，$F$ 为反馈系数，一般在零点几的量级。

2. 放大器的线性

放大器的线性是指放大器的输入信号幅度和输出信号幅度之间的线性程度。谱仪中的放大器，对线性要求非常高，应保证在允许的信号幅度范围内，对于不同输入信号幅度，放大器的放大倍数应保持不变。但实际上，在所规定的信号幅度范围内还是随着输入信号或者输出信号幅度变化而有一个微小变化。当这个变化超过允许的数值时，就会给能谱测量带来不允许的畸变。线性在谱仪放大器中是一个很重要的指标。

理想的放大器幅度特性是一条通过原点的直线。实际上，放大器总是存在着非线性，包括积分非线性与微分非线性，具体内容不再赘述。

3. 放大器的噪声和信噪比

放大器输出的信息总是由信号、噪声和干扰组成。干扰信号是外部的，可以通过各种方法减少到最小。而噪声则是由前置放大器输出噪声和放大器输入端自身的噪声所决定的。通常考虑放大器输入端的噪声只要比前置放大器输出端的噪声小一个量级就能满足要求。

在具体使用放大器时还应考虑信号噪声比，由于核辐射探测器输出信号较小，噪声叠加在有用信号上，能使能量分辨率变坏，因此如何提高信号噪声比就成为重要问题。由前置放大器输出的噪声功率谱密度 $S(\omega)$[$S(\omega)=a^2+b^2/\omega^2+c^2/\omega$]（其中 $a,b,c$ 为噪声的3种成分）可知，在放大器内部采用合适的滤波成形电路来限制频带，就能够抑制噪声，提高信噪比。

4. 放大器的幅度过载特性

放大器工作在一个线性范围，当超过线性范围时，就要产生两种情况：超过线性范围较小时，放大器还能正常工作，只是它的非线性系数变大。当超出线性范围很大时，放大器在一段时间内就不能正常工作。例如，在测量同位素的低能X射线产生的脉冲信号时，伴随有高能 $\gamma$ 射线产生幅度特大的脉冲信号，这就可能使放大器获得比正常幅度大上几百倍的输入脉冲，其结果会使放大器中某级或几级的工作点远离线性区，使有的器件饱和，有的器件截止。在这个大信号过后，放大器在一段时间内不能恢复正常工作。在这段时间内来的低能X射线信号就不能被正常放大，从而使测量产生误差。这种现象就称为放大器的幅度过载，也称为放大器的阻塞。引起过载的脉冲信号称为过载脉冲。这一段不能恢复正常工作的时间就称为放大器的死时间。

5. 放大器的计数率过载特性

在能谱测量中可以发现，当信号脉冲的计数率从小到大变化时，所测到的能谱也会发生变化。当计数率很低时，随着计数率改变，能谱变化很小，可以忽略。但当计数率越大时，谱线发生的变化就越严重。在高计数率条件下，由于信号堆积造成了谱线产生了严重的畸变，反映在测量结果中，如谱峰展宽，峰的位置发生偏移，甚至出现假峰。放大器中，由于计数率过高引起的脉冲幅度分布的畸变称为放大器的计数率过载。一般要求在某一计数率时峰位偏移在规定的数值以下，此计数率为该放大器的最高允许的计数率。

要改善放大器的计数率过载特性，在放大器内部要加入适当的滤波成形电路，如微分电路可以使输出脉冲变窄，极-零相消电路可以消除脉冲的下冲，这些措施都有利于计数率的增加。为了克服高计数率引起的能谱畸变，谱仪放大器中引入了基线恢复电路和堆积拒绝电路。

6. 放大器的上升时间

探测器输出的信号通常有快的前沿和缓慢下降的后沿，放大器的上升时间过大，会使输入信号产生畸变，结果信号幅度变小了。如果放大器上升时间非常小，也会带来一些不利因素——一则电路变得很复杂，二则增加了电路本身的噪声，因此需要有一个合理的选择。

放大器输出信号的形状取决于成形滤波电路，所以放大节上升时间必须比成形滤波电路的上升时间要小得多。设放大节上升时间为 $t_r$，滤波成形电路的上升时间一般最小为几百纳秒，故要求 $t_r$ 小于100 ns。

7. 放大器的输入阻抗和输出阻抗

对于放大器输入阻抗和输出阻抗大小的要求，取决于信号源的内阻大小，而放大器的输出阻抗则取决于后续电路的要求。通常放大器输出阻抗小一些好，以便能适应在不同负载情况下工作。为与输出电缆匹配使用，输出阻抗一般取50 Ω左右。

# 7.2 谱仪放大器的放大节

## 7.2.1 放大节的结构

谱仪放大器由许多电路组合而成，其中主要单元之一的脉冲信号放大电路，都是由几个放大节再加上必要的滤波成形电路组成。放大节通常是由高增益的运算放大器(可以由分立元件或者集成电路组成)和反馈网络组成的负反馈放大器。实际上，放大器的很多指标在很大程度上取决于单元放大节指标的优劣，如放大节的上升时间必须大大优于放大器的上升时间，所以对放大节的选择是非常重要的。选择一个好的放大节，才能够保证谱仪放大器具有良好的综合性能。对于放大节的基本要求可以从对谱仪放大器的要求中提出，主要有放大倍数及其稳定性、线性、上升时间和过载性能等要求。

在分析谱仪放大器特性时，很多地方都提到改善指标的有效办法是采用负反馈方法。当然，在放大节的具体电路中也确实都采用负反馈的方法，所以有时也称负反馈放大节。谱仪放大器中最常采用的反馈形式是电压并联负反馈和电压串联负反馈两种，如图 7.3 所示。

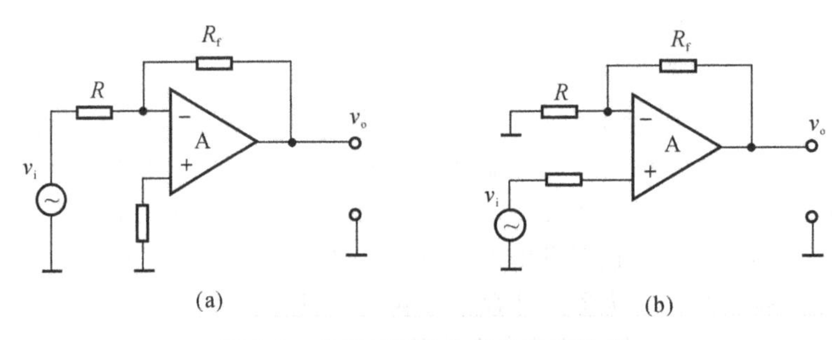


图 7.3　常用运算放大器负反馈形式

(a)电压并联负反馈；(b)电压串联负反馈

实际的放大节全部采用直流耦合形式，因此也称为运算放大单元，所有运算放大器的特性都可以直接引用。

图 7.3(a)为反向端输入形式，图 7.3(b)为同向端输入形式。

由反馈理论可知，引入负反馈后，与开环放大器相比，虽然放大器的闭环增益降低到 $A_f = A_0/(1+A_0F)$，但由于已知的增益带宽积，且频率上升时间积均为常数，因而负反馈放大器的放大倍数的稳定性提高了$(1+A_0F)$倍，非线性也得到改善，缩小为原来的$1/(1+A_0F)$，频率响应的带宽，大体上说也增加了$(1+A_0F)$倍，当然相应的上升时间大致也减小为原来的$1/(1+A_0F)$。所以要改善放大节的性能，首要问题是提高负反馈深度 $A_0F$。反馈系数 $F$ 因具体需要而确定，尽可能增加放大节的开环放大倍数 $A_0$ 是十分必要的。有时，为了得到大的开环放大倍数，除了增加级数外，还适当加入一些正反馈(如自举电路)。一般开环放大倍数取在 $10^2 \sim 10^4$ 量级。

放大器中自身的噪声大小也是很重要的。理论上，无反馈放大器能获得最低的噪声，因此不能用负反馈来改善放大器的信噪比。为了降低噪声，除了对输入级的器件作严格的挑选外，在电路的接法上也需要注意。图 7.4 所示给出上述两种接法对噪声的影响。$v_i$ 为输入端信号，$v_n$ 为输入端噪声。

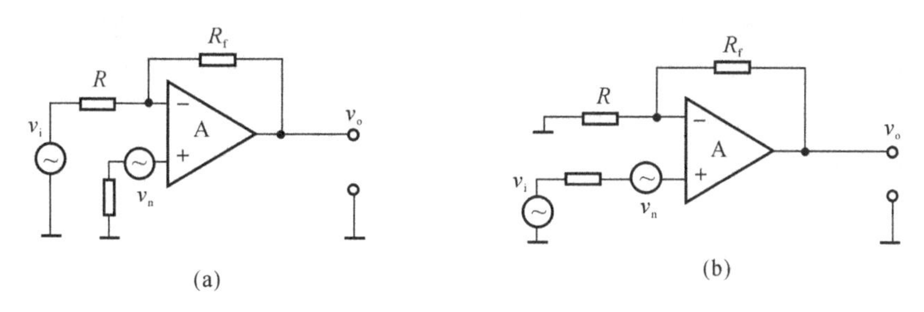


图 7.4　信号的反相与同相输入

(a)信号从反相端输入；(b)信号从同相端输入

对于指标性能一样的运算放大器，同相接法的信噪比性能要比反相接法的好。对于输入级来讲，一般总是希望接成同相放大器。在具体应用中，探测器、前置放大器、谱仪放大器之间都需要有一段距离，而实验室环境总存在各种电磁场的干扰。连接前置放大器和谱仪放大器的电缆会感应到这些干扰信号，从而使信噪比变差。利用差分放大器抑制共模噪声的特点可大大降低这种干扰噪声的影响。故谱仪放大器共模抑制比基本上由输入放大节的特性决定。图 7.5 给出这种接法的原理图，用这种接法来抑制强的电磁干扰信号是十分有效的。

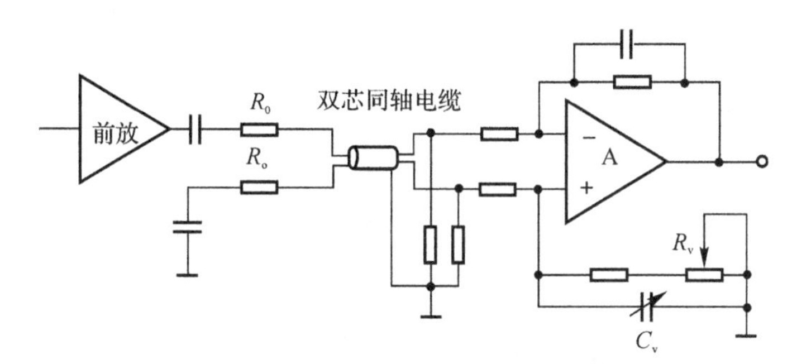


图 7.5　抑制共模干扰的输入放大节的接法示意图

对于谱仪放大器，还希望位于它前级的前置放大器的放大倍数大一些，尽可能减少对放大器内部噪声的放大量。放大节中放大倍数由 $R_f$ 和 $R$ 来决定，放大倍数的调整可以分为粗调和细调。粗调通常变换不同电阻，如图 7.6(a)所示。细调也可以用这种方法，但显然调节是非线性的，如图 7.6(b)所示。在同相输入端用可变电阻组成分压器，分压器不会影响同相输入端的负载，因此调节的线性很好，如图 7.6(c)所示。

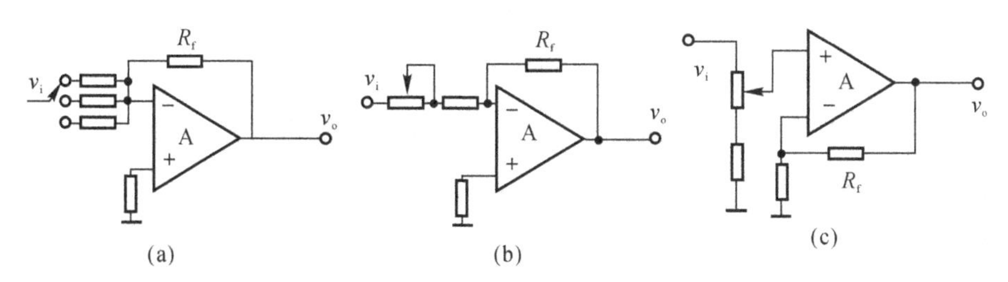


图 7.6　放大节增益调节的方案原理图

在放大器中对输入放大节和输出放大节还有一些特殊的要求。通常输入放大节要适应输入极性的变化和阻抗匹配的要求，还要考虑过载特性和低噪声。由于这些性能不能通过负反馈的方法来解决，因此还必须附加一些电路。输出放大节由于信号幅度范围大，要求有较大的线性范围，此外，还要考虑输出阻抗和匹配。

在谱仪放大器中，一般有几节都是在结构和形式上相同的放大节，可以在电路上采取一些措施以满足不同的要求。

### 7.2.2 放大节的电路

放大节可由分立元件组成，也可以采用集成运算放大器构成。事实上，在高计数率、高能量分辨率谱仪系统中的放大节仍然采用分立元器件，而集成运算放大器则更多地应用于中低计数率和低分辨率谱仪中。

图 7.7 是一个结构简单的由分立元件构成的放大节，此电路由 $T_1$，$T_2$组成差分放大器，$T_3$组成单管放大器及反馈网络组合而成。

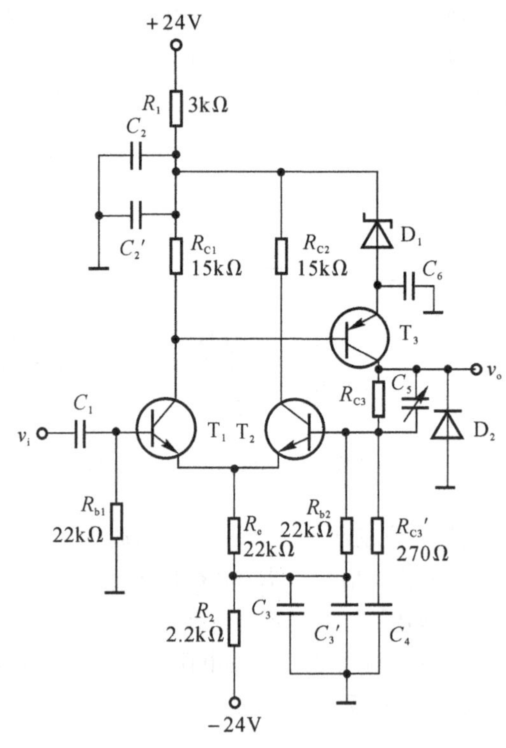


图 7.7　负反馈放大节实例

(1)采用差分放大器作为输入级。这可以提高电路的抗过载性能，当输入很大的正向脉冲时，可能使 $T_2$管截止，这样 $T_1$，$T_2$管公共射极电阻 $R_e$(22 kΩ)，作为 $T_1$管的射极电阻。此时输入阻抗为 $R_{b1}$(22 kΩ)并联$(1+\beta)R_e$，由于$(1+\beta)R_e \gg R_{b1}$，充放电时间常数近似为 $R_{b1}C_1$。当有很大的负向脉冲时，可能使 $T_1$管截止，这样充放电时间常数也就为 $R_{b1}C_1$。这与在正常工作条件下的充放电时间常数相当接近，因而在过载信号的条件下就不会明显出现基线漂移。

(2)采用交直流分开的负反馈。从交流反馈来看是电压串联负反馈，故具有电压串联负反馈的一切优点。

(3)开环放大倍数必须尽可能大。这是使负反馈放大节具有良好性能的前提。

(4)其他一些器件的作用。二极管 $D_2$ 是把输出脉冲限制在某一个给定的数值上。静态时 $V_{C3}=2.2$ V,所以在 $D_2$ 的两端有 2.2 V 的反向偏压,只要 $D_2$ 处于截止状态,由于二极管的反向电阻非常大,就不影响放大级的正常工作。当输出负载脉冲幅度的绝对值超过 $V_{C3}+V_D=(2.2+0.7)$ V时,二极管 $D_2$ 导通的正向电阻 $R_D$ 非常小,$V_D$ 为 0.6 ~ 0.7 V,使输出信号的最大值限制在2.9 V左右。在输出幅度大于2.9 V时,虽然放大器的线性被 $D_2$ 管破坏了,但是它限制了向后级放大节输入的最大脉冲,将不再会引起后级放大器的过载,从而提高了电路的抗过载特性。需要指出的是,二极管 $D_2$ 抗过载特性只对于负信号起作用,对正信号来讲当然是不起作用的。电容 $C_6$ 作为稳压管 $D_1$ 旁路电容。因为 $D_1$ 总有内阻存在,在高频时这个电阻就显得更大,通过 $C_6$ 的旁路,可以提高 $T_3$ 的放大倍数,也即提高了放大节的开环放大倍数。电容 $C_5$ 是调整高频的反馈量,用以得到最好输出波形。$R_1$,$C_2$,$C'_2$ 和 $R_2$,$C_3$,$C'_3$ 各组成退耦电路,作用是隔离放大节之间的相互影响及隔离来自电源的影响。实际上,几乎所有单元都要使用退耦电路。明确了退耦电路的作用,在分析电路时可以撇开它,使电路简易明晰。

### 7.2.3　集成运算放大器构成的放大节电路

从上面分析分立元件组成的运算放大器构成的放大节电路中可以看到,谱仪放大器中放大节电路的各项指标要求较高,一般的集成运算放大器是无法满足其要求的。因此,必须对集成运算放大器提出一些特殊的要求。

1. 上升速率

上升速率是指在输入端作用很大的阶跃信号,由于受其内部限制而得到输出电压的变化速率,单位是 V/s。集成运算放大器的瞬态特性在信号幅度不同时有很大的差别。输入端有很大的阶跃电压信号时,集成运算放大器通常都能产生瞬时的饱和或截止现象,将使放大器的输出电压不能很快跟随输入阶跃电压变化。它是由于运算放大器中存在着各种杂散电容及运算放大器中的一些相位补偿电容所引起的。谱仪放大器的放大节要求有快的上升速率。

2. 相位补偿

放大节电路中运算放大器都接成负反馈连接形式。在低频时具有 180°的固定相移,而到反馈网络的中频和高频段时,随着频率变化会产生一个附加的相移。当附加相移达到 180°,放大回路增益 $A\geqslant 1$ 时就会产生自激振荡。为了保证放大节电路稳定工作,通常都对运算放大器采用相位补偿电路。图 7.8 给出了一些相位补偿方法的简图。

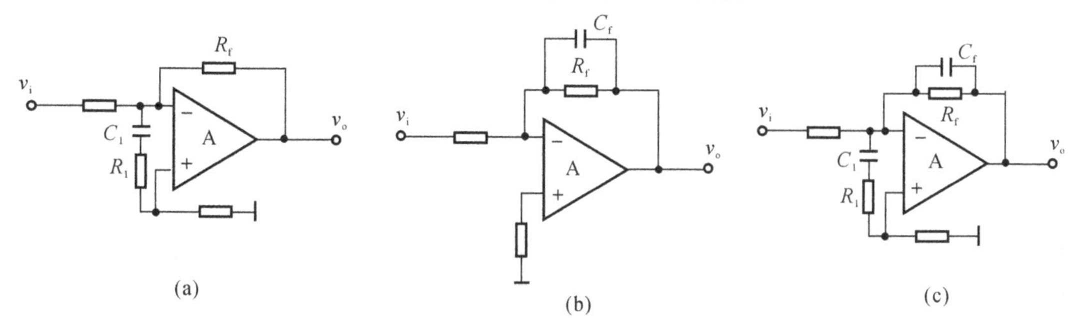


图 7.8　相位补偿方法原理图

只要相位补偿电路参数选得合适,这些电路都可以使闭环放大器稳定工作。但采用哪一种形式相位补偿电路更适合,则根据放大器的上升速率和噪声大小要求而决定。

图 7.9 给出了两个实用的集成运算放大器组成的放大节电路。图 7.9(a)是用集成运算放大器组件构成的同相端输入的放大节电路。图 7.9(b)是用集成运算放大器组件构成的反相端输入的放大节电路。图中的 $R_1$ 和 $R_2$ 电阻用于静态工作点调整,即调整后应使放大节静态时输出端电平为 0 V,闭环放大倍数 $A=R_f/R$,$C_f$,$R_3$ 和 $C_1$ 为相位补偿电路。由 $T_1$ 等元件组成供给组件中输出级的正电源,由 $T_2$ 等元件组成供给组件中输出级的负电源。与前面分立元件组成的放大节电路相比较要简单得多,并且调整电路也非常方便。

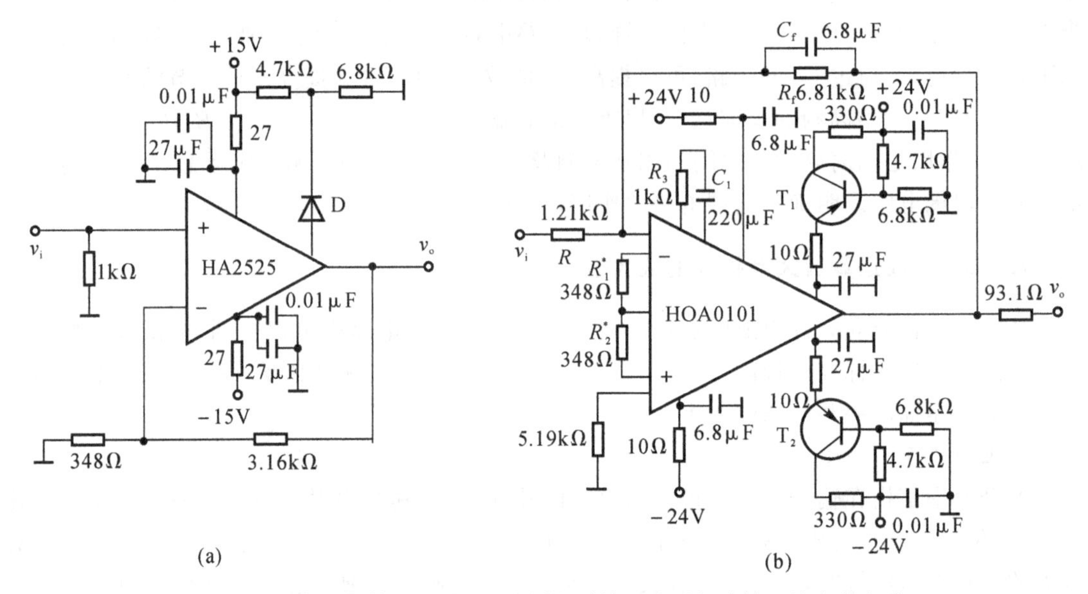


图 7.9 由集成运算放大器组成的同相端输入和反相端输入放大节电路

## 7.3 滤波成形电路

谱仪放大器基本上由放大节和滤波成形电路组合而成。对放大节来讲其主要的任务是放大信号,而滤波成形电路主要任务为:①抑制系统的噪声,使系统信噪比最佳。②使信号的形状满足后续分析测量设备的要求。

举一个简单的例子来说明滤波成形电路在放大器中的作用。图 7.10(a) 给出了由 $C_1R_1$ 的微分电路和 $C_2R_2$ 的积分电路所组成的滤波成形电路。虚线以前为前置放大器部分。$C_1R_1$ 微分电路放在谱仪放大器的输入端,用来消除输入脉冲的叠加现象(堆积)并使它的宽度变窄,提高电路的计数率容量,$C_2R_2$ 积分电路一般放在放大器电路最后或较后的部分,使输出的波形有一个较平坦的顶部,更适合于分析测量系统的要求。中间加的放大节 $A_1$ 和 $A_2$ 是起隔离级作用,减少滤波成形电路之间的相互影响。为讨论方便取 $A_1=A_2=1$。各点波形如图 7.10(b) 所示。由于微分电路及积分电路是线性电路,所以有关幅度的信息通过滤波成形电路后并没有损失。

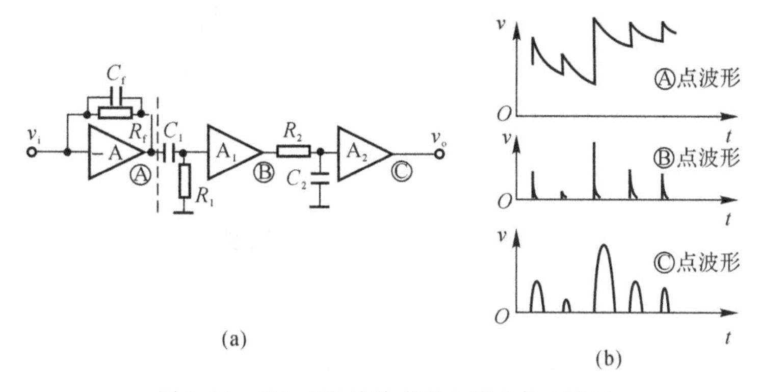


(a)　(b)

图 7.10　*CR*-*RC* 滤波成形电路及各点波形

从噪声分析中已经知道,输出端的噪声和谱仪放大器的频带宽窄有关,只要缩小放大器的带宽,噪声就可以减小。而滤波成形电路功能也就是在尽可能保持信息的条件下缩小放大器的带宽,以获得最佳的信噪比。

滤波器具有一定的频率响应,必然具有一定的冲击响应,它在频域里尽可能滤去噪声的各频率成分,保留信号的频率成分,而在时域里就确定信号的形状。由于时域和频域的必然联系,主要用于提高信噪比的滤波器也就是信号成形电路。同一电路按使用的不同要求,既可以称为滤波器,也可以称为成形电路,这里通称为滤波成形电路。

## 7.4　基线恢复器

核信号的随机特性,会造成前后相邻脉冲的叠加,即堆积现象。堆积的存在使信号的基线发生涨落,除此之外,即使是无尾堆积的系列脉冲通过 *CR* 网络时,由于电容器上电荷在放电时间内,未能把充电的电荷放光,那么下一个脉冲到达时,电容器上的剩余电荷将引起这个新出现脉冲的基线偏移。其结果使能谱峰位移动及能量分辨率变坏,在高计数率时尤为突出,如图 7.11(a)所示。在核辐射测量中由于计数率的随机分布,将使信号的基线偏移也随机分布,如图 7.11(b)所示。可以看到,脉冲重复频率越高引起的基线偏移越严重,脉冲宽度越窄引起的基线偏移越小,微分电路可以明显改善基线的偏移。

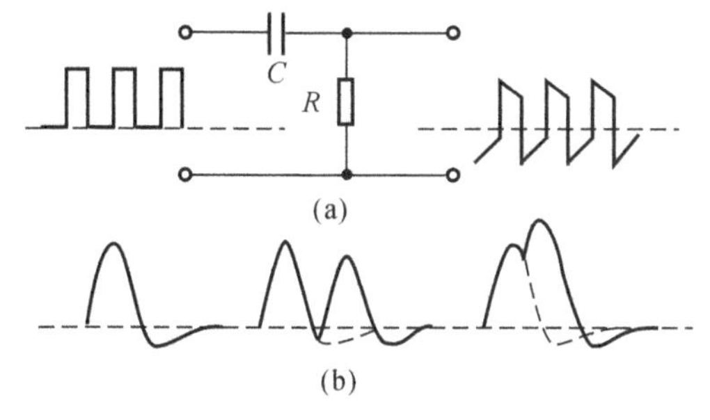


(a)

(b)

图 7.11　基线偏移

(a)矩形脉冲通过 *CR* 耦合电路的基线偏移;　(b)随机脉冲通过 *CR* 耦合电路的基线偏移

基线恢复器对信噪比的影响与放大器滤波成形电路时间常数、噪声转角时间常数以及恢复时间常数等参量有关。可通过试验来调节时间常数，得到较好的信噪比。在设计和选用基线恢复器时，要注意能适应各种试验条件，在清除基线偏移的同时减小低频干扰，并避免信噪比的退化。

## 7.5 堆积拒绝电路

采用高能量分辨率半导体探测器的谱仪要求能适应高能量分辨率和较高计数率测量用的谱仪放大器。由于核信号的随机特性，所以脉冲信号的堆积是必然的现象。

正如所知，脉冲信号的堆积与波形和工作的计数率有关。对能谱的测量而言，当平均计数率高于 1 000 时，就必须考虑信号的堆积效应。为了减小堆积对能谱测量的影响，在采用线性放大、滤波成形、基线恢复等技术基础上，通常的解决方法是采用堆积拒绝技术。目前，比较完善的放大器除了基本放大节和滤波成形电路外，将堆积拒绝电路、基线恢复电路都组合在一起，称为高能量分辨率计数率谱仪放大器。但考虑到电子学插件的适用性，谱仪放大器是增益可调范围大、非线性小、动态范围大且上升时间较小的线性放大器，而堆积拒绝电路、基线恢复电路则放到谱仪模/数变换器的前部(参见第 7 章谱仪模/数变换器相关内容)。

由于经过滤波成形电路后，脉冲成形为准高斯型波形，其尾部变化较慢，因此尾堆积的影响可以通过基线恢复器消除。

## 7.6 谱仪放大器实例

放大节和滤波成形两个电路是谱仪放大器的基本部分。若加上用以清除基线偏移改善能量分辨率的基线恢复电路，就称为通用谱仪放大器，也称为线性放大器，如图 7.12 所示。

它用于脉冲信号的放大，可以作为半导体探测器谱仪或正比计数器谱仪的主放大器。$A_1 \sim A_5$ 为五个负反馈的放大节，既起到放大作用，又起到隔离作用。成形滤波电路由一级极零相消 $CR$ 微分电路，二级 $RC$ 积分电路，二级有源 $RC$ 积分电路组成。$A_1$ 为输入放大节，采用差分形式电路输入，一则可以作为极性选择电路，二则可以提高电路抗过载性能及抗共模干扰的影响。成形滤波电路各级位置的安排，从原则上讲不改变整个谱仪放大器的冲击响应，从噪声角度来讲希望成形滤波电路放在最后效果好。从信号堆积及过载性能来讲，希望极零相消 $CR$ 微分电路要靠近放大器的输入端。在输入端，要完成信号传输匹配问题和解决极性选择。这样极零相消 $CR$ 微分电路放在 $A_1$ 的后面，对噪声来讲是有一些不利因素。在 $A_1$ 后面所有电路产生的低频噪声不能被极零相消 $CR$ 微分电路所抑制。但这影响与前置放大器来的噪声相比就显得相当小了。$A_2$ 放大级作为放大倍数粗调级，$A_3$ 放大级作为放大倍数细调级，$A_4$ 和 $A_5$ 放大节除了放大作用外还有二次积分作用，一次积分是由放大节输入端的电路所完成，另一次积分是由放大节负反馈电路所完成。四次积分是由一个统调波段开关一起来改变时间常数。这样能保持四次积分时间常数的一致性，使输出的信号形状基本上是准高斯型的，以获得较高的信噪比。微分时间常数也可以通过开关分挡调节。

整个放大器除了每一级都有很深的直流负反馈和交流负反馈外，$A_5$ 放大节的输出（最后输出端）至 $A_3$ 放大节的输入端，也有直流负反馈，这样可以保证有稳定的直流工作点及放大器的良好线性。

由运算放大器组成的放大节，其开环放大倍数很大，放大倍数取决于反馈电阻的数值。各级成形的时间常数要求一致，所以选用温度系数较小的精密金属膜电阻，以保证放大器有较好的长期稳定性。图 7.12 中虚线方框内电路的作用是：当微分时间常数选择放在 $DL$ 位置时，在第一级输出信号到单 $DL$ 成形电路，通过延迟线 $L_1$ 的延迟（0.6 $\mu$s）再倒相放大输出，再与第一级直接输出信号相叠加，就可以产生一个宽度为 0.6 $\mu$s 的矩形脉冲，调节 $R_{V3}$ 可以得到较好的矩形脉冲。图 7.13 给出了电路的原理图及波形图。

如需要输出双极性矩形脉冲，则可以采用双延迟线成形电路，这时可由单 $DL$ 成形级经过二、三两级放大节后，一方面可以接到第四级放大，一方面接到双 $DL$ 成形级，双 $DL$ 成形级是由双端输入的运算放大器构成。经过 $L_2$ 延迟后，信号加到运放的反相端，没有经过延迟的信号加到运放的同相端，最后在运放的输出端可得到二次延迟线成形的脉冲。调节 $R_{V4}$ 可以获得较好的双 $DL$ 成形脉冲。图 7.14 给出了电路的原理图及波形图。

总的来说，信号通过一次微分、四次积分，可以获得的输出波形为准高斯型。这个波形根据基线起伏的状况，可以通过延迟电路再到基线恢复电路，改善基线的起伏状况后再输出。当需要双微分成形脉冲，信号可以通过第二次微分电路。为保证单微分和双微分输出幅度基本相同，第二次微分用一个运算放大器构成，信号从同相端输入。

从上面对通用谱仪放大器方框原理可以知道，此谱仪放大器具有较强的功能。它可以输出单极性 $RC-(CR)^m$（$m$ 代表 $m$ 级微分电路单元）的脉冲，双极性 $(RC)^2-(CR)^m$ 的脉冲，还可以输出单成形脉冲，双 $DL$ 成形脉冲，在计数率较高时还可以通过基线恢复电路改善基线起伏状况，对于使用者开讲可以有较大的选择余地。各点波形直接标在图 7.12 上。

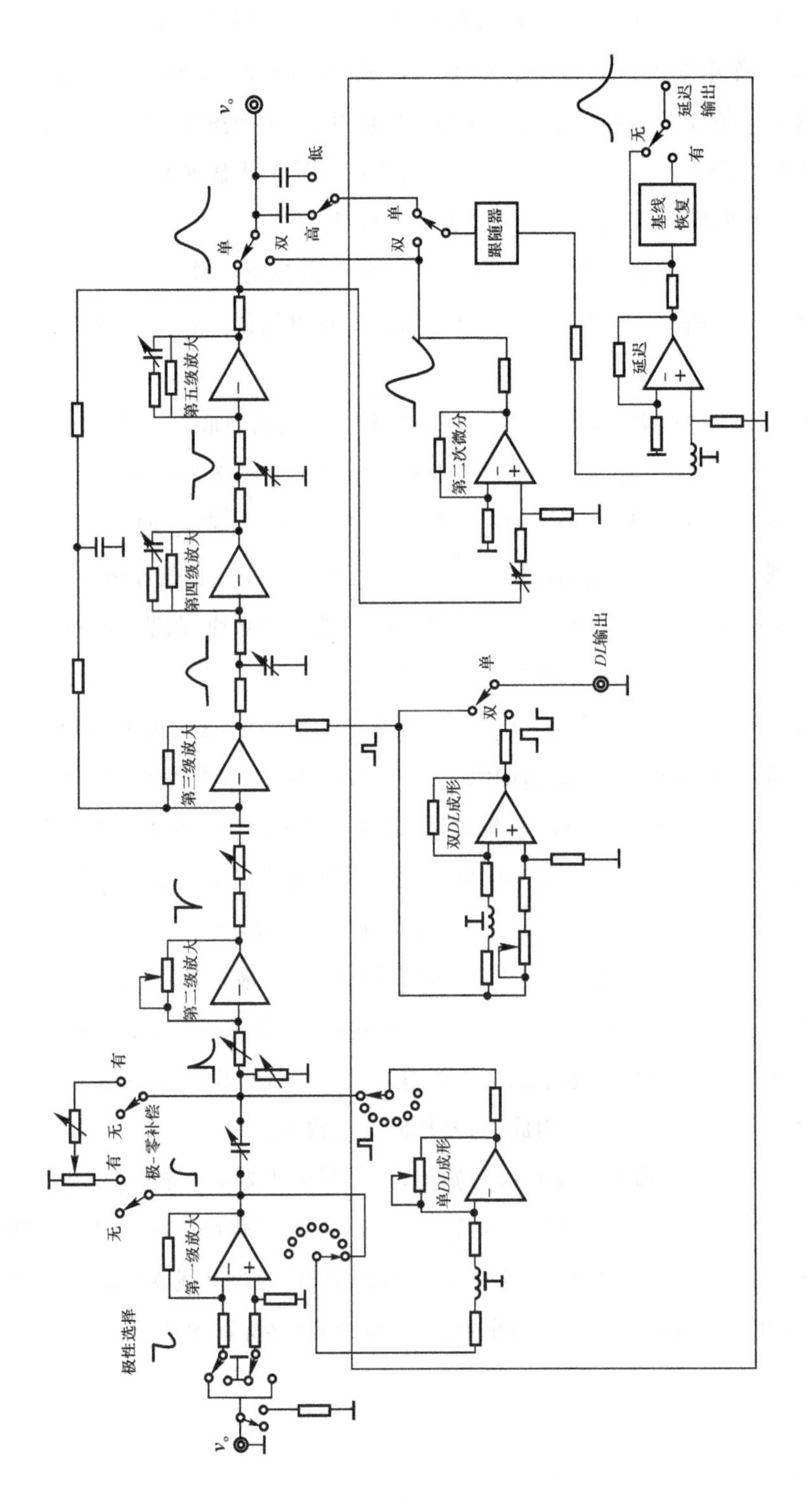


图7.12 通用谱仪放大器原理方框

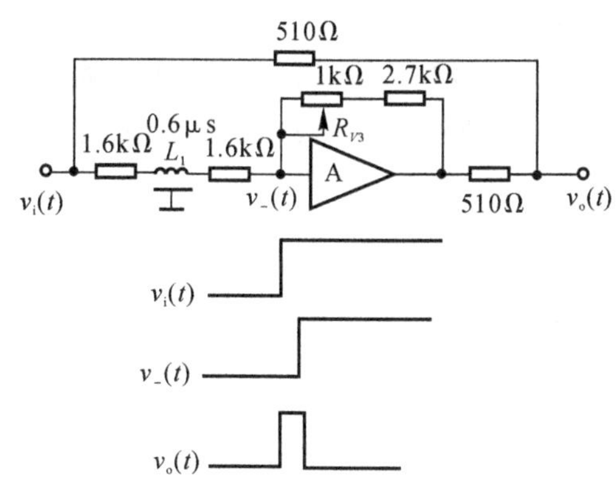


图 7.13　单 DL 成形电路的原理及波形

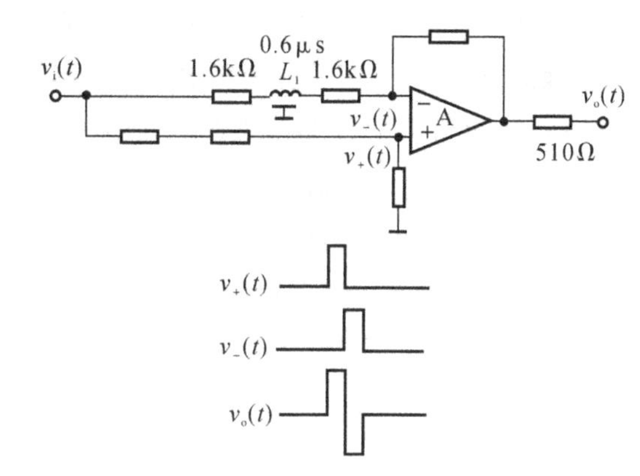


图 7.14　双 DL 成形电路的原理及波形

## 7.7　弱电流放大器

在射线测量中，常常需要对变化很慢又很弱小的电流信号进行测量。例如，电离室输出电流、光电倍增管输出电流及加速器输出的带电粒子的束流，其电流一般在 $10^{-15}\sim10^{-5}$ A，甚至更小一些的微弱电流。当测量 $10^{-9}$ A 电流时，必须使用高输入阻抗的特殊器件(如静电计管、场效应管等)组成的弱电流放大电路。下面分别讨论实现弱电流测量的不同方法。

### 7.7.1　电阻式弱电流放大器

图 7.15 为弱电流测量简单原理图。由于信号源可以近似看作电流源，所以它的内阻非常大，电流 $i_i$ 不受负载影响，在电阻 $R$ 的两端将产生一个电压降 $v_i$，$v_i=i_iR$，$i_i$ 越大得到的 $v_i$ 也就越大，从原则上讲只要 $R$ 取得足够大，即使 $i_i$ 非常小，得到的 $v_i$ 也不会太小。例如，$i_i=10^{-10}$ A 时，$R=10^{10}$ Ω。一般希望 $R$ 取得大一些，而使测量的灵敏度高一些。实际上 $R$ 的增大受到电子线路输入电阻的限制。对照图 7.15 很容易理解，只有电子线路的输入阻抗远大于 $R$ 条件下，增大 $R$ 才有现实意义。静电计管和场效应管等器件都有极高的输入阻抗，能够很好地满足这个要求。

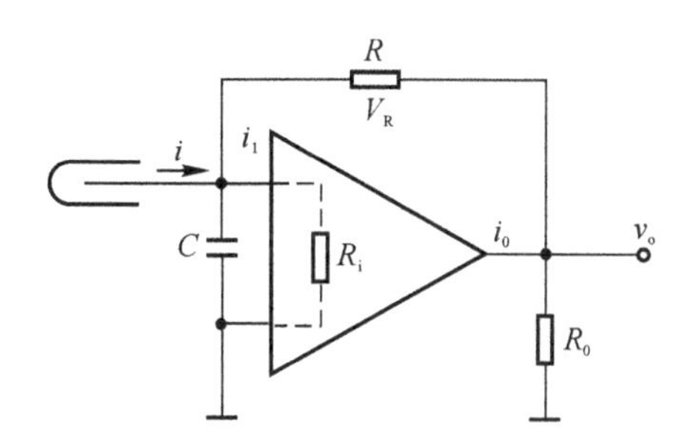


图 7.15　弱电流测量原理图

在图 7.15 电路中，由于电阻 $R$ 很大，在输入端可以得到较大的电压信号 $v_i$。$v_i$ 越大则相对的干扰和噪声影响就越小，通过放大器后不必放大输入信号 $v_i$ 而只要使输出信号 $v_o = v_i$，具有较强的负载能力，所以放大器实际上并不要求有电压放大倍数而希望有很大的电流放大倍数，从而使输出电压 $v_o$ 以低电阻形式输出，达到能够用普通的设备测量或取出信号的目的。

因此，弱电流放大器实际上就是一个阻抗变换器，输出信号等于输入信号，具有很高的输入阻抗和很低的输出阻抗。

弱电流放大器可能测到的最小电流(灵敏度)，决定于放大器的零点漂移和零点摆动。由于噪声在输入端 $R$ 上的压降不是一个固定值，而是在一个平均值($10^{-12} \sim 10^{-10}$ A)附近涨落。这种涨落在 $R$ 两端产生压降，造成输入端电位起伏，这个起伏就引起零点摆动。在测量时间短的条件下，零点漂移较小，而零点摆动则是主要的。它限制了弱电流测量的灵敏度。

弱电流放大器测量时间，指进行一次测量所需要的时间，即由输入回路 $RC$ 的时间常数所定，如图 7.16 所示的虚线部分。缩短测量时间可以减小零点漂移引起的误差。但是测量时间的减小和灵敏度的提高是互相制约的。

此时，当放大器与信号源需要用屏蔽电缆连接时，由于电缆电容较大，测量时间就会变得很长。图 7.17 为负反馈电阻式弱电流放大器的原理图，它是应用负反馈的运算放大器电路。

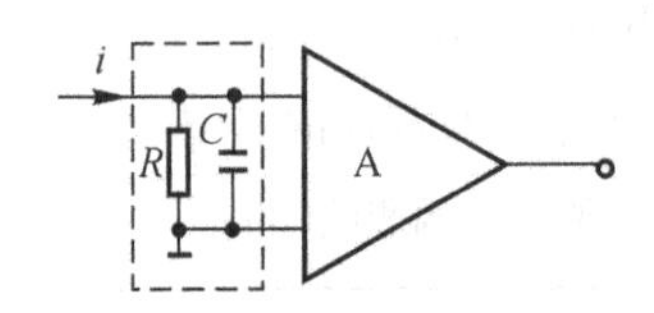

图 7.16　弱电流放大器输入回路

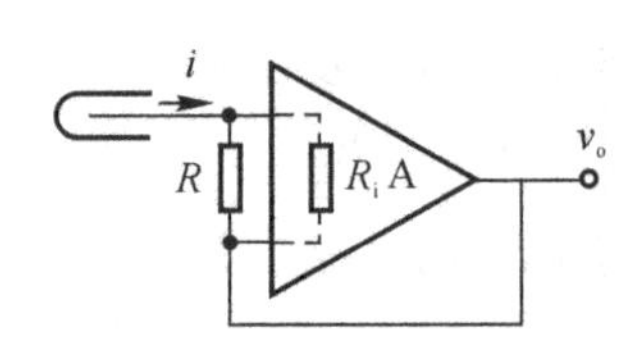

图 7.17　负反馈电阻式弱电流放大器原理图

输入电阻 $R$ 作为反馈电阻跨接在运算放大器的反相输入端和输出端。由于输入端为虚地，只要满足 $R_i$(运算放大器输入电阻) $\gg R/A_0$，$A_0$ 为运算放大器的开环放大倍数，输出电压 $v_o = i_1 R \approx iR$，此时输入端的等效电阻 $R' = R/A_0$，读数测量时间 $\tau' = 5R'C' = 5RC/A_0$，与不带负反馈的电阻式弱电流放大器相比较，测量时间大大缩小。一些本来由于分布电容很大而不能测量的弱小电流又可以测量了。但要注意，高阻 $R$ 两端的分布电容 $C_s$ 的存在将使测量时间减少受到限制。因为这时折合到输入端的 $R' = R/A_0$，$C' = A_0 C_s$。当 $A_0$ 很大而输入端电容不大时，测量时间可近似为 $\tau = 5R'C' = 5RC_S$。

这时电流放大倍数为

$$A_i = \frac{i_o}{i} = \frac{V_o}{R_0}/i = \frac{iR}{R_0}/i = \frac{R}{R_0} \tag{7.1}$$

当电表的电阻 $R_0 = 2\ \text{k}\Omega$，$R = 10^{12}\ \Omega$ 时，电流放大倍数为

$$A_i = \frac{R}{R_0} = \frac{10^{12}}{2 \times 10^3} = 5 \times 10^8 \tag{7.2}$$

由于应用负反馈的运算放大器，只要 $A_0$ 足够大，将使电路在稳定性、线性等方面得到很大的改善。

图 7.18 为一个实际的由运算放大器 SF357 构成的弱电流放大器，由于本身的输入阻抗达到 $10^{12}\ \Omega$，而且有很高的开环放大倍数和低漂移的特性，它可以测量到最小电流为 $10^{-13}$ A 量级。

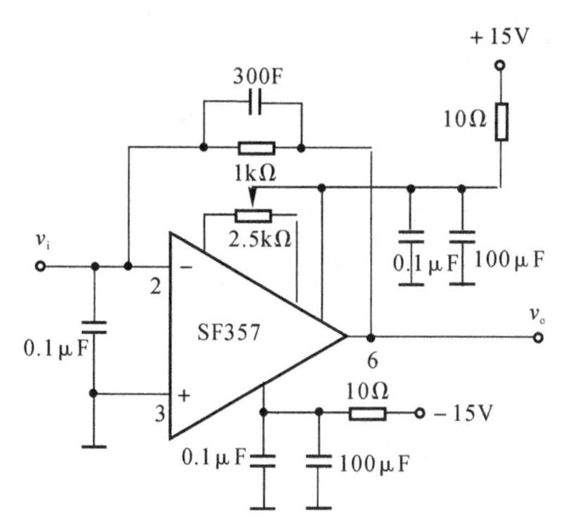


图 7.18　运算放大器构成的弱电流放大器

### 7.7.2　电流-频率转换的弱电流放大器

在弱电流的测量中常常需要数字化处理，当然可以直接把电阻式弱电流放大器输出电压转换成频率 $f$，然后再把频率 $f$ 的脉冲送入计数器加以记录。但这一方法还存在着不少问题，故很少使用。图 7.19 所示的电路为电容直接积分式 $I-f$（电流-频率转换器）弱电流测量装置，使频率 $f$ 与电流 $I$ 成正比，测量电流 $I$ 的大小可以转换成测量频率的大小。在很宽的测量范围内（例如 $10^{-12}\sim10^{-6}$ A）仪器不必换挡。但它的测量灵敏度比前面的方法要低一些，一般来说，$I-f$ 变换弱电流放大器最小能测到 $10^{-13}\sim10^{-12}$ A。

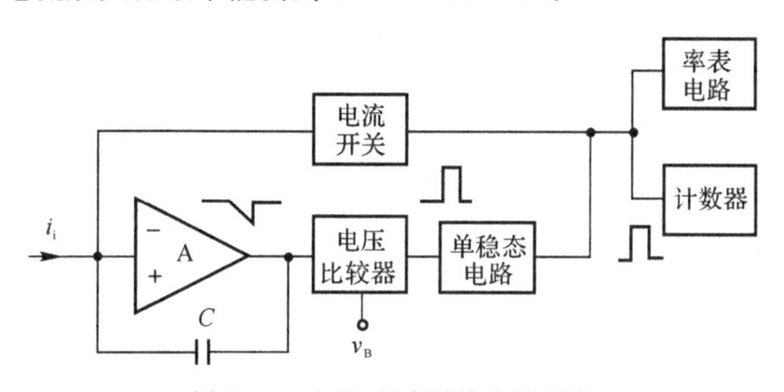


图 7.19　电流-频率转换电路框图

在图 7.19 中，运算放大器 A 为积分器来工作，反馈电容 $C$ 为积分电容，放大器 A 的输出电压是输入电流的时间积分。当输入累积到参考电压 $v_B$时，后面的电压比较器就被触发，其输出脉冲触发单稳态电路，使其输出一个宽度恒定的脉冲。该脉冲电压通过电流开关送出一个宽度、幅度皆恒定的电流脉冲到放大器的输入端，该电流与输入电流极性相反，因而使积分器输出电平恢复到原来的初始电平，这样就完成了一次积分周期。同时，计数器将成形电路输出脉冲进行计数。每当电压比较器翻转一次，相当于在积分电容器中积累了一个 $\Delta Q$ 电量，在单位时间里得到计数多少就可以折算到输入电流的大小。成形电路输出脉冲频率与输入电流强度成正比。这样，在测量过程中可以不改变量程开关。整个动态范围可达 5～7 个量级。

### 7.7.3 调制型弱电流放大器

测量弱电流除了上述方法以外，调制型的弱电流放大器也是常用的方法之一，图 7.20 给出了它的方框原理图。

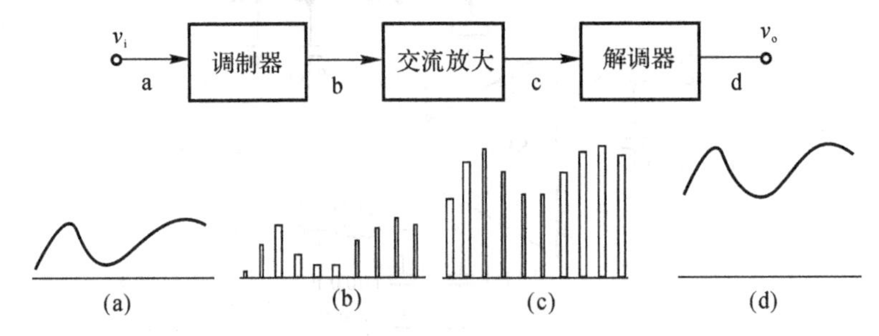


图 7.20 调制型弱电流放大器工作原理示意图

调制器作为一个转换器，可以把直流信号转换成交流信号。整个放大的任务由交流放大器来承担。放大采用交流放大器，这样可以从根本上避免直流放大器引起的漂移问题。最后利用解调器可以得到放大了的直流信号，整个弱电流放大器的指标基本上取决于调制器。利用振动电容作为调制器构成的弱电流放大器可以测量到 $10^{-17}$～$10^{-16}$ A 量级的弱小电流。

这里介绍利用 DMOS 电路设计技巧及工艺，研制具有调制、放大及解调的单片集成电路(5G7650)来组成的弱信号放大器。它利用动态校零的原理，克服了 CMOS 器件所固有的失调及漂移。图 7.21 所示为 5G7650 集成单片的方框原理图。

$A_1$ 为主放大器，$A_2$ 为调零放大器，用内部振荡器(OSC)的振荡频率(200 Hz)为内部时钟，振荡一周的上半周期为放大器的误差检测及寄存阶段，振荡一周的下半周期为动态校零及放大阶段。通过电子开关转换来达到上述目的。当使用钳位电路时，就将钳位电路接在反相输入端，当它的输出信号接近电源电压时，就会自动降低反馈回路的增益而实现钳位的目的。5G7650 集成单片弱电流放大节如图 7.22 所示。

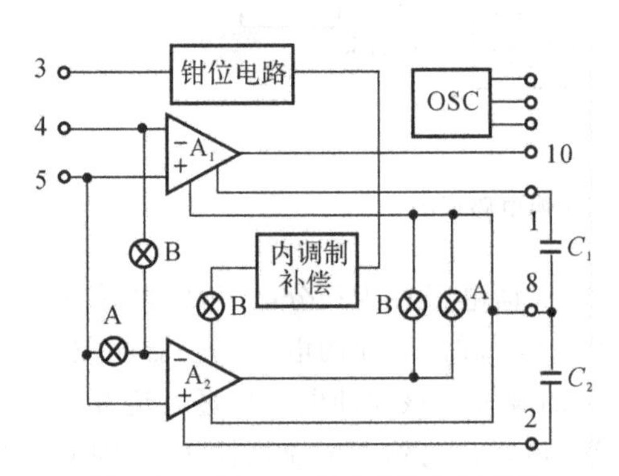


图 7.21 5G7650 集成单片的原理图

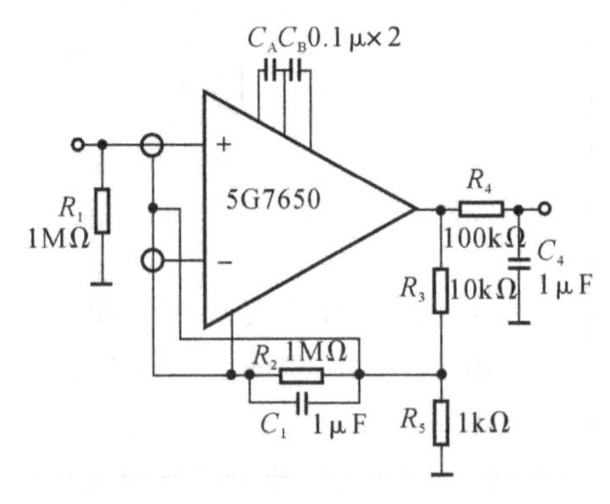


图 7.22 5G7650 集成单片弱电流放大节

图 7.23 为 5G7650 单片集成电路组成的弱信号放大器的放大器。5G7650 和其他运算放大器一样，外部电路非常简单。$C_A$，$C_B$ 为记忆电容，$R_1$ 为取样电阻，把输入的弱小电流转换成电压。电压放大倍数 $A = 1 + R_4/R_3$，$R_2$ 为满足放大器直流工作点的需要使 $R_2 + (R_3/R_4) \approx$

$R_1$,$R_5$,$C_4$ 为低通滤波器,把尖峰干扰滤去。用这样几节放大节串联就可以组成弱电流放大器。它的测量灵敏度取决于两个因素:一是测量时间由取样电阻和输入端电容数值所确定的时间常数所限制;二是在取样电阻上建立的信号电平要大于输入端的噪声电平。由于放大器本身输入阻抗非常高($R \approx 10^{12}$ Ω),取样电阻在满足测量时间要求下,尽可能取得大一些。

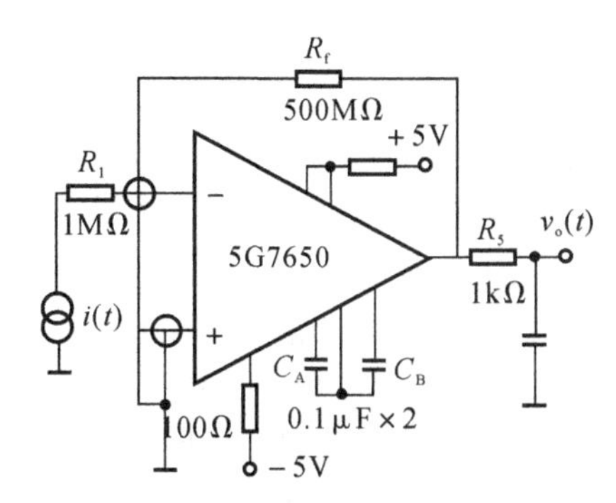


图 7.23　由 5G7650 集成单片组成的弱电流放大器

利用 5G7650 的内部调制放大的特点,以及它具有高的输入阻抗,自动调零的优点,用电阻式弱电流放大器连接形式来应用 5G7650 集成单片器件,它既可以保留电阻式弱电流放大器的优点,又可以避免电阻式弱电流放大器直流漂移的缺点。它的测量灵敏度可达 $10^{-13}$ A。输出端满度输出为 4.8 V 时,其输出端零点漂移小于 0.5 mV。

# 第8章　脉冲幅度分析

探测器输出的脉冲信号——模拟信号，经过放大、成形等处理后，接下来的工作就是对脉冲信号的进一步处理，即从信号中提取有用的信息，处理方式根据不同测量目的通常分成以下几种：第一种是脉冲计数，即记录所需脉冲的数目。例如，放射性强度测量，就是把所需的核辐射探测器输出脉冲的数目用计数器或计数率计记录下来，同时还要把不需要的信号(如噪声、干扰信号等)甄别掉。第二种处理方式是脉冲幅度分析。例如，核能谱测量，因为核辐射探测器输出的脉冲幅度与核辐射的能量成正比，所以按脉冲幅度不同测量其计数，从而就可得到脉冲幅度谱(即能谱)，选择不同的能量范围，即选择不同的脉冲幅度范围。第三种方式是脉冲信号的时间分析，即测量有关脉冲信号之间的时间间隔关系(即时间间隔分布)。目前，利用时间-幅度变换，把时间间隔的测量变成脉冲幅度的测量。此外，还有脉冲波形甄别。波形甄别实际上是一种时间甄别，所以可以归纳为时间分析。高能物理或核医学中常用空间位置分析，空间位置也通常转换成时间量。因此空间位置分析同样可归结为时间分析。

## 8.1　脉冲幅度甄别器

脉冲幅度选择的基本电路是脉冲幅度甄别器。它有一个可变的阈电压，称为甄别阈。输入脉冲幅度大于给定的甄别阈时，输出一个脉冲，输入脉冲幅度小于给定的甄别阈时，则无脉冲输出。有无脉冲输出可分别用逻辑“1”和逻辑“0”表示(可按 TTL 标准和 ECL 标准得到标准化的逻辑脉冲)。脉冲幅度甄别器的工作原理如图 8.1 所示。

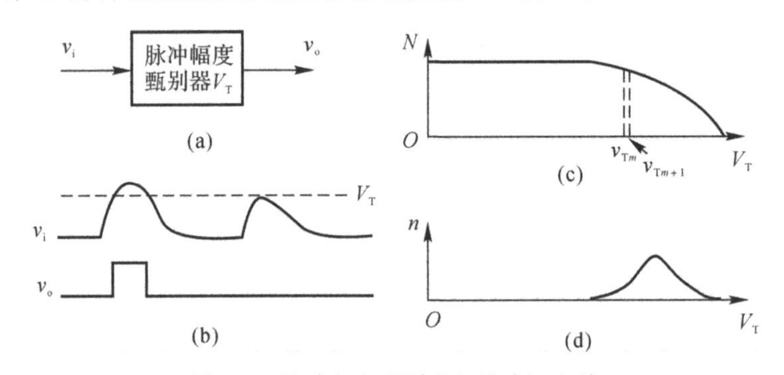


图 8.1　脉冲幅度甄别器与脉冲幅度谱

(a)脉冲幅度甄别器；(b)脉冲幅度甄别器工作波形；(c)脉冲幅度积分谱；(d)脉冲幅度微分谱

在图 8.1(a) 中，$V_T$ 为阈电平。当输入脉冲的幅度超过阈电平 $V_T$ 时，脉冲幅度甄别器输出一个数字信号(模拟信号变成数字信号)。若输入脉冲的幅度小于阈电平 $V_T$，则无数字信号输出。工作波形如图 8.1 中的(b) 所示。

如果改变阈电平 $V_T$，测量得到相应的大于 $V_T$ 的脉冲数 $N(V_T)$，则所得到的 $N(V_T)$ 与 $V_T$

的关系就是脉冲幅度积分分布，如图 8.1(c) 所示，通常称为积分谱。

在图 8.1(c) 中，若从阈电平 $V_{T_m}$ 上的脉冲计数 $N(V_{T_m})$ 中减去阈电平 $V_{T_{m+1}}$ 上的脉冲计数 $N(V_{T_{m+1}})$[注意：$N(V_{T_m}) \geqslant N(V_{T_{m+1}})$]，则可得到在阈电平 $V_{T_m}$ 上，间隔 $\Delta V_T = V_{T_m} - V_{T_{m+1}}$ 中的计数 $\Delta N(V_{T_m})$：

$$\Delta N(V_{T_m}) = N(V_{T_m}) - N(V_{T_{m+1}}) \tag{8.1}$$

上式中的 $\Delta N(V_{T_m})$ 就是脉冲幅度在某个阈电平间隔中的计数大小。$\Delta N$ 和 $V_T$ 的关系就是脉冲幅度分布曲线，也即是通常要测量的能谱曲线，如图 8.1(d) 所示。

从上面介绍可知，图 8.1(d) 中的曲线可以表示为图 8.1(c) 中的曲线的"微分"，因此图 8.1(d) 中的曲线可称为微分谱。反之，从图 8.1(d) 中的曲线的积分同样可得到图 8.1(c) 中的曲线，所以也可以把脉冲幅度甄别器称之为积分甄别器。

用积分甄别器来获取幅度谱(微分谱)时，需要将测量的数据进行相减计算，所以不仅很花费时间，而且还会增大误差。为此，要求设计直接测量幅度谱的微分甄别器，即单道脉冲幅度分析器。

在脉冲幅度甄别过程中，由于探测器的输出脉冲具有一定的上升时间(核辐射探测器的电荷收集时间)，所以对一定的阈电平，两个幅度不同的脉冲(假设其上升时间相同)，其触发时刻不同。这种情况的工作波形如图 8.2(a)所示。

从图 8.2(a)可见，幅度大的脉冲先触发，其触发时刻为 $t_1$，幅度小的脉冲后触发，其触发时刻为 $t_2$，由此产生定时(即触发时间)误差 $\Delta t = t_2 - t_1$。

另外，一个幅度一定的脉冲，在不同阈电平时，触发时刻也不相同。此时的工作波形如图 8.2(b)所示。当阈电平为 $V_{T1}$ 时，触发时刻为 $t_1$，当阈电平为 $V_{T2}$ 时，触发时刻为 $t_2$。可见阈电平低则先触发，阈电平高则后触发，从而产生定时误差 $\Delta t = t_2 - t_1$。

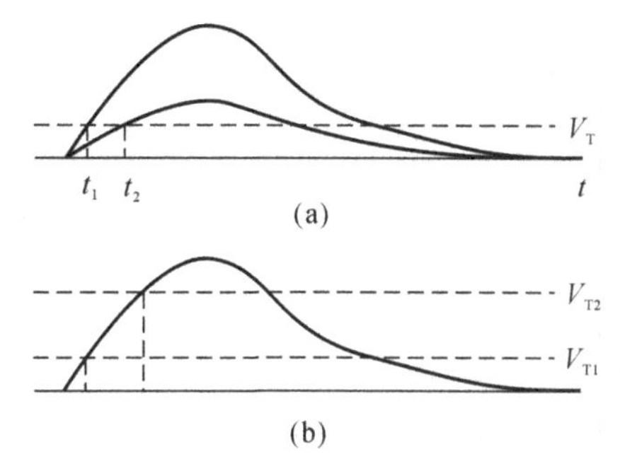


图 8.2　脉冲幅度甄别器中的定时误差

(a)阈电平一定，幅度不同；(b)阈电平不同，幅度相同

对于一般的脉冲幅度分析(能谱测量)，上述的定时误差对测量结果不会产生什么影响，故可不予考虑。但是，对于时间分析，则必须解决这种定时误差问题。具有定时功能的甄别器称为定时甄别器。

### 8.1.1　脉冲幅度甄别器的一般要求

脉冲幅度甄别器是将输入模拟脉冲转换成数字逻辑脉冲输出的一种装置。理想的脉冲幅度甄别器应该具有以下的功能：当一个输入脉冲的幅度超过一定阈电平时，则输出一个数字脉冲，而与输入脉冲的幅度、上升时间、宽度等参数无关。若输入脉冲的幅度低于给定的阈电平，则无输出脉冲。

一个理想的甄别器应该有快速响应性能，它能够处理两个时间间隔十分相近的脉冲。这种时间间隔的最小值称为脉冲幅度甄别器的死时间。理想甄别器的死时间应是常数，它与输入脉冲的形状无关。甄别器的定时时刻应该尽量接近输入脉冲前沿的过阈点，输出幅度和宽度应该是标准的，与输入脉冲的参数无关。此外，它应该有足够高的触发灵敏度，甄别阈有足够大的动态范围。甄别阈足够稳定，不随环境温度、电源电压、输入脉冲形状和宽度而变化。当然，实际的甄别器不可能全部满足上述要求。一般根据不同的测量对象，侧重于某些方面的要求。如在核能谱测量中，为了得到好的能量分辨率，要求降低噪声和脉冲堆积的影响，所以通常选择滤波成形电路时间常数为微秒量级，脉冲计数率不能太高。因此在这种系统中的脉冲幅度甄别器不需要快速恢复的性能，但是甄别阈的精度和稳定性则要求很高。

实际甄别器根据其速度不同分为中(低)速甄别器和高速甄别器(快甄别器)两类。

当脉冲计数率增高时，为了减少脉冲堆积对能量分辨的影响，成形脉冲的宽度必须很窄。此时的甄别器应该具有快速响应和快速恢复的性能。但是如果不要求有好的脉冲幅度的甄别精度，这时就相当于一个定时电路。若要求好的幅度甄别性能，则为快甄别器。

脉冲幅度甄别器主要的技术指标如下：

(1)输入灵敏度。甄别器的输入灵敏度指甄别器能输出脉冲的最小输入脉冲幅度。一般为几十毫伏，灵敏甄别器可达到 10 mV 左右。输入灵敏度受到甄别阈的涨落、温度稳定性、噪声等因素的限制。在快甄别器中还受到输入脉冲的反射率的限制。

(2)甄别阈范围。一般甄别器的甄别阈范围为几十毫伏到几伏。最大阈电平与最小阈电平之比称为甄别器的动态范围。例如，最大阈电平为 5.00 V，最小阈电平为 50 mV，则动态范围为 100。动态范围通常在 30～1 000 之间。

(3)甄别阈稳定性。甄别阈稳定性通常包括温度变化的稳定性、市电变化的稳定性及长时间漂移的稳定性三个方面。温度变化的稳定性一般为 0.1～2 mV/℃。

(4)甄别阈线性。一般为 0.1%～1%。

(5)甄别阈涨落或阈模糊区。这一指标决定甄别器的甄别精度，通常其大小为零点几毫伏到几毫伏。

(6)甄别器速度。它表示甄别器响应和恢复的快慢。通常用双脉冲分辨时间和最高输入脉冲频率来表示甄别器的速度。双脉冲分辨时间是指电路能正常工作时的两个相邻输入脉冲前沿之间的最小时间间隔。甄别器的双脉冲分辨时间一般为几微秒到几毫秒，最高输入脉冲频率为几百千赫兹到几百兆赫兹。双脉冲分辨时间更适合于表示甄别器在随机输入脉冲作用下的性能。

(7)输出脉冲的幅度、宽度。通常甄别器输出脉冲的幅度和宽度是不变的。

### 8.1.2 甄别器电路实例

甄别器电路类型很多，常用的甄别器电路有二极管甄别器、射极耦合触发器(施密特电路)、交流射极耦合触发器、集成电压比较器和隧道二极管甄别器等。只有在要求不高时才用二极管型甄别器。隧道二极管(超高速型)具有极高的速度，所以用来构成快甄别器。集成电压比较器甄别器具有电路简单、调整方便、稳定性好、灵敏度高(因而动态范围大)、速度快等特点，所以成为目前脉冲甄别中使用最广泛的一种甄别器。

下面给出几个常用甄别器的实例。

1. 集成电路脉冲幅度甄别器

图 8.3 是一个单道脉冲幅度分析器中的中速集成电路甄别器。这种甄别器的电路简单、阈值稳定，调整也比较容易。

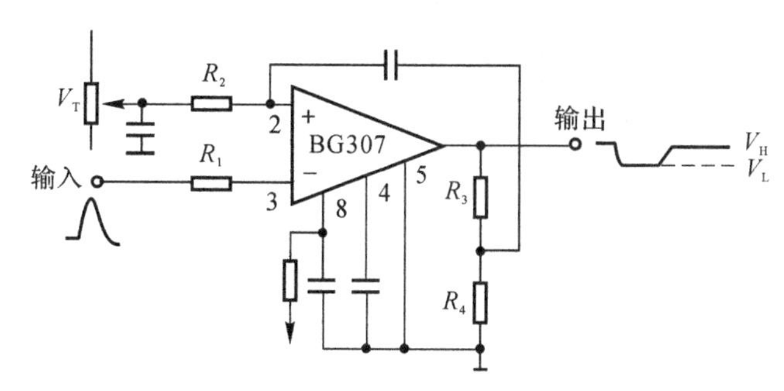


图 8.3　中速集成电路甄别器

甄别器由 BG307 型电压比较器接成交流耦合施密特电路而构成。脉冲信号接到电压比较器的反相输入端，而同相端则加上阈电平 $V_T$。比较器的输出信号经过电容反馈到同相端，为正反馈连接方式。

平时，甄别器输出处于高电平 $V_H$，当输入信号 $v_i$ 的幅度超过阈电平 $V_T$ 时，甄别器触发，输出电压跳变，从高电平 $V_H$ 到低电平 $V_L$，输出脉冲的幅度为两者之差（$V_H - V_L$）。

甄别器的滞后电压决定了输入灵敏度约为 50 mV。输出脉冲前沿约 20 ns。这种甄别器具有较好的甄别特性，稳定性也比较好。阈值长期漂移小于 10 mV/8 h（典型为 2 mV/8 h）。阈值的温度不稳定性小于 1.5 mV/℃（典型值为 0.2 mV/℃）。甄别器的速度受比较器 BG307 性能限制（BG307 的前沿为 20 ns，后沿为 100 ns），所以速度不高，最高重复频率约为几兆赫兹。若要提高甄别器的速度，则需用快速的集成比较器。

图 8.4 给出一个由快速电压比较器 AM685 构成的高速脉冲幅度甄别器。由 AM685 组成一个施密特触发电路。输出端由 5.1 kΩ 电阻反馈到同相端。输入信号经过二极管 $D_1$ 和 $D_2$ 限幅，以便保护比较器 AM685。

从比较器输出的信号经过微分和成形后到输出级，输出一定幅度和宽度的脉冲信号。由于使用了高速比较器，这个甄别器的双脉冲分辨时间约为 9 ns，最高重复频率可以大于 100 MHz。阈值范围为−1 000～−30 mV。阈值温度稳定性小于 0.2%/℃（20～50℃）。

2. 隧道二极管甄别器

图 8.5 是一个 150 MHz 快甄别器中的隧道二极管甄别单元原理图。它由电压-电流转换器、隧道二极管甄别级、反回调节电路和放大器等部分组成。

电压-电流转换电路把输入脉冲电压信号转换成电流信号，再用这个电流信号去触发隧道二极管甄别器，隧道二极管的电流 $I_{TD}$ 由恒流源 $I_2$ 供给。恒流源电流可以调节，由此改变隧道二极管甄别器的阈电流大小。返回调节电路用来减少隧道二极管甄别器的滞后电流。

从图 8.5 中(a) 电路可以得到输入电流 $I_1$、隧道二极管电流 $I_{TD}$ 与恒流源电流 $I_2$ 之间的关系：

$$I_{TD} = I_1 - I_2 \tag{8.2}$$

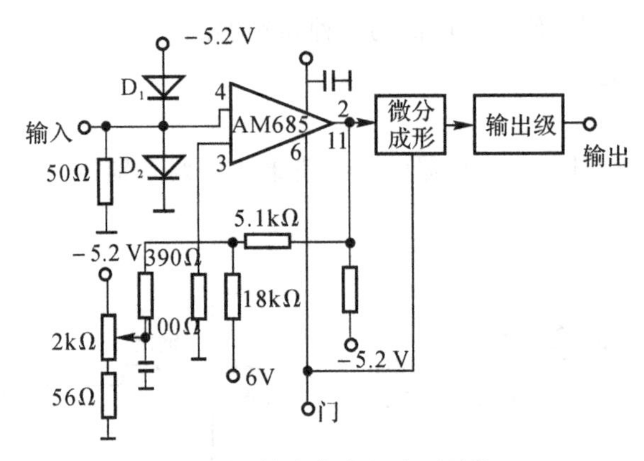


图 8.4 快速集成电路甄别器

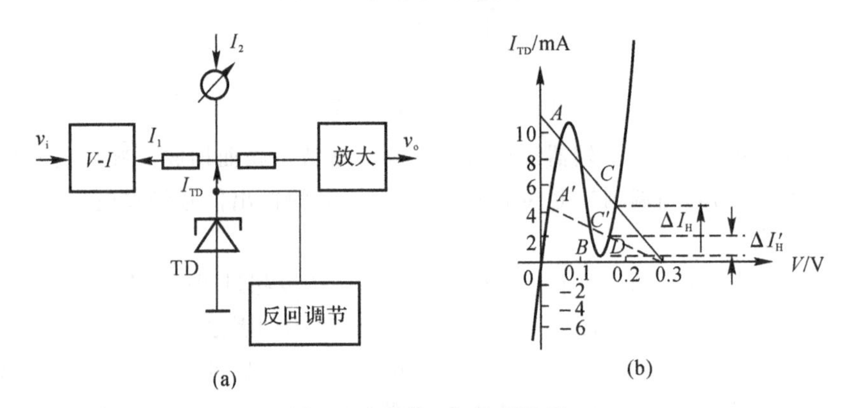


图 8.5 隧道二极管甄别器

(a)隧道二极管甄别单元； (b)隧道二极管特性曲线

在图 8.5 的(b) 中给出隧道二极管特性曲线，设隧道二极管的峰 $I_p$ 由输入电压信号 $v_i$ 产生电流 $I_1$。当 $I_1$ 足够大时，隧道二极管电流达到峰电流 $I_p$，从而进入隧道二极管的负阻区，引起雪崩过程，而输出一个负电流脉冲(图中从 $A$ 点到 $C$ 点或从 $A'$ 点到 $C'$ 点)。这个负电流脉冲再经过下一级放大输出。当恒流源电流 $I_2$ 改变时就改变了阈电流。

当输入信号结束时，隧道二极管工作点从 $C$ 点(或 $C'$ 点)经过 $B$ 点回到 $A$ 点(或 $A'$ 点)，可见甄别器的滞后电流 $\Delta I_H$ 为

$$\Delta I_H = I_C - I_B \tag{8.3}$$

为了减少滞后电流，可以使用返回调节电路。这个电路能限制隧道二极管的工作点，使得其工作电流限制在 $D$ 点，如图 8.5(b) 所示。由此可知，滞后电流减少 $\Delta I'_H$ 为

$$\Delta I'_H = I_D - I_B \tag{8.4}$$

上述图 8.5 中隧道二极管甄别单元只是整个快甄别器中的一个部分。实际的快甄别器整个电路框图如图 8.6 所示。

整个快甄别器除隧道二极管甄别单元外，还包括输入限幅、放大、成形、输出等部分。由于使用隧道二极管甄别，所以速度很快。这个快甄别器的主要指标为：①最大计数率 150 MHz；②双脉冲分辨时间小于 7 ns；③甄别阈范围为 −600～−30 mV；④甄别阈温度稳定性小于 0.3%/℃；⑤输出脉冲上升时间与下降时间皆为 2 ns；⑥输出脉冲宽度为 3～800 ns，可调。

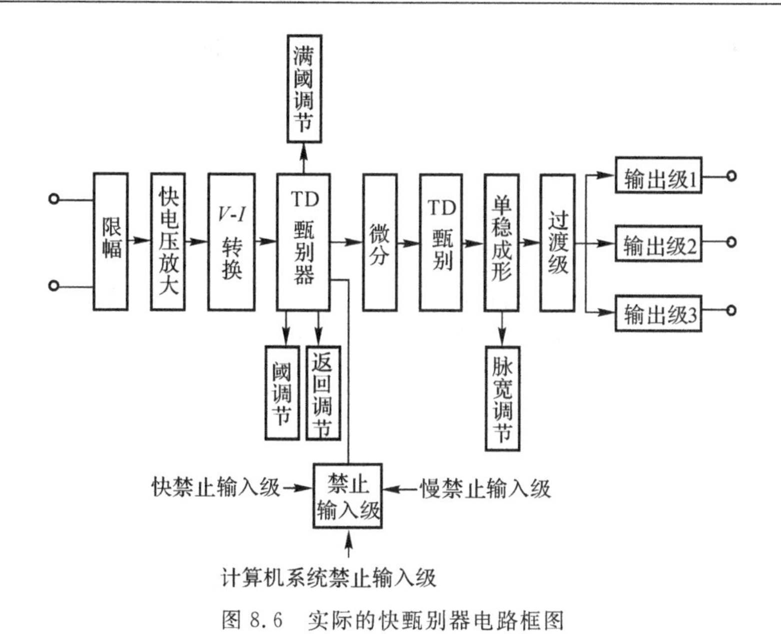


图 8.6　实际的快甄别器电路框图

## 8.2　单道脉冲幅度分析器

### 8.2.1　单道脉冲幅度分析器工作原理

单道脉冲幅度分析器(微分甄别器)是用途很广的插件式核电子学仪器,其工作原理是:只有当输入脉冲幅度落入给定的电压(阈电平)范围($V_U - V_L$)之内时,才输出一个逻辑脉冲。而输入脉冲幅度小于 $V_L$ 或大于 $V_U$ 时皆无输出脉冲,它的逻辑功能如图 8.7(a) 所示。

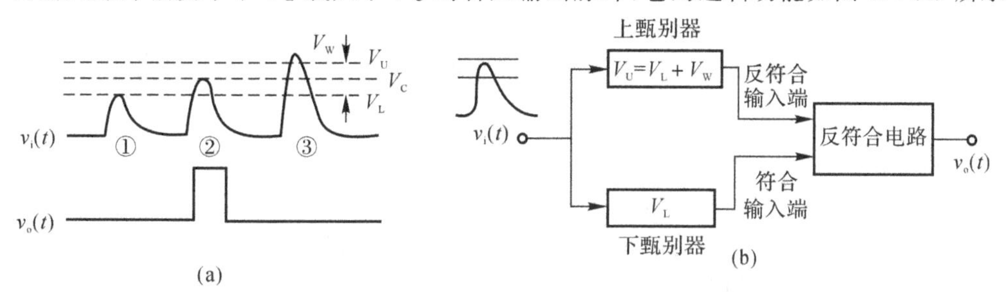


图 8.7　单道脉冲幅度分析器的工作原理和结构

图中 $V_L$ 为给定电压范围的下限电压,称为下阈电平(阈值);$V_U$ 为上限电压,称为上阈电平(阈值);上阈电平与下阈电平之差 $V_W = V_U - V_L$,称为道宽(或窗);$V_C = 1/2(V_U - V_L)$ 称为道中心。

从图可见:① 号脉冲幅度低于下阈电平 $V_L$,无脉冲输出;② 号脉冲幅度落在下阈电平 $V_L$ 和上阈电平 $V_U$ 之间,则有脉冲输出;③ 号脉冲幅度大于上阈电平 $V_U$,无脉冲输出。

因此,若保持道宽 $V_W$ 一定,改变 $V_L$($V_U$ 同时改变而 $V_W$ 不变),测量不同 $V_L$ 时的输出脉冲计数 $N$,就得到幅度谱(微分谱)。这种方法虽然简单,但每测一个能谱仍需要逐点改变阈值,既费时间,又容易受到仪器不稳定性影响,测量误差比较大。现在一般采用多道脉冲幅度分析器测量能谱。相对于多道，由于单道具有死时间小、漏计数小的特点，因而在辐射剂量测量中多用单道。

单道脉冲幅度分析器的基本结构如图 8.7(b)所示。从结构可见，单道脉冲幅度分析器由上甄别器、下甄别器及反符合电路组成。

反符合电路的逻辑功能为：①在给定的时间间隔内，只有符合信号输入端单独有信号时才有输出信号；②若反符合输入端(或称禁止端)和符合端皆有输入时则无输出。或者说反符合信号把符合信号"反"掉了，所以称反符合电路。因此反符合电路逻辑功能见表 8.1。

**表 8.1　反符合电路逻辑功能表**

| 符合端 | 1 | 0 | 0 | 1 |
|---|---|---|---|---|
| 反符合端 | 0 | 0 | 1 | 1 |
| 输出端 | 1 | 0 | 0 | 0 |

设上阈电平为 $V_U$，下阈电平为 $V_L$，$V_U > V_L$，上甄别器输出接反符合电路的反符合输入端，下甄别器输出接符合输入端，输入信号按其幅度 $v_i$ 的大小分成以下三种情况：

(1)$v_i < V_L$：上甄别器和下甄别器皆无输出，反符合电路无输出。

(2)$V_L < v_i < V_U$：上甄别器无输出，下甄别器有输出，反符合电路有输出。

(3)$v_i > V_U$：上甄别器和下甄别器皆有输出，反符合电路无输出。

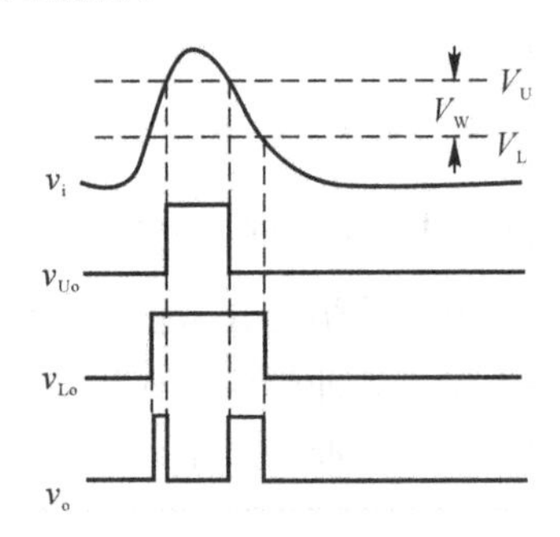

图 8.8　单道分析器的定时误差

因此图 8.7 中的电路结构原则上能实现单道分析器的功能。但在实际工作中，由于输入脉冲信号具有一定的上升时间和下降时间，电路在工作时序上还会产生问题，如图 8.8 所示。

图中，$v_i$ 为输入电压信号，$V_{Uo}$ 为上甄别器输出脉冲，$V_{Lo}$ 为下甄别器输出脉冲。由于 $v_i$ 有一定的上升时间和下降时间，下阈电平 $V_L$ 小于上阈电平 $V_U$，使 $v_L$ 比 $v_{Uo}$ 产生得早，而结束得晚，即 $v_{Lo}$ 比 $v_{Uo}$ 宽。因此，上甄别器的输出信号 $v_{Uo}$ 作为反符合信号不能完全禁止下甄别器的信号输出，从而在反符合电路输出端出现两个不应有的假信号，造成逻辑上的错误。

解决上述的错误动作问题可以有多种办法，下面通过一个插件实例进行说明。

### 8.2.2　单道脉冲幅度分析器实例

图 8.9 和图 8.10 分别为某单道脉冲幅度分析器 NIM 插件的原理方框图及工作波形图。

输入信号 $v_i$ 经过衰减器和基线恢复器以后加到上、下甄别器。上、下甄别器是由集成电压比较器构成的集成电路甄别器。

电路中解决由于定时误差产生逻辑错误的方法：下甄别器输出脉冲用后沿触发的单稳态电路使输出脉冲延迟并用相加电路延长脉冲持续时间；当上甄别器有输出时，再利用低电平 RS 触发器和或非门完成反符合电路的功能。

在图 8.10 的工作波形中，上甄别器触发后经成形输出负脉冲为 $v_{Uo}$，下甄别在触发则成形

输出为正脉冲 $v_{Lo}$。负脉冲 $v_{Uo}$ 加到RS触发器的S端。正脉冲 $v_{Lo}$ 同时加到相加电路和单稳态电路上。$v_{Lo}$ 的后沿触发单稳态电路。单稳态电路输出宽度零点几微秒的正负两个脉冲，正脉冲 $v_{M1}$ 加到相加电路上，负脉冲 $v_{M2}$ 作为下甄别器输出由单稳态成形延迟后的信号加到或非门的②端上。单稳态电路输出的正脉冲 $v_{M1}$ 和下甄别器输出正脉冲 $v_{Lo}$ 在相加电路中相加，得到比 $v_{Lo}$ 宽零点几微秒的脉冲 $v_3$。这个正脉冲加到RS触发器的R端。RS触发器的 $Q$ 输出端加到或非门的①端。或非门有否输出决定于RS触发器的Q输出端状态。

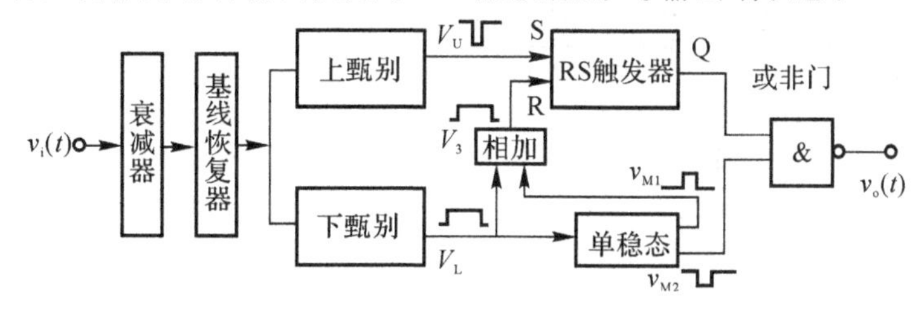


图 8.9　实际单道分析器原理框图

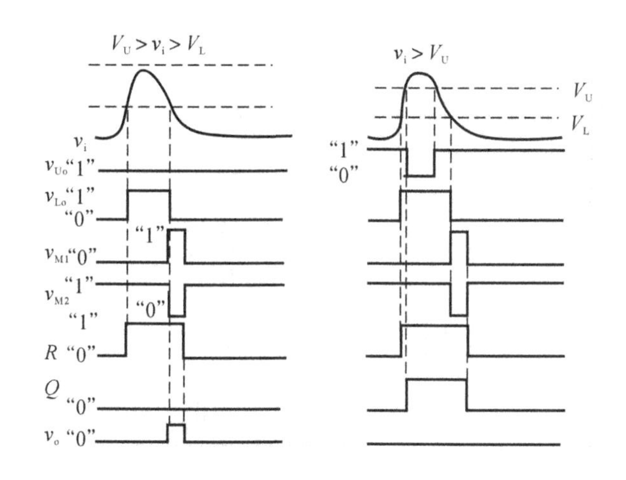


图 8.10　实际单道脉冲分析器工作波形

单道分析器的工作可以分两种情况：$V_U > v_i > V_L$ 和 $v_i > V_U$。

当 $V_U > v_i > V_L$ 时，即输入信号幅度 $v_i$ 超过下阈 $V_L$，而低于上阈 $V_U$ 时，上甄别器无输出，其输出端保持"1"电平，使RS触发器S端仍为"1"电平，而R端起始为"0"电平，故RS触发器输出端始终保持起始的"0"电平。下甄别器在输入信号作用下输出正脉冲，其后沿由单稳成形后的 $v_{M2}$ 加到或非门的②端，因为此时或非门的另一端①连接Q输出端为"0"电平，故 $v_{M2}$ 通过或非门产生正的输出脉冲 $v_o$。

当 $v_i > V_U$ 时，输入信号幅度 $v_i$ 超过上阈 $V_U$ 时，RS触发器被上甄别器输出信号 $v_{Uo}$ 的负沿置"$l$"态，Q端输出高电平，直到 $v_{M1}$ 信号结束时刻触发器的R端下跳到"0"电平时才复位，所以或非门被封锁，不允许 $v_{M2}$ 信号输出。

实际单道脉冲幅度分析器插件的具体电路如图 8.11 所示。它由 1/2 衰减器、基线恢复器、甄别成形级、反符合逻辑、输出放大级等部分组成。

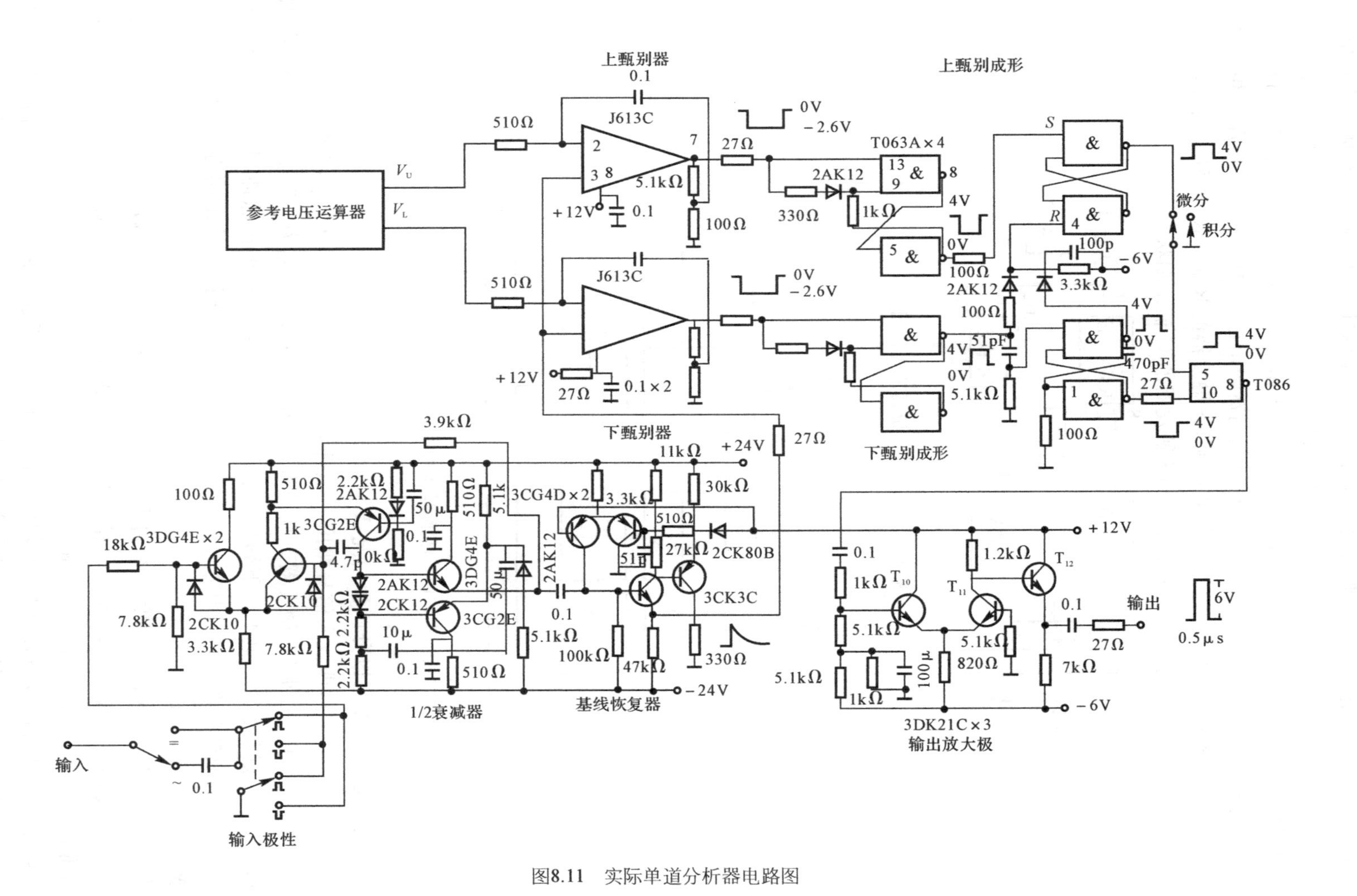


图8.11 实际单道分析器电路图

因为由集成电压比较器构成的上、下甄别器本身最大允许输入信号为 5～7 V，所以输入信号通过 1/2 衰减器加到上、下甄别器就可以使单道分析器允许的输入脉冲幅度的最大值达到 10 V。后接基线恢复器的作用则是保证单道分析器在高计数率输入信号下不产生明显的基线偏移。

上、下甄别电路的阈电平通过参考电压运算器供给，它的结构如图 8.12 所示。

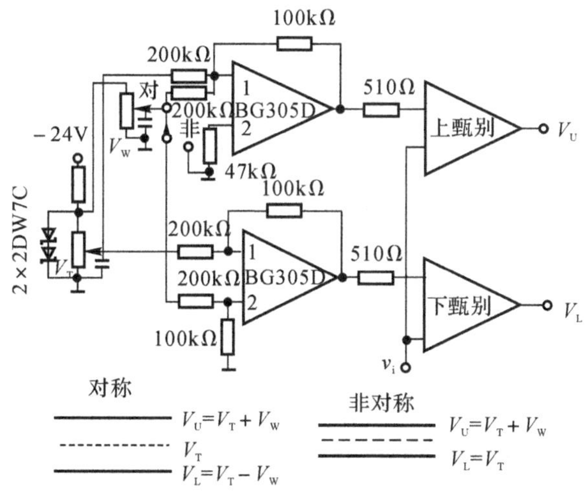


图 8.12　参考电压运算器

参考电压运算器是由上、下运算放大器 BG305D 组成的加法器和减法器以及精密的参考电压源构成。两个高稳定稳压管 2DW7C 提供稳定的参考电压并经过两路十圈电位器分别提供阈和道宽的参考电压（分别用 $V_T$ 和 $V_W$ 表示，注意它们的极性），再接到加法器和减法器的输入端，它们的输出就分别是上、下甄别器的阈电压。道宽的调节分为对称和非对称调节。

在道宽非对称调节时，加法器输出电压为上甄别器阈值 $V_U$：

$$V_U = -\frac{1}{2}(V_T + V_W) \tag{8.5}$$

减法器此时为一倒相器，其输出电压为下甄别器阈值 $V_L$：

$$V_L = -\frac{1}{2}V_T \tag{8.6}$$

可以看出，当 $V_T$ 改变时，$V_U$ 和 $V_L$ 同时改变，而道宽为 $1/2V_W$。电路中由于参考电压源和其他电路电源公用，所以电压值较高，而为了保证对 10 V 范围的输入信号幅度的分析，$V_U$ 不超过 5 V，而 $V_L$ 也不可能小于 0 V，所以它们的传输系数均设计为 1/2。需要指出的是，实际插件上标明的阈值是 0～10 V。这并不矛盾，因为上、下甄别器输入的信号是经过 1/2 衰减的。

在道宽对称调节时，加法器输出电压为上甄别器阈值 $V_U$ 为

$$V_U = -\frac{1}{2}(V_T + V_W) \tag{8.7}$$

与非对称时相同，减法器输出电压的下甄别器阈值 $V_L$ 为

$$V_L = -\frac{1}{2}(V_T - V_W) \tag{8.8}$$

可以计算出，对称调节时的道宽为 $V_W$。可以看到，在调节道宽时，上阈 $V_U$ 和下阈 $V_L$ 的变

化大小相等，方向相反，而保持道宽中心不变。这时道中心为 $V_C=-1/2V_W$，常称为单道分析器的阈。利用这种调节方式，测峰面积比较方便。将道中心调到阈位，调节道宽时不需要再调阈。应该注意的是，对称调节时道宽的数值为非对称调节方式时道宽的两倍，而且 $V_T$ 不能小于道宽 $V_W$，否则工作不正常。

从图 8.12 可见，输入信号经过上、下甄别器输出后加到甄别成形级。上甄别成形级和下甄别成形级都是由双与非门构成的施密特电路。不同的只是上甄别成形输出负脉冲，下甄别成形输出正脉冲。RS 触发器和单稳态电路也是由双与非门构成的，并且和或非门完成反符合逻辑功能。或非门的输出电平较低(约为 4 V)，为了提高输出电平，加了一个输出放大级。放大级由 $T_{10}$，$T_{11}$，$T_{12}$ 构成。$T_{10}$ 和 $T_{11}$ 为截止放大器，当静态时 $T_{10}$ 截止，截止阈值为1 V。这样可以防止反符合门的微小漏信号导致输出。或非门有信号输出时，经截止放大器放大，再经 $T_{12}$ 射极输出。

### 8.2.3 单道脉冲幅度分析器的技术指标和应用

单道分析器的技术指标可以类似于脉冲幅度甄别器，包括阈范围、线性、稳定性、输入输出特性、分辨时间等等。但是单道分析器还应有道宽方面的指标，即道宽范围、道宽线性、道宽稳定性等。单道脉冲幅度分析器 NIM 插件的技术指标如下。

1. 动态范围

阈值范围：0.1～10 V(或 100：1)。

道宽范围：0～5 V(非对称状态)，0～10 V(对称状态)。

由前面分析已知，非对称道宽时的阈值为下甄别阈电平，而对称道宽时的阈值为道中心电平，非对称道宽等于对称道宽的一半。

2. 线性

阈值线性：积分线性好于 0.4%(典型值为 0.15%)。

道宽线性：从 0.1～5 V (非对称)，线性好于 0.5%(典型值为 0.2%)。从 0.2～8 V(对称)线性好于 1%(典型值为 0.3%)。

3. 8 h 稳定性

阈值漂移：小于 10 mV(典型值为 2 mV)。

道宽漂移：小于 10 mV(典型值为 1 mV)。

4. 温度系数

阈值变化：小于 1.5 mV/℃(典型值为 0.2 mV/℃)(0～40℃)。

道宽变化：小于 1.5 mV/℃(典型值为 0.1 mV/℃)(0～40℃)。

5. 双脉冲分辨时间

双脉冲分辨时间小于 0.5 μs(典型值为 0.3 μs)。

6. 最高计数率

最高计数率不小于 1 MHz(典型值为 3 MHz)。

7. 输入脉冲要求

极性正或负，前沿不小于 30 ns，宽度 0.1～100 μs。输入阻抗 23 kΩ(正极性)、7 kΩ(负极性)。

8. 输出脉冲

正极性,幅度为 6%,宽度为 0.3 μs,前沿为 50 ns。

图 8.13 给出了采用单道脉冲幅度分析器测量能谱的原理图。

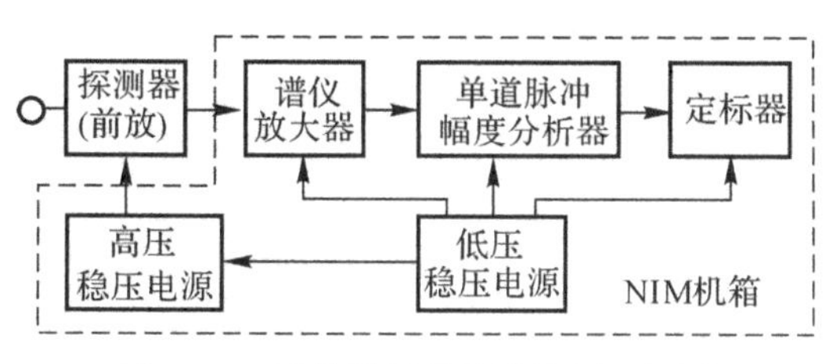


图 8.13　用单道测量能谱的原理框图

## 8.3　幅度-数字变换

### 8.3.1　用于幅度分析的模/数变换器及其基本性能

幅度分析是指测量探测器输出信号的幅度分布,即按信号幅度大小以升序的方式进行分类计数。用于幅度分析的模/数变换器称为谱仪模/数变换器。

8.2 节已经介绍,用单道脉冲幅度分析器测量能谱需要逐道改变阈值,一道一道地测量,每次只能获取一个道宽内的脉冲数目。如果用多个单道分析器叠加在一起(相邻上下道的上道下阈和下道上阈相同,每个单道的道宽相等),并用多个计数器,则可同时获取多个道的计数。图 8.14 所示是由叠加单道组成的多道分析器,简称“叠加型多道分析器”。

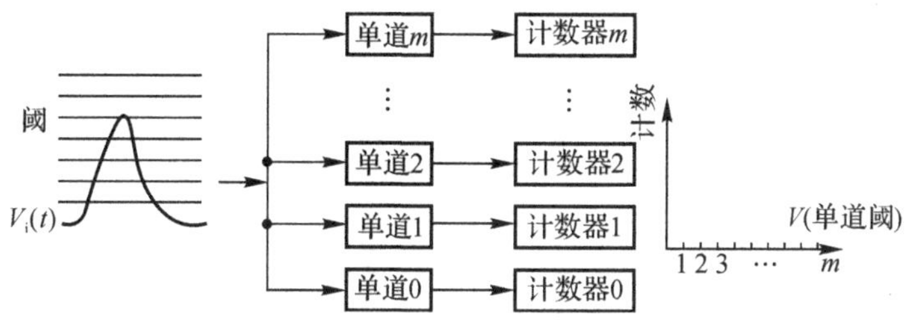


图 8.14　叠加型多道分析器

从图 8.14 中可以看出,不同幅度的输入脉冲进入不同的单道分析器,并且在相应的计数器中计数。这种方案原理简单,但最大的问题是当道数很多时各个单道分析器的道宽很难一致和稳定。

目前,人们普遍采用的是基于模/数变换方法和计算机技术的多道脉冲幅度分析器。所谓模/数变换就是将脉冲幅度变换成数字量,即按脉冲幅度大小分类编码,然后分别记入存储器相应的各个地址单元中,这样就大大提高了测量精度和效率。

图 8.15 给出了输入信号经过模/数变换器后按幅度大小分类编码和存贮相应计数的工作示意图。

模/数变换器按一定的幅度间隔对输入信号进行分类,每一类有一个与幅度大小成比例的数码(通常是二进制码)。例如,按输入信号幅度 1 V 的间隔分类,则输入信号幅度 $v_i$ 为 1 V 的脉冲分类号为“1”，相应二进制码为“001”，输入信号幅度 $v_i$ 为 5 V 的脉冲分类号为“5”，相应二进制码为“101”。每一分类称为一道，分类号也就是道号 $m$，相应于不同道号 $m$，在存储器中有相应的第 $m$ 个存贮单元，或相应的地址单元，输入信号存入第 $m$ 个存贮单元后，此存储单元中的计数加 1，所以 $m$ 又称地址码或道址码。

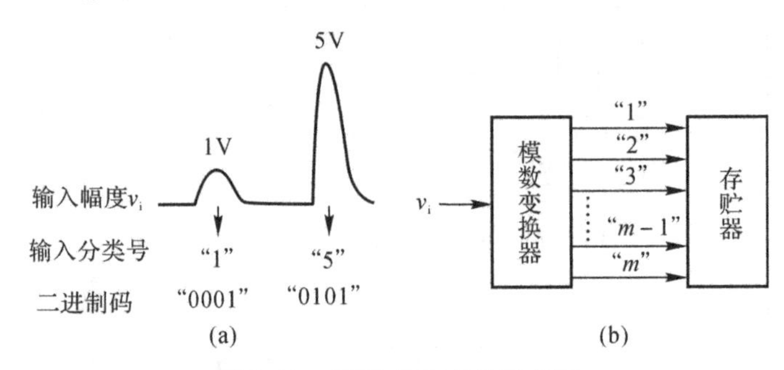


图 8.15 幅度-数字变换示意图

(a)脉冲幅度变成数字码； (b)道号和道址

图 8.16(a)(b)是模/数变换器的工作过程示意图及幅度谱直方图。

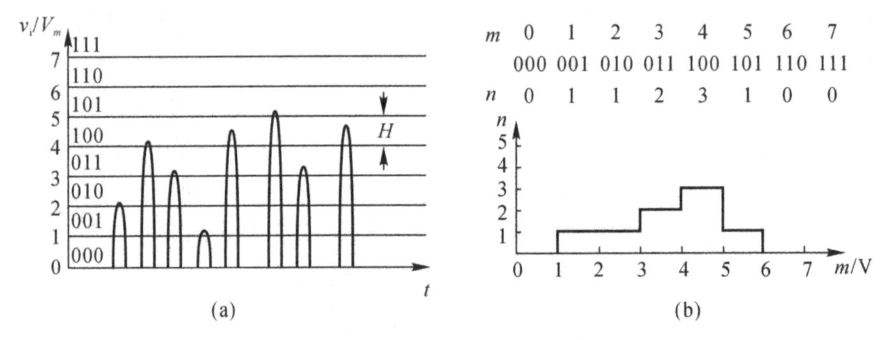


图 8.16 模/数变换器工作示意图

(a)工作过程； (b)幅度谱直方图

在图 8.16(a)中，将输入脉冲幅度分成 8 类，每类幅度间隔为 $H$，$H$ 称为道宽，8 类就是 8 道，$m=8$。每道所编的十进制码为 0,1,2,3,4,5,6,7，对应的二进制码为 000,001,010,011,100,101,110,111。每个道址码就对应于一类输入幅度，相应的存储器中则是这类幅度脉冲的个数总和——计数。

一个幅度为 $A$ 的输入信号，经过模 / 数变化后得到与 $A$ 成比例的道址码 $m$：

$$m=\frac{A}{H}$$

第 1 个信号的幅度属于第 2 道，应存入第 2 个存贮单元；第 2 个信号的幅度属于第 4 道，应存入第 4 个存贮单元…… 如果将各个存贮单元的计数 $n$ 顺序地排列起来，得到 $n$ 和 $m$ 的关系，即幅度谱直方图，如图 8.16(b) 所示。

由此可见，模 / 数变换是一种量化处理，即把连续的模拟量(幅度) 变换成离散的数字量(道址码或地址码 $m$)，所以模 / 数变换是用一系列等间隔的量化电平将幅度分类。一个量化级数相应于模 / 数变换器的一个道，每个量化电平都是道边界，相邻的两个量化电平组成一道。相邻两个量化电平间的差值称为模 / 数变换器的单个道宽 $h$，所有单个道宽的平均值称为模／数变换器的道宽 $H$。道宽越小则幅度分类越细，模／数变换器的精度也就越高。量化电平数用 $L$ 来表示，最大量化电平数为 $L_{max}$，最低量化电平称为零点，所以最大量化电平数 $L_{max}$ 就是模／数变换器的道数。

模／数变换器的精度还常用变换系数（又称变换增益）来表示。变换系数 $P$ 可定义为每单位幅度可变换成多少道数。显然，变换系数与道宽是倒数关系。通常道宽 $H$ 的单位是毫伏，而变换系数的单位是[道／伏]，所以：

$$P=\left[\frac{道}{伏}\right]=\frac{10^3}{H}\left[\frac{毫伏}{道}\right] \tag{8.9}$$

模／数变换器的道宽 $H$（或 $P$）和量化电平数 $L$ 通常都可以调节以适应不同的需要。

模／数变换器的精度另一种表示方法是分辨率。分辨率表示模／数变换器相应于能分辨的最小模拟量变化值的数字值，所以分辨率 $R$ 等于最大量化电平数 $L_{max}$ 或最大变换道数的倒数：

$$R=\frac{1}{L_{max}} \tag{8.10}$$

例如，一个最大量化电平数为 8 192 的模／数变换器，其分辨率 $R$ 为 1/8 192。由于集成化的模／数变换器的大量使用，模／数变换器精度也更多地用分辨率来表示。

通常所说的“8 192ADC”，“8 192”就是指变换的最大道数，或最大量化电平数。对于集成化的模/数变换器，数字常用二进制表示，所以往往用二进制的位数来表示 ADC。如上述的“8 192ADC”，8 192 相当于 $2^{13}$，所以可称为十三位 ADC（或 13 bit ADC）；4096ADC 则称为十二位 ADC；等等。

模／数变换器可分析的最大信号幅度 $A_{max}$ 由道宽 $H$ 和量化电平数 $L$ 决定：

$$A_{max}=HL \tag{8.11}$$

或用变换增益 $P$ 表示：

$$A_{max}=\frac{L}{P} \tag{8.12}$$

一般情况下，模／数变换器可分析的最大信号幅度（电压脉冲）不超过 10 V，所以若道宽小则模／数变换器的道数就大，即

$$L_{max}=\frac{A_{max}}{H_{min}} \tag{8.13}$$

式中：$H_{min}$—— 最小道宽值。

模／数变换器的输入信号幅度 $A$ 和道数 $m$ 之间的关系称为模／数变换器的幅度响应，即 $m=f(A)$。这个关系如图 8.17 所示。

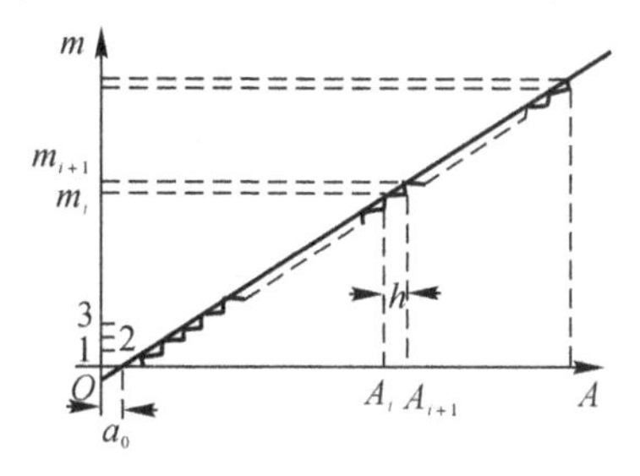


图 8.17　模／数变换器的幅度响应

从图 8.17 可以看到，曲线 $f(A)$ 的每一阶梯对应的幅度间隔($A_{i+1}-A_i$) 就是模 / 数变换器的单个道宽 $h_i$。阶梯的斜率为变换系数 $P_i$。理想情况下，单个道宽 $h_i$ 等于平均道宽 $H$，单个变换系数 $P_i$ 等于平均变换系数 $P$。斜率线和横轴(输入幅度) 的交点为 $a_0$，即模 / 数变换器的零点，所以斜率包迹线可表示为

$$m=P(A-a_0) \tag{8.14}$$

其中 $m$ 取整数。式(8.14) 就是图 8.17 中模 / 数变换器的幅度响应。

实际模 / 数变换器的幅度响应不是理想的，斜率包迹线不是直线，所以 $m$ 和 $A$ 之间的关系不是线性关系，这种非线性误差称为积分非线性。另外，实际模 / 数变换器的各个单个道宽 $h_i$ 并不相等，所以模 / 数变换器的平均道宽 $H$ 和单个道宽 $h_i$ 存在偏差，这种非线性偏差称为微分非线性。

上面所述的模拟信号不仅指脉冲幅度，还有时间间隔等也是模拟信号，但习惯上模/数变换通常指幅度-数字变换，简称“ADC”(其他模拟量变换则指明模拟量，如时间-数字变换)。

模/数变换器已广泛用于电子学的各个领域，它是连接模拟信号处理系统和数字信号处理系统的关键部件。在核信息测量系统中，核辐射探测器的输出信号在经过各种模拟处理后，也要通过模/数变换将模拟量变换成数字量，再由数字系统(多道分析器的主机、计算机等)进行分析和处理。需要注意的是，用于测量核随机脉冲幅度分布的模/数变换器，在工作模式及指标要求等方面不同于一般模/数变换器。其主要特点是对快速随机脉冲的幅度进行模/数变换，要求保持脉冲峰值而不是对信号进行固定频率采样与保持(根据采样定理，采样频率要高于被测信号所含最高频率分量值的两倍)。它要求有好的微分非线性，一般要达到最低位的 $\pm 1/100$ 位，而不是像一般模/数变换器只要求精确到最低位的 $\pm 1/2$ 位或 $\pm 1/4$ 位。因此幅度分析用的模/数变换器有较高的技术要求，故称为谱仪模/数变换器。一般模/数变换器要做成谱仪模/数变换器时需要附加一些电路以改善其性能。

### 8.3.2 线性门和模拟展宽器

本小节介绍在幅度分析用模/数变换器中不可缺少的组成单元——线性门和模拟展宽器。

1. 线性门

线性门是传输脉冲模拟量的门电路，信号是否能够通过是由门控信号来决定的。但是它又不同于逻辑门电路，因为在开门时要求信号能无畸变地(或线性地)通过。线性门是核信息测量系统中应用较多的电子线路，因为核脉冲信号是随机分布的，在许多情况下，要求对被分析的脉冲进行选择，使信号在指定时间通过门电路，按试验测量要求，对信号进行筛选或取样。

一个理想的线性门工作原理如图 8.18(a) 所示。线性门可分为常闭线性门和常开线性门。常闭线性门在静态时门关闭，只有在开门信号 $v_s(t)$ 作用下门才打开。它的传输函数为

$$H(s)=\begin{cases}1, & \text{有开门信号 } v_s(t) \text{ 时}\\ 0, & \text{无开门信号 } v_s(t) \text{ 时}\end{cases}$$

工作波形如图 8.18(b)所示。

常开型线性门的工作和常闭线性门的相反，静态时为开门状态，允许信号通过，仅在关门信号 $v_s(t)$ 作用时门才关闭。它的传输函数 $H(s)$ 为

$$H(s)=\begin{cases}0, & \text{有关门信号 } v_s(t) \text{ 时}\\ 1, & \text{无关门信号 } v_s(t) \text{ 时}\end{cases}$$

图 8.18(c)给出常开型线性门的工作波形。

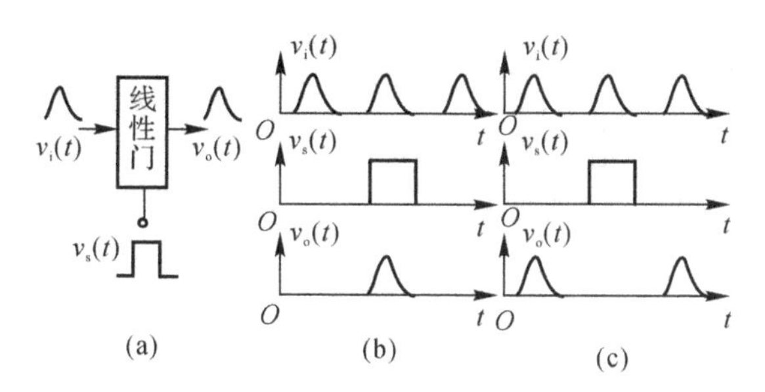


图 8.18　线性门的工作原理

(a)线性门工作示意图；(b)常闭型线性门工作波形；(c)常开型线性门工作波形

线性门电路有串联线性门和并联线性门，还有串并联混合线性门等几种基本形式。在图 8.19 中给出了串联线性门和并联线性门的原理结构图。

图 8.19 中的(a)是串联线性门，它由模拟开关 S 和电路串联组成，模拟开关 S 由门控信号 $v_s(t)$控制。当 S 断开时，线性门关闭；S 闭合时，线性门打开。

图 8.19 中的(b)是并联线性门，它由模拟开关 S 和电路并联组成，它受门控信号 $v_s(t)$控制，当 S 闭合时，线性门关闭；S 断开时，线性门打开。

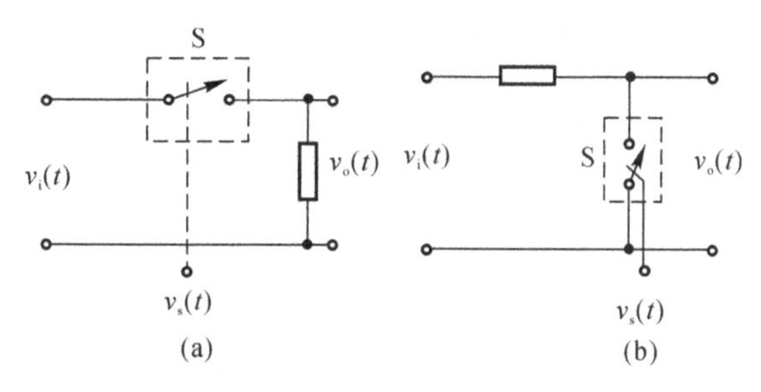


图 8.19　线性门结构原理图

(a)串联线性门结构；(b)并联线性门结构

在实际电路中可以用二极管、三极管、场效应管等有源元件作为模拟开关。显然，这些元件都不是理想的开关。有源元件的导通状态相当于开关闭合，其导通电阻 $R_{on}$很小，但不等于零。有源元件的截止状态相当于断开开关，此时截止电阻 $R_{off}$很大，但不是无穷大。此外，构成开关的每个元件必然有寄生电容、极间电容存在，都对信号传输产生影响，这些使得实际线性门存在各种各样的不足之处，因此就要了解线性门的特性。

衡量线性门的性能指标通常有开门特性、关门特性、开关的过渡特性以及动态范围、输入阻抗、零点、零点稳定性、传输系数稳定性、波峰畸变、基线偏移、基线涨落等。

这里介绍一个线性门实例——RDS 线性门，图 8.20(a)是实际谱仪模/数变换器中的一个线性门电路。

该线性门由电阻 $R$、二极管 D 及电流开关 $T_1 \sim T_4$ 组成，故称为 RDS 线性门。等效电路如图 8.20(b)所示，可以看出，它是一个并联型常开线性门。开门时，开关 S 断开，当有正脉冲信号输入时，二极管 D 截止，从输入端到输出端的导通电阻为 $R$。它不能用来传输负脉冲信号，因为负脉冲信号使二极管导通，相当输出短路。在关门时，开关 S 合上，电流 $I$ 流过二极管 D，输出端被钳位在零电位附近，所以信号不能通过。

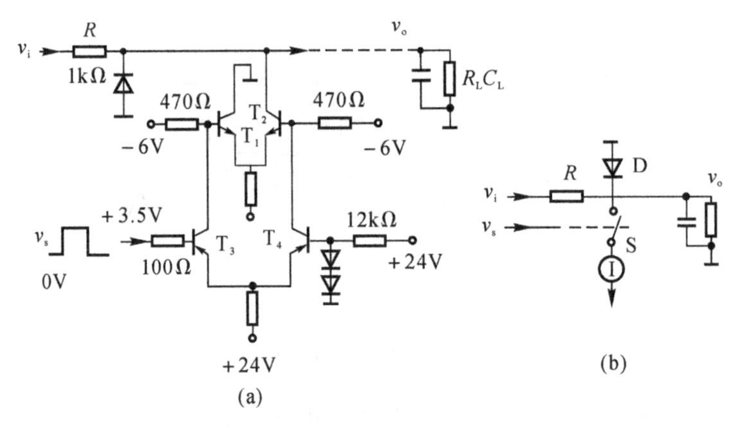


图 8.20　线性门电路实例

(a)电路图；（b)电路原理图

实际电路中是由 $T_1$，$T_2$ 组成电流开关起到开关 S 的作用。当 $T_2$ 基极电位低于 $T_1$ 基极电位时，$T_2$ 管截止，$T_1$ 管导通，相当于开关 S 断开，线性门处于开门状态。反之，当 $T_2$ 基极电位高于 $T_1$ 基极电位时，$T_2$ 管导通，$T_1$ 管截止，相当开关 S 合上，线性门处于关门状态，控制线性门的开关信号可以送到基极。在图 8.20(a)中由 $T_3$，$T_4$ 把 TTL 标准电平转换成 $T_1$，$T_2$ 所需要的控制电平，以便由 TTL 逻辑电路系统来控制线性门的开关。图 8.20(a)的电路在静态时为开门状态，在具有 TTL 电平的门控信号 $v_s$ 作用下，$T_3$ 截止，$T_4$ 导通，则 $T_1$ 截止，$T_2$ 导通，转为关门状态。

上述线性门的输入信号动态范围为 0～20 V。传输系数 $K=R_L(R+R_L)$，当 $R_L>R$ 时，$K$ 近似于1，线性和稳定性好。线性门的输出阻抗为 $R$，输入阻抗由($R+R_L // C_L$)决定。输出信号的上升时间由电阻 $R$ 和负载电容 $C_L$ 决定，为几十纳秒。开关速度由各三极管的速度和 $RC_L$ 等决定。

还可以用 CMOS 集成电路模拟开关作为线性门。这种模拟开关具有几十欧姆的导通电阻和几百纳秒的开关速度，成本低，功耗小，内部还设置有将开关信号从 TTL 电平转换到 CMOS 电平的接口，使用方便。当然，如果用 ECL 集成电路模拟开关则可以使速度提高到几十纳秒。

2. 模拟展宽器

模拟展宽器用于把脉冲信号的峰顶展宽，所以又称为峰值保持器。

在能谱测量时，所测的是脉冲的峰顶幅度，但是探测器输出信号经放大成形后的脉冲信号其峰顶宽度仍然比较窄，甚至是尖顶的，不能满足多道脉冲幅度分析器和其他仪器的要求。这时必须由模拟展宽器将脉冲顶部展宽，使脉冲的峰值保持一段时间，再送入后续电路，或者过一段时间再取出使用。

模拟展宽器的基本工作原理是利用二极管的单向导电性和电容器的存贮作用，工作原理如图 8.21 所示。

图 8.21 为由一个二极管 D 和一个存贮电容 $C_H$ 构成最简单的峰值展宽电路。输入信号 $v_i$ 通过二极管 D 向存贮电容 $C_H$ 充电，充到 $v_i$ 的最大幅度值 $V_{iM}$。充电时间常数为 $(R_i+R_D)C_H$。

$R_i$ 为信号源的内阻，$R_D$ 为二极管 D 的正向电阻，理想情况时，$C_H$ 上保持 $V_{iM}$ 不变，如图中虚线所示。但是，实际二极管的反向电阻 $r_R$ 不是无穷大，下一级存在一定的负载电阻，以及存贮电容 $C_H$ 也存在漏电，所以存贮电容上的电位 $V_C$ 从 $V_{iM}$ 缓慢地下降，如图中实线所示。

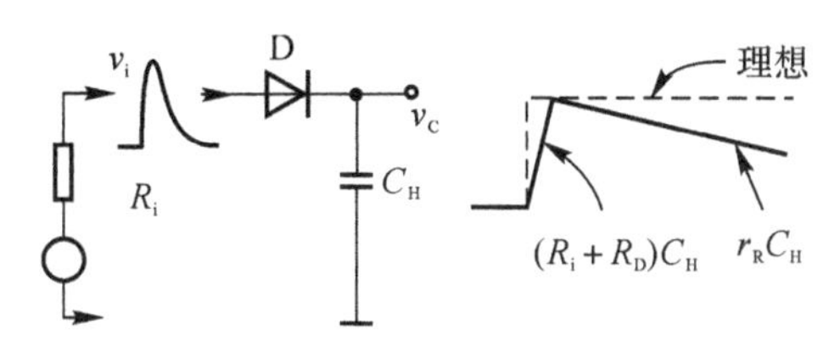


图 8.21　模拟展宽器工作原理

实际模拟展宽器电路只在脉冲峰顶被存储电容 $C_H$ 上展宽到一定宽度后(或保持一定时间间隔后)，就开始放电，一个用于模／数变换的实际模拟展宽器如图 8.22 所示。

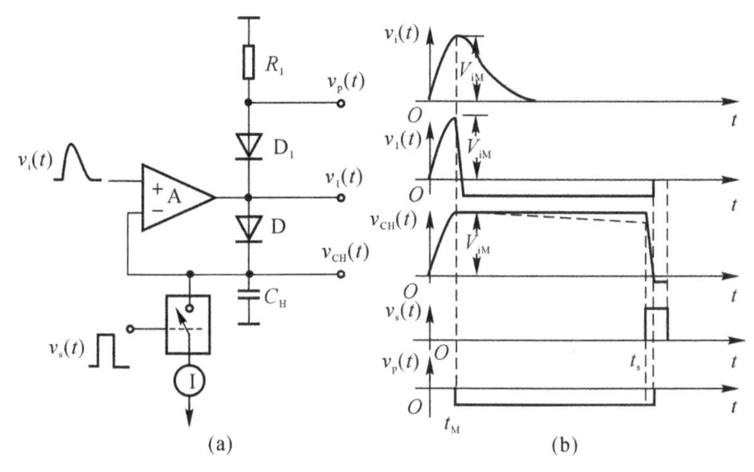


图 8.22　一个实际模拟展宽器
(a)原理方框图；(b)工作波形

由图 8.22(a) 可见，它是一个有源二极管 D-$C_H$ 模拟展宽器。A 为快速运算放大器，S 为复原开关，$I$ 为恒流源。设 $v_i(t)$ 为输入信号，其幅度峰值为 $V_{iM}$，$v_s(t)$ 控制快放电信号。采用运算放大器可以使 $R_D$ 减小为 $R_D/(1+A)$，这样可以加快充电速度，减小 $R_D$ 的非线性。

静态时 S 断开，当正信号 $v_i(t)$ 输入时，$v_1(t)$ 随之升高，二极管 $D_1$ 截止，$v_1(t)$ 给保持电容 $C_H$ 充电。在 A 的频带足够宽，开环增益足够大时，$C_H$ 上电压 $v_{CH}(t)$ 可迅速上升到信号 $v_i(t)$ 的峰值 $V_{iM}$。但是当信号 $v_i(t)$ 在到达最大值 $V_{iM}$ 后下降时，由于二极管 D 的单向导电性，$C_H$ 不能经过 D 放电。$v_{C_H}(t)$ 保持在峰值电平，所以 D 截止，这时负反馈被断开，$v_i(t)$ 以 $A$ 倍速度从峰值陡然下降，使 $D_1$ 导通。$v_p(t)$ 下降到某一负值，其大小与运算放大器工作状态和下级负载有关。

在复原开关 S 闭合前，$v_C(t)$，$v_1(t)$ 保持不变。当控制快放电脉冲 $v_s(t)$ 到来时($t_s$ 时)，$C_H$ 上电位经 S 由电流 $I$ 放电，一直到与同相输入端电平相等时，放大器 $A$ 输出为零，电路复原，工作波形如图 8.22(b) 所示。

电容 $C_H$ 上的电压 $v_{C_H}(t)$ 可以保持信号幅度峰值信息。保持时间大小可由控制快放电信号 $v_s(t)$ 的 $t_s$ 对输入信号延迟决定。电阻 $R_1$ 上的输出电压信号 $v_p(t)$，其前沿($t_M$)标志着输入

信号 $v_i(t)$ 到达峰值的时刻,因此常用来作为峰值检测信号,检测信号峰值的位置。信号 $v_p(t)$ 的后沿则标志着信号放电完毕的时刻。这些时间信息在幅度分析的模 / 数变换器中是很有用的。

模拟展宽器用于保持信号的峰值,所以要求它具有线性电路的特性,例如,输入信号幅度范围、线性、稳定性等。另外,模拟展宽器还有它的一些特有的指标要求,例如下垂速率、转换速率等。

下垂速率是指由于二极管 D 有反向电流,开关 S 有漏电流,运算放大器有一定输入电流等因素的存在,保持电容上的电压信号 $v_{C_H}(t)$ 不能完全保持平顶不变,而要缓慢下降,见图 8.22(b) 中 $v_{C_H}(t)$ 波形。这个下降速度就称为下垂速率,用 μV/ms 来表示,或用下垂电流 μA/ms 表示。

转换速率是指输入阶跃脉冲时,保持电容 $C_H$ 上电压信号的上升的速率,用 V/μs 来表示。它决定于运算放大器的转换速率。因为 $C_H$ 上电压不能突变,运算放大器在输入阶跃脉冲作用下立即进入非线性工作状态,以运算放大器最大输出电流对 $C_H$ 充电。

### 8.3.3 线性放电型模 / 数变换

目前,常用的谱仪模 / 数变换器有两种类型,即线性放电型和比较型。比较型又分逐次(串行) 比较型和一次(并行) 比较型。下面将介绍线性放电型模 / 数变换。

1. 线性放电型模/数变换器原理

线性放电型模/数变换器(即 Wilkinson 型模/数变换器)早在 20 世纪 50 年代初期已经用于核电子学。由于其电路简单、道宽一致性好,国内外一些高分辨率的产品大多数仍然采用线性放电型模/数变换器。它的工作原理是基于脉冲幅度与时间的线性变换。首先,把脉冲幅度 $V$ 变换成时间间隔 $\Delta t$(即 $V-\Delta t$ 变换),然后把时间间隔 $\Delta t$ 变换成数字 $m$,即 $\Delta t-m$ 变换。这两个变换步骤如图 8.23(a)所示。

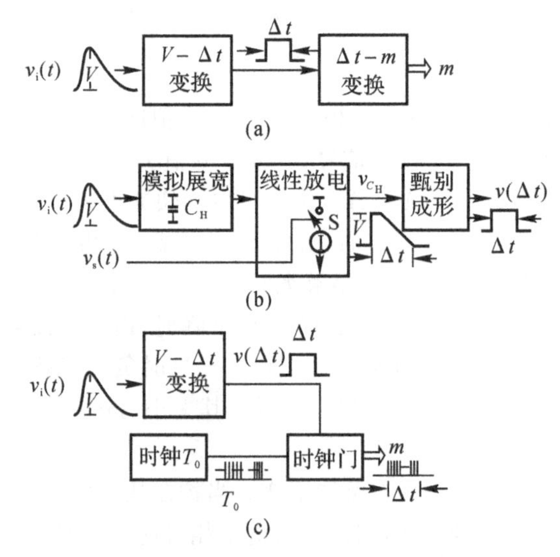


图 8.23 线性放电型模式变换器工作原理

时间间隔 $\Delta t$ 正比于输入脉冲幅度 $V$,数字 $m$ 正比于时间间隔 $\Delta t$,则数字 $m$ 正比于输入脉

冲幅度 $V$，由此完成 $V-m$ 变换。

实现 $V-\Delta t$ 变换的基本工作原理如图 8.23(b) 所示。输入信号使模拟展宽器的保持电容 $C_H$ 充电到等于信号的幅度 $V$，并得到峰值展宽后的信号，$C_H$ 连接到一个由恒流源 $I$ 和控制开关 S 组成的线性放电电路上。在某一时刻 $t_0$，信号 $v_s(t)$ 使 S 接通，保持电容 $C_H$ 上电荷开始恒流放电，放电速度为 $I/C_H$。到 $t_1$ 时刻，放电结束。全部放电时间 $\Delta t$ 可以用下式求得：

$$\Delta t=\frac{C_H}{I}V \tag{8.15}$$

利用甄别成形电路设法检出放电起始时刻 $t_0$ 和放电结束时刻 $t_1$，并成形宽度为 $\Delta t$ 的输出脉冲 $v(\Delta t)$。$\Delta t$ 大小正比于输入信号脉冲幅度 $V$，由此完成 $V-\Delta t$ 变换。

在图 8.23(c) 中，给出了 $\Delta t-m$ 变换原理示意图。由 $v(\Delta t)$ 脉冲打开时钟门，让周期为 $T_0$ 的时钟脉冲通过，这时门电路输出的就是对应 $\Delta t$ 时间间隔中的 $m$ 个时钟脉冲。让时钟脉冲数目 $m$ 就是地址码，为

$$m=\frac{\Delta t}{T_0}=\frac{C_H V}{I T_0} \tag{8.16}$$

上式中 $m$ 取整数(舍去小数)。

式(8.16) 中 $C_H$，$I$，$T_0$ 皆为常数，所以数字 $m$ 和输入信号幅度 $V$ 成正比，由此实现幅度-数字的变换。

线性放电型模 / 数变换器的变换工作波形如图 8.24 所示。

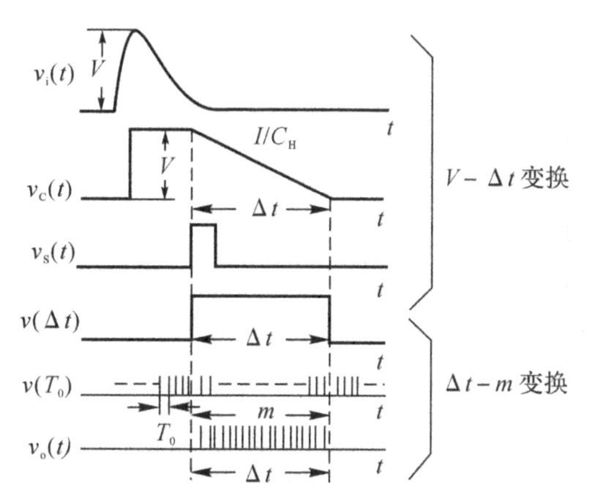


图 8.24　线性放电型模式变换器工作波形

由式(8.16) 可求得道宽：

$$H=\frac{\Delta V}{\Delta m}=\frac{I T_0}{C_H} \tag{8.17}$$

或变换系数：

$$P=\frac{1}{H}=\frac{C_H}{I T_0} \tag{8.18}$$

可见，线性放电型模/数变换器的道宽或变换系数由时钟周期 $T_0$、恒流源电流 $I$ 及保持电容 $C_H$ 决定。例如，时钟频率为 100 MHz，即 $T_0$ 为 10 ns，$C_H$ 为 100 pF，$I$ 为 10 μA，则可求得道宽为 1 mV，变换系数为 1 000 道/伏。因此若输入脉冲幅度为 8 192 mV，则变换道数为 8 192 道。

2. 线性放电型模/数变换器的结构和实例

(1)线性放电型模/数变换器的一般结构。图 8.25 是线性放电型模/数变换器的一般结构示意图。一个实际线性放电型模/数变换器除了模拟展宽器、线性放电电路、时钟、时钟门、甄别成形这些基本电路外,还要有其他各种逻辑控制和参数调节辅助电路。图中虚线右边部分表示模/数变换器经过接口电路加到多道脉冲幅度分析器主机或计算机部分。下面介绍实际模/数变换器的一些控制逻辑功能和辅助电路的作用。

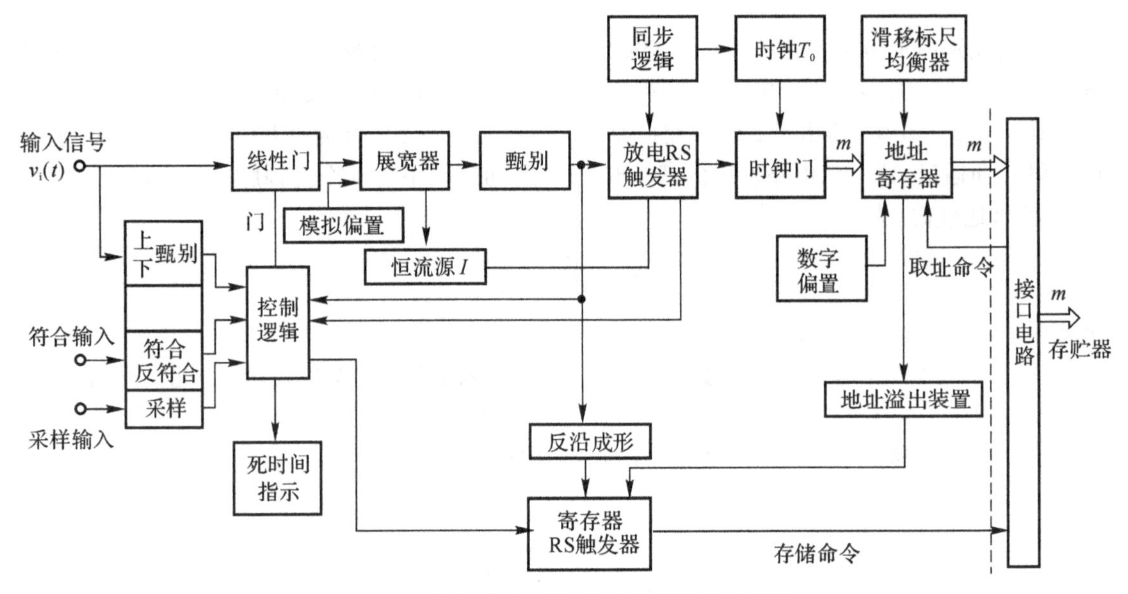


图 8.25 线性放电型模/数变换器结构示意图

1)线性门。在模/数变换器中,线性门用于控制输入信号是否需要通过,即用线性门实现对输入信号的所谓“占用封锁”。在一个信号输入达到峰值以后,线性门就关闭以便让模/数变换器对输入信号进行变换并且把变换结果在存贮器中存贮起来。在上述变换期间和存贮期间,线性门一直关闭,以便阻止随后的信号输入,避免在变换或存贮过程中产生干扰而出错。在一个输入信号变换和存贮完毕后,再由控制逻辑重新打开线性门。

2)控制逻辑。控制逻辑要完成模/数变换器的一系列逻辑动作。主要控制逻辑主要如:

a. 幅度分析范围选择逻辑。幅度范围选择由上、下甄别器等电路完成。只有输入信号幅度处在下甄别阈电平和上甄别阈电平之间的信号才进行变换。小于下甄别阈电平和大于上甄别阈电平的信号不进行变换。因此这种选择逻辑可以避免不需要的信号占用变换时间,减少计数损失。

b. 符合、反符合选择逻辑。使用符合选择时,输入信号只有与符合端信号在时间上相符合时,才进行变换,否则,就不进行变换。

使用反符合选择,与上述情况相反,输入信号与反符合端信号在时间上不相符合时,进行变换,反符合端有信号时的输入信号都不进行变换。

c. 采样选择逻辑。采样选择用于测量直流信号或慢变信号的幅度分布曲线。此时,线性门为常闭方式,采样信号从采样端输入,只有采样信号输入时,线性门才打开,没有采样信号时线性门关闭。

以上三种控制逻辑都属于输入信号选择逻辑，即只有输入信号符合一定的条件时，控制逻辑才让输入信号进行变换。

d. 初始化逻辑。模/数变换器接通电源开关时，产生一个初始化逻辑信号，使其各个部分，如模拟展宽器、控制、转贮等都处于初始化状态，以准备接收新的输入信号。

e. 延迟峰探测逻辑。当输入信号的宽度很宽时，线性门的关闭时间可能太早，从而使输入信号的峰探测出现误差。为此，使用延迟峰探测逻辑可以使输入脉冲宽度大至上百微秒而不至于影响输入脉冲峰的探测。

f. 转贮逻辑。转贮逻辑可使模/数变换器的变换结果在符合一定条件时允许存贮，否则禁止存贮。

3)偏置电路。偏置电路又称零道阈调节电路。所谓零道阈是指模/数变换器第零道所对应的输入信号幅度。这时第零道不是从零伏起始，而是从输入幅度某一数值算起，零道阈的值实际上是切除脉冲底部的电压幅度值，所以就是偏置。

偏置可以分为模拟偏置和数字偏置两种。模拟偏置是从模拟展宽器输出中减去一定幅度。因此，线性放电的幅度就是输入信号最大幅度和偏置值之间的幅度差。数字偏置是把变换后的数字减去一定数字值。

4)地址寄存器和存贮控制电路。地址寄存器用于暂时寄存模/数变换器变换后的地址码。通常地址寄存器的容量大于或等于模/数变换器的道数。例如，对于 8 192 道模/数变换器，地址寄存器为二进制数字 13 位。

由存贮 RS 触发器给存贮器发出存贮命令，若存贮器允许存贮，则发回取址信号。地址寄存器就把地址码送到存贮器中去。

5)地址溢出装置(量程)。地址寄存器的容量相应模/数变换器的量程。当输入信号幅度超过模/数变换器量程范围时，地址寄存器发出地址溢出信号。地址溢出信号禁止相应输入信号的变换结果输出到存贮器中去。

6)同步逻辑。同步逻辑的作用是使线性放电起点与时钟起点同步。线性放电起点和时钟周期脉冲在时间上不存在任何关联，因此线性放电起点可以在一个时钟周期的任何一点上，从而产生一个时钟周期的误差。同步逻辑使放电起点恰恰在时钟脉冲某一固定相位开始，实现放电起点的定相，以减少一个时钟周期的误差。

7)滑移标尺均道器。这是为了减少数字(逻辑)干扰对道宽均匀性影响所采用的电路。

8)死时间指示。它给出模/数变换器工作所占用的时间，即线性门关闭时间。

以上仅对模/数变换器的一般结构做了介绍，实际的模/数变换器由于使用要求不同和性能不同，差别很大，因此在结构上不完全与上述的一致。

(2)线性放电型模/数变换器实例。图 8.26 给出一个 8 192 道线性放电型模/数变换器实例的简化方框图。线性门、模拟展宽器、恒流源开关、甄别器、时钟、时钟门、地址寄存器、控制器、死时间指示电表各单元的作用已于前面介绍。控制器中 $V_U$ 和 $V_L$ 为上、下甄别器的甄别阈。$T_1$ 为放电标志触发器，$T_2$ 为存贮标志触发器。各点工作波形如图 8.27 所示。

输入信号①通过线性门进入展宽器，对保持电容 $C_H$ 充电③。在信号幅度到达峰值后，模拟展宽器输出信号②，通过甄别器成形，输出信号④的前沿给出充电完毕的标志，可以开始进行变换。此时，控制器给出关门信号⑬，关闭线性门，以免以后的输入信号干扰变换过程。

输入信号 1 同时加到控制器上。控制器先对输入信号进行幅度分析范围的选择，由上甄别器和下甄别器组成单道分析逻辑。如果信号幅度在指定上,下阈之间,则启动变换,否则不启动变换,即予以剔除。输入信号也可以预先进行符合选择、反符合选择或采样选择。

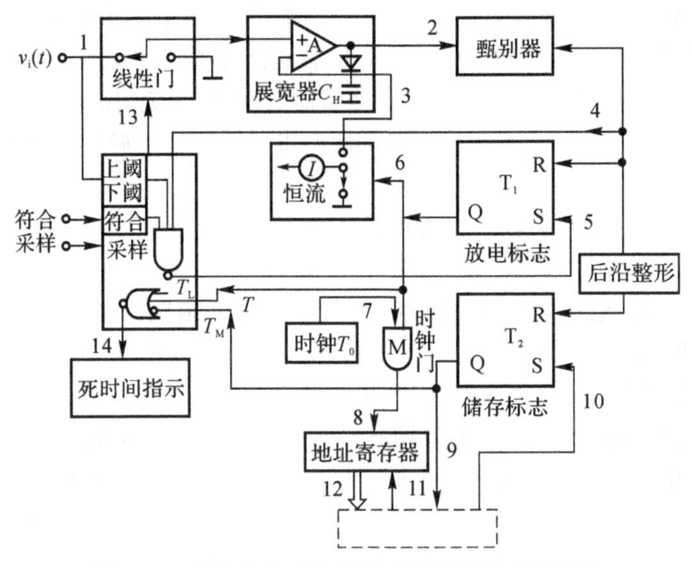


图 8.26 线性放电型模/数变换器的简化方框图图

1—输入信号; 2—模拟展宽器输出信号; 3—保持电容 $C_H$ 上的信号波形; 4—充放标志信号; 5—启动变换信号; 6—放电标志信号; 7—时钟脉冲; 8—地址脉冲; 9—存贮命令; 10—回答信号; 11—取址命令; 12—输出的地址码信号; 13—关线性门信号; 14—死时间 $T_d$

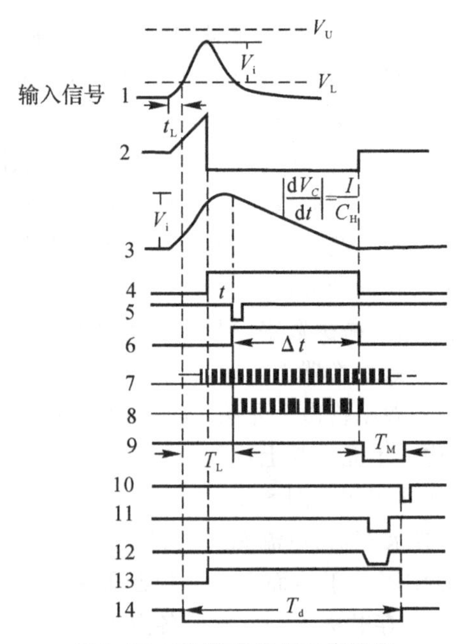


图 8.27 模/数变换器工作波形

在满足上述选择条件后,控制器给出启动变换信号 5,使放电标志触发器 $T_1$ 置“1”,产生线性放电标志信号 8,让展宽器上保持电容 $C_H$ 和恒流源接通,以恒流 $I$ 线性放电。

当保持电容 $C_H$ 上电位放电到零伏时，展宽器复原。模拟展宽器输出信号 2 的后沿经甄别器 D 成形为信号 4 的后沿，标志放电完毕，此后才停止变换和发送地址码。所以信号 4 称为充放电标志，它的前沿标志充电完毕，它的后沿标志放电完毕。

充放标志信号 4 的后沿使放电标志触发器 $T_1$ 复位。放电标志信号 6 的宽度就是放电时间间隔 $\Delta t$，$\Delta t$ 正比于输入信号幅度 $V$。至此，完成幅度-时间变换过程。

信号 8 在 $\Delta t$ 时间间隔中打开时钟门 M，则时钟送出地址脉冲 8，地址脉冲的数目由 $m=\Delta t/T_0$ 决定。这就完成了时间-数字变换过程。

地址脉冲 8 进入地址寄存器以后，得到二进制的地址码。地址码经接口电路并行送到多道脉冲幅度分析器主机或电子计算机的存贮器中。

为了使地址码 $m$ 存贮在相应的存贮单元中，还应在每次变换后发出存贮命令，以使存贮器对应 $m$ 地址的内容加 1。所以在每次变换结束时，充放标志信号 4 后沿使存贮标志触发器 $T_2$ 置“1”，给出存贮命令 9。存贮系统接到存贮命令后，在存贮器允许模/数变换器使用时，发出取址命令 11 给模/数变换器，模/数变换器中的地址码就传到存贮系统，存贮系统存贮完毕，给出回答信号 10 给模/数变换器，使 $T_2$ 复位。至此，完成一个输入信号的变换和存贮过程，模/数变换器又可以输入下一个新的信号。

从输入信号 1 触发下阈 $V_L$ 到回答信号 10 产生，这段时间称为死时间 $T_d$，从图可见：

$$T_d = T_L + \Delta t + T_M \tag{8.19}$$

式中：$T_L$—— 控制器完成各种逻辑动作所需的时间，通常约为数微秒；

$\Delta t$—— 线性放电时间，$\Delta t = m\,T_0$；

$T_M$—— 存贮器存贮时间，通常为数微秒。

式(8.19) 也可表为

$$T_d = T_L + mT_0 + T_M \tag{8.20}$$

在图 8.26 左下方有一个百分死时间指示电表，它给出死时间相对于实际测量时间的百分比，指示信号 14 的平均值。由此可大致校正死时间引起的计数损失。有的模 / 数变换器将死时间做成固定的，不随信号幅度变化，即取式(8.20) 中的 $m$ 为 $L_{max}$(最大道数) 或稍大。

上面对线性放电型模 / 数变换器原理、结构及使用功能做了较为详细的讨论。线性放电型模 / 数变换器的主要缺点是变换时间大，而且随道数增多，变换时间亦增加。因为变换时间主要决定于线性放电时间 $\Delta t = mT_0$；道数 $m$ 愈多，则线性放电时间愈长。例如，时钟周期 $T_0$ 为10 ns时，4 096 道模 / 数变换器的变换时间是 40.96 μs，而 8 192 道就增加到 81.92 μs，可见此时的变换时间已经相当大。因此对于需要高道数高计数率能谱测量时，线性放电型模 / 数变换器就难以满足要求。

提高时钟频率可以减少线性放电型模 / 数变换器的变换时间。当前线性放电型模 / 数变换器时钟频率为 100 MHz，已有 200 MHz，300 MHz 的时钟频率的产品。再提高时钟频率，对线路元件的速度和频率源的稳定性都有相当高的要求，当前还存在一些困难。

减少线性放电型模 / 数变换器死时间的另一方法是两级线性放电法。这种方法的放电速率分两级，先快速放电，放到某一电平时再慢速放电。慢速放电与前面所述的线性放电一样，其放电时间为 $\Delta t = mT_0$，放电速率为 $1/T_0$。快速放电速率假设为 $\sqrt{m}/T_0$，则放电时间为 $\Delta t = m\,T_0$，可见 $m$ 越大，两级放电的优点越明显。两级放电模 / 数变换器多用于高道数的模 / 数变换器。但是由于要求两级放电电流比例精确，所以电路难度仍然很大。

### 8.3.4 逐次比较型模/数变换器

近年来，由于大规模集成电路的迅速发展，逐次比较型模/数变换器得到了较多的应用。与线性放电型模/数变换器比较，它具有变换速度快、易于做成集成电路片、功耗低、价格便宜和易于维修等优点。目前，常用的谱仪模/数变换器多采用此种模/数变换器。

逐次比较型模/数变换器工作原理如下。

用逐次比较方法进行模/数变换是与叠加单道分析器方法相类似的。在叠加单道分析器组成的多道分析器中，输入信号幅度 $V_i$ 同时送到各个单道分析器中(编号为"0""1""2"…"$m$")，$V_i$ 与各个单道分析器中的阈电平进行比较，当幅度 $V_i$ 处在某个单道阈电平范围内时就直接变换成相应的数字量。

在上述的比较中，各个标准电平(阈电平)是固定不变的，例如，4 096 道分析器需要4 096 个标准电平。输入信号幅度进行一次比较就得到全部地址码，使地址寄存器并行置位。因此有时称之为并行变换方法，也可称为一次直接比较法。显然，并行变换是速度最快的变换方式。但是在高道数时难以实现。如果用 12 个二进制位标准电平组成 4 096 个标准电平，每一次比较为一个位标准电平，逐次进行同时比较，可以构成 4 096 道逐次比较型模/数变换器。这种方法可称为逐次比较法或串行变换方法。

逐次比较型模/数变换器利用二进制的标准电平与输入信号比较，第一次比较时，取标准电平为满量程的 1/2；若标准电平小于信号幅度，则标准电平保留下来，进行第二次比较。第二次比较的标准电平为保留的上次标准电平加满量程的 1/4 标准电平。若标准电平小于信号幅度，第二次标准电平同样保留下来，进行第三次比较。第三次的标准电平是满量程的 1/2，1/4 与 1/8 之和。若标准电平大于信号幅度，则满量程标准电平不保留，再进行下一次比较。依此类推，直到 12 个标准电平取出来比较完才结束。

综上所述，每次比较都将标准电平减小为前次的 1/2。若标准电平小于信号幅度，则被保留；若标准电平比信号幅度大，则不保留。最后，停止比较时，所有保留下来的标准电平之和与被测信号幅度十分接近，变换终止，从而得到变换后的二进制数字。图 8.28 给出了一个 4 096 道逐次比较型模/数变换器的原理框图。

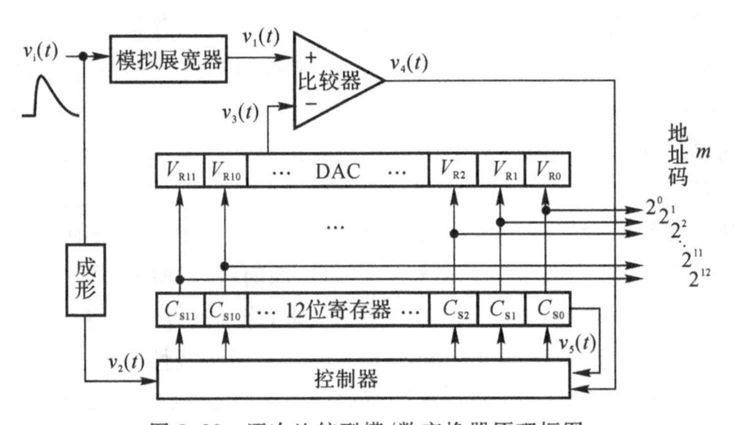


图 8.28 逐次比较型模/数变换器原理框图

输入脉冲 $v_i(t)$ 经模拟展宽器展宽为右足够宽度的 $v_1(t)$。$v_1(t)$ 加到比较器的一端，比较器的另一端输入标准电平信号 $v_3(t)$。

12 个标准电平信号是由数字-幅度变换器（DAC）产生的。12 个标准参考电平为 $v_{R0}=2^0\ \mathrm{mV}, v_{R1}=2^1\ \mathrm{mV}, v_{R2}=2^2\ \mathrm{mV}, \cdots, v_{R11}=2^{11}\ \mathrm{mV}$。数 / 模变换器的输出电压信号 $v_3(t)$ 是 12 个标准电平的叠加输出。每个标准电平是否有输出由 12 位数据寄存器的状态来决定。比较器输出信号 $v_4(t)$ 加到控制器上，由控制器控制数据寄存器的状态。

当 $v_3(t) < v_1(t)$ 时，比较器输出 $v_4(t)$ 为“1”状态，控制器使 12 位数据寄存器相应位输出为“1”状态，使得 DAC 输出这一位的标准电平保留。当 $v_3(t) > v_1(t)$ 时，$v_4(t)$ 为“0”状态，控制器使 12 位数据寄存器相应位输出为“0”状态，同时不保留 DAC 这一位的标准电平。这样，经过 12 次比较后，最后可以从 12 位数据寄存器输出得到变换的数码。

图 8.29 给出一个道数为 4 096 道、道宽为 1 mV 的逐次比较型模 / 数变换器的工作波形图。

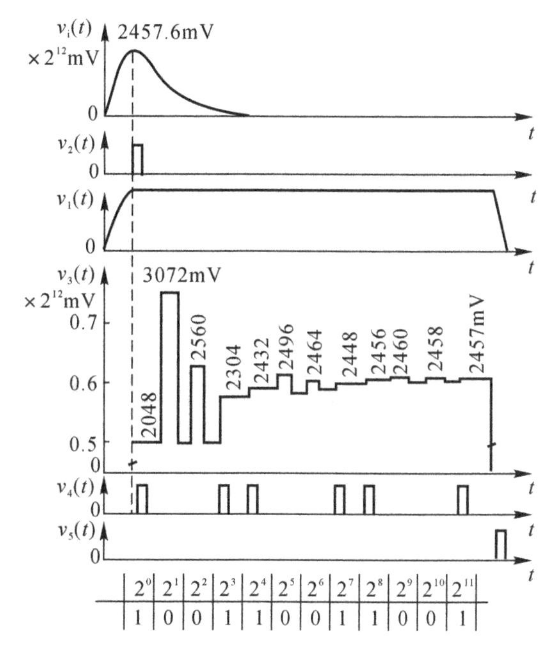


图 8.29　逐次比较型模 / 数变换器工作波形

输入脉冲幅度 $V_i = 2\ 457.6\ \mathrm{mV} = 0.6 \times 2^{12}\ \mathrm{mV}$。当展宽器输出 $v_1(t)$ 达到峰顶时，成形信号 $v_2(t)$ 作为启动变换命令，使之开始比较过程。

第 1 次比较：控制器使 12 位数据寄存器中最高位 $C_{S11}$ 置“1”，其余位置“0”，则数 / 模变换器相应输出 $V_{R11} = 1/2 \times (2^{12}\ \mathrm{mV}) = 2\ 048\ \mathrm{mV}$。$V_{R11}$ 和 $V_i$ 在比较器中比较，可见 $V_{R11}(v_3) < V_i(v_1)$。比较器输出 $v_4(t)$ 为高电平“1”使控制器保留 $C_{s11}$ 为“1”状态，并进行第二次比较。

第 2 次比较：数据寄存器的 $C_{S10}$ 置“1”，即 $V_{R10} = 1/2 \times (2^{11}\ \mathrm{mV}) = 2^{10}\ \mathrm{mV}$。数 / 模变换器输出标准电平为 $V_{R11} + V_{R10} = 2\ 048\ \mathrm{mV} + 1/2 \times (2\ 048\ \mathrm{mV}) = 3\ 072\ \mathrm{mV}$。比较为 $V_i < (V_{R11} + V_{R10})$，则比较器输出低电平“0”，使 $C_{S10}$ 复位为“0”态。数 / 模变换器输出 $v_3(t)$ 仍为2 048 mV。

第 3 次比较：$C_{S9}$ 置“1”，即 $V_{R9} = 1/2 \times (2^{10}\ \mathrm{mV}) = 2^9\ \mathrm{mV}$。标准电平为 $V_{R11} + V_{R9} = 2^{11}\ \mathrm{mV} + 2^9\ \mathrm{mV} = 2\ 560\ \mathrm{mV}$。比较为 $V_i < (V_{R11} + V_{R9})$，所以 $C_{S9}$ 复位。

第 4 次比较：$C_{S8}$ 置“1”，即 $V_{R8}=1/2\times(2^9\ \mathrm{mV})$，标准电平为 $V_{R11}+V_{R8}=2\ 304\ \mathrm{mV}$。比较为 $V_i>(V_{R11}+V_{R8})$，所以保持 $C_{S8}$ 为“1”状态。

依此逐次进行第 5 次比较，第 6 次比较，……，第 12 次比较。此时给出变换结束标志信号 $v_5(t)$。最后保留的数据寄存器位为 $C_{S11}$，$C_{S8}$，$C_{S7}$，$C_{S4}$，$C_{S3}$，$C_{S0}$，即 $2^{11}+2^8+2^7+2^4+2^3+2^0=2\ 457\ \mathrm{mV}$，即地址码为 100110011001。由图 8.29 可知所测电压幅度 $V_i$ 为 $2\ 457\ \mathrm{mV}<V_i<2\ 458\ \mathrm{mV}$。这样 $V_i$ 应属于第 2 457 道。

逐次比较法的道宽就是地址码最低位对应的 DAC 标准电平：$V_{R0}=2^0=1\ \mathrm{mV}$。

从图 8.29 中的波形可见，逐次比较过程从 $t_1$ 开始，到 $t_2$ 结束。在此期间，要求展宽器的输出电压保持不变。比较过程时间间隔为 $\Delta t=t_2-t_1$。

设每次比较时间为 $T$，对 $4\ 096=2^{12}$ 道模／数变换器，比较次数为 12 次，则需要比较时间为 $12T$。对于不同幅度的输入信号都要进行 12 次比较，所以变换时间是固定的。当道数增加一倍时，变换器只增加一次比较时间，这对数千道以上的模／数变换器缩短变换时间是十分有利的。例如道数增加为 8 192 道，比较次数增加一次，所以比较时间为 $13T$，逐次比较型模／数变换器变换时间和道数的关系由下式决定：

$$\Delta t=T\log_2 m \tag{8.21}$$

式中：$m$—— 道数；

$T$—— 每次比较时间。

对 8 192 道逐次比较型模/数变换器，目前变换时间可做到接近于 1 μs。这比线性放电型模/数变换器要小得多。但是逐次比较型模/数变换器的道宽一致性较差，主要在于标准电平很难维持精确的比例，一般都要加道宽均匀器来改善道宽一致性。

近年来，由于大规模集成电路技术发展，已经陆续出现混合集成电路或单片集成电逐次比较型模/数变换器。这些变换器有 8 位、10 位、12 位，甚至 16 位的。这些变换器的缺点仍然是道宽一致性较差。

### 8.3.5 闪电型模/数变换器

为了进一步提高变换速度，随着大规模集成电路技术的进步，近几年又发展了一种闪电型模/数变换器，简称“FADC”。

闪电型模/数变换实际上就是一次比较的并行转换。其工作原理很简单，如图 8.30 所示。

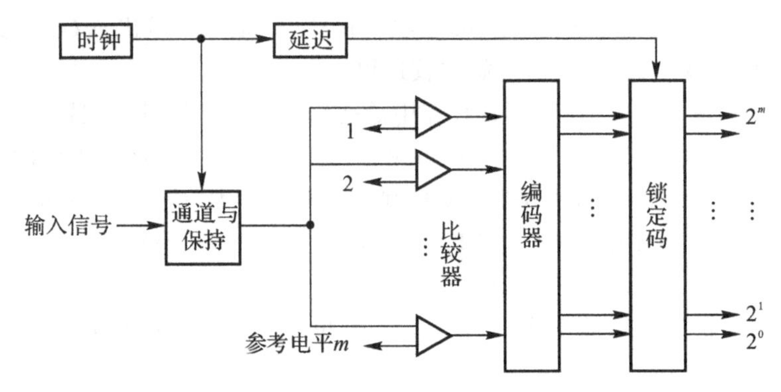


图 8.30 闪电型模/数变换原理

这是一组并联比较器阵列，用电阻分压器把参考标准电平按 $1/2^m$ 逐个加到 $2^m$ 个比较器上。比较器的参考电平是逐步变化的。输入信号在每个比较器中与参考电平进行比较。每个比较器的输出进行相应的编码和锁存。只要一次比较就可以得到变换结果，从而大大减小变换时间。适当地设计可使闪电型模/数变换器的变换时间达到 10 ns 左右，它的变换率达到每秒 $10^7$ 到 $2\times10^8$ 个脉冲。

闪电型模/数变换是高速数字化的重要方法，可用来对波形进行高速采样，在高能物理试验中有不少应用。但是，它的微分非线性很差，尤其在高计数率时，可达百分之几十，所以不适合于精确的能谱测量。

闪电型模/数变换器的精度每增加 1 位，所需要的比较器就增加一倍。例如，8 位变换器，需要 $2^8=256$ 个比较器，9 位的需要 512 个比较器，10 位的需要 1 024 个比较器，显然这个数量太大了，同时，闪电型模/数变换器的性能在很大程度上还取决于这些比较器的静态、动态特性的一致性。因此实现高精度的闪电型模/数变换在技术上还有一定困难。目前闪电型模/数变换器精度为 6～8 位，速度可达 100 MHz 以上。

为了克服上述比较器数量太多的缺点，可用多阵列方法。这种方法不用一个并联比较器阵列，而是分为几个阵列。双阵列结构是常用的结构，它可以大大减少比较器的数量，例如，对 8 位闪电型模/数变换器来说，使用单阵列结构时需要 256 个比较器，而采用双阵列结构后，比较器减少为 32 个。

就目前而言，闪电型模/数变换器的精度还不能满足高精度测量的要求，但由于其变换速度高，随着制造技术的发展，将会成为未来谱仪模/数变换器的主角。

上面介绍了三种常用模/数变换器及其工作原理，但还需要增加一些调节和辅助电路才能构成实际的谱仪模/数变换器。

### 8.3.6　模/数变换器的参数调节和辅助电路

模/数变换器设有各种辅助电路以便扩大使用功能和完成各种参数的调节。它们包括输入电路工作方式选择及道宽调节、上下阈调节和偏置调节、分析范围和溢出地址调节以及死时间校正等。

1. 输入电路及工作方式选择

一般模/数变换器的输入方式有三种：交流耦合、直流耦合和基线恢复器。

交流耦合方式，输入端有 CR 隔直电路，用于阻止前一级输出端直流电平加到模/数变换器的输入端，以免影响模/数变换器的零点电平。但是对于单极性成形脉冲，在高计数率输入时交流耦合会产生较大的基线偏移。例如，当输入计数率从每秒 1 000 计数增加到每秒 20 000 计数，由基线偏移引起的峰位变化约为 0.2%，所以交流耦合输入方式只能用在单极成形的低计数率情况。而对于双极成形脉冲，由于产生基线偏移和涨落都较小，则可用于高计数率情况。

直流耦合方式，从输入端到保持电容 $C_H$ 都是直流耦合，所以不产生基线偏移和涨落，它可用于高计数率情况。但是要注意此时输入信号的静态直流电平会改变模/数变换器的零点。

基线恢复器输入方式既可隔直又可使模/数变换器的零点不受输入信号直流电平影响，它又能在计数率变化时，使信号基线接近零电平。注意：如果前面谱仪放大器中已有基线恢复器作为输出电路，那么模/数变换器的输入可以采用直流耦合的方式。

模/数变换器的工作方式通常有符合、反符合、采样三种方式。模/数变换器的输入部分常设有符合电路和延迟符合电路。外加符合信号(反符合信号)可以和被分析的信号进行瞬时符合(反符合)或延时符合(反符合),从而进行时间选择。然而,模/数变换器中符合电路的分辨时间一般为 1 μs 左右,而且不很精确,所以只是提供作为符合控制手段,而不能代替专用的快慢符合电路。

采样工作方式是对慢变化信号进行幅度采样或对波形进行采样分析。若被采样的信号为脉冲信号,则要注意采样信号的宽度必须比被采样的脉冲信号的宽度窄。根据奈奎斯特采样定律,理论采样频率至少为被采样信号所含最高频率的两倍,实际采样频率则应大于 3 倍以上,才足以保证一定的采样精度。

2. 模/数变换器的道数选择和道宽调节

道宽是表示模/数变换器精度的重要指标。道宽越小则变换精度越高,但是并不是道宽越小越好。因为道宽越小则要求模/数变换器的稳定性越好和道边界的干扰越小,所以一般模/数变换器都是按其最小道宽(即最大道数)来设计电路和给出技术指标。需要增大道宽时再加道宽调节电路。

道宽越小,则要求一定幅度范围内模/数变换器的道数越多。在核能谱测量中,道数的多少是由能量分辨和能谱的范围决定的。图 8.31 给出了道数选择的各种情况。

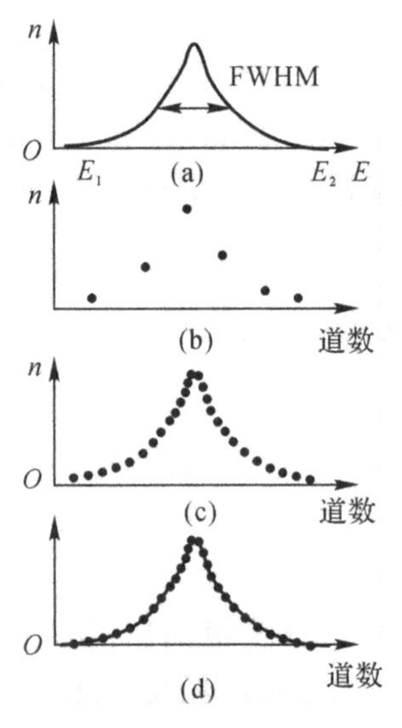


图 8.31　模/数变换器的道数选择

(a)待测能谱;　(b)道数太少;　(c)道数合适;　(d)道数太多

图 8.31 中(a)给出待测的能谱,其半高宽为 FWHM, $E_1 \sim E_2$ 为能谱的范围。图 8.31(b)中的能谱为选择道数太少的情况,此时,待测能谱的峰未能适当地测量出来,而图 8.31(d)中能谱则是选择道数过多的情况。若测量时间不变,其结果是使得对同样的输入计数率,分到各道的计数减少,从而使统计误差增大。若要减小统计误差,则只有增大测量时间,这也可能带来稳定性等问题。只有如图 8.31(c)中所示的能谱才是道数选择比较合适的情况。

在实际测量能谱时,道数选择就是在一个峰的半高宽 FWHM 内选择多少道的问题。通常,为保证一定精度,要求在 FWHM 内至少有 8 道,但也不必有太多的道数。因为如果采用过多的道数来测谱，不仅在存贮空间和测量时间上都有所浪费，而且还会增加处理数据的麻烦。在实际测量时，应在满足能量分辨要求下，尽量使用较少的道数。

探测器的固有能量分辨率 $R_{DE}$ 与半高宽的关系为

$$R_{DE}=\frac{(FWHM)_E}{E_0}$$

其中 $E_0$ 表示峰位的能量。按照能量分辨的要求，可以计算峰位能量对应的道址，再由能谱分析范围选择模/数变换器的道数。

对于 NaI(Tl)探测器来说 $R_{DE}$ 为 8%。对于能谱峰 662 keV($^{137}Cs$)，则得 FWHM 为 52 keV。所测能量范围为 1～2 MeV，则可选择模/数变换器道数为 512～1 024 道。对于半导体探测器，情况分为几种：硅面垒型探测器对于 5.486 MeV 的 α 粒子，FWHM 约为 30 keV，能量范围为 4～8 MeV，模/数变换器道数为 512～2 048 道；Si(Li)探测器对 5.9 keV 的 X 射线的 FWHM 约为 180 eV，能量范围为 30～50 keV，模/数变换器的道数为 512～2 048 道；Ge(Li)探测器对 662 keV 的 γ 射线的 FWHM 约为 2 keV，能量范围约为 1～2 MeV，模/数变换器道数为 4 096～8 192 道。

由以上分析可见，一般能谱测量所需模/数变换器的道数为 512～8 192 道。因此，模/数变换器最大道数通常分为 1 024 道、2 048 道、4 096 道和 8 192 道几种。若要求更高精度或更宽能量范围则要求更多的道数，如 16 384 道以上的模/数变换器。

模/数变换器的道宽调节可以采用不同方法。在线性放电型模/数变换器中，道宽由式(8.17)决定：$H=IT_0/C_H$。道宽 H 可以通过改变 $I/C_H$ 或 $T_0$ 来调节。前者称为模拟道宽调节，后者称为数字道宽调节。为了使道宽调节稳定，较精确的模/数变换器多采用数字调节方式。

数字道宽调节是通过改变 $T_0$ 达到的。实际上不是改变时钟本身的频率而是用分频电路成倍地增加 $T_0$，或者将得到的地址码除 2 的倍数，以成倍地增加道宽。后面这种方法不影响时间-数字之间的变换过程，而且可以用速度较低的移位电路来完成，所以用得较多。

3. 上下阈调节和偏置(零道阈)调节

上下阈调节和偏置凋节都是模/数变换器的十分重要功能。它们是两个完全不同的但又容易混淆的概念。

在核能谱测量中，一定的能量分辨率和能量范围，要求一定的模/数变换器道数，已如前面所述，但是这些都是指全能谱测量而言的。在实际的能谱测量中往往不需要测量全能谱，只需要测量感兴趣的一部分谱，例如只需测量 $^{60}Co$ 能谱光电峰部分。这时若测量全谱，则对应全谱的信号脉冲都进入模/数变换器，其中许多对应非光电峰部分的无用信号占用模/数变换器的大量变换时间。因此增加了模/数变换器的死时间，降低了模/数变换器的效率。

显然，应该在启动变换以前对输入信号幅度范围进行选择，常用上下甄别器来进行幅度预选。调节甄别阈，使得感兴趣能谱所对应的幅度在上、下阈之间，剔除那些不需要的信号。图 8.32(a)(b)(c)给出上下阈选择功能的示意图。

图 8.32(a)给出 $^{60}Co$ 全能谱，若只对其光电峰感兴趣，则可以去掉 2 000 道以下部分。调节下阈电平再相应于 2 000 道的幅度处，所测的能谱如图 8.32(b)所示。图 8.32(c)中波形是相应的输入信号，下阈值相应于 2 000 道位置，则幅度小于下阈电平的输入信号都不能进入变换器。

需要注意的是，上下阈选择只是对输入信号的幅度进行预选，并没有改变变换过程和原来的道址。

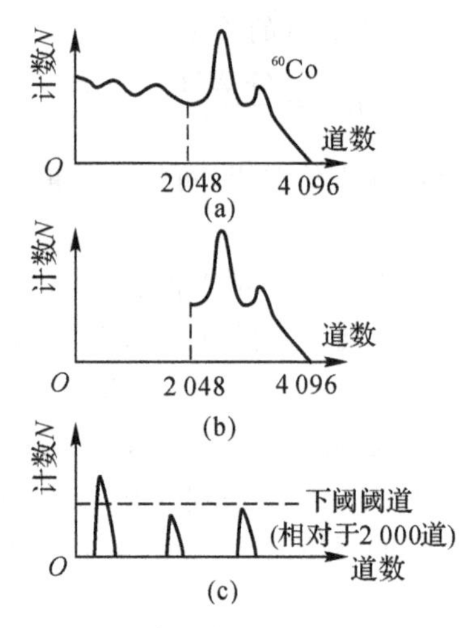


图 8.32　模式变换器的上下阈选择

(a)全能谱测量；(b)用上下阈选择感兴趣区；(c)相应的波形

偏置或零道阈是指模/数变换器的零道所对应的输入信号幅度。引入偏置一方面可以节省存贮区，另一方面可以把感兴趣的幅度谱扩大到最大道数范围进行测量，从而提高分辨率。

偏置调节(零道阈调节）是调节模 / 数变换器的零点阈值。模 / 数变换器的第零道可以不是在零电位上而是对应于某一电位 $V_{oS}$ 值，这种情况如图 8.33 所示。例如如果对图 8.33(a) 中$^{60}$Co 光电峰感兴趣，则可将模 / 数变换器的零点从零调到某一 $V_{oS}$ 处，如图 8.33(b) 所示。由此所测谱的第零道对应于幅度 $V_{oS}$ 处，$V_{oS}$ 对应于 2 000 道。这样，用 2 096 道就可以和使用 4 096 道一样精密地测出$^{60}$Co 光电峰，省去许多存贮单元。

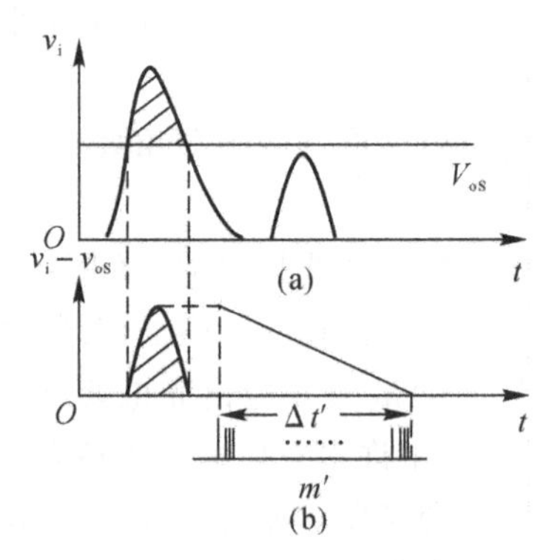


图 8.33　模拟偏置示意图

实现偏置调节的方法有两种：模拟偏置和数字偏置。

(1) 模拟偏置是将输入的模拟信号幅度 $v_i$ 减去 $V_{oS}$ 后再进行变换，$V_{oS}$ 就称为模拟偏置。

从图 8.33 可见，由于存在模拟偏置 $V_{oS}$，$v_i$ 的幅度只有($v_i-V_{oS}$) 部分(图中带有阴影部分）进入变换。变换后地址码 $m'$ 为

$$m' = \frac{v_i - V_{oS}}{H} = m - \frac{V_{oS}}{H} \tag{8.22}$$

其中，$m = v_i/H$，变换时间 $\Delta t'$ 减小为

$$\Delta t' = \frac{v_i - V_{oS}}{H} T_0 = mT_0 - \frac{V_{oS}}{H} T_0 \tag{8.23}$$

可见对于线性放电型模/数变换器引入模拟偏置可以节省变换 $V_{oS}$ 这一部分幅度的时间。若 $v_i < V_{oS}$，则自动停止变换。模拟偏置是在展宽器保持电容上加一个模拟电位，所以它会对模/数变换器的精度和稳定性带来影响。

(2) 数字偏置是在输入信号幅度 $v_i$ 变换成地址码 $m$ 后再用数字电路方法减去所需数量的地址码 $m_{oS}$，则地址码 $m'$ 为

$$m' = m - m_{oS}$$

$m_{oS}$ 就称为数字偏置(数字零道阈)。图 8.34 是数字偏置示意图。数字偏置由于变换幅度不变，所以变换时间不能减少。但它不影响变换过程，能保持精确和稳定，因此在要求精确、稳定的测量中经常使用数字偏置，但是，这时计数率不能太高。相反，模拟偏置可用于不要求偏置十分精确、稳定的场合，由于能节省变换时间，适用在计数率较高、但测量时间较短的情况。

图 8.35 给出使用偏置调节测量$^{60}$Co 光电峰的结果。

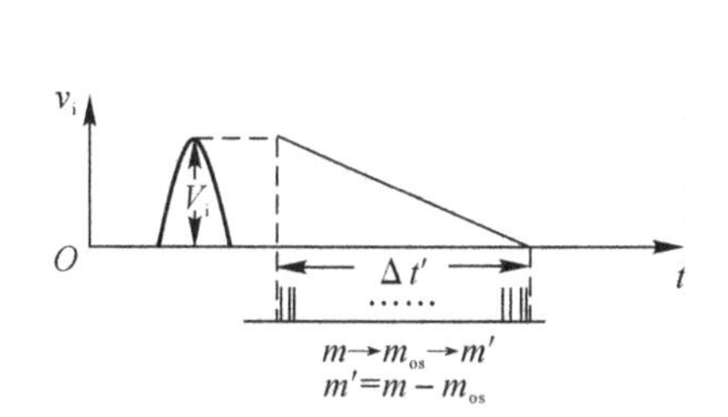


图 8.34　数字偏置示意图

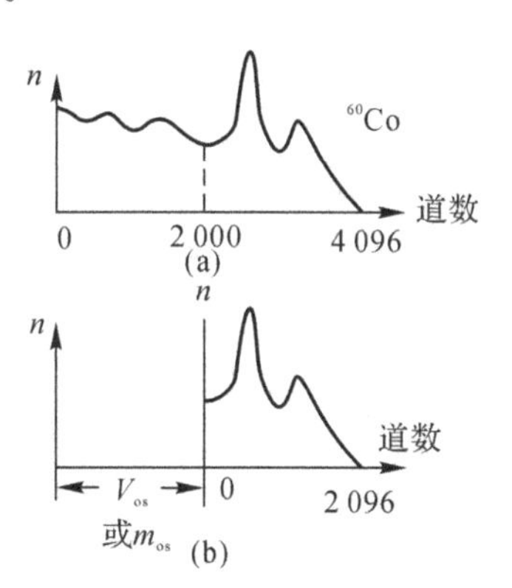


图 8.35　模式变换器的偏置调节

(a)不用偏置调节时；(b)使用偏置调节时

另外，数字偏置能调节模/数变换器变换的数码在存贮器中存贮区的分配，利用较小容量存贮器存贮较大的幅度分析范围。例如，8 192 道模/数变换器，存贮器仅为 4 096 道。无偏置时，模/数变换的下一半(0～5 V)存入存贮区。若偏置为 4 096，则存贮器第零道移到模/数变换器的 4 096 道上面，因此上一半(5～10 V)存入存贮器。

4. 分析范围和溢出地址调节

输入信号的分析幅度范围可按要求选定，例如，8 192 mV，4 096 mV，1 024 mV，512 mV。

通常地址寄存器的最大容量等于模/数变换器的最大道数，如 8 192。因此幅度太大的信号变换后所得到的地址码可能使地址寄存器溢出。如果把溢出地址码送出去则显然是错误的地址码，所以要对溢出进行判定。在溢出时，输出一个溢出信号，禁止发出存贮命令，舍弃溢出地址码。

当分析范围改变时，如从 8 192 mV 变为 4 096 mV，则溢出地址也要相应改变。这只要从

地址寄存器的相应位引出溢出信号就可以了。例如对于 8 192 mV－8 192 道，可以从 $2^{12}$ 位引出溢出信号，而对于 4 096 mV－4 096 道，可以从 $2^{11}$ 位引出溢出信号，如图 8.36 所示。

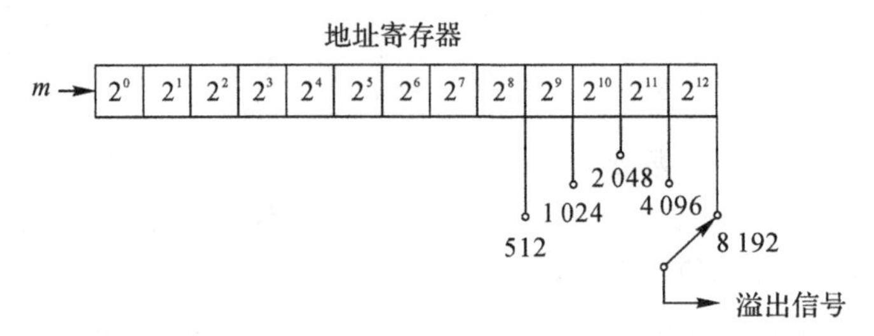


图 8.36 模/数变换器溢出信号

5. 死时间核正

由式(8.19)可知，模/数变换器的死时间为

$$T_d = T_L + \Delta t + T_M \tag{8.24}$$

对于确定的模/数变换器和存贮器，控制时间 $T_L$ 和存贮时间 $T_M$ 是恒定不变的。但是变换时间 $\Delta t$ 却与模/数变换器的工作状态和输入信号幅度有关。

当模/数变换器的道数和偏置改变时，变换时间就要改变。例如，一个 8 192 道线性放电型模/数变换器的时钟周期为 1 ns，其死时间 $T_d$ 为

$$T_d = 1.5 + 0.01(m - x) \tag{8.25}$$

式中：1.5——$T_L$ 和 $T_M$ 之和；

$m$—— 道数；

$x$—— 等效模拟偏置的数字量(若为数字偏置则 $x$ 为零)。

可见道数 $m$ 和偏置量 $x$ 改变 $T_d$ 就改变，例如：若取 8 192 道，无偏置时 $x=0$，则最大变换时间为 83.5 μs；若取 256 道，无偏置则 $T_d$ 为 5.1 μs，若取 8 192 道，偏置为 4 096，则 $T_d$ 为42.5 μs。

实际模/数变换器都装有指示百分死时间 $P$ 的电表(计算机多道脉冲幅度分析器可自动给出)。设所用实际测量时间为 $T_r$，死时间 $T_d$，则 $P$ 为

$$P = \frac{T_d}{T_r} \tag{8.26}$$

实际测量时间 $T_r$ 扣除死时间即为有效测量时间 $T_l$，通常又称为活时间。它们的关系为

$$T_r = T_l + T_d \tag{8.27}$$

则可得

$$T_l = (1 - P)T_r \tag{8.28}$$

在给定 $T_r$ 和 $P$ 值时，可求得活时间 $T_l$。在校正计数损失或求计数率时都应以活时间计算。当然，在低计数率或计数率变化较大时，$P$ 值很难读准。同时，溢出和偏置都会影响死时间，因此所测的百分死时间只是一个粗略的估计。但是百分死时间表头可以直观地看到计数率高低的情况，甚至可以成为模/数变换器是否正常工作的指示。

直接测量活时间可以减少上述的误差。活时间测量是将死时间信号送到定时电路中，使计时器在死时间内停止计时，因此就自动扣除死时间。也可以直接测量活时间 $T_l$ 和实际时间 $T_r$，从而得到死时间。但这种方法在死时间所占百分数很高时(超过 40%)，会产生较大的

误差。

上面所述的死时间和活时间测量还与所测能谱的形状有关。在实际测量中可以移动谱的位置以便估计计数的损失。

### 8.3.7　模/数变换器的输入输出功能

模/数变换器能输出各种信号,以便与其他电路配合,下面予以简单介绍。

1. 数字信号输出

模/数变换器变换后的数码作为数字脉冲输出,这是模/数变换器的基本功能。数字脉冲一般为 TTL 电平。通常数字输出经过接口电路加到多道分析器主机或计算机。

2. 死时间信号输出(或称“忙”输出)

在模/数变换器的死时间范围内给出逻辑信号,它的持续时间代表模/数变换器获取和变换时间,以便提供外部死(活)时间校正。

3. 死时间信号输入

从外面输入逻辑信号(例如从谱仪放大器输入),它的时间间隔和模/数变换器的死时间经过“或”逻辑,相加为总的死时间。

4. 由堆积拒绝器输入信号

从堆积拒绝器(例如谱仪放大器中的堆积拒绝器)输入禁止信号和提供线性门关门信号,禁止堆积信号输入变换器。

5. 稳定器信号输出

输出 TTL 电平的数字信号(例如对 8 192 为 13 位二进制数字)到有关的数字稳定器中,以提供稳谱之用。

6. 单道分析器输出

模/数变换器中设有上下甄别器,可以完成单道分析器的功能,因此输入信号幅度处在下甄别阈和上甄别阈之间窗口中时,就输出一个逻辑信号。

7. 模/数变换器对输入信号的要求

模/数变换器的输入信号幅度范围一般位于 0～10 V。输入信号的上升时间和下降时间要求有一定的范围。

# 第9章　时间信息分析

## 9.1　概　　述

时间信息的分析也是核电子学的一种基本的和重要的技术。核事件的许多信息是以时间信息方式存在于核辐射探测器输出信号中的。例如，核的激发态寿命、正电子湮没寿命等，都是一个核态与另一个核态之间的时间关系，它表现为两个信号之间的时间间隔的分布。中子或其他粒子的能量可以表现为它们飞越一定距离所需的飞行时间。粒子的空间位置也常常表现为探测器的输出信号的时间信息。因此，为了研究核事件的性质，必须对探测器输出信号所携带的时间信息进行分析。

时间信息的甄别和分析技术发展很快，用途也愈来愈广泛。近年来，这些技术应用于正电子湮没寿命测量、波形甄别、辐射电子的结构图像、核探测器的时间性能研究。另外，在能量和强度测量中，为了提高测量精度，也应用这些技术。

在时间量的测量和分析中，首先是用定时方法准确地确定入射粒子进入探测器的时间。时间上相关的事件可以用符合技术进行选择。时间间隔可通过变换的方法，变成数字信号，从而编码分类计数，最后得到时间谱，即相关时间间隔的概率密度分布。本章将讨论时间信息的甄别和分析，包括定时方法、符合技术和时间量变换等内容。

图9.1中的$\Delta E-E$飞行时间望远镜是时间分析试验的一个具体例子。图9.1中，入射粒子作用在$\Delta E$探测器上后飞行距离$S$再作用在$E$探测器上。设$\Delta E$探测器发出的时间信号为$t_1$，$E$探测器发出的时间信号为$t_2$，则粒子在$\Delta E$探测器与$E$探测器之间(距离为$S$)的飞行时间为$\Delta t=t_2-t_1$。

在实际测量时，携带时间信息的$\Delta E-E$探测器输出信号是通过放大器、定时电路、时间-数字变换器等部件组成的时间测量系统进行获取和分析的。把用于时间测量的这一路的各个部件统称为定时道，如图9.2所示，其中放大器通常包括适用于时间信息获取的快前置放大和定时滤波放大器。

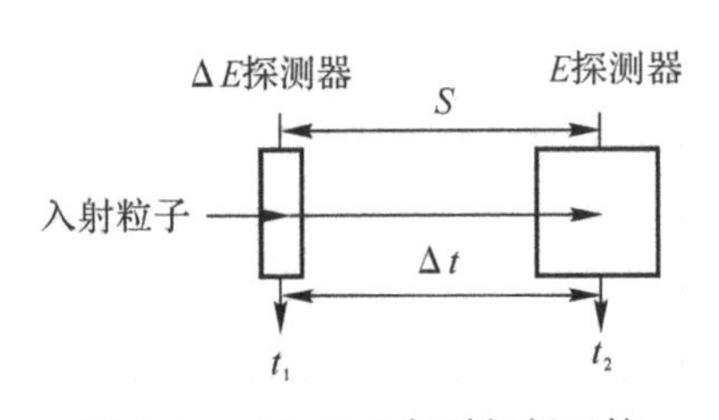


图9.1　$\Delta E-E$飞行时间望远镜

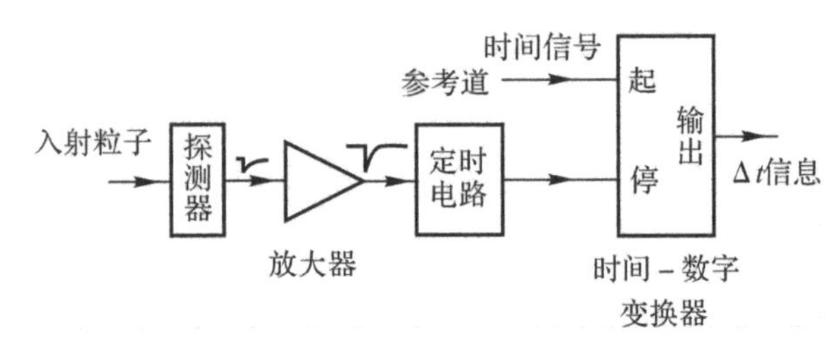


图9.2　定时道的基本组成

下面对定时道的各个部件分别予以简单介绍。

1. 探测器与输出电路

用于时间分析的探测器要有快响应性能，即时间分辨率要低。从探测器性能可知，闪烁探测器中的有机闪烁体与快速光电倍增管配合能得到快时间信号，半导体探测器中也有小时间分辨率的，可适当选用。

为了保持探测器输出信号的快时间特性，要求探测器输出电路有快的时间响应相配合。例如，闪烁探测器输出的时间信号，往往用低阻抗输出（如传输电缆的阻抗），这一点与能量分析时用高阻抗输出是完全不同的。在半导体探测器中，为了输出快的时间信号就不能用能量分析时用的电荷灵敏前置放大器，而要用快前置放大器。在实际应用中往往要求探测器既输出时间信号又输出能量信号（同时做能量分析和时间分析），这就要设计出能输出快（时间）信号和慢（能量）信号的输出电路，例如，在闪烁探测器中，可利用光电倍增管的阳极饱和电流脉冲输出快时间信号，并从光电倍增管的打拿极输出能量信号；在半导体探测器中，也常通过电荷灵敏前置放大器和快电荷灵敏前置放大器分别获取能量信号和较慢时间信号。

2. 快前置放大器

为了获得快时间信号，要求有快速时间响应的前置放大器以保持探测器输出信号时间信息不变，如快电流灵敏前置放大器。如果定时的时间分辨要求不太高，则有时用于能量分析的前置放大器也可用作定时信号的前置放大器。

3. 定时滤波放大器

用于定时的前置放大器输出信号有时还要进一步放大才能驱动定时电路，这需要一种快速的主放大器。它除了放大快的时间信号外，还要有滤波成形电路使噪声对定时性能的影响减到最小，这种放大器称为定时滤波放大器。

4. 定时电路

定时电路用来确定粒子进入探测器的时间，它应使各种因素对定时产生的误差为最小。

5. 时间变换器

时间变换器把信号时间间隔变换成对应的数码，或者先将时间量变换成幅度量，再变换成数码。这样，后接的多道脉冲幅度分析器就可以进行分类统计，测得时间分布（时间谱）。

在时间分析中，首先遇到的是一个定时问题，即要产生一个与核事件的时间信息精确相关的逻辑脉冲问题。或者说，要确定入射粒子进入探测器的精确时间，所以也称为时间检出或时间拾取。

显然，对于一个包含时间信息的信号，若要精确地确定时间，理想的是产生一个像 $\delta(t-t_0)$ 函数那样的时间脉冲，即在时间 $t=t_0$ 时产生一个精确的定时信号。但是实际探测器输出电流信号不是理想的 $\delta(t-t_0)$ 函数信号，而是具有一定形状（一定宽度）的电流脉冲。

图 9.3(a) 是一个理想的 $\delta(t-t_0)$ 信号，定时点在 $t_0$，图 9.3(b) 是一个实际探测器的输出电流脉冲，它的电荷量为 $Q$，有一定的电荷收集时间，图中虚线是收集时间的涨落。图 9.3(c) 是探测器的输出电压脉冲，相应于收集时间，它有一定的上升时间和上升时间涨落，如图中虚线所示。

电子学的定时信号总是在探测器产生的输出信号以后形成的，如图 9.3(d) 所示。探测器信号是在时间 $t_0$ 时产生的，但电子学定时信号是在时间 $t'_0$ 时发生，所以落后一段时间，而且对应探测器信号本身的涨落时间（收集时间过程的涨落），电子学定时信号 $v_o(t)$ 也会产生涨落时间，定时时刻可以从 $t'_0$ 变到 $t''_0$，即为定时误差。

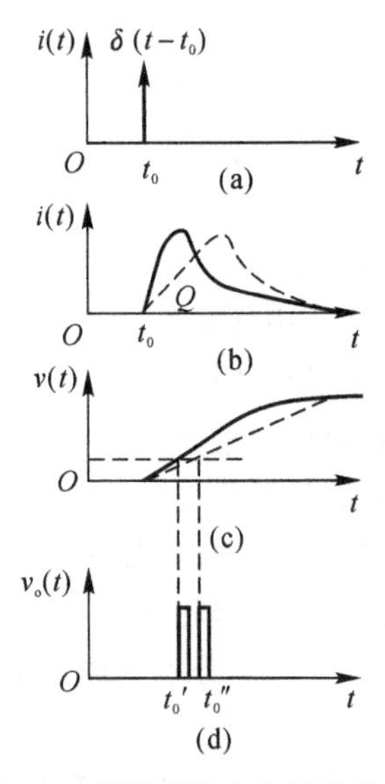


图 9.3 探测器输出信号的定时

(a)$\delta(t-t_0)$信号； (b)探测器输出电流脉冲； (c)探测器输出电压脉冲； (d)定时信号

除了上述由探测器信号涨落产生的定时误差外，电子学的定时电路本身在进行定时时也会产生定时误差。

定时误差通常按产生的原因可分为两类：时间移动和时间晃动。时间移动简称“时移”，也可称为时间游动。时间晃动简称“时晃”，也可称为时间抖动。

时间移动是输入脉冲的幅度和波形(上升时间)的变化引起定时电路输出脉冲定时时刻的移动。时间晃动是系统的噪声和探测器信号的统计涨落引起的定时时刻的涨落。有人把系统误差引起的定时误差称为时移，而把统计误差引起的定时误差称为时晃，以便区别两者。

除了时移和时晃外，在一个较长时间中，定时电路和探测器中元件老化和温度慢变化也会引起定时时刻的变化，这种定时误差通常称为定时电路(或系统)的时间稳定性或时间漂移，它可以通过电子学的方法加以改善。

所谓时间分析是指测量两个相关核事件的时间间隔概率密度分布。例如 $\Delta E$ 探测器的信号 $t_1$ 和 $E$ 探测器的信号 $t_2$ 之间的时间间隔 $\Delta t$。定时信号 $t_1$ 和 $t_2$ 本身就有定时误差，即 $t_1$ 和 $t_2$ 本身是个统计分布，如图 9.4(a) 所示，$t_1$ 分布和 $t_2$ 分布的半高宽各为 $FWHM_1$ 与 $FWHM_2$。显然，对应 $t_1$ 与 $t_2$ 的时间间隔 $\Delta t$ 也是一个统计分布，其半高宽为 FWHM，如图 9.4(b) 所示，时间间隔 $\Delta t$ 是一个统计平均值，与幅度分析系统中的能量分辨类似，常用时间谱峰的半高宽 FWHM 来表示时间分辨的性能。

表征一个时间分析系统的主要特性是时间分辨，它是指系统能分开两个事件的能力，或者说时间分辨是系统能分辨事件的最小时间间隔。目前，用电子学方法测量最小时间间隔约为 $10^{-13}$ s，用激光方法可以达到 $10^{-14}$ s，甚至 $10^{-15}$ s。

电子学测量时间间隔的范围大概为 $10^{-3}\sim10^{-12}$ s 之间，主要范围在 μs～ps 量级之间。通常 μs 量级的定时称为慢定时，ps 量级的定时称为快定时。

目前，电子学部件(系统)的分辨时间已经达到几皮秒，它比核辐射探测器的分辨时间要短得多，例如，一般光电倍增管的 FWHM 为 2～50 ns；正比计数器上升时间为 0.1～1 μs；P-N

结半导体探测器时间涨落为 0.1～1 ns。整个时间分析系统的时间分辨首先受到探测器时间性能的限制。

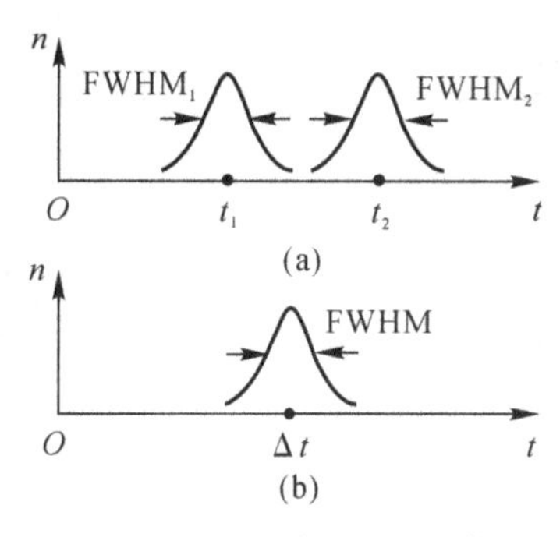


图 9.4　时间谱和时间分辨

(a)定时误差；(b)时间间隔误差

近年来，探测器时间性能在不断改进，例如，快速光电倍增管的时间分辨已达到 500 ps，而微通道板管的 FWHM 已达到 190 ps，半导体探测器时间分辨也取得了进展。

另外，由于核辐射探测器输出信号的幅度变化很大(可达到几个数量级)，上升时间也会变化，还有噪声的影响，这些都会使定时电路的定时误差大大增加。因此，包括探测器在内的时间分析系统的时间分辨主要是由探测器的时间分辨决定的。

## 9.2　定时方法

定时电路是核电子学中检出时间信息的基本单元，故而又称时间检出电路。它接收来自探测器或放大器的随机脉冲，产生一个与输入脉冲时间上有确定关系的输出脉冲，这个输出脉冲称为定时逻辑脉冲，如图 9.5 所示。这种时间上的确定关系愈精确则定时精度愈高。

因为探测器输出的脉冲上升时间变化范围很大(从 $10^{-9}$～$10^{-7}$ s)，输出脉冲幅度变化范围也很大(几十倍到几百倍)，再加上噪声的影响，所以精确定时有一定的困难。目前，有多种定时方法，常用的有前沿定时、过零定时和恒比定时等。

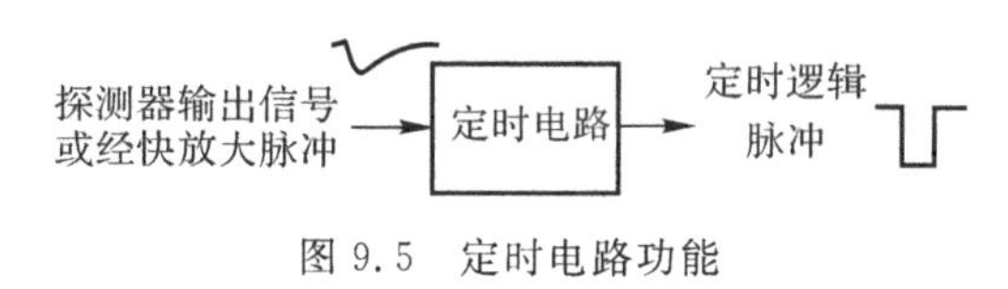


图 9.5　定时电路功能

### 9.2.1　前沿定时

前沿定时是检出定时信号的最简单方法。来自探测器或经过放大器的脉冲直接触发一个阈值固定的触发电路，在脉冲的前沿上升到超过阈值的时刻，产生输出脉冲作为定时信号，如图 9.6 所示。利用一个快速甄别电路就可组成前沿定时电路。

由图 9.7 可见，输入信号 $v_i(t)$ 的产生时刻为 $t=0$，定时电路输出端信号 $v_o(t)$ 的产生时刻为 $t=t_L$，所以定时时刻要迟于输入信号的产生时刻。

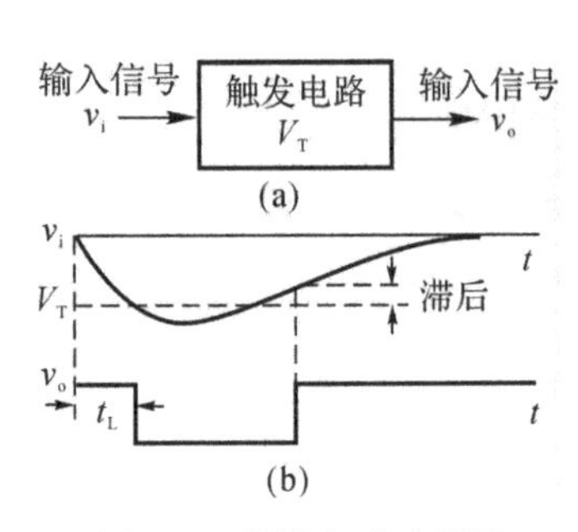


图 9.6 前沿定时示意图

(a)前沿定时； (b)定时波形

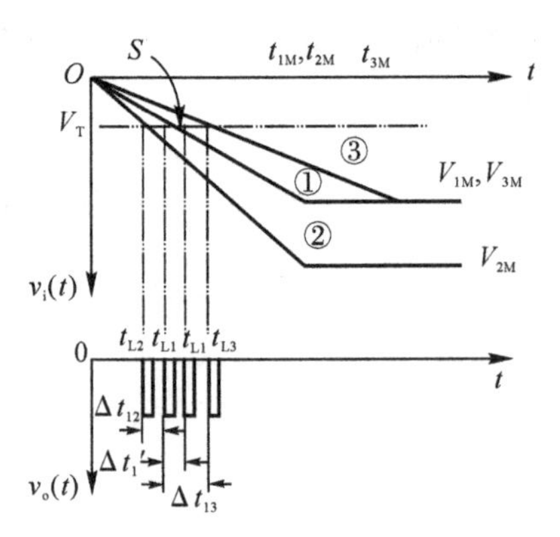


图 9.7 前沿定时误差

一个触发电路用作定时电路将会存在时间延迟。从图 9.7 可见，触发电路的阈电平 $V_T$ 愈小，则延迟时间愈小。但是，$V_T$ 的减小受到噪声电平的限制，因为 $V_T$ 不能小于噪声电平，否则噪声将触发定时电路。另外，$V_T$ 的减小还受到触发器（甄别器）的滞后值的限制。定时信号的延迟还依赖于输入信号 $v_i(t)$ 前沿的上升速率。上升速率愈大，则延迟时间愈小。

图 9.8 是一个定时单道脉冲幅度分析器中的前沿定时甄别器。由集成电压比较器组成交流耦合施密特甄别电路，作为定时电路。因为所采用的集成电压比较器速度不高，所以是一个慢定时电路。

当输入信号的幅度从 1.0 V 变化到 10 V 时，输出信号 $v_o(t)$ 的时移小于输入信号上升时间的 20%。例如，若输入信号上升时间为 1 μs，则时移小于 0.2 μs，触发延迟时间为 0.3～4.0 μs。

图 9.9 给出了一个快前沿定时甄别器的实例。电路采用快速比较器（ECL 组件）J10116。J10116 有三个快速差分放大级，加上正反馈组成甄别器。输入信号 $v_i$ 经射极输出器加在 J10116 的一个输入端，另一个输入端加甄别阈电平。当 $v_i$ 的幅度超过甄别阈时，电路翻转，输出 $v_o$ 信号。输入信号幅度从 0.1 V 变到 5 V 时，输入信号上升时间为 2 ns，输出信号时间移动小于 0.5 ns。

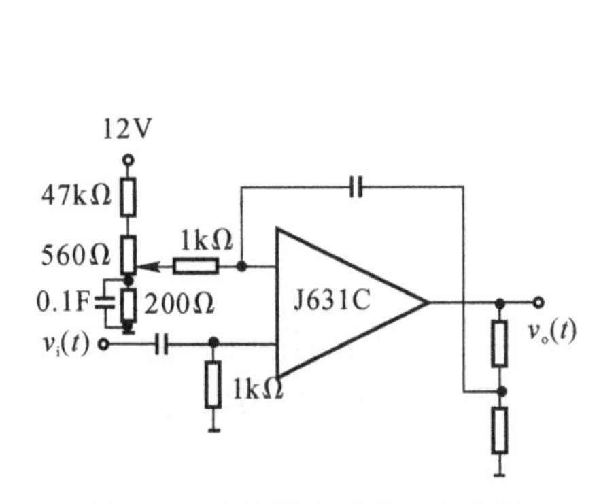


图 9.8 慢前沿定时甄别器实例

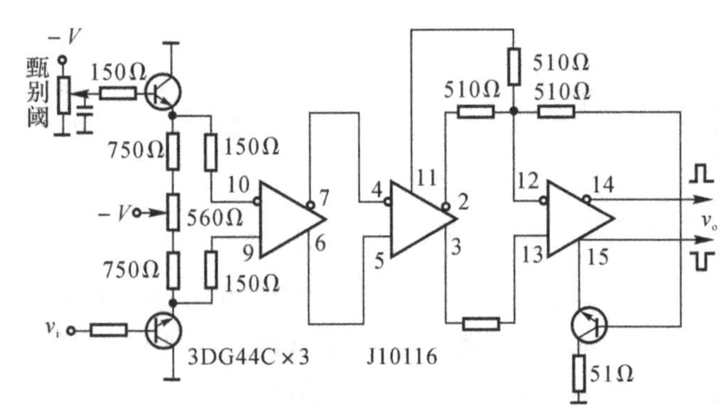


图 9.9 快前沿定时甄别器实例

前沿定时的优点是，电路简单，工艺上易于作成混合集成电路或单片集成电路，故适用于需要数量很多的试验系统中(如漂移室测量粒子径迹系统)。它的缺点是时间移动大。当输入脉冲的动态范围很大时,它会产生很大的定时误差,为此,必须采用幅度选择技术把信号幅度变化限制在很小范围之内,或用计算机系统同时记录输入信号的幅度,然后采用数据处理的方法对每个输入信号产生的时间移动进行校正。

### 9.2.2　过零定时

为了克服前沿定时在输入信号幅度变化时引起时间移动太大的缺点,发展了过零定时方法。

从前沿定时电路的原理分析可知,定时触发器输出的定时脉冲总是处于输入信号的上升沿。当脉冲信号的幅度变化时,甄别器就不可能在同一时刻被触发。假设输入信号为

$$v_i(t) = Af(t)$$

式中：$A$—— 信号的幅度；

$f(t)$—— 信号的形状函数。

为讨论问题方便,以线性变化信号为例,即 $f(t)$ 表示为 $(1/t_M)t$。一般情况下,过阈时间 $t_T$ 由下式决定：

$$Af(t_T) - V_T = 0 \tag{9.1}$$

式中：$V_T$—— 触发阈。

显然,对不同幅度 $A$,若要求 $t_T$ 为常数,则只有两种可能：其一,若 $V_T \neq 0$,则要求 $f(t)$ 为阶跃函数,即上升时间为零；其二,若 $f(t)$ 为任意函数,则要求阈电平 $V_T=0$。从波形分析也能直观地看到,在输入信号上升时间为零时,则 $t_T=0$,与幅度无关。但是,实际信号的上升时间不可能为零。

当 $f(t)$ 为任意函数时,只有 $V_T=0$ 才能使定时与输入信号波形无关。因此可以用输入信号的过零时间作为定时点 —— 这是过零定时这一名称的来源。用于过零定时的甄别器称为过零甄别器。

实际上,在 $t=0$ 时输入信号还不存在,所以无法作为定时点。在输入信号的起始部分(即 $t$ 稍大于零时),由于它的上升斜率通常是很小的,而且噪声容易触发,定时误差很大,也不适合作定时点。因此,为了实现过零定时,需要将信号成形为具有另外一个过零点的波形,并且要求过零斜率尽量大,以减小时间晃动。

获得新的过零点的方法一般是把单极信号成形为双极信号。对于上升时间相同、只是幅度不同的输入信号,其达峰时间相同,可以用微分方法,使达峰时刻变成过零点。对于上升时间不同、幅度也不相同的输入信号,则常用短路延迟线成形方法产生双极过零信号。设单极信号为 $v_i(t)=A\,f(t)$。由 $v'_i(t)=A\,f'(t)=0$ 可求得过零点 $t_z$：$f'(t_z)=0$。

图 9.10 给出两种获得新过零点的常用成形方法。图 9.10(a) 是双微分准高斯 $(CR)^2-(RC)^m$ 成形波形,图 9.10(b) 是双延迟线 $(DL)^2$ 成形波形。

过零定时电路由过零成形(双极成形)和过零甄别器两部分组成,其电路结构框图如图 9.11(a) 所示。输入信号 $v_i(t)$ 先成形为有过零点的双极信号 $v_1(t)$,然后过零甄别器在过零点触发,输出定时信号 $v_o(t)$。

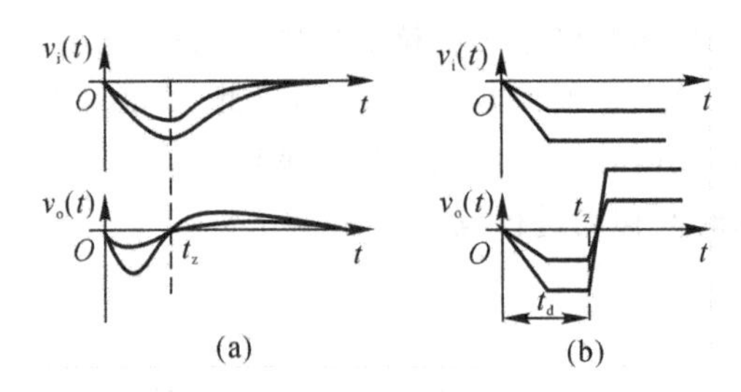


图 9.10　过零成形方法

(a)$(CR)^2-(RC)^m$成形；　(b)$(DL)^2$成形

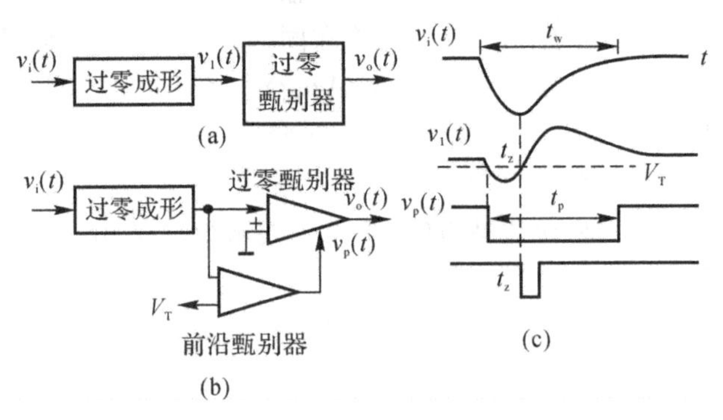


图 9.11　过零定时与预置技术

(a)过零定时电路结构；　(b)过零定时中的预置技术；　(c)工作波形

原则上说，可以用普通甄别器构成过零甄别器，例如，用电压比较器构成的甄别器，其触发电平 $V_T$ 置于零电平。但是，$V_T=0$ 的过零甄别器将被噪声乱触发。

为了解决噪声触发问题，通常采用“预置技术”。图 9.11(b)(c) 是采用预置技术的过零甄别器结构图和工作波形图。用一个前沿甄别器作为过零甄别器的预置甄别器。前沿甄别器的甄别阈 $V_T$ 调节到稍大于噪声，它的输出信号 $v_p(t)$ 用来控制过零甄别器。只有前沿甄别器触发时，表明已有信号输入，而不是噪声，产生输出信号 $v_p(t)$ 去打开过零甄别器，输出过零定时信号。不能使前沿甄别器触发的噪声，显然不能使过零甄别器产生输出信号。

控制信号 $v_p(t)$ 的宽度 $t_p$ 要大于 $v_1(t)$ 的过零点 $t_z$，以保证过零定时脉冲输出。$t_p$ 还应小于 $v_i(t)$ 的宽度 $t_W$，否则在 $v_i(t)$ 结束后，而 $v_p(t)$ 仍打开过零甄别器，仍然可能引起噪声乱触发。因此，选取 $t_p$ 满足下式：

$$t_z < t_p < t_W \tag{9.2}$$

实际过零定时电路常采用图 9.12 中的方框结构。输入信号 $v_i(t)$ 成形为双极信号 $v_1(t)$，得到过零点为 $t_2$。预置甄别阈 $V_T$ 大于噪声。有信号 $v_1(t)$ 时，预置甄别器输出 $v_2(t)$ 到与门的一个输入端，而过零甄别器输出 $v_3(t)$ 到与门的另一端，最后与门输出定时信号 $v_o(t)$。在无信号输入时，即使有噪声触发产生 $v_3(t)$ 输出，但由于预置甄别器无输出，则封锁与门，也禁止 $v_3(t)$ 输出，因此避免了噪声触发。

过零定时的优点在于能消除输入信号幅度变化的时间移动，所以输入信号幅度范围很宽，电路调节简单。但过零定时不能消除输入信号上升时间变化产生的时移，而且触发比 $f$ 不易调节。另外，在过零点的输入信号前沿斜率不是最大的，例如$(CR)^2-(RC)^m$ 成形是在信号幅度峰值处得到过零点，所以斜率噪声比不是最佳的。

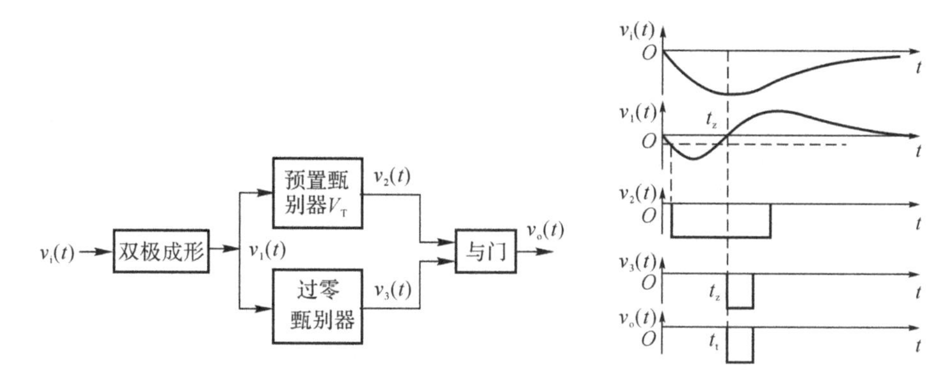


图 9.12　实际过零定时电路结构和波形

由于恒比定时方法的迅速发展，过零定时已较少单独使用，但是，从原理上讲，过零定时是恒比定时的基础。

### 9.2.3　恒比定时

1. 恒比定时原理

恒比定时是为了解决过零定时的触发比不能调节为最佳值而发展起来的。由式(9.2)可知，过零定时取 $V_T=0$，现在假设阈电平 $V_T$ 不是固定不变的，而是与输入信号的幅度成正比，即

$$V_T=PA$$

式中：$P$—— 常数；

　$A$—— 输入信号幅度。

则式(9.2)可改为

$$Af(t_T)-PA=0 \tag{9.3}$$

由此可见，定时点 $t_T$ 与幅度 $A$ 无关，可以求得触发比 $f$ 为

$$f=\frac{V_T}{A}=P \tag{9.4}$$

由式(9.4)可知，触发比 $f$ 恒定不变。调节 $P$，可以很方便地调节触发比为最佳值。

恒比定时在输入脉冲幅度的恒定比例点上产生过零脉冲。它既使用了过零定时技术，又能调节触发比为最佳，减小时间晃动。因此它综合了前沿定时和过零定时的优点，大大提高了定时精度，是目前应用最广的一种定时方法。

实现恒比定时有两种结构形式，如图 9.13(a)(b) 所示。由图 9.13 可见，两种恒比定时结构都是先使输入信号 $v_i$ 恒比成形，成为 $v_1$ 双极信号。恒比成形信号 $v_1$ 的过零点皆为 $t_z$。在图 9.13(a) 中，$v_1$ 输到前沿触发器，输出定时信号 $v_o$，定时点为 $t_L$，显然 $t_L\neq t_z$。在图 9.13(b) 中，$v_1$ 输到过零触发器，输出定时信号 $v_o$，定时点为 $t_z$，显然 $v_o$ 的定时点等于 $v_1$ 的过零点。实际应用中以图 9.13(b) 的结构为多。

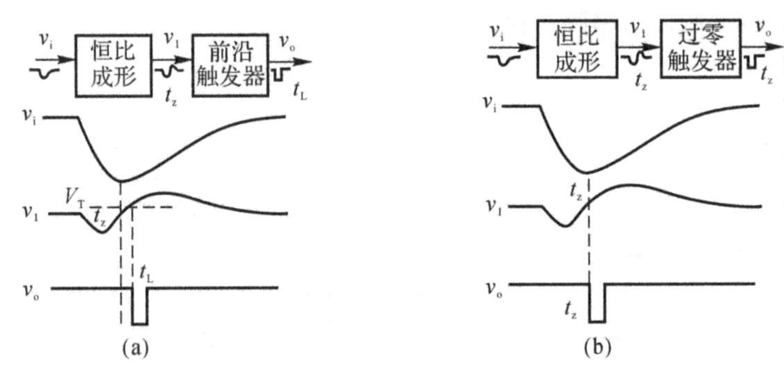


图 9.13　恒比定时结构形式

(a)恒比定时-前沿定时；(b)恒比定时-过零定时

恒比定时电路的工作原理如图 9.14 所示。实现恒比定时的关键是如何得到 $V_T=PA$。在图 9.14(a) 中，输入信号 $v_i(t)$ 分三路同时送到延迟端、衰减端和预置甄别器端。在延迟端，$v_i(t)$ 经延迟线延迟 $t_d$ 时间成为 $v_1(t)$。在衰减端，$v_i(t)$ 经衰减器衰减 $P$ 成为 $v_2(t)$。$v_1(t)$ 和 $v_2(t)$ 分别加在过零甄别器的正、负两个输入端，在过零甄别中产生双极恒比信号 $v_{12}(t)$，恒比过零点为 $t_c$。图 9.14(b) 为工作波形图。当输入信号 $v_i(t)$ 的幅度 $A$ 变化时，相应的 $v_1(t)$ 信号幅度和 $v_2(t)$ 信号幅度都跟着变化，但是过零点 $t_c$ 保持不变。

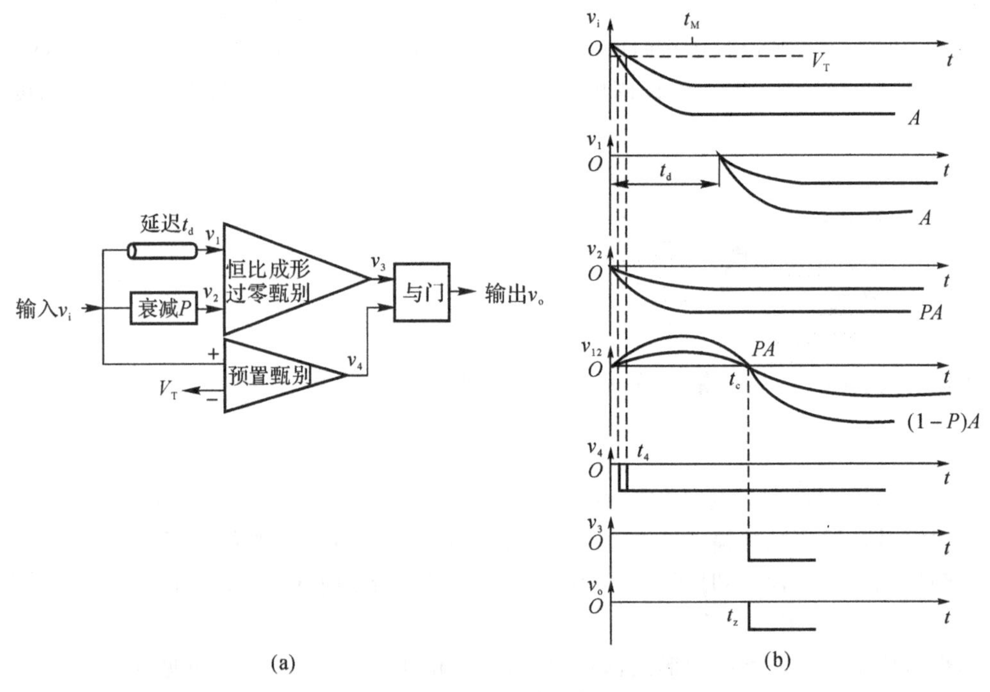


图 9.14　恒比定时工作原理

(a)恒比定时结构框图；(b)工作波形

设输入信号为 $v_i(t)=A\,f(t)$，则

$$v_1(t)=Af(t-t_d)$$

$$v_2(t)=PAf(t)$$

$$v_{12}(t)=Af(t-t_d)-PAf(t)$$

在过零点 $t_c$ 处，$v_{12}(t_c)=0$，则

$$Af(t_c-t_d)-PAf(t_c)$$

假设输入信号有直线增长的前沿，即 $f(t)$ 为 $t/t_M(t<t_M)$，达峰时间为 $t_M$，并具有一定的平顶部分。选择延迟时间满足：

$$t_d>(1-P)t_M$$

可见此时 $v_2(t)$ 已上升到 $PA$，即 $PAf(t_c)=PA$，过零甄别器在 $Af(t_c-t_d)$ 上升到等于 $PA$ 时触发，即

$$Af(t_c-t_d)=PA$$

对于上述有直线增长前沿的信号，可求得恒比过零点 $t_c$ 为

$$t_c=t_d+Pt_M \tag{9.5}$$

从图 9.14(b) 可以看到，当输入信号幅度变化时，恒比定时点不变，触发比 $f=P$ 为恒定值。

$P$ 是衰减系数，所以只要调节衰减系数，就可以方便地调节触发比。但是，在输入信号上升时间变化时，恒比定时点同样要变化，所以不能消除上升时间变化引起的时移。

图 9.14(a) 中的预置甄别器用以解决噪声触发过零甄别器的问题。从图 9.14(b) 中可以看到，过零甄别器是由信号 $v_{12}(t)$ 过零触发的。$v_{12}(t)$ 过零点的斜率就是输入信号在这点的斜率。由于衰减系数 $P$ 可以调节，所以过零点可以选择。

恒比成形后输入信号的噪声有所增加。设输入信号噪声为白噪声，若系统的频带相同，则 $v_{12}(t)$ 的噪声是 $v_1(t)$ 和 $v_2(t)$ 噪声之和。$v_1(t)$ 为 $v_i(t)$ 延迟信号，噪声不变。$v_2(t)$ 为 $v_i(t)$ 衰减 $P$，则噪声同样衰减 $P$。因此 $v_{12}(t)$ 噪声是输入信号 $v_i(t)$ 噪声的 $\sqrt{1+P^2}$ 倍，比前沿触发时有所增加。但是，在 $P$ 较小时，例如 $P<0.3$，则两者近似相等。

恒比成形信号 $v_{12}(t)$ 的斜率就是输入信号 $v_i(t)$ 的斜率，所以恒比定时的斜率噪声比 $\eta_{TC}$ 小于或近似等于前沿定时的斜率噪声比 $\eta_{T_1}$，两者关系为

$$\eta_{T_C}=\frac{1}{\sqrt{1+P^2}}\eta_{T_1} \tag{9.6}$$

在恒比定时中，用 $PA$ 代替固定的甄别阈 $V_T$，但 $PA$ 是有统计涨落的，所以在信号波形(幅度)涨落引起的时间晃动较显著时，恒比定时要比前沿定时大。例如，在闪烁探测器输出小幅度信号时的恒比定时误差可能比前沿定时还大。

2. 恒比定时甄别器实例

图 9.15 给出一个恒比定时甄别器的实例。它同时具有恒比定时和前沿定时的功能。设有前沿定时和恒比定时选择开关，以供选用。电路上部是低阈甄别器，它是个前沿甄别器，采用图 9.9 中的快前沿甄别器电路形式。电路下部是恒比甄别部分，它的过零甄别器也采用图 9.9 中的类似形式。恒比定时电路的工作波形类似于图 9.14(b)。当无选通信号输入时用内选通，“低监”用于监测低阈甄别器的输出，“零监”用于监测过零甄别器的工作是否正常。

上述电路的主要性能指标如下：

输入信号幅度为 −100 mV～−5 V；上升时间约为 2 ns，时移小于 500 ps；触发比 $f$ 可固定 0.3 或可调节(0，0.1，0.2，0.3，0.4，0.5)；低阈从 0.1～5 V 可调，非线性≤2%；定时温度漂移小于 20 ps/℃(0～40℃)；有两组输出信号：−800 mV，$t_r$ 为 3 ns，宽度为 60 ns 或 500 ns；

TTL 电平大于 2 V，$t_r \leqslant 30$ ns，输出阻抗为 50 Ω。

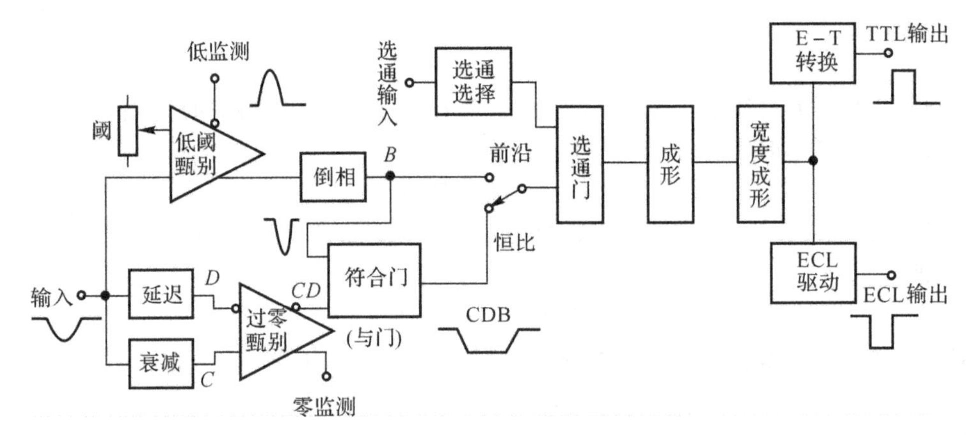


图 9.15　恒比定时甄别器实例

### 9.2.4　定时方法比较

前面讨论了前沿定时、过零定时、恒比定时。这三种定时方法各有优缺点，实际工作中可按不同要求选用。各种定时方法的工作特点和性能总结见表 9.1。

对于探测器输出信号幅度变化范围小和信号形状不变化的情况，前沿定时的时间分辨率最好。对于信号幅度变化范围大和信号形状不变化的情况，恒比定时更有效并且在一般情况下代替过零定时，但此时若用前沿定时则时移很大。对于信号上升时间（信号形状）也变化的情况，要用幅度和上升时间补偿定时。因此，任何定时方法的选用都和探测器输出信号的特性、探测器电荷收集特性有关。

**表 9.1　定时方法的比较**

| 定时方法 | 前沿定时 | 过零定时 | 恒比定时 |
| --- | --- | --- | --- |
| 工作方式 | 前沿触发<br>$Af(t)=V_T$ | 过零触发<br>$V_T=0$ | $f=P, V_T=PA$<br>$t_d>(1-P)t_M$ |
| 时间移动 | $V_T\left(\frac{t_{M\max}}{v_{i\min}}-\frac{t_{M\min}}{v_{i\max}}\right)$ | 消除幅度变化时移，不能消除上升时间变化时移 | 同过零定时 |
| 斜率噪声比 | $\eta_{T1}=\frac{v'_i(t_T)}{v_n}$ | $\frac{1}{\sqrt{2}}\eta_{T1}$ | $\frac{1}{\sqrt{1+P^2}}\eta_{T1}$ |
| 触发比 $f$ | 易调 | 一定 | 可调 |
| 预置甄别器 | 不要 | 要 | 要 |
| 特点 | 使用最早，使用普遍，电路简单，$f$ 易调，单能粒子时移小，宽能时移大 | 幅度变化范围大，$f$ 不能调节 | 幅度变化范围大，$f$ 可调，小幅度涨落大 |

形成闪烁探测器和半导体探测器输出信号的时间特性是一个复杂的过程。由于探测粒子的种类及试验的内容各不相同，所以在选择定时电路时要按具体要求综合考虑。

有人通过试验比较了各种定时电路对 Ge(Li)探测器输出信号的性能影响，得到以下结果：对单能粒子，前沿定时的定时误差最小，但对宽能量范围粒子，前沿定时的时移最大；而过零定时对宽能量范围粒子定时误差较小，但对单能粒子不如前沿定时。

对各种探测器输出信号的定时性能进行比较研究，结果发现，闪烁探测器输出信号的时间晃动小，而且时间分辨 FWHM 正比于触发比 $f$。研究发现，各种探测器都有一个最小触发比 $f$。有机闪烁体的 $f$ 为 10%。NaI(Tl)探测器的 $f$ 为小于 1%；但是当 NaI(Tl)探测器冷却到 80 K 时为 8%，这样可以改善前沿定时的性能约 35%。若用恒比定时(取 $f$ 为 20%)，其时间分辨 FWHM 比前沿定时减小 30%。双延迟线成形最好的触发比 $f$ 为小于 15%。面垒半导体探测器的收集时间为 1 ns 数量级，定时性能类似于快闪烁体。锂漂移半导体探测器收集时间为 100 ns 数量级，触发比 $f$ 小，定时性能好。例如，Ge(Li)探测器，$^{137}Cs$ 的 $\gamma$ 射线，当 $f$ 取 50%时，时间分辨 FWHM 为 30 ns，若取 $f$ 为 5%，则时间分辨 FWHM 为 5 ns。对于具有慢起始上升的信号，即在信号开始部分具有缓慢上升的"脚趾"形的信号，可以用慢上升拒绝电路。在前沿定时、过零定时中都可以采用慢上升拒绝电路，从而提高定时精度。

## 9.3　快放大器和定时滤波放大器

在小分辨时间、高计数率、快定时及时间甄别等系统中，快放大器往往是不可缺少的。

如前所述，由于探测器形成的电流时间远比电荷在输出回路积分电容上形成的电压时间要小得多，即形成的电流脉冲宽度很窄，因而可以克服高计数率而引起的信号堆积现象，所以电流放大器一定是快放大器。

对于电压放大器，一般来说，它的输入阻抗 $R_i$ 很大，由于分布电容的影响，探测器输出信号到达电压放大器输入端时，脉冲信号变得很慢，放大器响应速度再快也无现实意义了。当用特性阻抗为 50 Ω 的电缆与电压放大器相连时，为使信号不失真，都用 50 Ω 电阻并联电压放大器的输入端来实现与 50 Ω 电缆相匹配，从而提高电压放大器的速度，使之也能成为快放大信号的放大电路。可见采取一定措施后的电压放大器也可以成为快放大器。

快放大器的主要特点是前沿和后沿要比谱仪放大器快得多，一般为几纳秒。它的主要指标是上升和下降时间、放大倍数及其稳定性、线性、过载特性、输入及输出的最大幅度、噪声。定义与谱仪放大器中一样。

与谱仪放大器一样，快放大器的放大节之间也可以插入微分、积分滤波成形网络，以调节频带范围，得到不同输出脉冲前后沿及宽度，这类放大器就称为定时滤波放大器。

### 9.3.1　快放大器的放大节电路

快放大器通常由几级放大节组成，为了获得很宽的频带，在电路中所选用晶体管应有足够高的截止频率，采用电压反馈或电流反馈，还需要加入各种高频补偿。下面介绍几种常用的快放大节基本电路。

(1)电路一如图 9.16 所示，该电路是由两个晶体管组成的快电流放大节电路。它是以共基极电路作为输入极的电流并联负反馈快电流放大节电路。由于采用了电流并联负反馈，所以电路的输入阻抗很小，输出阻抗很大。

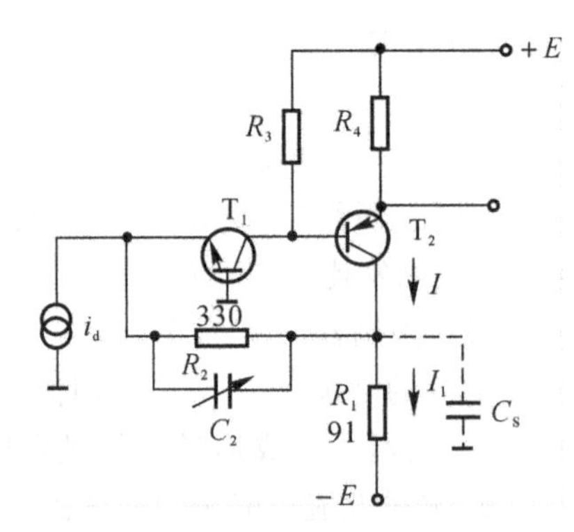


图 9.16 两个晶体管组成的快电流放大节

电流放大倍数 $A_I=1/F$，反馈系数 $F=I_2/I$，$I$ 为输出电流，$I_2$ 为反馈电流，而且 $I_1+I_2=I$，则

$$F=\frac{I_2}{I_1+I_2}=\frac{\frac{\Delta E}{330\ \Omega}}{\frac{\Delta E}{91\ \Omega}+\frac{\Delta E}{330\ \Omega}}=\frac{91}{330+91}$$

$$A_I=\frac{1}{F}=\frac{(330+91)\ \Omega}{91\ \Omega}=4.6$$

由于 $T_2$ 的集电极电容和对地的分布电容存在，反馈系数就可能随着频率的变化而变化。在 $R_2$ 上并联一个小的半可变电容器 $C_2$，调整这个电容器的容量使波形失真最小，上升时间最快为止。这相当于一个脉冲分流器。放大节的上升时间约为 1.25 ns。如果对图 9.16 电路再加一级共基极电路 $T_3$，则如图 9.17 所示。

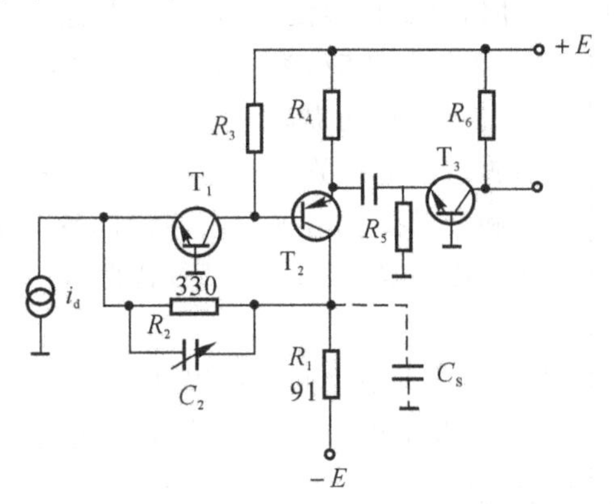


图 9.17 三个晶体管组成的快电流放大节

图中 $T_3$ 这一级起了放大节和放大节之间的隔离作用，以免相互影响。由于 $T_1$ 输出直接作用在 $T_2$ 的输入阻抗上，而 $T_2$ 输出又直接作用在 $T_3$ 的输入阻抗上，$T_3$ 为共基极输入，其输入阻抗极小。这样电阻 $R_3$，$R_4$，$R_5$，$R_6$ 的阻值，都比相应的那些输入阻抗要大得多，因此信号电流几乎不流过那些电阻。电路所起的作用为一个近似纯电流放大器，而 $T_1$ 集电极和 $T_2$ 的发射极的电位几乎不变，这样避免了对分布电容的放电和充电，从而提高了电路的放大速度，用这样的放大节五级构成的快放大器，可以做到电流放大倍数近似为 1 600 倍，上升时间近似为

3 ns，非线性 1.2%，输入为正常值的 64 倍时，过载恢复时间为 300 ns，最大输出幅度近似为 3 V(50 Ω 负载)，等效噪声为 1.5 μA。

(2)电路二如图 9.18 所示，为共射共基极电路构成的快电压放大器的放大节。$T_1$为射极输出器，其电压放大倍数 $A_V=1$，频带接近于晶体管的截止频率，只要晶体管本身的截止频率很高，频带可以很宽。它主要用于前后级隔离。$T_2$，$T_3$构成共射共基极电路。共基极电路的频带也接近于晶体管的截止频率。$T_2$组成共射级电路，它的频带决定于它的负载阻抗，负载阻抗愈小，它的频带也就愈宽。现在用 $T_3$的射级作为它的输出，这样 $T_2$的负载阻抗就相当小，它的放大倍数也就很小，减小了 $T_2$的密勒效应，从而 $T_2$组成的共射极电路的频带宽也就近似于 $T_2$本身的截止频率。由此可见共射共基级构成的放大节其频带是非常宽的，它的高频性能很好，电路的上升时间很快。电路结构是用了电流串联负反馈形式。

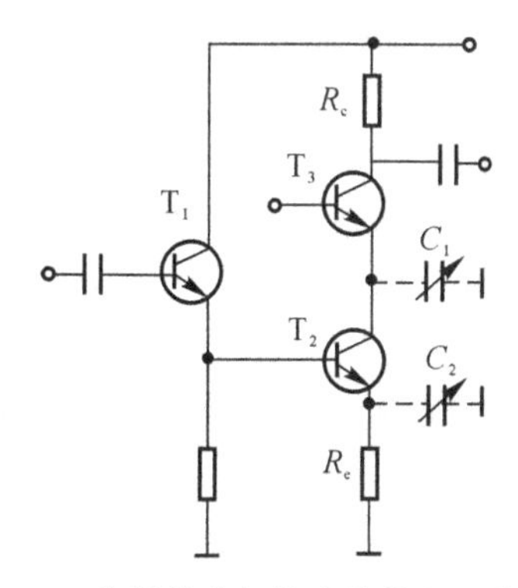


图 9.18　共射共基极构成的快电压放大节

电压放大倍数 $A_V\approx\frac{R_c}{R_e}$作为一个快电压放大节，它的频带宽度，除了电路本身的频率特性外，还要取决于输出回路的特性。因此减少 $T_3$集电极负载电阻及分布电容和下一级的输入电容，可以提高电路的频带宽度。另外可以用高频补偿网络的调整来改善快放大节的频带宽。

(3)电路三如图 9.19 所示，为另一种类型的快电压放大节电路的原理图。

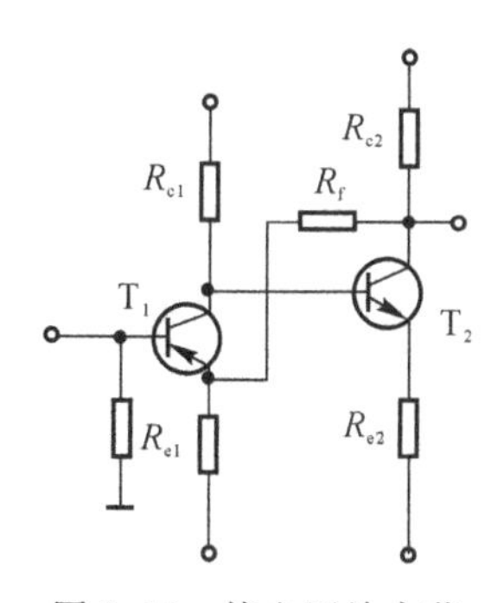


图 9.19　快电压放大节

由 $T_1$，$T_2$组成电压串联负反馈的放大节，而 $T_1$，$T_2$本身分别通过 $R_{c1}$，$R_{c2}$电阻给出负反馈。这样电路本身的稳定性较高。闭环放大倍数 $A_v=(R_f+R_{e1})/R_{e1}$。

它的电路形状和谱仪放大器中同类型的放大节差不多，但用在快电压放大器中就要采用一些措施。例如，减少输入回路的时间常数，在输入端加 50 Ω 的匹配电阻，同时减少输入端的分布电容。在电路内部要加高频补偿网络，增加电路的开环放大倍数，在输出端要尽量减小输出阻抗，为与电缆匹配，一般取输出阻抗为 50 Ω，同时尽量减少输出端的分布电容。

通过以上几个快电流放大节电路及快电压放大节电路的简单介绍，可以对快放大节电路的一些特点做一个小结，具体如下：

(1)对于快电流放大节，由于是电流放大，各点电位的变化较少，故分布电容影响就小，而放大速度可以达到很快。但由于引起的电感及分布电感又容易使电路产生振荡，常常要加复杂补偿电路来避免振荡。它的信号匹配是串联方式。

(2)对于快电压放大节，放大速度快慢与分布电容有很大的关系，因为分布电容起了对信号的积分作用，减少快电压放大器的分布电容就变得十分重要。为扩展频带也可以加上高频补偿电路。从放大速度讲比快电流放大节要慢一些，但从稳定性来讲，却要好一些。它的信号匹配是并联方式。

总的来讲，两种形式放大节都要用很深的负反馈以取得很宽的频带，加上补偿网络可以避免震荡及扩展频宽。当然，高质量的晶体管是保证优良快放大器性能的首要条件，通常都挑选电流增益-带宽乘积大，结电容小，噪声系数小的晶体管。在快放大器中，其工艺结构与一般电路相比有其特殊性，如布线原则是使分布电容最小，这样尽可能走短线甚至不走线；正确的高频接地；等等。

在实际电路中，快放大器和通用的谱仪放大器并无原则差别，只是它在指标上(如上升时间、计数率容量方面)比谱仪放大器要高一个量级，在线性、噪声、稳定性等方面性能要比谱仪放大器差一些。但在实际应用中，这两种放大器的差别就很大，由于快放大器的上升时间特别快，在测量其性能指标及具体应用中各处都要注意匹配和接地的问题，在测量系统中不能出现信号的反射现象，否则系统就无法正常工作；所用测量仪器指标都要适应快放大的特点。通常为测量谱仪放大器性能的仪器，在这里就不再适用了。特别要注意的是，一旦快放大器出了故障，在维护时尽可能不要更动快放大器的原有工艺结构，以防止分布参数的变化。

### 9.3.2 定时滤波放大器

具有定时滤波电路的快放大器称为定时滤波放大器，或定时放大器。定时放大器要求具有快速性能，所以也称为快定时放大器，或快定时滤波放大器。

定时滤波放大器不同于前面的谱仪放大器，它大多用于时间分析系统定时道中及高计数率系统中。它的主要特点是快速，上升时间一般要小于几纳秒，通常都采用直接耦合，并要求噪声尽可能小。输出极性通常为负，因为快速定时电路一般要求 ECL 标准负输入信号。定时滤波器的积分时间常数应不影响探测器输出信号的上升时间，微分时间常数要使信号尽量快回到基线而且不要对脉冲幅度影响太大。

定时滤波放大器的放大倍数为几百倍可变。成形滤波器通常为准高斯成形(单极形和双极形)。滤波器成形时间常数比谱仪放大器中的成形时间常数要小得多，一般为几纳秒到几百纳秒可变，也可以用双延迟线$(DL)^2$ 成形。

定时滤波放大器的结构如图 9.20 所示。通常采用$(CR)^2-(RC)^m$ 和$(DL)^2$ 滤波成形电路成形。

图 9.21 给出一个用于定时测量用的实际定时滤波放大器框图。它和恒比定时甄别器连接在一起，适用于半导体探测器输出信号的定时测量。

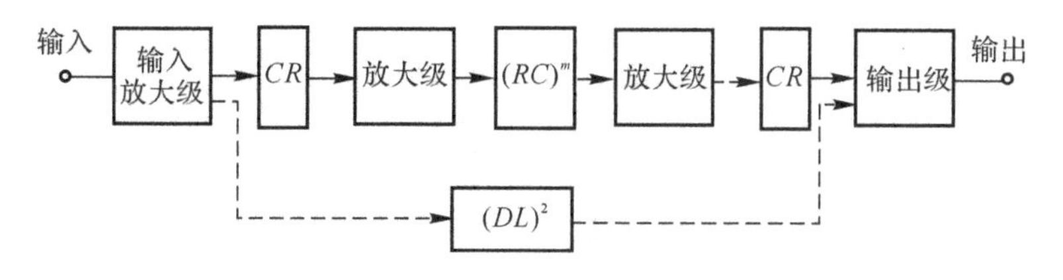


图 9.20　定时滤波放大器结构

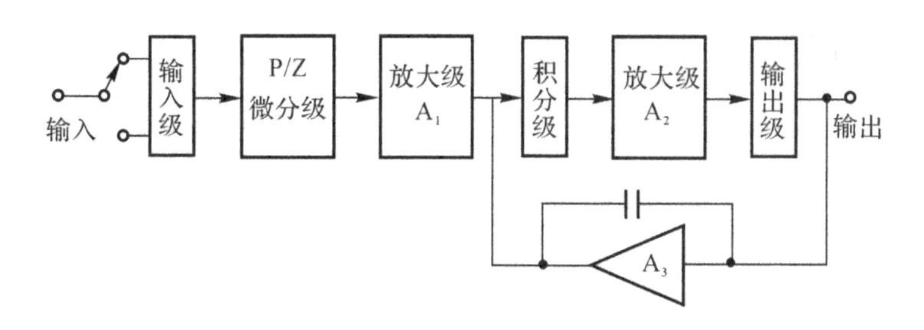


图 9.21　实际定时滤波放大器框图

这个定时滤波放大器由输入级、极零相消级 P/Z 和微分级、放大级 $A_1$、积分级、放大级 $A_2$、输出级、直流反馈级等组成。输入级是一个差分级以便不同极性信号输入。微分级是 $CR$ 微分并有极零(P/Z)可调。放大级 $A_1$ 和放大级 $A_2$ 由混合集成块构成，放大倍数可调。积分级由 $CR$ 积分组成。输出级是具有双极输出和很大负载能力的放大器，放大倍数为 5。直流反馈由 $A_3$ 组成，$A_3$ 连成积分器，时间常数为 150 $\mu$s(相当 2 kHz)。

图 9.22 是某个实际定时滤波放大器中的一个放大节电路。这个定时滤波放大器的主要特点是快速，所以实际上是一个快放大器。它的上升时间和下降时间都为 1.2 ns。每节的放大系数为 4.5，可连接四节，达到总放大倍数 410，它可用在恒比定时甄别器、线性门、快电流积分器等前面。由于它的直流耦合和快速回零，所以过载恢复时间、基线漂移等都很小。

在实际应用中，快放大器的基线漂移是一个很重要的问题。在图 9.22 所示的快电压放大节电路中，由于应用了快、慢放大器组合方案，就能大大提高快放大器基线漂移指标，而不影响快放大器的其他指标。

快放大部分由 $T_1$，$T_2$，$T_3$ 等元件组成，在输出端用 50 Ω 电阻作为阻抗匹配之用。$D_1$，$D_2$ 串联，$D_3$，$D_4$ 并联二极管限幅电路限制过载信号输入，提高快放大节的抗过载特性。由集成放大器 A 和电容 $C$ 等组成的慢放大器，通过负反馈的方式稳定输出端基线电平，它对快信号不起作用。输出端基线电平可以通过调整预算放大器的输出电平来控制。它的增益为 4.5 倍，上升时间为 3.8 ns，输出端的温度漂移 < 10 $\mu$V/℃。图 9.23 是其方框原理图。

这个放大节的工作原理简述如下：输入信号的低频分量经直流耦合到 $A_1$ 放大，高频分量经交流耦合到 $A_2$ 放大。放大以后的低频分量和高频分量在 $A_3$ 中相加后再输出。这是一种快-慢反馈环结构。这种结构不仅有快速放大的优点，而且有过载恢复时间短和基线偏移小等优点。电位器 $R_V$ 可以调节输入直流电平为零伏，由二极管提供限幅过载保护，低频放大由反馈回路($R_1-R_2$)决定，高频放大由反馈回路($R_3-R_4$)决定，可调电容 $C$ 调节高频响应特性。

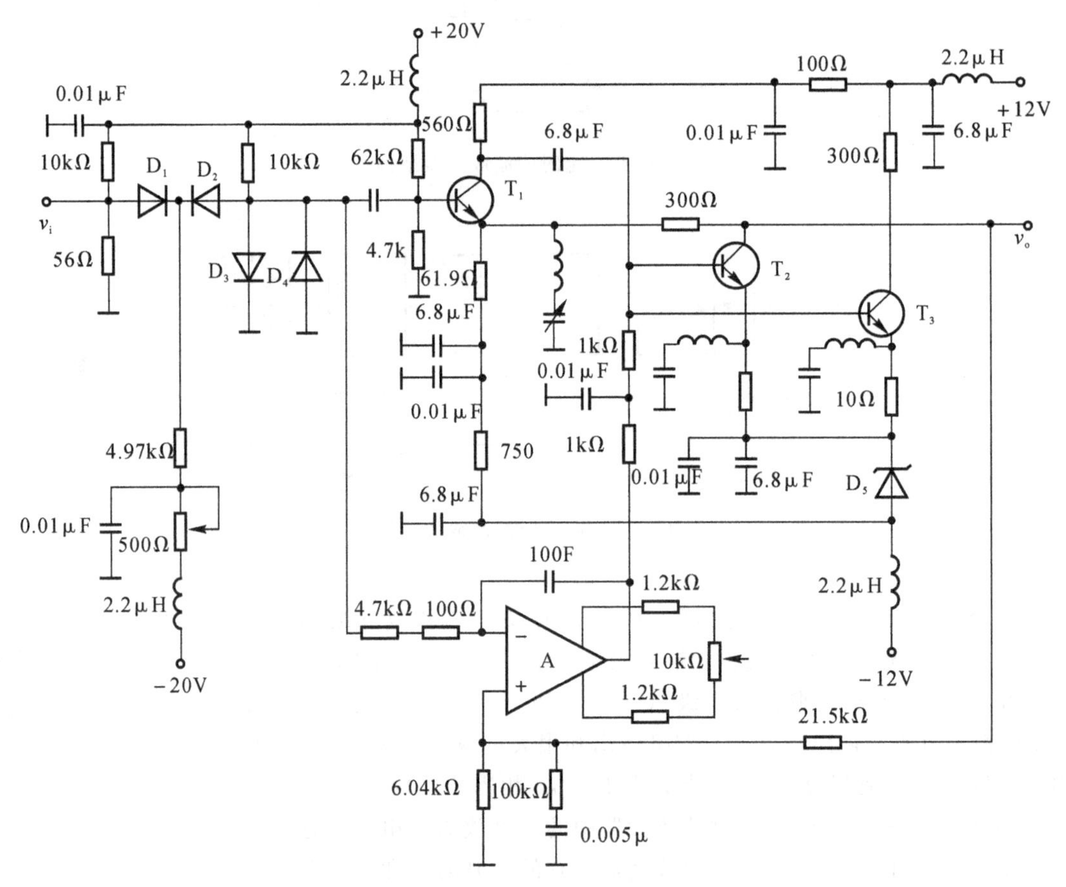


图 9.22 一个实际定时滤波放大器中的放大节电路

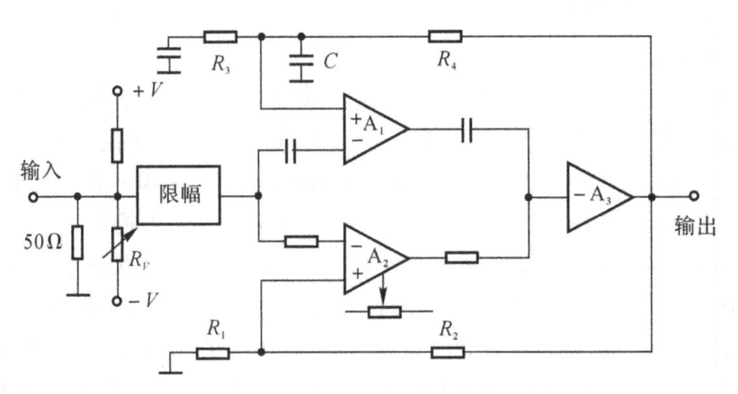


图 9.23 定时放大器中的放大节原理方框图

# 9.4 符　　合

## 9.4.1 符合方法

符合方法在核物理试验中有广泛的应用。在物理上，符合是指两个物理事件在时间上相互重合。图 9.24 是符合试验测量框图。

来自辐射源的一个核事件被两个探测器探测到，两个探测器的输出信号经过放大成形后由定时电路定时，定时电路输出幅度与宽度不变的脉冲到符合单元的两个输入端。若两个信号在时间上符合，则符合单元输出一个信号到计数器计数，表示是一个符合事件。借助于时间上的符合或不符合可用来确定两个或两个以上事件所产生的脉冲的时间关系。

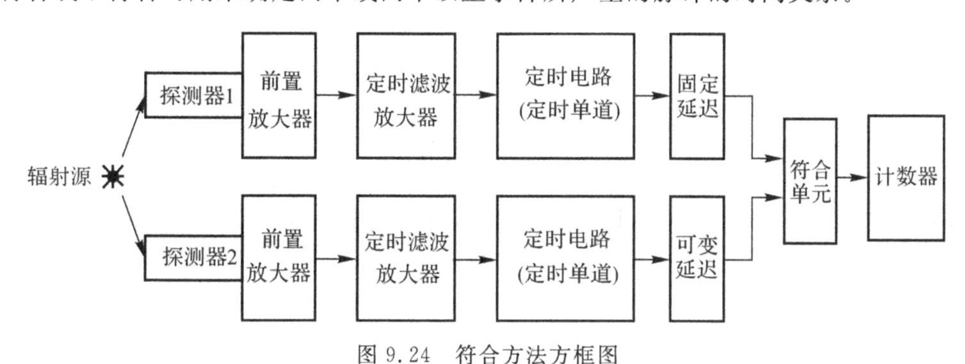


图 9.24　符合方法方框图

理想的符合是指两个事件在时间上完全重合，即两个事件的时间差 $\Delta t=0$，这在实际上是不可能的，因为任何一个核事件都有一定的时间过程，核辐射探测器输出信号都有一定的时间宽度和一定的时间涨落，所以实际的符合指的是事件在一定的时间间隔内的重合。

在电子学上，符合是指脉冲信号的符合，即在一个给定时间间隔中，选定的两道或更多道上出现脉冲。具有符合功能的电路单元称为符合单元。所以符合单元(或称逻辑单元)是指有下列功能的电路单元：当输入信号的时间重叠满足预先给定的符合条件时就输出一个时间确定的信号。

显然，符合单元的基本逻辑功能相当于一个数字门电路，如图 9.25 所示。对于正信号输入，相当于一个与门，如图 9.25(a)所示；对于负信号输入，相当于一个或门，如图 9.25(b)所示。

具有两道输入的符合称为两重符合。如两个输入分别为 $A$ 和 $B$，对于 TTL 逻辑门电路，输出 $F=A\cdot B$。而对于 ECL 门，$F=A+B$。

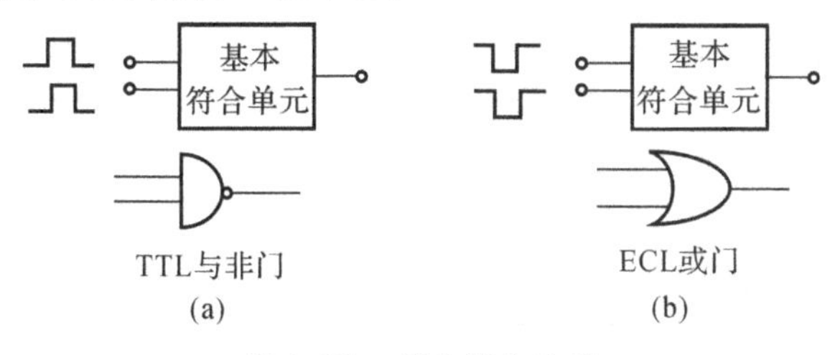


图 9.25　基本符合单元

具有多道输入的符合称为多重符合。多重符合逻辑功能类似于两重符合。但它是多重输入，所以可组成各种逻辑功能，如四输入分别为 $A,B,C,D$，对于 TTL 逻辑门，$F=A\cdot B\cdot C\cdot D$。对于 ECL 门，$F=A+B+C+D$。当然，实际电路中，有可能是多重逻辑，如 $F=A\cdot B+B\cdot C+A\cdot C+D$。

与符合功能相反，若在给定的时间间隔中，当选定的一个(或几个)输入端出现一个(或几个)信号时，该信号(或事件)即阻止逻辑单元电路相应地产生输出信号，此为反符合功能。具有反符合功能的电路单元称为反符合单元。图 9.26 所示的是由非门和与门组成的反符合单元电路逻辑及真值表。

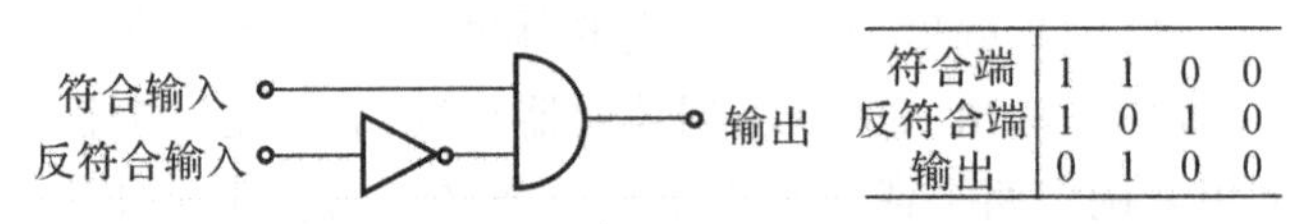


| 符合端 | 1 | 1 | 0 | 0 |
| --- | --- | --- | --- | --- |
| 反符合端 | 1 | 0 | 1 | 0 |
| 输出 | 0 | 1 | 0 | 0 |

图 9.26　反符合单元电路逻辑及真值表

由真值表可知，反符合信号是一个禁止信号，即只要有反符合信号，则不管其他输入端状态如何，都没有信号输出，所以反符合端又称禁止端，在核电子学测量系统中，禁止信号具有特殊的用途，例如，在粒子加速器的束流间隔期间可以用它禁止其他逻辑系统工作，或可用它记录本底信号。禁止信号通常用 NIM 标准信号，称为机箱门信号，其上升时间和下降时间为30～50 ns。

符合电路的结构如图 9.27(a)所示，它由符合单元、脉冲幅度甄别器和计数器组成。图 9.27(b)所示是其工作波形。

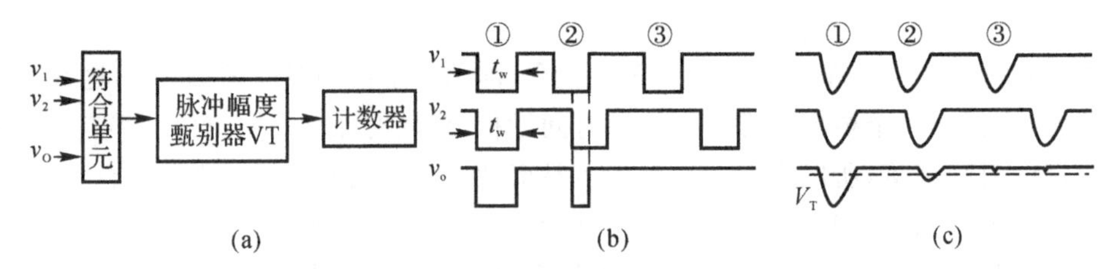


图 9.27　符合电路工作原理

(a)符合电路结构框图；　(b)理想工作波形；　(c)实际工作波形

设输入信号为矩形脉冲，宽度为 $t_W$。对于第 ① 号信号，输入信号 $v_1$ 和 $v_2$ 完全重合，则输出 $v_o$，$v_o$ 宽度为 $t_W$；对于第 ② 号信号，$v_1$ 和 $v_2$ 只有部分重合，则输出 $v_o$ 的幅度不变，但宽度变小了；对于第 ③ 号信号，$v_1$ 和 $v_2$ 不重合，则无 $v_o$ 输出。

符合电路分辨时间 $\tau$ 定义为能产生符合输出的几个输入端脉冲之间的最大时间间隔。在理想情况下，即输入信号为矩形脉冲，而且不存在时间移动与晃动，符合电路不存在过渡过程，则时间间隔在($\pm t_W$)之间的信号都会产生符合输出，这个时间间隔就是符合电路的分辨时间。对于图 9.27(a)，符合电路的分辨时间为 $\tau=2t_W$，能产生符合输出的输入信号最大间隔为输入信号宽度的两倍。它表示信号间隔在 $-t_W$ 到 $+t_W$ 内(一个脉冲相对于另一个可超前或落后)都可产生符合输出。

符合电路分辨时间是从微秒数量级到纳秒数量级。按分辨时间不同，微秒数量级的称为慢符合电路，纳秒数量级的称为快符合电路。

实际上，符合电路的输入信号不是理想的矩形脉冲，而是具有一定上升时间和下降时间并且混有噪声的信号，如图 9.27(c) 所示。从图可见，符合电路输出信号 $v_o$ 是一个幅度与形状都变化的信号。第 ① 号信号完全重合，则 $v_o$ 最大；第 ② 号信号部分重合，则 $v_o$ 幅度、宽度皆变小；第 ③ 号信号不重合，但仍然有小信号输出(漏出或与噪声符合输出)。

通常，符合电路输出后面必须跟着一个脉冲幅度甄别器，以便把不是真符合的输出信号甄别掉。如图 9.27(c) 所示，设甄别器的甄别阈为 $V_T$，则它把输出信号幅度小于 $V_T$ 的信号甄别掉。这样一来，虽然可以把假输出信号甄别掉，真符合信号也会损失一部分，例如，那些部分符合但输出信号幅度小于 $V_T$ 的真符合信号。

在上述情况下，符合电路的分辨时间不是等于输入脉冲宽度的两倍，而是通过测量符合电路的符合曲线来决定。所谓符合曲线是指输入信号的相对延迟时间与符合计数之间的关系曲线。在实际应用中，常常要测量符合电路的符合曲线，以确定符合电路本身的电子学分辨时间。图 9.28 给出测量符合曲线的装置图。

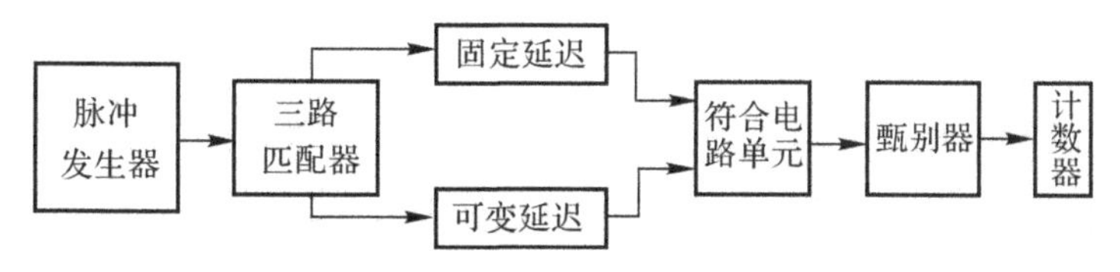


图 9.28　符合曲线测量装置示意图

脉冲发生器给出宽度为 $t_W$ 的脉冲信号，经三路匹配器输到固定延迟器和可变延迟器中。经延迟后加到符合电路的输入端 1 和 2 上。改变两道相对延迟时间 $\tau_d=\tau_{d2}-\tau_{d1}$，其中 $\tau_{d2}$ 和 $\tau_{d1}$ 分别为固定延迟器和可变延迟器的延迟时间，测量符合电路输出的计数 $n$，则可测得符合曲线，如图 9.29 所示。

理想的符合曲线如图 9.29 中"理想"所指曲线，是一对称的矩形分布，横坐标是相对延迟时间 $\tau_d$，纵坐标是在不同 $\tau_d$ 时测得的符合计数 $n$。当 $|\tau_d|>t_W$ 时，无输出。符合电路的分辨时间定义为符合曲线的半高宽 FWHM。因此，理想的符合分辨时间为 $2t_W$。

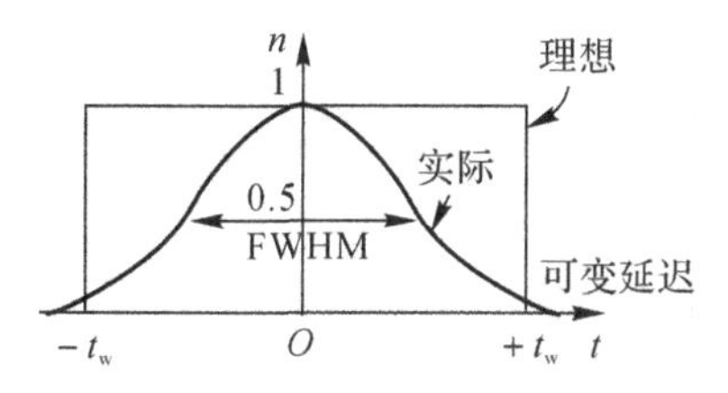


图 9.29　符合曲线示意图

实际上，输入脉冲信号具有上升时间和下降时间，符合电路本身有过渡过程，因此在两个输入信号部分重合时，符合输出信号幅度变小。若符合输出信号幅度小于甄别阈时则不能被记录，所以实际符合曲线如图 9.29 中"实际"所指曲线。由这个分布曲线可求得半高宽 FWHM，即符合电路的分辨时间。

在上述测量中，信号源为脉冲产生器，因而所测的曲线为电子学符合曲线，分辨时间为电子学分辨时间。

如果用辐射源代替信号发生器作为信号源(如瞬时符合源 $^{60}$Co)，则可测得物理符合曲线和物理符合分辨时间。物理符合曲线和分辨时间包括探测器、定时电路等各种因素对符合的影响，所以是一个符合测量系统的性能指标。在符合试验中，分辨时间是一个很重要的参数。

可以用以下四个参数更详细地描述符合电路的性能：双脉冲分辨时间、符合重叠、符合宽度和符合系数。

双脉冲分辨时间定义为对于两个或更多个十分接近的输入信号区分开来的能力，或说对上述信号的响应能力。双脉冲分辨时间同样要包括最多的符合重数，包括反符合在内，例如，带反符合（禁止）的四重符合。

符合重叠定义为符合单元能识别输入信号同时存在和产生一个输出信号之前所需要的最小输入重叠。有时符合重叠也定义为输入信号的最小宽度。当输入信号的宽度小于此宽度时，符合单元不能产生符合输出。

符合宽度定义为最窄的符合曲线的 FWHM。符合曲线陡度定义为符合曲线的有效斜率，例如，符合计数从 100%计数效率到 1%效率的时间间隔。符合曲线陡度和符合宽度一起表示符合电路区别同时性的能力。

此外，符合电路单元还经常用到另一个特性——符合系数。符合系数表示有一道符合输入时的输出信号幅度与两道符合输入时（对二重符合单元）或多道符合输入时（对多重符合单元）的输出信号幅度之比值。

### 9.4.2 符合电路

符合测量中有慢符合和快符合之分，在电路上也可分为慢符合电路和快符合电路。下面分别予以介绍。

1. 慢符合电路

慢符合电路的分辨时间范围为 10 ns～10 μs 之间。慢符合电路单元大多用与非门做成，TTL 门可做到分辨时间为 0.1 μs 左右，ECL 电路可达到纳秒量级。慢符合电路的分辨时间通常做成连续可调。

慢符合电路一般有多个输入端（一般为 3～5 个），除了符合功能外，一般还设有反符合功能，因此各个输入端（输入道）可以任意组合成符合反符合功能，以满足各种实验的要求。符合电路输出信号一般符合 NIM 逻辑信号标准。

一个简单的符合反符合电路单元如图 9.30 所示。为了提高速度，采用晶体管射极耦合电路形式。电路是按“或”门电路原理工作的。

电路有三个符合输入端（符合输入 A，B，C）和一个反符合输入端。整个电路由三个符合道、一个反符合道、符合反符合电路单元和输出级等部分组成。

三个符合输入和一个反符合输入分别从四个晶体管的基极输入。符合输出是从它们并联集电极输出。四个晶体三极管的射极连在一起并通过电阻到地，这是一种射极耦合结构（ECL 结构）。由于管子工作于不饱和状态，因此它具有速度快的优点。这种符合反符合电路单元还具有符合系数大的优点，能很好区别符合和不符合状态。

图 9.31 是一个实际符合反符合电路的框图。

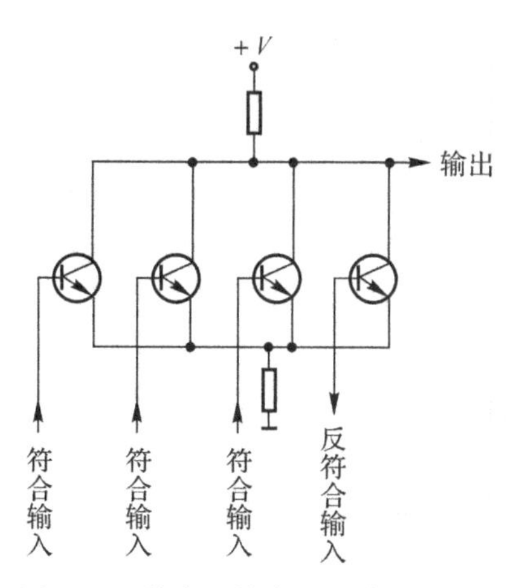


图 9.30　符合反符合电路单元的结构

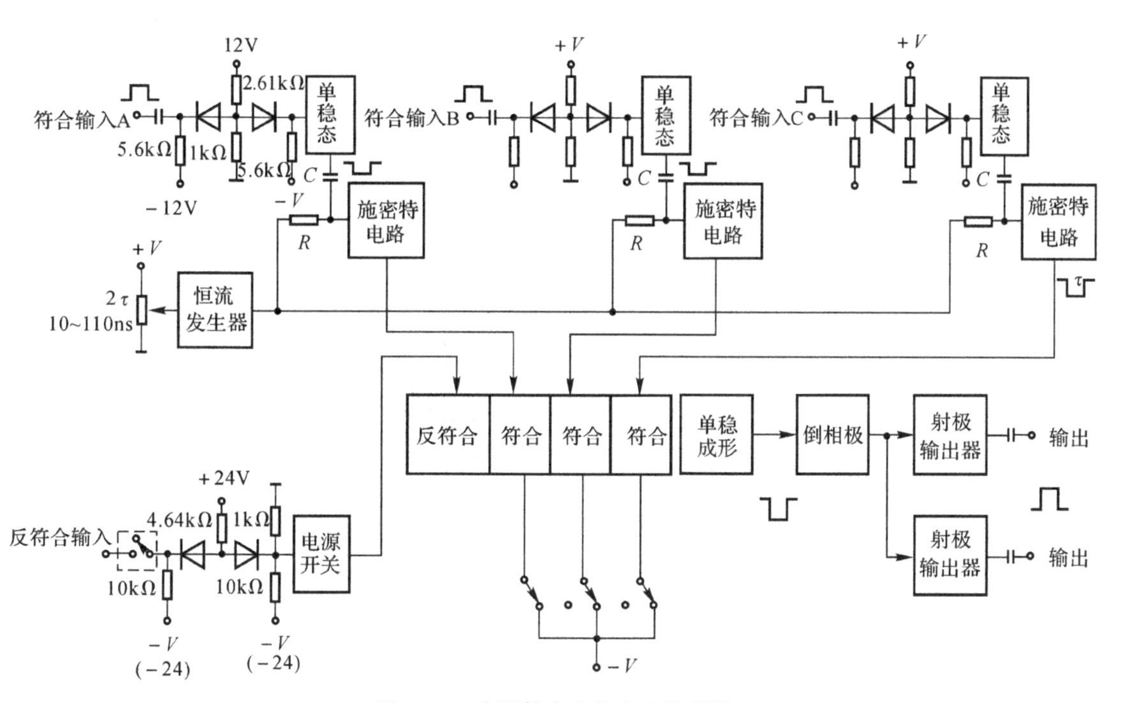


图 9.31　实际符合反符合电路框图

实际符合电路都需要一个比较好的输入成形级，使输入信号成形为宽度相同而且稳定的脉冲信号，再加到符合电路单元中。所成形的脉冲宽度要便于调节，以得到合适的分辨时间。另外，符合电路单元输出信号也要成形为一定幅度和宽度的脉冲，以便后面计数器记录或用于符合控制。

在图 9.31 中，输入信号经电容到二极管限幅器，对于过大的输入信号，二极管限幅器限幅为几伏。然后，由单稳态成形电路成形，输出一定幅度和宽度的脉冲，再送到施密特甄别器电路中成形。施密特甄别器电路包括一个时间成形网络，用来调节输出脉冲的宽度 $\tau$ 。三路符合输入的分辨时间($2\tau$)由同一电位器进行调节，所以输出宽度相同的脉冲到三个符合电路单元的输入端中去，从而实现符合电路的分辨时间调节。当三路输入脉冲信号重叠时，则由符合电路单元产生输出脉冲。反符合输入信号可以是脉冲信号，也可以是直流信号（直流耦合），用来禁止符合电路单元输出信号。

在电路结构上，三个作为符合电路单元的三极管和一个作为反符合电路单元的三极管连在一起与其他电路元件组成一个单稳态电路。当符合时，单稳态电路就被触发，输出一个负脉冲，这个负脉冲经倒相级，由射极输出器输出。这个符合反符合电路的脉冲对分辨时间小于10 ns（任何信号输入）。$2\tau$ 分辨时间，在符合信号为10～110 ns，在反符合信号时由输入脉冲信号的宽度决定。当温度在0～50℃范围变化时，$2\tau$ 的变化小于0.2%/℃。符合和反符合输入端的输入阻抗大于3 kΩ。输出信号有两个，输出阻抗小于10 Ω。

2.快符合电路

快符合电路单元是用高速元器件（如高速隧道二极管、高速二极管等）做成的。快符合电路单元再加上甄别、成形等电路就可组成快符合电路。

图9.32给出一个用隧道二极管做成的快符合电路单元。两路输入电流信号（输入1和输入2）相加使隧道二极管TD翻转，从而产生符合输出。当只有一路信号输入时，输入信号不够大，不能使隧道二极管翻转，电路就没有输出。

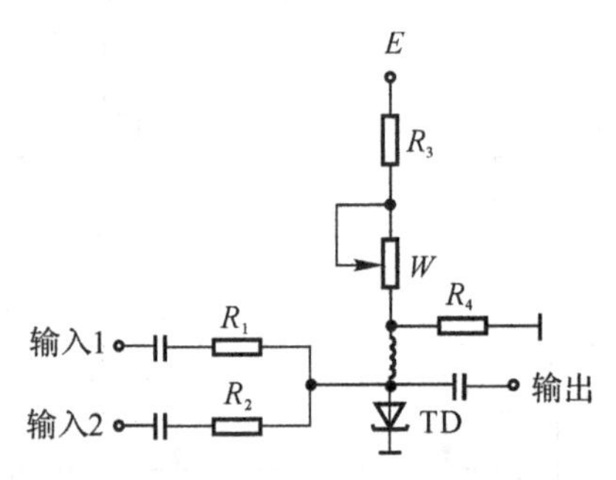


图9.32　隧道二极管符合电路单元

由隧道二极管组成的符合电路单元的分辨时间可达几纳秒。但是，隧道二极管的温度稳定性较差，大多使用在温度稳定性要求不高的地方，否则应附加温度稳定补偿电路。

图9.33是电流相加型快符合电路单元。它由二极管电路、共基极电路和甄别器组成，$-V$为$-10$ V，$+V$为$+5$ V，$R_1=R_2=2$ kΩ，$R_3$为2 kΩ，$R_4$为100 Ω。四个二极管$D_1$，$D_2$，$D_3$，$D_4$用作开关，共基极晶体管电路作为电流相加单元，相加点为发射极。由于共基极电路的输入电阻低，适合于电流相加，而且其集电极可用于电压输出。

下面结合图9.33(b)工作波形，讨论其工作过程。

静态时，输入1和输入2处于零电平，二极管$D_1$，$D_3$导通，而$D_2$，$D_4$截止。三极管T导通，流过电流$i_c$为5 mA，则$V_c$为4.5 V($5\ V-i_cR_c$)。$D_1$，$D_3$电流各为5 mA。当输入1有信号时，其电位降为$-0.7$ V，则$D_1$截止，$D_2$导通，$i_e$成为10 mA，而$V_c$下降为4.0 V。当两路都有信号，输入1和输入2都下降为$-0.7$ V，则$D_1$，$D_3$截止，$D_2$，$D_4$导通，$i_e$为15 mA，$V_c$下降成3.5 V。可以把甄别器的甄别阈放在3.5～4.0 V之间，例如$V_T=3.75$ V，则两路输入符合时甄别器有信号输出，但只有一路输入时则没有输出产生。

由于这种电路工作时电平变化较小，若选用快速元件，其分辨时间可以达到纳秒数量级。在符合和不符合状态时，输出信号幅度变化范围较小，它的符合系数很低，因此要求甄别器的阈值要很稳定，而且也要求输入脉冲的形状要稳定不变。

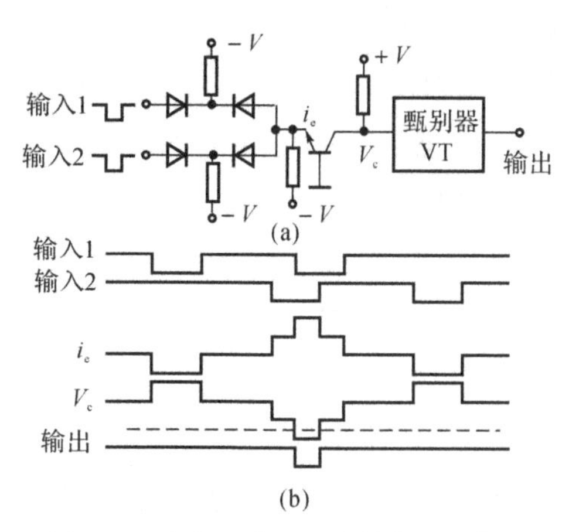


图 9.33　相加型共基级快符合电路单元

(a)符合电路单元；(b)工作波形

如果把相加型符合电路和隧道二极管符合电路结合起来，则可增大符合系数。图 9.34 就是一个相加型隧道二极管符合电路单元。

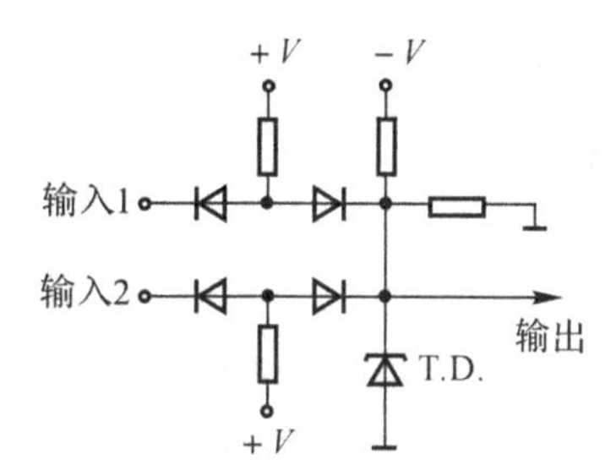


图 9.34　相加型隧道二极管符合电路

图 9.35 给出一个完整的快符合电路实例。

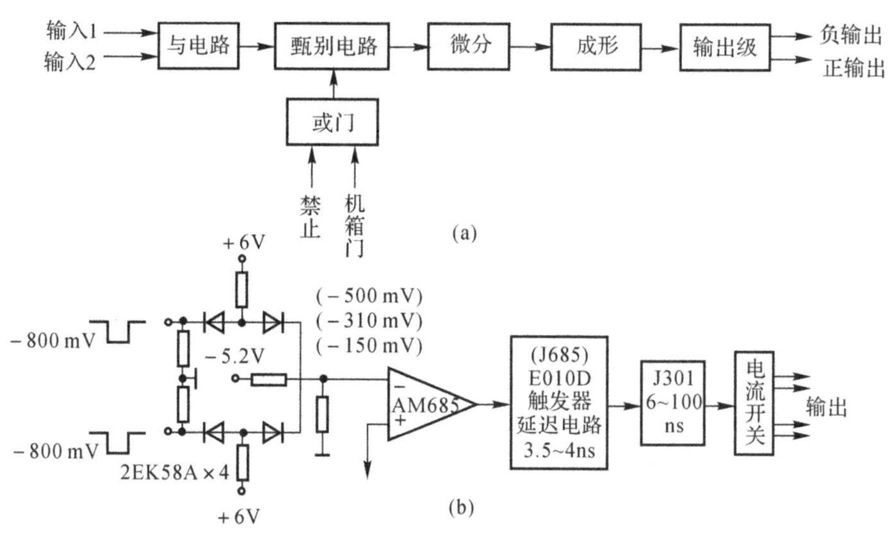


图 9.35　快符合电路实例

(a)方框图；(b)电路图

该电路由快符合电路单元及甄别电路、成形电路等组成，其特点是采用相加型快符合电路单元原理，并用快速比较器作甄别器，由快速集成片构成微分成形和输出电路，图 9.35(b)给出相加电路和甄别器部分的实际电路。相加电路原理与图 9.35 中的电路类似，它由四个快速二极管 2EK85A 和电阻构成。甄别器由快速比较器 AM685 构成。相加后的信号加在比较器的反相输入端。输入信号为 ECL 标准信号：－800 mV。无信号输入时，反相输入端为－150 mV。当一路输入信号时，反相输入端电平为－310 mV。当两路都有信号时，反相输入端电平为－500 mV。甄别器的阈值 $V_T$ 只要放在－310 mV 上，则只有两路输入信号重叠时才有信号输出，从而实现符合功能。甄别器后面用 ECL 触发器(E010D)做成微分成形电路，使甄别器输出信号成形为窄脉冲，以后再用 J301 做成的成形级使脉冲成为宽度可变的脉冲(宽度可变范围为 6～100 ns)，最后经电流开关输出 NIM 标准脉冲。

电路的双脉冲分辨时间小于 9 ns 输入信号最高重复频率大于 100 MHz；输入信号的反射小于 10%(输入信号上升时间为 2 ns)；最小符合重叠宽度(表示两路输入信号最小的重叠宽度，当脉冲重叠宽度小于它时，无输出)为 1.1 ns；符合曲线陡度(符合曲线分布的一种度量。陡度愈小则表示符合曲线愈好)小于 40 ps。

### 9.4.3 快信号的传输和纳秒延时器

1. 快信号的传输和传输电缆

在核信号测量系统中，快信号在各个部件之间传输是由传输电缆完成的。各部件之间输出端和输入端用电缆连接，电缆的结构如图 9.36 所示。电缆一般分为四层，其中心是铜导线，用以传输信号，第二层是绝缘介质(如聚乙烯)，第三层是铜丝编织带屏蔽层，以便减小噪声或干扰的影响(若屏蔽要求高，可用双层屏蔽)，最外层为绝缘套管。

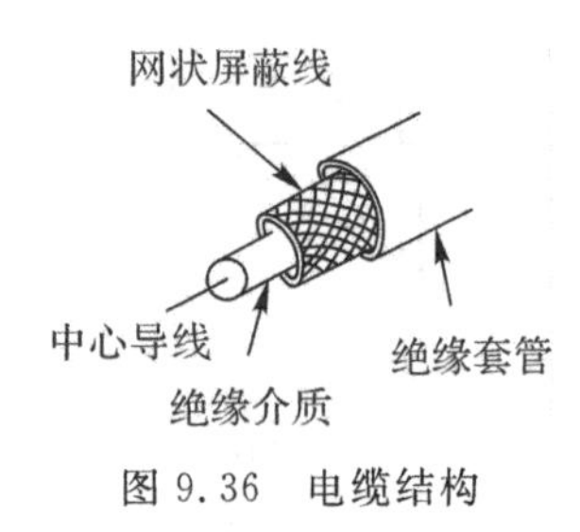


图 9.36 电缆结构

一般具有聚乙烯介质的电缆，信号传输速度约为真空中光速的 66%。若为延迟电缆，则中心导线是螺旋形的，以便加大延迟时间，这时信号的传输速度随结构的不同而变化。

电缆的主要特征是具有其特性阻抗。一般电缆的特性阻抗分为 50 Ω，75 Ω 和 93 Ω(100 Ω)三种。电缆的另一特性是单位长度电容，第三个特性是衰减系数。衰减系数随信号的频率增高而增大。当电缆与高压连接时还需注意电缆的耐压大小。表 9.2 中列出几种常用电缆的主要特性。

**表 9.2　常用电缆特性**

| 型　号 | 特性阻抗<br>Ω | 单位长度电容<br>$pF \cdot m^{-1}$ | 衰减系数<br>$dB \cdot m^{-1}$ | 延迟时间<br>ns | 外径<br>mm | 击穿电压<br>kV | 用　途 |
| --- | --- | --- | --- | --- | --- | --- | --- |
| SYV-50-1 | 46.5～53.5 | 115 | 0.336(30 MHz)<br>0.873(200 MHz) | 5.7 | 1.9±0.1 | 0.5 | 一般信号传输 |
| SYV-50-2-2 | 46.5～53.5 | 115 | 0.206(30 MHz)<br>0.524(200 MHz) | 5.7 | 2.9±0.1 | 1 | 一般信号传输 |
| SYV-50-7-1 | 47.5～52.5 | 115 | | 5.7 | 7.8±0.3 | 4 | 高压信号传输 |
| SYV-50-7-2 | 47.5～52.5 | 115 | | 5.7 | 10.2±0.4 | 4 | 高压信号传输 |
| SYV-75-2 | 75±5 | 76 | 0.186(30 MHz)<br>0.487(200 MHz) | 5.7 | 2.9±0.10 | 0.75 | 一般信号传输 |
| SYV-75-3 | 75±3 | 76 | 0.122(30 MHz)<br>0.308(200 MHz) | 5.7 | 5.0±0.25 | 1.5 | 一般信号传输 |
| SYV-75-5-1 | 75±3 | 76 | 0.070 6(30 MHz)<br>0.190(200 MHz) | 5.7 | 7.1±0.3 | 2.5 | 一般信号传输 |
| SYV-100-7 | 100±5 | 76 | 0.053 7(30 MHz)<br>0.147(200 MHz) | 5.7 | 10.2±0.4 | 2.5 | 一般信号传输 |
| STY-Y-2 | | 95 | | | 3.1 | 2 | 低噪声用噪声<br>小于 1 mV |
| STYVP-4 | | 95(内)<br>180(外) | | | 6.0 | 2(内)<br>3(外) | 低噪声用噪声<br>小于 5 mV |
| STFF-0.7 | | 150 | | | 1.2 | 试验电压<br>800 V | 低噪声用噪声<br>小于 0.2 mV |
| STFF-1.6 | | 120 | | | 2.8 | 试验电压<br>2 000 V | 低噪声用噪声<br>小于 0.8 mV |

表 9.2 中，SYV 型聚乙烯绝缘同轴射频电缆的中心导线为铜线(1 根、7 根或 19 根)，绝缘介质为聚乙烯，网状屏蔽线为铜织编线，绝缘套管为聚乙烯护套，有的为二层网状屏蔽线，有的为三层。STY-Y-2 和 STYVP-4 型为低噪声电缆。STFF 型为聚四氟乙烯绝缘低噪声电缆。

除了表 9.2 中所列电缆外，还有 SWY 型、SEWY 型、SEYY 型及延迟电缆等。SWY 型为稳定聚乙烯绝缘同轴射频电缆，其性能与 SYV 型相同。SEWY 和 SEYY 为对称聚乙烯绝缘同轴射频电缆。表 9.3 给出三种延迟电缆的主要特性参数。

**表 9.3　常用延迟电缆特性**

| 特性阻抗/Ω | 单位长度电容/($pF \cdot m^{-1}$) | 衰减系数/($dB \cdot m^{-1}$) | 延迟时间/($ns \cdot m^{-1}$) |
| --- | --- | --- | --- |
| 130 | 182 | 0.84(100 MHz) | 23 |
| 30 | 165 | 0.74(100 MHz) | 57 |
| 550 | 165 | 0.75(100 MHz) | 91 |

在使用电缆传输信号时，要注意区分所传输的脉冲信号是快脉冲还是慢脉冲。由于所用的电缆(一般为聚乙烯绝缘介质)的传输速度为 $v_p=3.3$ ns/m，所以信号在电缆中的传输时间 $t$ 为

$$t=v_p l \tag{9.7}$$

式中，$l$—— 电缆长度，单位为 m。

脉冲信号的上升时间 $t_r<t$ 时，称为快脉冲，上升时间 $t_r>t$ 时，称为慢脉冲。例如，一根电缆长度为 $l=3$ m，由式(9.7) 可得传输时间 $t$ 为 11 ns，因此上升时间 $t_r>10$ ns 的信号都是慢脉冲。对于慢脉冲，需要注意的是电缆的单位长度电容。例如，3 m 的 SYV-50-2-2 型电缆，它的总电缆电容约为 345 pF，显然，这样大的电容若直接连接在探测器的输出端则会严重影响探测器输出信号的时间特性(及幅度特性)。

对于快脉冲来说，特性阻抗的匹配是一个十分重要的问题。图 9.37 是快脉冲传输电缆连接图。下面简单介绍特性阻抗匹配方法。

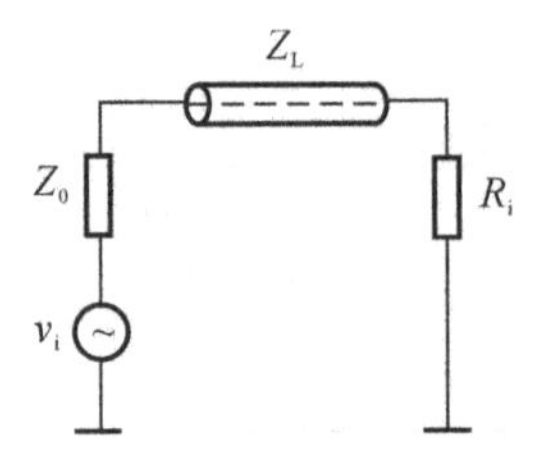


图 9.37 快脉冲的传输

信号源为 $v_i(t)$，$Z_0$ 为其内阻。信号 $v_i(t)$ 经过特性阻抗为 $Z_L$ 的电缆传到 $R_i$ 端。信号 $v_i(t)$ 在 $t=0$ 时传到电缆的输入端，并以速度 $v_p$ 沿电缆传输。终端电阻为 $R_t$。

当 $R_t=Z_L$ 时为匹配状态，此时 $R_t$ 上的信号幅度为输入信号 $v_i(t)$ 幅度的一半大小。在 $R_t=0$ 时产生负反射，在 $R_t\to\infty$ 时产生正反射。$R_t$ 在 $0\sim Z_L$ 之间时，产生负反射信号，$R_t$ 在 $\infty$ 到 $Z_L$ 之间时，产生正反射信号。由于存在反射信号，会使输入信号产生畸变，所以对于快脉冲必须进行阻抗匹配。

阻抗匹配方法分为串接匹配和并接匹配两种。另外，还可分为单端匹配和两端匹配两种形式。图 9.38 给出了传输电缆的匹配方法。图 9.38(a) 为串接匹配方法。信号源为 $v_i$，信号源的输出阻抗为 $Z_0$，电缆阻抗为 $Z_L$，终端阻抗为 $Z_i$。串接匹配方法是与输出阻抗 $Z_0$ 串接一个阻抗 $Z'_0$，使之与电缆阻抗 $Z_L$ 匹配(称为始端匹配)；或者与终端阻抗 $Z_i$ 串接一个阻抗 $Z'_i$，使之与电缆阻抗 $Z_L$ 匹配(称为终端匹配)。若初始端和终端都采用匹配，则称为两端匹配。在匹配要求较高时，可以采用两端匹配。

图 9.38(b) 是并接匹配方法。它采用与输出阻抗 $Z_0$ 并接 $Z'_0$ 或与终端阻抗 $Z_L$ 并接 $Z'_i$ 的方法匹配电缆阻抗 $Z_L$。同样可单端匹配或两端匹配。

在不同的情况下，可以采用不同的匹配方法。通常，输出阻抗 $Z_0$ 或终端阻抗 $Z_i$ 小于电缆阻抗 $Z_L$ 时，可采用串接匹配方法。而 $Z_0$ 或 $Z_i$ 大于 $Z_L$ 时，可采用并接匹配方法。根据情况不同，串接匹配和并接匹配可以同时使用。

表 9.4 给出了各种不同的匹配状态。表的左边是未匹配的原始状态。表的右边是采取匹配以后的状态。从表中可以看到，原始状态各不相同(信号源输出阻抗 $Z_0$ 不同，负载输阻抗 $Z_i$ 不同)，则未匹配的结果 —— 负载上信号电平不同。根据原始状态不同，可采取不同匹配方法

(并接匹配、串接匹配、接收端匹配、发送端匹配),从而得到负载上的信号电平也不同。

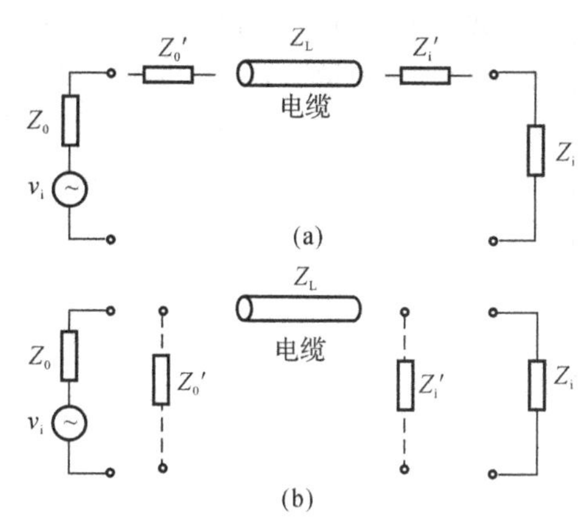


图 9.38　传输电缆的匹配方法

(a)串联匹配方法；(b)并联匹配方法

**表 9.4　传输电缆的匹配状态**

| 原始状态 | | | 匹配后状态 | | | |
|---|---|---|---|---|---|---|
| 信号源输出阻抗 $Z_0$ | 负载输入阻抗 $Z_i$ | 负载上信号电平 | 位置 | 类型 | 匹配电阻 $R_i$ | 负载上信号电平 |
| 50 Ω | 50 Ω | $\frac{v_i}{2}$ | 已匹配 | | | $F$ |
| 50 Ω | 高($\gg$ 50 Ω) | $v_i$ | 接收端 | 并 | 50 Ω | $\frac{v_i}{2}$ |
| 50 Ω | 低($= F \times 50\ \Omega$, $f \ll 1$) | $v_i\left(\frac{F}{1+F}\right) \approx v_i F$ | 接收端 | 串 | $(1-F) \times 50\ \Omega$ | $\approx \frac{1}{2}Fv_i$ |
| 低($= F \times 50\ \Omega$, $F \ll 1$) | 50 Ω | $\approx v_i$ | 发送端 | 串 | $(1-F) \times 50\ \Omega$ | $\frac{v_i}{2}$ |
| 高($= F \times 50\ \Omega$, $f \gg 1$) | 50 Ω | $v_i\left(\frac{1}{K+1}\right) \approx \frac{v_i}{K}$ | 发送端 | 并 | 50 Ω | $\approx \frac{1}{2}v_i$ |
| 低($\ll$ 5 Ω) | 高($\gg$ 50 Ω) | $v_i$ | 发送端 | 串 | 50 Ω | $\approx \frac{1}{2}v_i$ |
| | | | 接收端 | 并 | 50 Ω | $v_i$ |
| 低 | 高 | $v_i$ | 接收端 | 串 | 50 Ω | $v_i$ |
| 低 | 高 | $v_i$ | 接收端 | 并 | 50 Ω | $v_i$ |

2. 纳秒延时器

上面已指出,信号在传输过程中会产生时间延迟。除了这种传输延迟外,信号在任何加工处理过程中(例如放大、成形、滤波、变换、分析等等),都会产生时间延迟。例如,一个信号经过一个定时单道脉冲幅度分析器后,产生 100 ns 的时间延迟;一个快符合电路产生 14 ns 的时间延迟。因此，所有仪器部件都产生时间延迟。

信号的时间延迟是信号传输和加工中的一个普遍现象。这种时间延迟在非时间测量系统中，例如，能量测量系统或计数系统中，对测量结果不产生任何影响，所以在计数系统和能量分析系统中可以不考虑它。但是，对于时间测量系统，在信号通道上任何时间延迟都可能影响时间测量的结果。在符合系统中，两道输入信号本来在时间上是符合的(重叠的)，如果两道输入信号在到达符合电路之前得到不同的时间延迟，则原来的符合信号就变成不符合信号了，因此在时间测量系统中必须用延时器解决这种时间延迟问题。

纳秒延时器一般由延迟电缆和开关组成。图 9.39 是一个纳秒延时器的结构示意图。

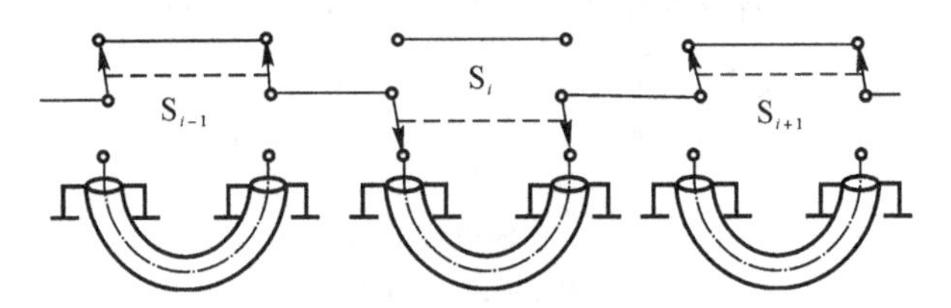


图 9.39　纳秒延时器结构

该图给出了纳秒延时器的三节结构。延迟电缆分别由开关 $S_{i-1}$，$S_i$ 和 $S_{i+1}$ 控制。开关向下时，相应的延迟电缆连上。开关向上时，相应的沿迟电缆断开。高频电缆采用性能比较好的 SWY-50-2 型电缆。开关采用 KSZ 中型船型开关，这种开关的高频性能好。开关之间采用微带线结构连接。

在使用纳秒延时器时还要注意纳秒延时器本身的固有延迟时间以及与连接电缆的匹配问题。

在微秒数量级范围测量系统(如慢符合系统)中同样需要延时器，即微秒延时器。微秒延时器一般可用单稳态电路来改变延迟时间，延时范围通常为 1～100 μs 可变。延时器的性能还有延时非线性、延时温度稳定性、时间晃动、死时间等。它的输出幅度和宽度通常可调；固定延迟时，还可用延迟电缆或固定延迟线。

## 9.5　时间量变换方法

时间分析是分析一个核态与另一个核态之间的时间关系，也就是测量核事件的时间间隔概率密度分布。一个事件为起始事件，另一个事件为停止事件，两个事件相对时间间隔大小是随机分布的。在电子学上，就是测量相应的起始信号和停止信号之间时间间隔的分布。这不论是对于时间相关的一对核事件的时间信息，还是对于时间相关的大量核事件时间信息，还是对于单个信号所携带的时间信息，都是一样的。

显然，两个信号之间的时间间隔分布可以用上节所述的延迟符合方法测得。延迟符合测量是改变两道符合输入信号之间的相对延迟时间 $t_d$，测量其相应计数。设符合电路分辨时间为 $t_p$，则对于延迟时间 $t_d$，符合电路只选择那些时间间隔落在 $t_d \pm t_p$ 中的脉冲对加以记录。逐点改变 $t_d$，就可以测得延迟符合曲线，它类似于脉冲幅度分析时的单道脉冲幅度分析器，构成为单道时间分析器。

很明显，用这种方法测量一个时间分布要花费很多时间，同时也带来仪器长期稳定性问题，而且放射性活度的变化也会影响测量结果，为此，需要一次测量就能得到时间间隔分布的多道时间分析器。

早期曾采用多个符合电路叠加组成为多道时间分析器，称为多重符合电路型多道时间分析器。在道数增多时，它的结构复杂，性能指标又不高，所以很快被其他类型的多道时间分析器所代替。

用多道时间分析器进行时间分析，与用多道脉冲幅度分析器进行幅度分析类似，首先要将时间间隔作数字编码，然后对数字化信息进行统计和分析。多道时间分析器在一次测量中能将具有各种时间间隔的脉冲对进行分类，再分别存入多道分析器的存贮器（或计算机的存贮器）对应的道中。这不仅大大缩短测量时间，而且道宽可以做得小，时间分辨好，尤其是对于辐射源强度变化很快的测量，可以减少测量误差。本节主要讨论时间量变换方法。

目前，时间间隔数字编码的主要方法可分为两类。一类方法是将被测时间间隔直接变换成数码，称为时间-数字变换（TDC）。然后，按数码作为道址，在多道分析器中对应的道址存贮计数。在测量很短的时间间隔时，也可以在数字编码前实行时间间隔的扩展。

另一类方法把时间间隔转变成另一个模拟量——脉冲幅度，再把脉冲幅度送到多道脉冲幅度分析器中，由脉冲幅度谱得出时间谱。这种方法称为时间-幅度变换，简称“时幅变换”（TAC）。采用这种变换方法的主要原因是多道脉冲幅度分析器的广泛使用。虽然这种方法要经过时间-幅度变换和幅度-数字变换两次变换过程，但精度仍然很高。

随着计算机数据获取和处理系统快速发展和成本不断降低，基于时间-数字变换的时间谱仪技术也得到快速发展。

### 9.5.1　时间-幅度变换

实现时间-幅度变换就是把时间间隔的长短变换成幅度的大小。按照工作原理的不同，可以把时幅变换分为两种类型：起停型时幅变换和重叠型时幅变换。

1. 起停型时幅变换

时间间隔变化成脉冲幅度的最简单方法是在起始信号与停止信号之间的时间间隔内，用恒定电流充电的方法。

2. 脉冲重叠型时幅变换

脉冲重叠型时幅变换方法是由符合电路演变而来的。它的输出幅度正比于两个输入脉冲的重叠时间，即两者的时间间隔。

3. 时幅变换器实例

图 9.40 给出一个实际起停型时幅变换器的电路方框图。

输入信号 $v_1$ 可以用门输入信号控制，使输入起始信号在门脉冲（符合脉冲）宽度以内到达时才有效。门控可以选择内控或外控，内控时不需要外面门输入信号输入。这个电路的工作波形如图 9.41 所示。

电路的工作过程如下：负输入信号 $v_1$ 作为起始信号加到起始端，经过限幅放大，触发双稳态电路（隧道二极管双稳态电路）。双稳态电路翻转后输出一个负信号，这个负信号经电流开关转换后输出两个脉冲：一个是负脉冲，经倒相成为真起始输出脉冲；另一个是正脉冲，它触发起始电流开关。起始电流开关翻转后也有两个输出脉冲：正脉冲打开停止门，使停止道允许接收停止输入信号 $v_2$，另一个是负脉冲，它切断变换钳位器的电流，使得从停止电流开关来的电

流对电容器 $C$ 开始线性充电，直到停止电流开关翻转为止。

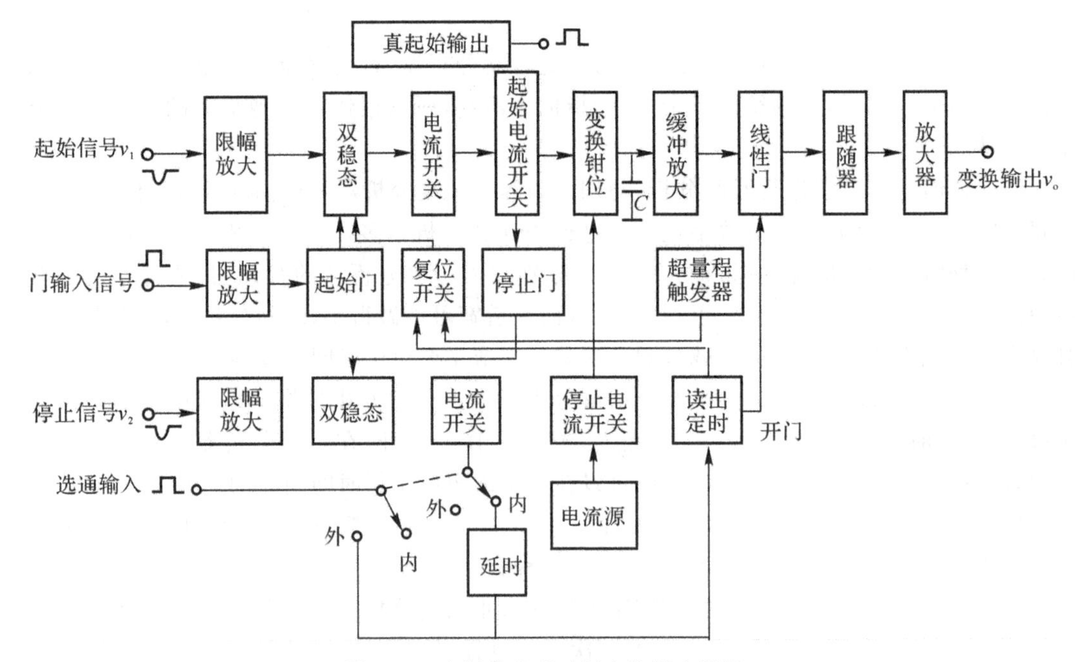


图 9.40　实际起停型时幅变换器方框图

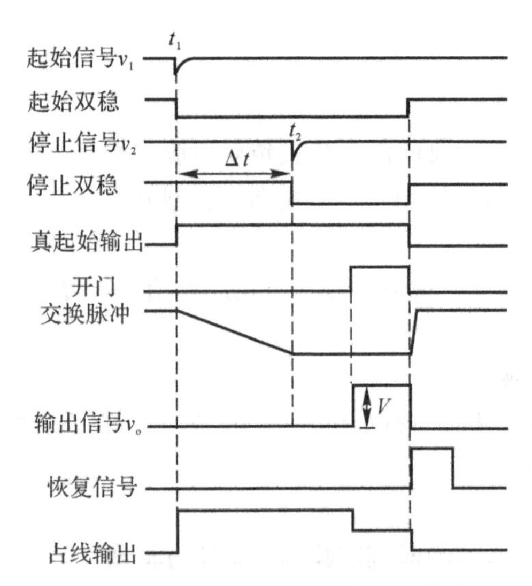


图 9.41　实际起停型时幅变换器工作波形

如果在变换器所选定的时间量程以内，负输入信号 $v_2$ 作为停止信号加到停止端(有起有停)，$v_2$ 经限幅放大，触发双稳态电路(此时停止门已经打开)。双稳态电路的负输出信号使电流开关翻转。电流开关的正输出信号触发停止电流开关，使恒流源电流停止对电容充电。这样在电容 $C$ 上就获得一个幅度正比于起始脉冲和停止脉冲之间的时间间隔 $\Delta t$ 的信号。这个脉冲信号经过缓冲放大和线性门后，再经过跟随器和放大级输出，最后得到变换输出信号 $v_o$。

在“内选通”方式工作时，停止道的电流开关输出的负脉冲经过延时电路打开读出定时器

(若在“外选通”位置时,由外选通正脉冲直接打开读出定时器)。读出定时器输出两个信号:一个输出脉冲打开线性门,以便让缓冲放大器来的信号通过该线性门输出;另一个输出脉冲触发复位开关,使起始道的双稳态复位,起始道双稳态电路复位后,起始电流关闭停止门,从而使停止道双稳态电路复位。此时若再输入停止信号到停止道则无效。在这同时,也使变换钳位电路处于打开状态,电容 $C$ 迅速放电恢复到零电位,从而完成一次变换的全过程。

从图 9.41 波形可见,起始脉冲 $v_1$ 在时间 $t_1$ 时输入。在 $t_1$ 时,起始道双稳态电路翻转,真起始输出脉冲开始输出,变换脉冲开始线性充电。在时间 $t_2$ 时,停止脉冲 $v_2$ 输入。此时,停止道双稳态电路翻转,变换脉冲停止充电,并保持幅度不变。经过一段时间延迟后,开门脉冲打开线性门,变换输出脉冲 $v_o$ 输出,经过约 1.5 $\mu$s 时间之后,起始双稳态电路复位,真起始输出脉冲结束,停止道双稳态电路复位,变换脉冲和变换输出脉冲都结束。

如果在选择的时间量程内,只有起始输入信号而没有停止输入信号(有起无停),则电容 $C$ 上不断增长的线性电压被变换钳位电路钳位到 $-3$ V 左右。这个电压幅度经过缓冲放大器放大后触发超量程触发器。超量程触发器翻转后,送出一个脉冲使复位开关翻转,起始道双稳态电路复位,随后电容器 $C$ 放电。这样,线性门处于关闭的状态,没有变换脉冲输出,以上过程都是在内控位置(反符合位置)实现的。若在外控位置(符合位置),输入信号由外面信号控制,起始脉冲到达前(或到达时)必须输入一个外控信号。

由上面的分析还可以看到,停止道的双稳态电路受起始信号控制,若没有起始信号,只有停止信号(有停无起),停止门没有被打开,所以电路不工作。同样,若停止信号后面不远跟一个起始信号时(有停后起),前面的停止信号仍然无效,而后面的起始信号相当于有起无停情况,同样没有输出信号。

从图 9.41 还可以看到,在“外选通”工作方式时,外选通信号必须在起始信号到达以后到达。外选通信号落后于起始信号的时间不应小于被选择的时间量程,否则可能输出不正常信号。另外,外选通脉冲宽度要大于被测量的时间间隔。

时幅变换器在实际结构中还可以与单道脉冲幅度分析器连接在一起,成为时幅变换器-单道脉冲幅度分析器。这样就可以用单道来选取时间间隔或直接测量,方便了实际使用。

### 9.5.2　时间-数字变换

时幅变换器把时间间隔变换成脉冲幅度,变换后的脉冲幅度再用模/数变换器变换成数码,然后用多道脉冲幅度分析器进行分类计数,所以它经历了时间到幅度,幅度到数字两次变换过程,这是时间-幅度-数字变换的间接编码方法。显然,中间的幅度变换是个可减略的过程,可以直接从时间间隔变换成数字,这就是所谓时间-数字变换,简称“时数变换”。

1. 计数式的时间-数字变换

计数式时数变换是一种常用的时间间隔直接进行数字编码的方法。在一个时间间隔 $\Delta t$ 中控制时钟脉冲,使它通过时钟门,测量时钟脉冲数,由此得到与时间间隔 $\Delta t$ 成正比的数字 $m$,这种方法又称直接计数法,其基本电路原理如图 9.42 所示。

假设 $v_1$ 为起始信号,$v_2$ 为停止信号,两者之间的时间间隔为 $\Delta t$。起始信号 $v_1$ 使时钟起振,同时使 RS 触发器触发。RS 触发器输出信号 $v_2$ 打开时钟门,停止信号 $v_2$ 使 RS 触发器复位,从而 $v_3$ 关闭时钟门。在 $\Delta t$ 时间内,时钟脉冲 $v_4$ 通过时钟门输出($v_5$)到地址寄存器。地址寄存器中记录的脉冲数 $m$ 就表示起始信号和停止信号之间的时间间隔 $\Delta t$。$m$ 为地址码,它经过地址门输出。

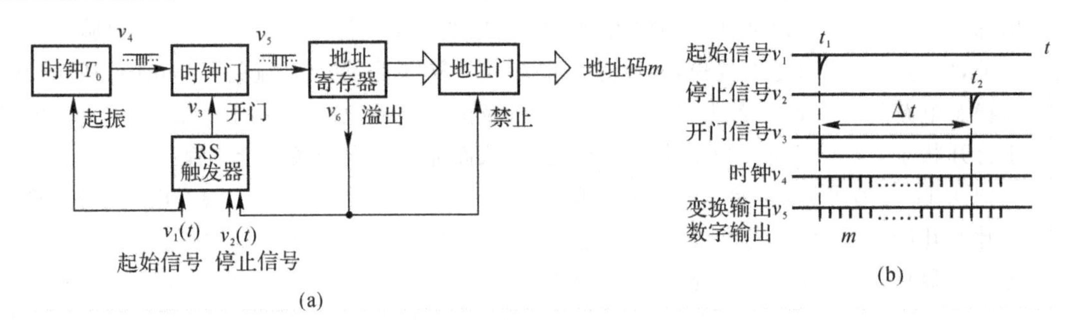


图 9.42　计数式时数变换器原理

(a) 原理方框图；(b) 工作波形

各点的工作波形如图 9.42(b) 所示。设时钟脉冲的周期为 $T_0$，则变换的地址码 $m$ 为

$$m=\frac{\Delta t}{T_0} \tag{9.8}$$

数字 $m$ 表示时间间隔对应的道址。$T_0$ 就是时间道宽，它表示能测量的最小时间间隔。若由地址码 $m$ 选定存贮器（多道分析器中的或计算机中的）第 $m$ 道的计数器，使其计数加 1，这样就把起始-停止脉冲对的时间间隔按大小记在相应道的计数器中。实际应用中，将时间数字变换器作为多道分析器或计算机系统的输入部分，就可以构成多道时间分析器或时间分析计算机系统。

这种电路的道数可以由地址寄存器的位数决定。例如，若为 12 位地址寄存器则为 4 096 道。若为 13 位地址寄存器则为 8 192 道，时间道宽的大小可以由分频器改变，如 $T_0$，2 $T_0$，4 $T_0$ 等。

如果起始信号和停止信号之间的时间间隔太大（超量程），或有起始信号无停止信号（有起无停），则地址寄存器将一直计数，直到计数满容量，从而输出一个溢出脉冲（超量程脉冲），使 RS 触发器复位，关闭时钟门，并禁止地址码输出。图 9.43(a) 中 $v_6$ 信号就是一个溢出（禁止）信号。

如果时钟是自激振荡器，则起始信号与时钟脉冲之间没有一定的相位（时间）关系。所以同样的时间间隔，进入地址寄存器的时钟脉冲数可能相差一个，最多两个，如图 9.43 所示。

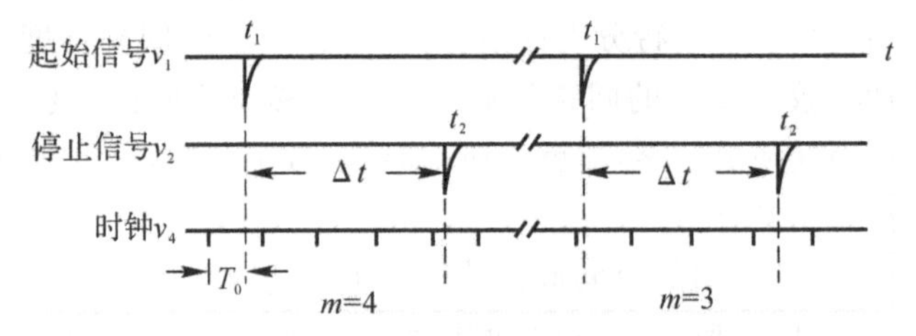


图 9.43　自激振荡式时钟的地址码误差

从图可见，在相同的 $\Delta t$ 中，时钟脉冲数 $m$ 可能是 4，也可能是 3。

由此可知，用自激振荡时钟的地址码误差为 1。可见只有地址码 $m$ 本身很大时，其相对误差才可以忽略。这样就要求所测时间间隔不能太小。例如，若要求相对误差为 0.1%，$T_0$ 为 1 ns，则要求待测的最小时间间隔为 11 $\mu$s。

为了解决上述问题，可采用他激式振荡时钟。他激式振荡时钟只有起始信号到来时才开始产生时钟脉冲，所以可消除上述相位误差。但是他激式振荡时钟的性能不如自激式振荡时钟，它的稳定性较差，而且电路结构也要复杂一些。

计数式时数变换方法简单，测量范围原则上可以无限大，测时精度主要取决于时钟频率及其稳定性（对自激式时钟存在一个时钟周期的误差），道宽调节方便，稳定性和积分线性都很好。它不需要附加的变换时间，因而死时间（变换器工作时间）短，适合于高计数率下的时间测量。它的缺点是道宽不能做得太小，时间分辨率不高。这是因为地址寄存器的工作频率不能太高。目前能达到的最高时钟频率为 1 GHz，时间分辨率为 ±1 ns。为了提高时间分辨率，通常还要配合使用内插法，对小于一个时钟周期时间间隔进行精确测定。常用的内插方法有时间扩展内插法、时幅变换内插法。

2. 游标尺计时器

游标尺计时器是一种常用测量短时间间隔的方法。其工作原理类似于机械游标卡尺，图 9.44 给出它的电路原理框图。

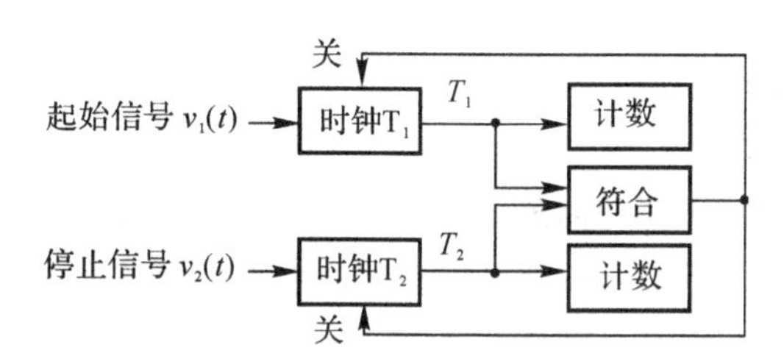


图 9.44　游标尺计时器原理框图

时钟 $T_1$ 的周期为 $T_1$，时钟 $T_2$ 的周期为 $T_2$，$T_1$ 稍大于 $T_2$。起始信号 $v_1$ 和停止信号 $v_2$ 分别启动时钟 $T_1$ 和时钟 $T_2$，$T_1$ 输出和 $T_2$ 输出送到符合电路中进行符合测量。当 $T_1$ 脉冲和 $T_2$ 脉冲相符合时，符合电路输出关门信号使时钟 $T_1$ 和时钟 $T_2$ 停止振荡。它们的工作波形如图 9.45 所示。

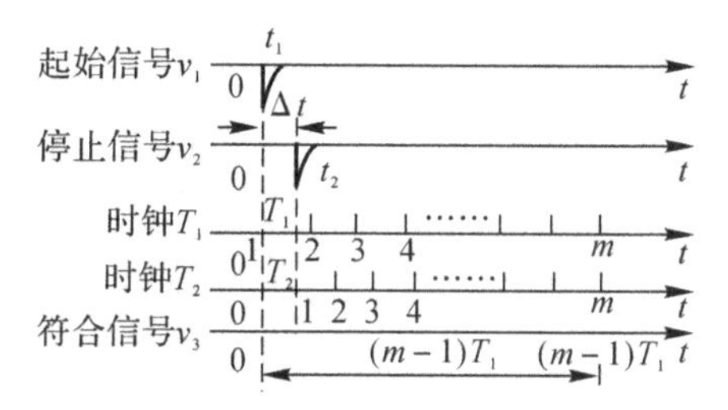


图 9.45　游标尺计时器工作波形

设起始信号 $v_1$ 和停止信号 $v_2$ 之间的时间间隔为 $\Delta t$，则时钟 $T_1$ 的第 1 号脉冲和时钟 $T_2$ 的第 1 号脉冲之间的时间间隔为 $\Delta t$。由于 $T_1$ 和 $T_2$ 之间的时间差 $\Delta T = T_1 - T_2$，所以每经过一个时钟周期，时钟 $T_1$ 和 $T_2$ 脉冲之间的间距就缩短一个 $\Delta T$。$T_1$ 和 $T_2$ 的第 2 号脉冲之间的时间间隔为 $(\Delta t - \Delta T)$。同理，$T_1$ 和 $T_2$ 的第 3 号脉冲之间的时间间隔为 $(\Delta t - 2\Delta T)$，第 4 号为 $(\Delta t - 3\Delta T)$，…以此类推，直到 $T_1$ 和 $T_2$ 的第 $m$ 号脉冲之间的时间间隔 $[(\Delta t - (m-1)\Delta \mathrm{T}]$ 等于零为止。此时，$T_1$ 的第 $m$ 号脉冲和 $T_2$ 的第 $m$ 号脉冲完全重合，因此在符合电路中产生符合输出信号，使时钟 $T_1$ 和 $T_2$ 停止振荡，并且在计数器中记录脉冲数为 $m$。

由此可得

$$\Delta t-(m-1)\Delta T=0$$

由上式则可得到待测的时间间隔 $\Delta t$ 为

$$\Delta t=(m-1)\Delta T \tag{9.9}$$

并且可表成为

$$m-1=\frac{\Delta t}{\Delta T} \tag{9.10}$$

上式表明，只要计数 $m$ 减 1，则时间间隔 $\Delta t$ 与 $m$ 成正比，从而完成时间-数字变换。

被测时间 $\Delta t$ 是以时间道宽 $\Delta T$ 来测量的。两个时钟周期差 $\Delta T$ 可以比时钟周期 $T_1$，$T_2$ 小两个数量级，所以数字 $m$ 很小时，同样可以测量很小的时间间隔。利用游标尺原理可以用较低的时钟频率和较慢的计数器得到比计数式时间数字变换分辨能力高得多的时数变换器。当然，时钟周期 $T_1$，$T_2$ 要极稳定，否则会产生很大的误差。

由图 9.45 可知，被测的时差 $\Delta t$ 需要经过 $(m-1)T_1$ 时间后产生符合输出，得到测量结果，所以每一次测量所花费的时间(即死时间) $T_d$ 为

$$T_d=(m-1)T_1 \tag{9.11}$$

因此游标尺计时器是把短时间间隔 $\Delta t$ 放大变换为较长的时间间隔 $(m-1)T_1$ 进行测量的。这类似于一个时间放大器。可以定义一个时间放大倍数 $A_T$：

$$A_T=\frac{(m-1)T_1}{\Delta t}=\frac{T_1}{T_1-T_2}=\frac{T_1}{\Delta T} \tag{9.12}$$

用游标尺法时数变换能将时间间隔放大 $A_T$ 倍，$\Delta T$ 越小，$A_T$ 越大，时间分辨率越高。

例如，设 $T_1=300\ \text{ns}$，$T_2=299\ \text{ns}$，则 $\Delta T=T_1-T_2=1\ \text{ns}$。可求得时间放大倍数 $A_T=300$。若 $m$ 为 300(300 道)，则死时间 $t_d\approx 90\ \mu\text{s}$。

以上分析是在被测时间间隔 $\Delta t<T_1$ 时得到的，所以两个计数器记录的脉冲数相等：$m_1=m_2=m$。如果被测时间间隔 $\Delta t>T_1$，则两个计数器记录的脉冲数分别为 $m_1$ 和 $m_2$，$m_1\neq m_2$，由此可得到时间间隔 $\Delta t$：

$$\Delta t=(m_1-m_2)T_1+(m_2-1)(T_1-T_2) \tag{9.13}$$

游标尺计时器时数变换的线性好，稳定性好，道宽小时精度也很高。它的电子学时间分辨率达到 8 ps。其主要缺点是测量死时间很大，为了测量时差 $\Delta t$，需要 $A_T\Delta t$ 的测量时间。另外，道宽调节不方便。

3. 内插时数变换

计数式时间-数字变换的时间分辨不高的缺点，除了用游标尺方法提高外，还可以用内插法解决。这种方法称为内插时数变换。内插时数变换的一般原理如图 9.46 所示。

设起始信号和停止信号之间的时间间隔为 $\Delta t$，时钟周期为 $T_0$，则 $\Delta t$ 可表示为

$$\Delta t=\Delta t_1+T_0+\Delta t_2$$

上式中 $T_0$ 部分可由直接计数法测量，即用计数器记录时钟脉冲的整数周期。而 $\Delta t_1$ 和 $\Delta t_2$ 分别表示起始脉冲与它后面的第一个时钟脉冲之间的时间间隔，以及停止脉冲与它前面相邻的时钟脉冲之间的时间间隔。显然，$\Delta t_1$ 和 $\Delta t_2$ 都小于一个时钟周期，直接计数法不能测定它们。用内插法可以精细测量时钟脉冲与起、停脉冲之间小于时钟周期的时差，提高时间分

辨率。

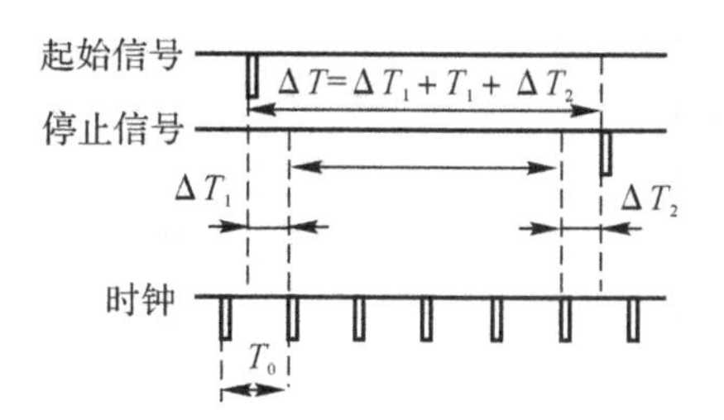


图 9.46　内插法测量 $\Delta T_1$ 和 $\Delta T_2$

(1) 时间扩展内插时数变换。所谓时间扩展方法是利用充电和放电电流不同来扩大时间间隔。设在起始信号-停止信号时间间隔中，恒定电流 $I_1$ 对电容 $C$ 充电。充电完毕后，电容 $C$ 用恒定电流 $I_2$ 放电。放电电流 $I_2$ 是充电电流 $I_1$ 的 $K$ 倍，即

$$K=\frac{I_2}{I_1} \tag{9.14}$$

则放电时间是充电时间的 $K$ 倍，因此时间间隔被扩展了 $K$ 倍，所以称为时间扩展。

图 9.47 给出了时间扩展原理和工作波形图。静态时，开关 S 处于断开状态，恒流源 $I_2$ 不通，而恒流源 $I_1$ 电流通过比较器的输入端，$v_C$ 为高电平。当起始脉冲到来时，开关 S 接通，电容 $C$ 通过恒定电流 $(I_2-I_1)$ 放电，电容 $C$ 上的电压 $v_C$ 直线地迅速下降。比较器输出电压 $v_C$ 跳变成高电平。当停止脉冲到来时，S 又断开，恒流 $I_1$ 又给电容 $C$ 恒流充电。因为 $I_1 \ll I_2$，所以 $v_C$ 的上升速率要比下降速率缓慢得多。当 $v_C$ 上升到高于参考电压时，比较器输出电压 $v_C$ 又跳回到低电平。比较器在 $(t_2-t_0)$ 期间输出高电平，检测了从开始放电到继之而来的充电到静态电平之间的时间间隔。

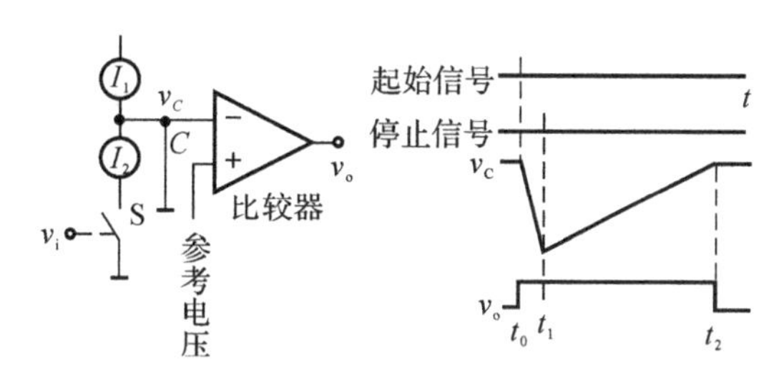


图 9.47　时间扩展法原理

由图 9.47 的 $v_C$ 波形可知：

$$(I_2-I_1)(t_1-t_0)=I_1(t_2-t_1) \tag{9.15}$$

则可得到：

$$t_2-t_0=\frac{I_2}{I_1}(t_1-t_0) \tag{9.16}$$

上式中，$(t_1-t_0)$ 为待测的起始信号-停止信号时间间隔，$(t_2-t_0)$ 是比较器输出脉冲 $v_o$ 的宽度。$I_1$ 和 $I_2$ 已知，因此由 $(t_2-t_0)$ 可以测出 $(t_1-t_0)$ 的大小。

因为设计的 $K=I_2/I_1$ 可以很大，这样一来，$(t_2-t_0)$ 比 $(t_1-t_0)$ 就大得多。对于一定的时钟频率，扩展倍数 $K$ 越大，则时间分辨率越小。用这种时间扩展法可以把时间分辨率做到10 ps 以下。

这种时间扩展方法的精度决定于恒定电流的稳定性，所以 $K$ 不能做得太大，一般为 1 000 左右。同时，当 $K$ 很大时，相应的变换死时间也成比例地增加，从图 9.47 的 $v_C$ 波形可以看到这一点。因此，在实际设计中要根据时间分辨率和死时间的要求适当地选用扩展倍数。

(2)时幅变换内插时数变换。由于起停型时幅变换具有时间分辨率好、道宽小的特点，适合于小时间间隔测量，因此，可以用时数变换器测量时间间隔为时钟周期的整数周期部分。而用时幅变换器作为时数变换器的内插电路，测量小于一个时钟周期的时间间隔部分。这种方法称为时幅变换内插时数变换。图 9.48 给出了时幅变换内插时数变换方法的工作波形。

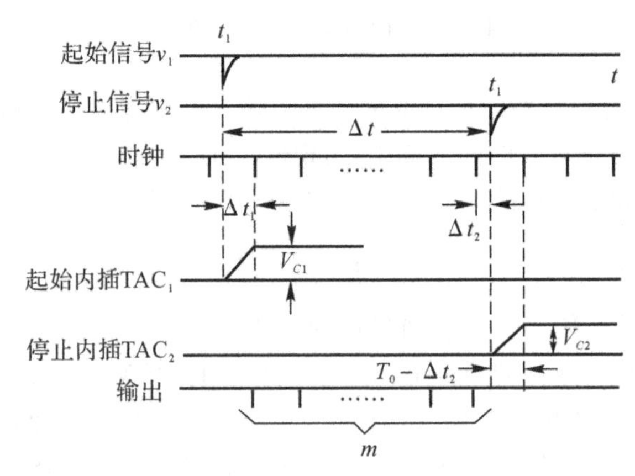


图 9.48　时幅变换内插时数变换器工作波形

设时钟周期为 $T_0$，起始信号 $v_1$ 与停止信号 $v_2$ 之间的时间间隔 $\Delta t$ 中包含时钟脉冲的整数 $m$。$\Delta t$ 可以表达为

$$\Delta t = (m-1)T_0 + \Delta t_1 + \Delta t_2 \tag{9.17}$$

$m$ 个时钟脉冲中有$(m-1)$个时钟周期，$\Delta t_1$ 是起始信号与第一个时钟脉冲之间的时间间隔，$\Delta t_2$ 是停止信号与最后一个时钟脉冲之间的时间间隔。$\Delta t_1$ 和 $\Delta t_2$ 都不足一个时钟周期，可以用时幅变换器内插进行精确测量。

$\Delta t_1$ 用时幅变换器 $TAC_1$ 变换成电压幅度 $V_{C1}$，$TAC_1$ 称之为起始内插时幅变换器。而$(T_0-\Delta t_2)$用另一个时幅变换器 $TAC_2$ 变换成幅度 $V_{C2}$，$TAC_2$ 称为停止内插时幅变换器。$TAC_1$ 和 $TAC_2$ 变换所得的幅度 $V_{C1}$ 和 $V_{C2}$ 再由模/数变换器变换成数码 $m_1$ 和 $m_2$。$m_1$ 与 $\Delta t_1$ 成正比，$m_2$ 与$(T_0-\Delta t_2)$成正比。

设变换系数为 $K$，相应的时间道宽为 $T_0/K$，则 $\Delta t_1$ 和 $\Delta t_2$ 为

$$\Delta t_1 = m_1 \frac{T_0}{K}$$

$$\Delta t_2 = m_2 \frac{T_0}{K}$$

则式(9.17)成为

$$\Delta t = (Km + m_1 + m_2)\frac{T_0}{K} \tag{9.18}$$

从式(9.18)可以看到，对于小的时间间隔 $\Delta t_1$ 和 $\Delta t_2$，时间道宽为 $T_0/K$，这相当于把原来的时间道宽 $T_0$ 减小至原来的 $1/K$，从而大大提高了测量精度。

时幅变换内插时数变换具有时数变换器和时幅变换器两者的优点，即具有动态范围大和

道宽小的特点，而且不需要时钟脉冲和起停信号之间的恒定相位关系，所以可使用自激振荡器时钟，以便采用高稳定性的石英振荡器时钟，从而提高工作的稳定性。但是，小时间间隔的时间道宽 $T_0/K$ 的稳定性却由时幅变换器的变换稳定性决定，所以要求稳定的时幅变换。

4. 时间变换方法的比较

上面介绍了几种时间变换方法：起停型时幅变换、重叠型时幅变换、计数式时数变换、游标尺时数变换、时间扩展内插时数变换、时幅变换内插时数变换。当然，还有其他的时间变换方法，而且时间量的变换方法还在继续发展中。上述各种变换方法有不同的特点，适合于不同的用途，它们的主要特性指标比较见表 9.5。

**表 9.5　时间量变换方法比较**

| 特　性 | 类　型 | | | | | |
|---|---|---|---|---|---|---|
| | 计数式时数变换器 | 游标尺时数变换器 | 起停型时幅变换器 | 重叠型时幅变换器 | 时幅变换内插时数变换 | 时间扩展内插时数变换 |
| 动态范围 | 无限制 | 无限制 | 无限制 | 小 | 大 | 大 |
| 最小道宽（时间分辨） | 约 1 ns | 几皮秒 | 几皮秒 | 小 | 0.2 ps | 几皮秒 |
| 道宽可调性 | 方便 | 不方便 | 方便 | 不方便 | 方便 | 方便 |
| 变换稳定性 | 好 | 好 | 不如时数变换 | 不如时数变换 | 由时幅变换定 | 由恒流源定 |
| 积分线性 | 好 | 好 | 好 | 不好 | 好 | 好 |
| 变换速度（死时间） | 快 | 慢（$mT$） | 比重叠型慢 | 快 | 比重叠型快 | 不快 |

### 9.5.3　上升时间-幅度变换

上升时间-幅度变换也是一种时间量变换，此时待测的时间间隔为脉冲信号的上升时间。当然，此处所指的上升时间可以是脉冲前沿的任何部分，例如，它可以是从脉冲幅度 10%～90%的时间间隔（通常上升时间的定义），也可以是其中任何一部分的时间间隔。

由上升时间-幅度变换器与脉冲幅度分析器可以组成上升时间分析器。上升时间分析器用来研究输入信号上升时间的分布，尤其是核辐射探测器输出信号的波形分布（波形甄别）。探测器输出信号的上升时间差异由以下几种原因产生：①探测器的种类或结构不同；②入射粒子的种类、位置、方向不同；③计数率过高发生堆积；等等。因此利用信号上升时间差异可以去掉某些干扰信号，由此提高测量精度、改进探测器的工艺结构、改进系统组成等。

# 第 10 章　核脉冲计数设备

## 10.1　概　　述

在核电子学测量系统中，核辐射探测器输出的信号在经过特定的信号处理电路后，通常都要转换成数字信号，再经过数据的收集和针对性处理，给出最终的测量结果。这些方法的实现自然需要相应的仪器和设备支持。

脉冲信号计数是核电子学最基本的测量方法，也是最简单的数据获取工作方式。核辐射探测器输出的脉冲信号数目与被探测的辐射强度成正比，这样，通过记录单位时间内的脉冲数目就可以测量核辐射强度。在幅度分析和时间分析中，也常用计数设备来测量某一类信号的计数率。例如，测量幅度在某一范围内的信号计数率，测量在时间上符合的信号计数率等。

图 10.1 给出了三种核脉冲计数系统的方框图。探测器的输出信号通常都经过前置放大器和主放大器后进行分析和记录，也可根据测量要求加入各种信号处理电路（如单道分析器和符合电路），输出数字脉冲，最后由计数设备加以记录。

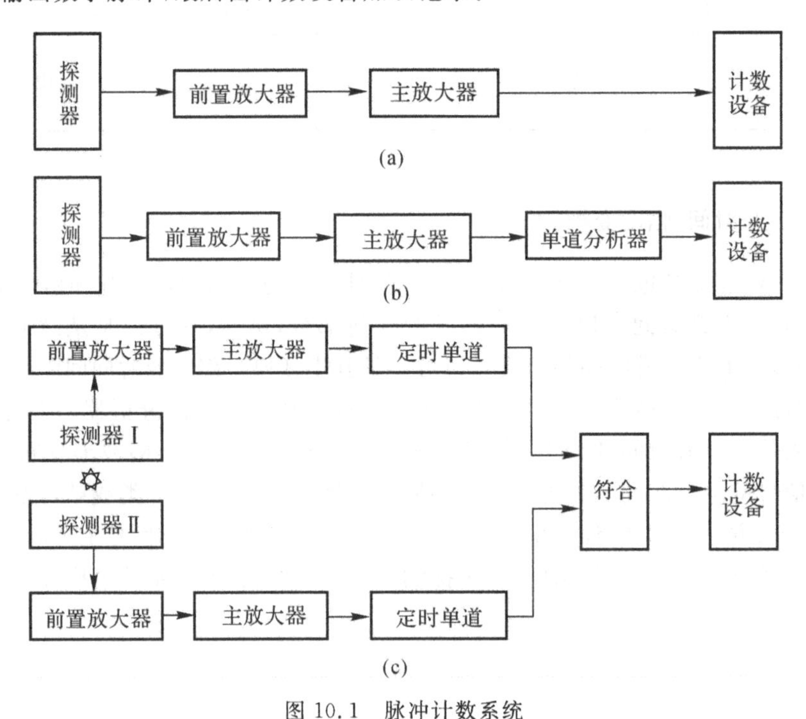


图 10.1　脉冲计数系统

(a)简单的计数系统；(b)单道计数系统；(c)符合计数系统

常用的计数设备有定标器和计数率计。定标器是加有特殊电路的计数器，用来记录在一定时间间隔内的输入脉冲数目。计数率计也称为率表，用于直接指示输入信号的计数率，它能直接给出单位时间内的平均脉冲数。

## 10.2　定　标　器

### 10.2.1　定标器的工作原理

定标器是一种最早开始使用的核辐射测量仪器。近代的定标器一般都具有自动操作和自动控制的计数功能，能精确记录任意选定时间内的脉冲计数，并可以直接显示或输出测量结果。定标器的原理框图如图 10.2 所示。它包括输入电路、计数电路、定时电路和控制电路等部分，多数单机式定标器都带有低压稳压电源和供探头使用的高压稳压电源。实际定标器框图如图 10.3 所示。

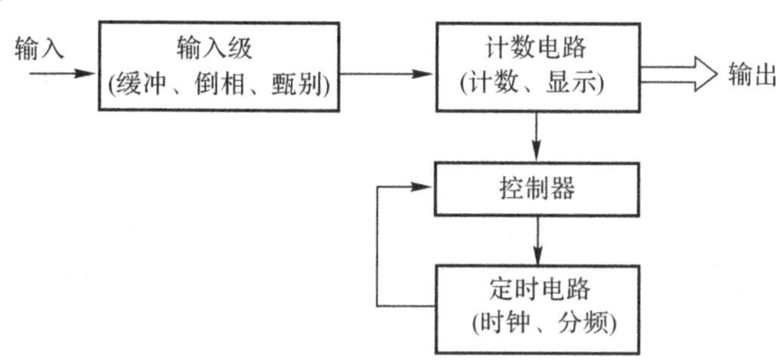


图 10.2　定标器的原理框图

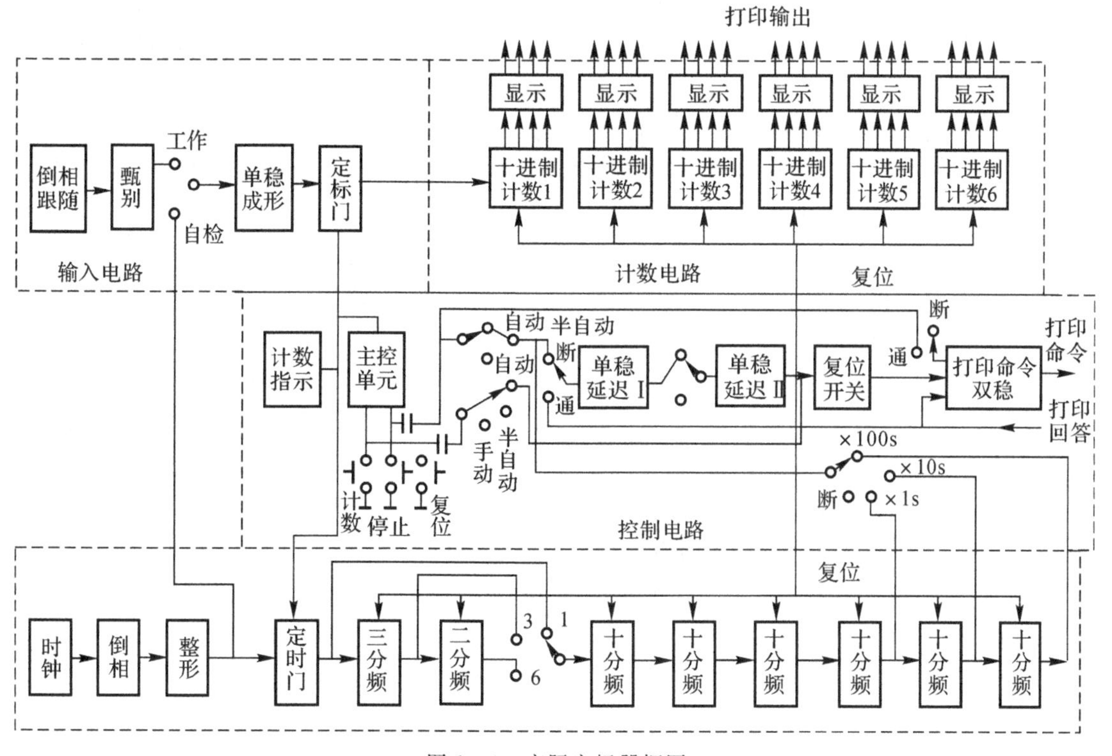


图 10.3　实际定标器框图

定标器的输入电路通常由倒相、甄别与成形等电路组成，用于将不同幅度、不同宽度和不同极性的输入信号成形为适合于触发计数电路的脉冲(通常幅度为 3 V，脉冲宽度为数百纳秒到数百微秒)。适当调整甄别阈可剔除小的干扰脉冲和噪声。定标门由控制电路控制，计数开始时打开、计数结束时关闭。在“自检”方式时，内部产生 10 kHz 的时钟信号送到计数电路做检验。

计数电路是定标器的主要部分，它用来累计输入脉冲的数目，一般都由多级十进制计数单元构成，前级采用 ECL 高速计数电路，中、后级采用 MOS 或 TTL 集成计数电路。计数电路的计数容量多为 $10^6-1$，因此，由六级十进制计数单元组成。也有的计数电路，其计数容量为 $10^{24}-1$，即约为 $1.7\times10^7$，一般不再需要考虑定标器的计数溢出。通常都带有的译码显示电路，可直接显示测量结果，有的还配备输出接口，供配套打印机打印结果。

定时电路的作用是根据测量工作的需要设定测量时间(计数时间间隔)，它包括作为时间基准的石英晶体振荡器和分频电路，即用频率稳定的时钟信号周期计时，由于石英晶体振荡器产生的时钟信号的周期太短，必须用分频器将高频时钟变为低频时钟。例如频率为 10 kHz 的时钟信号(周期为 100 μs)经过六级十分频电路就变成周期为 100 s 的时钟信号，也就是说，从开始计数到六级十分频电路有输出的时间间隔正好是 100 s。这可作为定标器的计数测量时间。

控制电路是由双稳态触发器及逻辑门电路构成的主控单元，以及用作延时的单稳态电路和复位电路等组成。用以控制整个仪器在各种方式下工作，如手动计数、半自动计数、自动计数等，还可以预置定时计数或定数计时的功能，测量在选定时间内的输入脉冲数目或测量选定脉冲数目所需要的时间。

主控单元可输出两种电平，作为计数门(定标门)和定时门的开门和关门控制信号。

在手动工作方式，“计数”“停止”“复位”均用手动按钮。先按下手动“计数”，主控单元发出开门信号，同时打开计数门和定时门，计数显示电路开始记录输入脉冲的数目，到一定时间以后，按下手动“停止”按钮，主控单元发出关门信号，关闭计数门和定时门，记下显示的脉冲数，再按下手动“复位”按钮，使计数电路和定时电路复“0”状态，准备开始第二次测量。在手动方式，定时电路实际上是不起作用的。

在半自动工作方式，开始计数仍用手动“计数”按钮，计数测量时间到达预先选定的时间时，从分频电路输出一个定时信号，使主控单元改变状态，关闭计数门和定时门，计数停止，记录显示脉冲数。“复位”操作仍用手动方式。

自动工作方式，按下一次“计数”按钮后，仪器即可自动计数，自动停止，自动复位，再计数，反复循环。第一次测量时，按手动“计数”按钮，仪器开始计数，经过预先选定的测量时间后自动停止计数。分频电路输出的定时信号除了送到主控单元外还送到单稳延时电路(Ⅰ)，延迟一段时间(为 5～10 s，注意：必须在此时间内记录脉冲数，否则将被复“0”)后，信号送至复位电路，使整个仪器状态复“0”；单稳延时电路(Ⅰ)触发的单稳延时电路(Ⅱ)，在延时一段时间(为 1～2 s)后，发出再计数信号送至主控单元，开始第二次计数。此外，可以由外加控制信号计数的开始和停止。

### 10.2.2 定标器实例

这里介绍一种插件式定标器——BH1220 自动定标器，这是一种采用中规模集成电路的通用核子插件，配合相应探头及设备，可进行 α 粒子、β 粒子、γ 射线等放射性计数测量，也可用作一般的频率计。与打印机（FH - 464，GLS - 1 型或兼容机型）联配可实现数据自动打印记录。

1. 仪器电路组成。

仪器电路由输入电路、计数电路、时控电路、自动显示电路、开机复位电路等组成。

2. 工作原理

(1)输入电路：其包括倒相器、跟随器、甄别器、成形器等。信号经×1，×5 衰减器，极性选择开关后，由 $T_1$ 倒相，$T_2$ 跟随器、进入甄别器 FC82C 的 10 端，经甄别后，输出信号再经过 74LS121 的成形，可得到规范的计数信号。

(2)计数电路：共六级，最高计数 999 999，第一级是快定标单元，由 CLH102(四合一)光电组合件构成，其最高计数率大于 $2.5\times10^6\ s^{-1}$，第二级至第六级由 CL102(四合一)光电组合件构成，其最高计数率大于 $0.2\times10^6\ s^{-1}$。

(3)时控电路：时钟信号由 32 768 Hz 晶振、$C10$(频偏调整电容)、$C11$、$C12$ 和 5C702(1，4 端并联晶振)构成产生，一路从 $C12$ 输出自检信号，从 IC9 的 12 端输出，经 IC2 进入计数器；另一路由 5C702 的 12 和 13 端输出经 IC16 或门叠加产生 1Hz 的信号，然后经 IC15(计数门)送至分频电路；三个 C210(IC6，IC7，IC8)构成三级十分频电路，并与 IC13(C217)时序电路实现 $K\times10^n$ s 的定时(其中 $K$ 为 1～9，由 C217 与拨轮 K9 联合分配，而 $n$ 为 0～3，由 $C210$ 与拨轮 K6 配合)。可根据要求设定测量时间，当预置时间到后，$C217$ 输出正跳变，并经 IC16 和 IC19 加至主控单元 IC18，置“0”，随后关闭定时门(IC15)和计数门(IC21，IC2)，计数停止。等待下一次启动。

自动循环电路由另一个 C217(IC14)时序电路控制，其 R(15)端受主控双稳态和辅控双稳态的控制，当 IC21 的 11 端高电平时，C217(IC14)关闭，置“0”时打开，而 IC14 的信号端由秒脉冲(1 Hz)控制，当定时结束且打印机打印完后，C217 打开，并在预置的显示时间(4 s)后，输出一正跳变，其前沿触发复位电路，使整机复位，相隔 1 s 后，其后沿将主控双稳态重新置“1”，继续第二个循环。

开机复位电路由 IC19 的一个门及电阻 $R_{44}$，$R_{45}$，电容 $C_{23}$ 组成，开机瞬间，电容 $C_{23}$ 不能立刻充到高电平，使得 IC19 的 9 端仍为低电平，则 $R$ 为“1”电平，整机复位；当 $C$ 逐渐充电，使 IC19 的 9 为高电平时，$R$ 为“0”电平。

$$总逻辑时间=计数时间+显示时间+复位时间+1\ s$$

或

$$T=K\times10^n+k_1+2\ s$$

式中：$n=0\sim3$，$K=1\sim9$ s，$k_1=4$ s。

(4)打印控制系统：定时结束后，通过打印开关送给 IC20 一个负跳变信号，发生翻转，翻转产生的正跳变信号一方面使 IC14 关闭，另一方面送给 IC12 的 11 端，经成形，驱动后，输出大于 3 V 的正脉冲命令信号至打印机。打印完毕，打印机输出一负跳变信号，使 IC20 的 11 翻转，打开 IC14。

工作时序如图 10.4 所示。

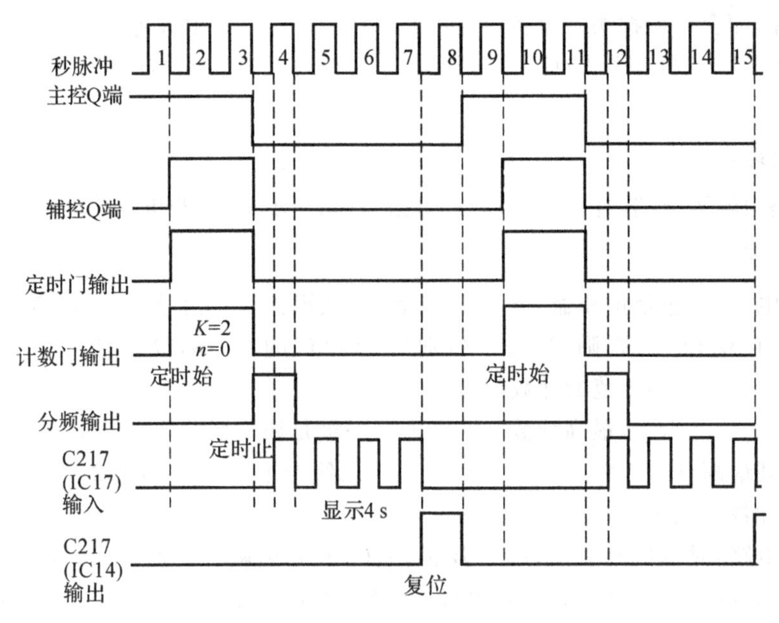


图 10.4　定标器工作时序

# 10.3　计数率计

计数率计又称率表，能直接显示输入脉冲的计数率。在核辐射测量中，用于连续测量辐射强度，直接指示计数率的变化。通常使用的计数率计是线性计数率计，有模拟式和数字式的，前者的输出对应的是正比于输入脉冲计数率的模拟电压或电流信号，它由模拟电路和指针式电表构成，虽然其测量精度不高，单电路结构简单，并能连续指示，适用于直接驱动记录仪表和控制系统，因此目前使用仍然很广；后者则给出正比于输入脉冲计数率的数字脉冲，其电路结构较为复杂，但测量精度高，功能多，随着微电子技术的发展，必然将替代模拟式的计数率计。另外还有一种对数刻度的计数率计，其输出电压和输入脉冲计数率的对数成正比，使测量范围达到几个数量级而无须换挡。

## 10.3.1　模拟式线性计数率计

模拟式线性计数率计的组成如图 10.5 所示，由输入脉冲成形电路、*RC* 积分电路和测量指示电路等构成。

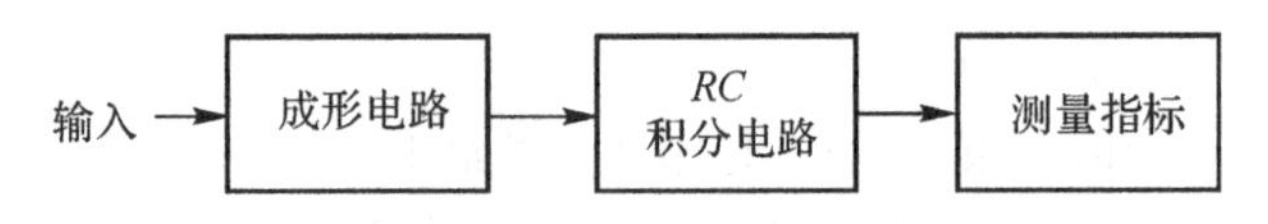


图 10.5　模拟式线性计数率计组成

从核辐射探测器获取的信号脉冲幅度和波形各不相同，在测量脉冲计数率时，为了不受幅度、脉宽等参数的影响，需要将每个脉冲通过成形电路变换成恒定幅度和宽度的电流脉冲，然后经过 *RC* 积分电路，输出与输入的计数率成正比的电平，最终由测量显示电路给出计数率的读数。

(1) 下面讨论 $RC$ 电路测量脉冲计数率的原理。图 10.6 给出了一个简单的 $RC$ 积分电路，这里假定电流源提供平均计数率为 $n$ 的输入电流脉冲，每个电流脉冲 $i_i(t)$ 已经成形为恒定的幅度和宽度，它包含的电荷量为 $Q$。可以看出，每来一个脉冲，电容两端即充有电荷 $Q$，因为充电速率与平均计数率相同，均为 $n$，所以单位时间内电容上的充电电荷为 $nQ$，电容 $C$ 上的电荷同时会通过电阻 $R$ 泄放。当电容充放电达到平衡时，从输入加到电容上的充电电流将等于流过电阻 $R$ 的放电电流 $\bar{I}_o$，即

$$\bar{I}_o = nQ \propto n \tag{10.1}$$

用指针式电表指示这个电流值，读数就正比于输入脉冲计数率 $n$，这个电流在 $R$ 上产生的压降的平均值为

$$\bar{V}_o = nQR \tag{10.2}$$

因此也可以从电压表读出脉冲计数率 $n$。由于输入脉冲在时间上服从随机分布，输出电压或电流将围绕平均值涨落，电表指针会围绕平均值摆动，为了减少这种涨落，要求满足 $RC \gg 1/n$ 的条件。

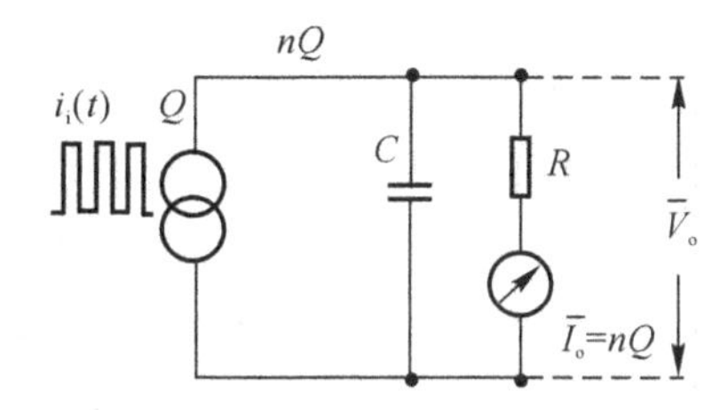


图 10.6　用 $RC$ 电路测量计数率原理

(2) 下面介绍几种实际使用的计数率计电路。

1) 二极管泵电路。对于成形后的电压脉冲，最早采用两个二极管组成的泵电路产生电流脉冲 $i_i(t)$，加到 $RC$ 积分电路来测量计数率。如图 10.7 所示，由二极管 $D_1$ 和 $D_2$、定量电容 $C_1$、积分电容 $C$ 及电阻 $R$ 组成。图中 $R_i$ 为信号源内阻。

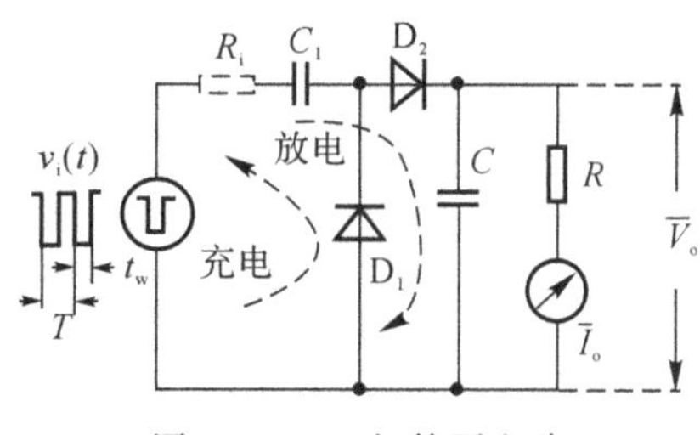


图 10.7　二极管泵电路

起始时，电容 $C_1$ 及 $C$ 上均无电荷，当输入脉冲 $v_1(t)$ 负向跳变时，它通过内阻 $R_i$ 及 $D_1$ 向 $C_1$ 充电，只要输入脉冲宽度 $t_W > 5R_iC_1$，电容 $C_1$ 两端的电压就可以充到幅度 $v_i$(忽略二极管正向压降)；$C_1$ 上的充电电荷 $Q_i = C_1 v_i$，在输入脉冲过去后，$D_1$ 截止，$C_1$ 上的电荷经 $D_2$ 和 $C$ 放电，通常有 $C \gg C_1$，放电常数也为 $R_iC_1$，只要前后两个脉冲间隔 $T - t_W \gg 5R_1C_1$，$C_1$ 放电到稳态，原先充储在 $C_1$ 上的电荷重新分配到电容 $C$，$C$ 在每次充电后，它的两端电压即升高，如果 $C$ 及 $R$ 两端的电压降为 $\bar{v}_o$，$C_1$ 放电到稳态时也为 $\bar{v}_o$ 值，则每次从电容 $C_1$ 转移到 $C$ 的电荷 $Q$ 为($v_i$ −

$\bar{v}_o)C_1$。由于$\bar{v}_o$的存在，每次在$C$上电荷的增量$Q$随着$\bar{v}_o$的增加而减少，不是一个恒定的量。但随着输入脉冲的不断到来，$C_1$总是不断地被充电和放电，而$C_1$上电荷则不断积累，就如同用水泵汲水一样，使输出电压不断升高，故称为泵电路。

2）改进型线性计数率计泵电路。从原理上讲，若使每次脉冲到来时，$C$上的电荷增量为一恒定值，即不受$\bar{v}_o$的影响，就可使输出后$\bar{v}_o$与$n$为线性关系。通常采用两种方法：一是使$(v_i-\bar{v}_o)$保持恒定，让$v_i$随$\bar{v}_o$的增大而增大；另一种方法是使$C_1$上$\bar{v}_o$的变化不参与$v_i$对$C_1$和$C$的充电过程。根据这些原理可设计出不同类型的改进型线性计数率计泵电路。

a. 直接充电型三极管泵电路。如图10.8(a)所示，用三极管T代替二极管泵电路中的$D_1$，它是按照第一种方法设计的，采用自举电路，使A点的电位随$\bar{v}_o$的升高而升高，保证每次脉冲使$C_1$充电电压增大$\bar{v}_o$，$C_1$通过T对其充电所达到的电压为$v_i+\bar{v}_o$，若忽略三极管发射结的导通压降和$D_2$的正向导通压降，则每次输入一个脉冲后，传送到$C_1$上的电荷$Q$为$C_1(v_i+\bar{v}_o-\bar{v}_o)=C_1v_i$，即不受$\bar{v}_o$的影响，使$\bar{v}_o$与$n$有线性关系。

b. 密勒积分型泵电路。如图10.8(b)所示，它是按照第二种方法设计的电路，利用运算放大器构成密勒积分器，A点电位始终接近于零(虚地)，使输出$\bar{v}_o$的变化与$v_i$对$C_1$和$C$的充电几乎无关，每次脉冲作用时，$C$上电荷增量恒定，而对$i_i(t)$流入的电路而言，$R$减小至原来的$1/A$，$C$增大$A$倍，时间常数$RC$保持不变。

c. 电荷转移型三极管泵电路。如图10.8(c)所示，利用具有隔离作用的共基极电路作为恒流源代替$D_2$。输入脉冲对$C_1$充电时仍通过$D_1$，放电则通过晶体管T，T的集电极输出电阻很大，可等效为恒流源，输出电流$i_i(t)$基本上不受$\bar{v}_o$数值的影响。$C_1$上的起始压降为$E$，通过$D_1$充电到$v_i+E$，放电后仍旧达稳定值$E$，每个输入脉冲对充电电荷为$C_1(v_i+E-E)=C_1v_i$，故由集电极输出的每个电流脉冲的电荷为$\alpha Q\approx Q=C_1v_i$($\alpha$为T的共基极电流放大倍数)与$\bar{v}_o$无关。

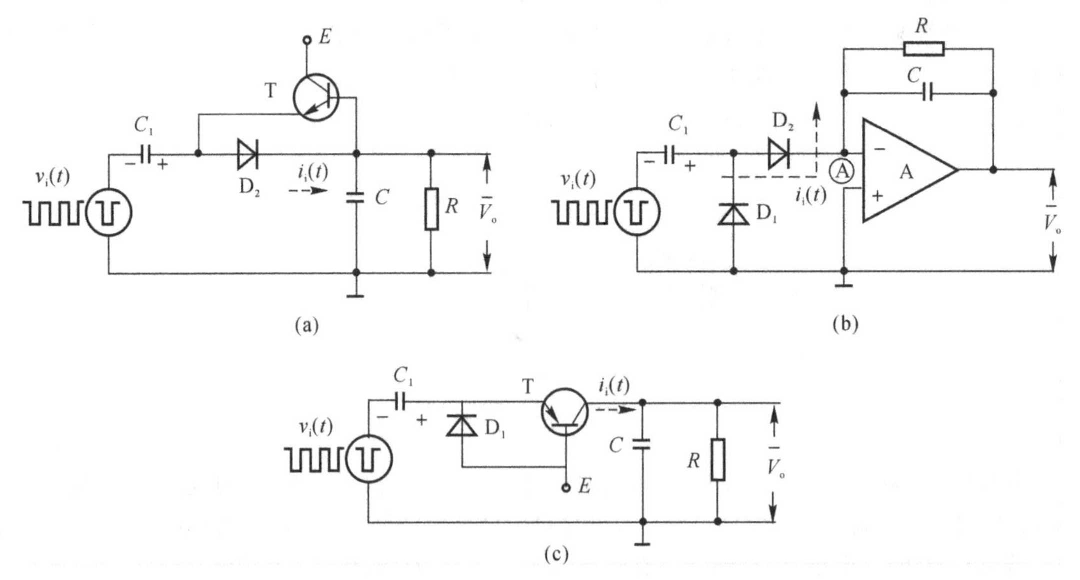


图10.8　改进型线性计数率计泵电路

(a)直接充电型；(b)密勒积分型；(c)电荷转移型

### 10.3.2　线性计数率计插件实例

图 10.9 给出了一个线性率表插件的实际电路。它采用密勒积分型泵电路结构，并包括甄别、成形、驱动级和输出指示电路（可采用电表显示或配接记录仪）。$T_1$，$T_2$ 构成截止差分放大器，作为甄别器，阈值大于 1 V，用以剔除输入信号中的幅值小于 1 V 的干扰和噪声，减少假计数。$T_3$ 为跟随器，发射极接稳压管起电平移动作用，与后级 $G_1$ 相配合，$G_1$ 构成双稳态触发器，用于成形，并利用它的二分频，可提高电路的分辨能力和扩展量程。$T_4$ 也是一个截止放大器，或称反向饱和开关，它把双稳态输出脉冲的幅度放大到接近偏置电压值，以驱动积分器，用运算放大器 $G_2$ 构成有源积分器，以改善泵电路的线性，积分器输出电压通过 1 mA 表头指示，并可输出 0 ～ 10 mV 的电压，供记录仪描谱用。输出电压$\bar{v}_o$与输入脉冲计数率 $n$ 呈线性关系，可表示为

$$\bar{v}_o = nRC_1 v_i$$

式中：$n$—— 双稳态输出的脉冲计数率；

$C_1$—— 定量电容；

$R$—— 积分器电阻；

$v_i$—— 驱动器输出的脉冲幅度。

$K''_1$ 为计数率量程开关。量程的调节可以通过改变 $v_i$，$C_1$ 和 $R$ 完成，但最方便的是本电路所采用的调节 $C_1$ 的方法实现，本电路的量程为 $0 \sim 10^5/\mathrm{s}$，在此范围内又可分 9 挡。量程的校准是通过改变 $v_i$ 来实现的，$K'_1$ 和 $K''_1$ 同调，更换校准电位器 $W_{1\sim9}$ 的开关，用来校准各量程的满刻度。$K_2$ 是读数建立时间选择开关，以折中选择读数建立时间和相对统计偏差，时间常数的改变只能通过调节积分电容 $C$ 来实现，因为改变积分电阻 $R$ 会引起灵敏度的变化。$K_3$ 是还原开关，按下 $K_3$，$C$ 迅速放电，电表立即回零。

在实际运用中，还应了解计数率计的各种因素引起的误差，通常包括非线性误差、表头误差、统计误差和漏记误差等。其中，非线性误差和表头误差主要由电路本身决定，在低计数率时，统计误差是计数率计的主要测量误差，在读数建立时间一定时，相对统计偏差随 $n$ 增加而减小，漏记误差在低计数率时影响很小，可以忽略，而在高计数率时，它所造成的计数损失则成为测量的主要误差。

与定标器的工作情况相类似，为了减小漏记误差，要求分辨时间尽可能小。计数率计的分辨时间主要取决于输入端成形电路的分辨时间，一种有效的改善分辨的方法是在泵电路前加入计数电路，对随机信号进行分频，这样虽然使记录到的计数率降低，但分频后的脉冲间隔时间趋于“均匀化”，漏记误差自然会减小。在图 10.9 所示的实际电路中，用一级双稳态触发器进行二分频，可以减少计数损失，即在低计数率下加入双稳态触发器也是可取的。由双稳成形后的输出脉冲宽度能自动适应整个测量范围的不同要求，因为泵电路对输入脉冲宽度的要求是 $t_W \gg R_i C_1$ 和 $T - t_W \gg 5R_i C_1$，在低计数率时，对应 $n$ 值小的量程则要选用大的 $C_1$ 值，但此时输入脉冲间的时间间隔较大，双稳成形后的脉宽也变宽，满足上述要求，不像用其他成形电路（如单稳成形）在变换量程时要求变换脉冲宽度。

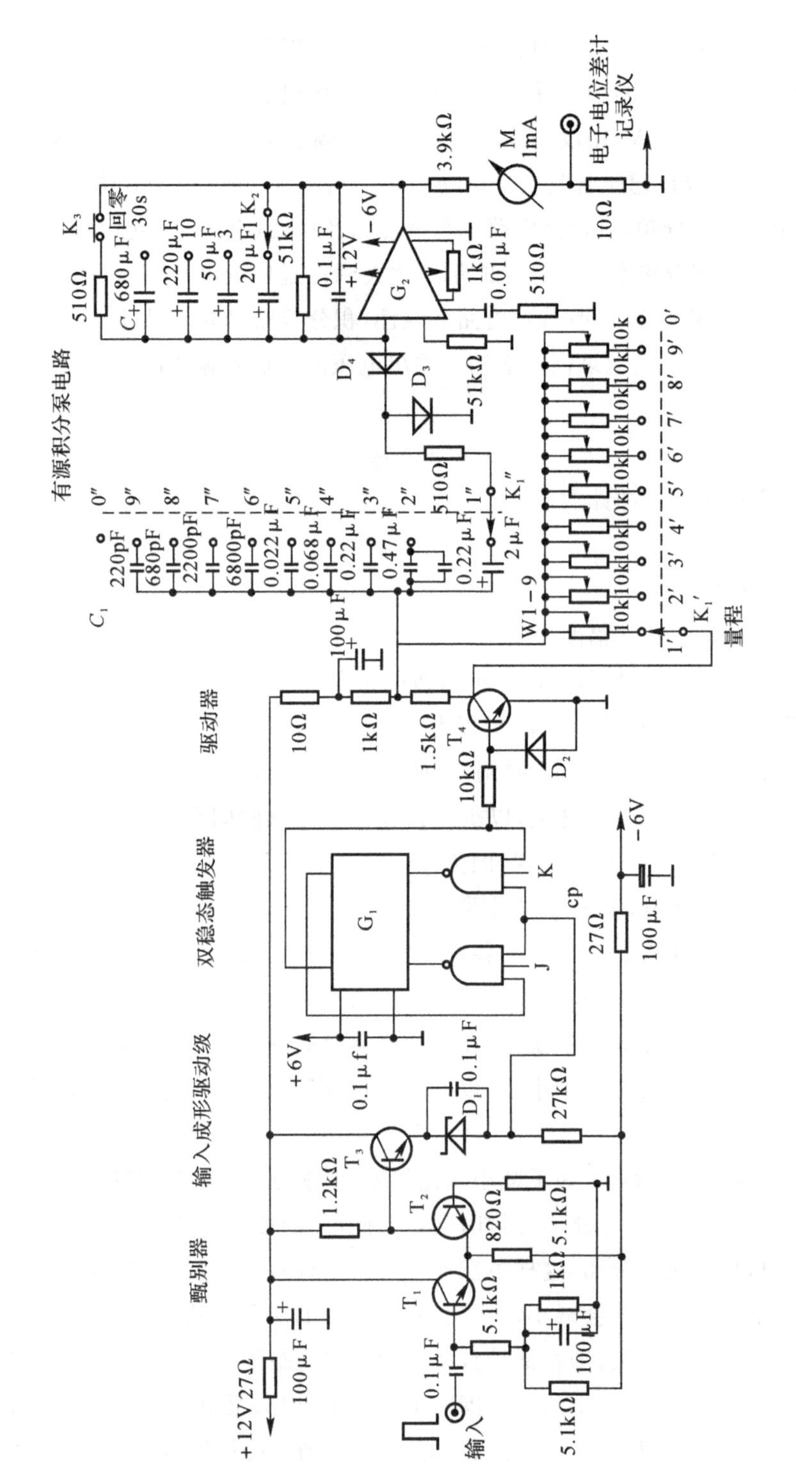


图10.9 实际线性计数率计电路

### 10.3.3　数字式计数率计

目前数字式计数率计主要可分为以下两种。

1. 连续数字式计数率计

它是用数字电路模拟泵电路的方法，保留模拟计数率计连续显示的优点。用计数电路存储计数来代替用电容存储电荷，用输入脉冲数来代替定量电容给出的电荷数，这样与充电过程相对应的是计数电路存储计数，而放电过程则对应为每隔一定时间 $T_0$ 在计数电路已存的计数 $N$ 中减去一定计数 $N/P$。这里的 $N/P$ 值由逻辑电路提供，图 10.10 给出连续数字式计数率计的原理框图。

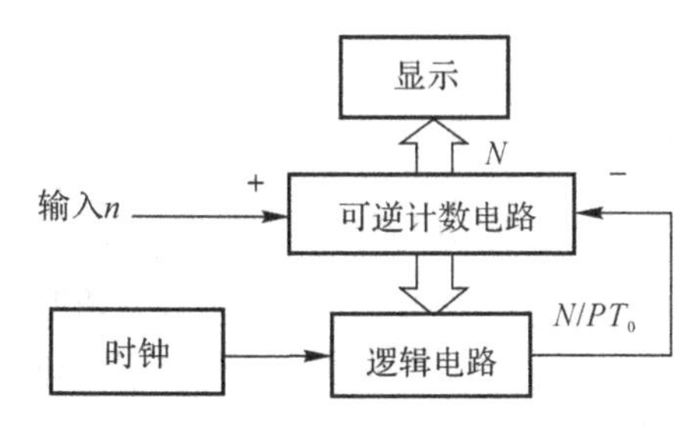


图 10.10　连续数字式计数率计的原理框图

2. 归一化脉冲计数式率表

归一化脉冲计数式率表是在计数电路的基础上发展的，把所测计数经过电路运算，给出单位时间内的计数。通常，在平均周期 $T$ 内记录脉冲计数 $N$，在每次计数的平均周期 $T$ 结束时，给出前一时刻的平均计数率 $n=N/T$。这种计数率结构较为简单，但响应时间长。

如果把测量的平均周期 $T$ 再分成 $r$ 个子间隔（设为 $\tau$），则 $T=r\tau$，要使每个子间隔 $\tau$ 后能反映计数率的变化，则响应时间就可提高 $r$ 倍。图 10.11 给出了一个快速响应归一化脉冲计数式率表的原理框图。

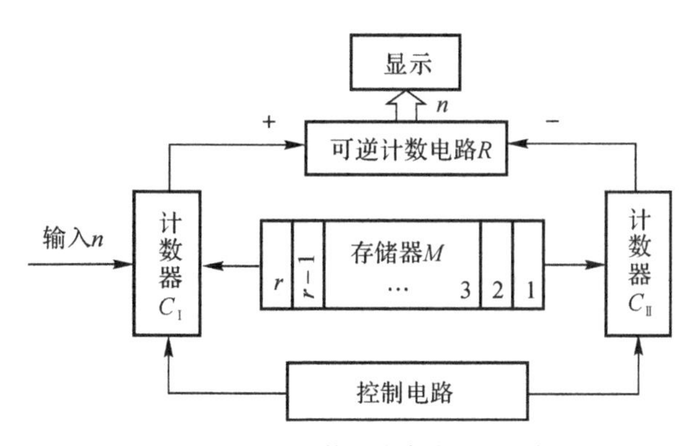


图 10.11　归一化数字式率表的原理框图

数字式计数率计较之模拟式计数率计有不少优点。数字式计数率计是以数字量的加法和减法代替模拟式计数率计中积分电路的充电和放电，用数字电路实现计数、寄存、移位等操作，不仅具有良好的线性特性，而且还可避免模拟计数率计中因每个脉冲充电的定量电荷不稳定性和积分电容漏电等带来的误差，当然也不存在读数误差。目前出现了一种定标器、计时器与数字计数率计“三位一体”的通用计数系统。

## 10.4 核数据的获取和处理

如何有效地获取和处理核信息是核电子学的一项重要研究课题。从早期的研究核辐射强度、衰变规律,到目前较为成熟的核谱数据的获取与处理,可以反映出核电子学的发展和研究重点的转移。随着科学技术的发展,核电子学已不是核科学的单纯附属,它所研究的内容已经延拓到如何将其他领域的新理念、新方法、新技术同核科学的进一步结合、应用,继而推动核科学发展的研究方向上。本节介绍目前较为成熟和应用较多的能谱数据获取和处理方法,并介绍一些与核电子学发展有关的技术和方法。

### 10.4.1 核能谱数据的获取

谱数据包括能谱数据和时间谱数据两大类。前者反映核辐射事件的能量分布,后者反映核辐射事件发生的时间分布。由于核辐射的随机性,核能谱和时间谱数据的获取就归结为对信号幅度或信号产生时间概率分布的测定。采用电子学方法获取谱数据就是对信号的幅度或时间间隔大小进行分析,并根据分析结果,进行分类记录。

对脉冲幅度大小进行分析,早期的核电子学方法是采用脉冲幅度甄别器进行模拟测量,通过手动方式改变单道脉冲幅度分析器的甄别阈的方法,逐一获得核能谱数据。由于这种方法的测量时间长,精度不高,20 世纪 50 年代开始逐步被多道脉冲幅度分析器取代。多道脉冲幅度分析器可自动地测量脉冲信号的幅度分布,测量时间和精度大为改善。由于其应用广泛,它实际上已成为通用核子仪器中不可缺少的组成部分。

早期的多道脉冲幅度分析器完全由组合逻辑硬件组成。其数据处理能力有限,功能升级很难。随着计算机技术的发展和普及,以微处理器或 PC(个人计算机)为核心的多道脉冲分析器很快发展起来,它在试验数据的获取、存储、显示和数据处理等方面是早期多道分析器所无法比拟的。只要更换少量的硬件和更新软件,就可使其得到升级。而且,利用计算机的资源优势,可以和大型计算机联网工作,扩充系统的能力。

1. 计算机多道的组成

计算机多道因不同的测量需求,其结构组成不同,但从原理上讲,一个计算机多道的组成如图 10.12 所示,由主放大器(带有基线恢复和堆积拒绝电路)、谱仪模/数变换器、数据缓存及通信接口、PC 硬件和应用软件构成。当然要组成完整的能谱测量系统,还需配备必要的探头、高压电源以及用于特殊测量目的的装置等。

采用此种方案的计算机多道还可分为实验室用的多道和便携式的多道。比较而言,实验室用的多道结构较为复杂、硬件庞大,但测量精度高,能进行大量的数据获取、处理和传输。实验室用的多道一般都是插件(框Ⅱ中的模块和高压电源),工作时插在带有低压稳压电源的 NIM 机箱内,插件与插件或与计算机之间通过高频电缆连接,接口插在计算机的 PCI 插槽里(有的将 ADC 和数据接口合二为一);而便携式的多道,虚框Ⅰ和Ⅱ都集成在一起,计算机采用便携式的。当然,它们都需要软件来完成对整机的参数设置与控制,数据传输及存储、处理等多种工作。

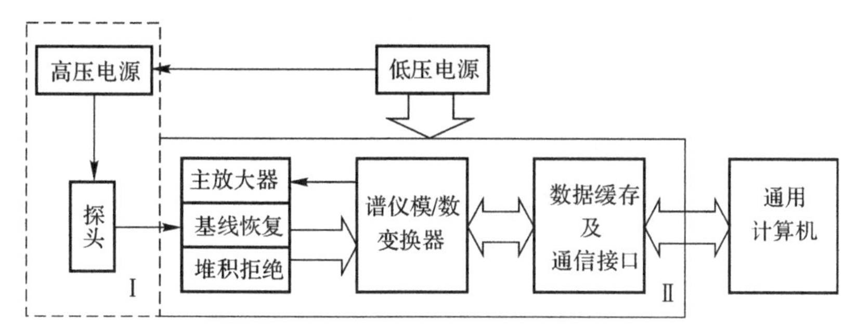


图 10.12　计算机多道原理方框图

2. 核数据的获取方式与原理

计算机多道的数据获取方式可归纳为三种基本类型：①脉冲幅度分析方式(PHA)；②多定标器测量方式(MCS)；③列表方式(LIST)或波形采样分析方式(WFS)。

(1)脉冲幅度分析方式。脉冲幅度分析是多道分析器最主要的测量功能，也是最早使用的传统工作方式。在一般的核能谱测量(如中子活化分析、X 射线荧光分析、时间谱测量)中都要用这种方式来获取数据。

由探头输出的信号的幅度是与入射粒子的能量成正比的，经过线性放大、基线恢复、堆积拒绝等处理，调整为适合于谱仪模/数变换器(ADC)要求的信号。当变换结束时，ADC 在控制软件的指令下将变换的数字码(与输入信号幅度成正比)作为地址码，读对应地址内容，做加一计数后再存入该地址，完成一次幅度变换。计算机随时可进行中断请求获取数据，获准后，把各个道数据依次存入计算机相应内存道以更新和显示。图 10.13 显示某核素的能谱。

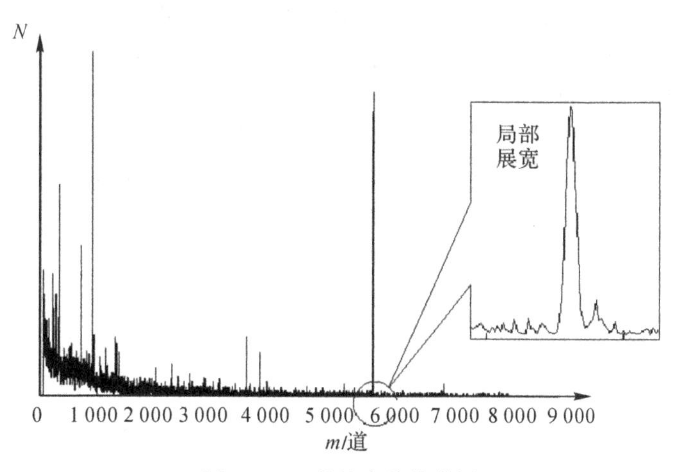


图 10.13　某核素的能谱图

(2)多定标器测量方式。多定标器方式用于分析脉冲计数率和时间的关系，如放射性核素的衰变曲线、核反应堆的动态特性和穆斯堡尔谱的测量等，按时间顺序测量各段时间间隔内的计数，并依次把测量结果存入各个道的存储单元中。这种方式就如同多个定标器在各段时间内进行计数测量，所以称为多定标器测量方式。此时，存储器的各个道作为定标器，$M$ 道存储器就相当于 $M$ 个定标器。在多定标器方式下，模/数变换器并不工作，只是利用其定时电路，存储器中记录的是由定时电路给出的测量周期 $T_M$ 内输入信号的个数。图 10.14 给出了某核素的衰变曲线，曲线上的点为道的计数，测量周期为 $T_M$，曲线为三次拟合。

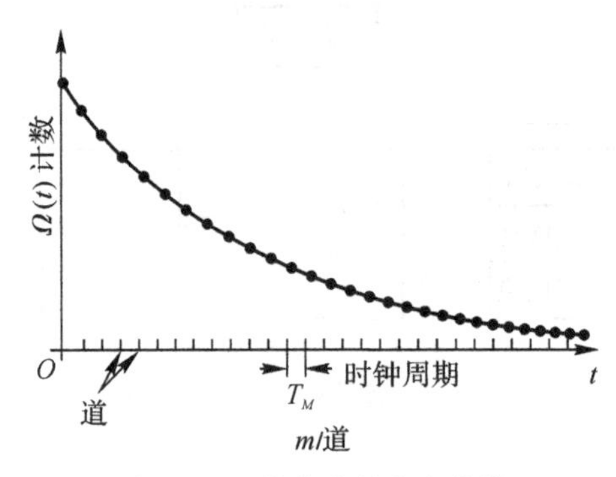


图 10.14　某核素的衰变曲线

(3)列表方式(波形采样分析)。列表方式或波形采样分析就是对输入脉冲信号进行采样，每次采样依次放在每一道里。它能直接记录信号波形随时间的变化情况，在核工程及生物医学工程等方面有着广泛的应用。

### 10.4.2　多道分析器的数据处理

目前，广泛使用的计算机多道分析器的主要特点是具有很强的数据处理能力。对于不同用途的能谱获取与处理系统，由于能谱数据处理的数学方法不同，数据处理的程序也不一样。但是对于一个已建好的、有专门用途的系统来说，多道分析器都具有面向规定用途的应用程序和相应的数据库。如在 γ 能谱测量中，应设置进行 γ 谱解析的分析程序，执行谱数据的分析功能，主要包括谱数据的能量刻度、效率刻度、峰形参数刻度、平滑、本底扣除、寻峰、求峰净面积、曲线拟合法解谱、核素识别、核素定量分析等。这里仅仅介绍一些基本概念。

某种核素放射源发射的 γ 射线能谱的特征峰位 $x_i$ 与射线能量 $E_i$ 的关系是 $E_i = f(x_i)$，特征峰下净面积 $A_i$ 与射线强度的关系是 $I = \varepsilon(E_i)A_i$，这里 $\varepsilon(E_i)$ 是探测效率，与线能量有关。假如系统已经进行刻度，已知 $f(x_i)$ 和 $\varepsilon(E_i)$ 函数，那么对测量能谱的数据进行分析，找出特征峰位与峰净面积，可对被测样品进行数据解释，即找出被测样品中放射性核素的种类及其活度。

1. 核能谱数据分析

对谱数据进行平滑是为了减少数据中的统计涨落，提高识别精度。但平滑会使峰形变平，也可能造成净面积、活度等计算误差增大，所以平滑的算法应使谱数据平滑前后保留尽可能相同的特征。

寻峰就是用程序在谱数据中寻找峰，并确定峰位。根据峰位对应的能量可以识别核素，这是能谱分析中的一个关键问题。由于谱结构的复杂和统计涨落的影响，从谱数据中正确找出全部存在的峰是比较困难的，尤其是对高本底上的弱峰、重峰更难辨别。已发展了许多寻峰方法来提高弱峰和重峰的识别率，降低出现假峰和漏峰的概率。

求峰净面积是为了计算某种射线的强度，但要计算峰净面积必须扣除峰区内的本底。当分析混合样品的谱时，不同放射性核素的谱的叠加，会造成谱曲线形状复杂，如两种核素在某一能量附近均有特征峰时，就会造成重峰。只有对复杂谱进行解析(该过程称为解谱)后，才能求出各组分峰的净面积，从而计算出各种射线的能量和强度。一般的解谱方法是将复杂谱与标准谱进行比较，并采用如剥谱、逆矩阵等算法进行分析；也可用描述谱形的已知函数来拟合测量谱段的数据(称为曲线拟合法)进行直接分析。

2. 系统刻度

在进行谱分析之前必须根据系统的配置情况和试验条件对系统进行刻度。系统刻度主要包括系统的能量刻度、效率刻度、峰形参数刻度。

3. 核能谱的数据解释和数据处理应用软件

数据解释往往是把分析的结果与已知数据比较,求出被测样品的成分和含量或其他结果。为此需要按一定格式建立谱数据文件、分析数据文件和必要的数据库。

谱数据在获取完毕后,可以送到外存储器(如磁盘),形成谱数据文件,一个文件存放一个谱数据,一个谱又分为若干个记录段,可按文件名和记录段来调用所需的谱数据,在每个谱的第一个记录段的起始部分还可存放该谱的标志和有关谱测量条件的说明(如样品号、探测器号、测量时间等)。

分析数据文件中存放着谱处理过程中要用的大量的如能量刻度系数、核素表等数据和常数。通常有刻度数据库文件、核素识别库文件、定量分析库文件等。刻度数据库文件中存放几种不同探测器、同一探测器在不同的几何条件的刻度谱数据、能量刻度系数和分辨率刻度系数等。核素识别库文件又称峰标记库(活峰信息库),它存放峰能量和相应的核素名称信息。

谱定量分析是由计算机自动完成的,首先根据能量检索峰标记库,找到此峰对应的核素,再根据核素名,以便计算样品中各个核素组分的放射性活度,最后把结果以图表方式输出。

# 第 3 篇　核辐射监测仪器的使用与维修

# 第 11 章　核辐射监测仪器的故障诊断与维修

## 11.1　核辐射监测仪器维修工具

用于核辐射监测仪器维修的常用工具主要包括万用表、示波器、晶体管图示仪、电烙铁、热风焊台、螺丝刀、钳子、镊子、吸锡器等。

### 11.1.1　万用表

万用表是集电压表、电流表和欧姆表于一体的仪表，一般都能用于测量电流、电压、电阻并显示出相应的量值，有的还可以测量三极管的放大倍数，以及频率、电容值、逻辑电位、分贝值等。

万用表有很多种，现在流行的有机械指针式万用表和数字式万用表，如图 11.1 所示。

图 11.1　数字式万用表(左)和机械指针式万用表(右)

1. 数字式万用表

数字式万用表的测量值由液晶显示屏直接以数字的形式显示，读取方便，有些还带有语音提示功能。

数字式万用表在万用表的下方有一个转换旋钮，旋钮所指的是测量的挡位。

(1)数字万用表的挡位。

“V～”表示测量交流电压的挡位；

“V－”表示测量直流电压的挡位；

“A～”表示测量交流电流的挡位；

“A”表示测量直流电流的挡位；

“Ω(R)”表示测量电阻的挡位；

“HFE”表示测量三极管的挡位。

(2)数字万用表的使用方法。

红笔，插头端接面板(V Ω，10 A，200 mA)插孔，测试端接外电路正极。

黑笔，插头端接面板(COM )插孔，测试端接外电路负极。

数字万用表测量直/交流电压、电阻、电流以及晶体管等。

a. 电压的测量。电压的测量分为直流电压的测量和交流电压的测量。

直流电压的测量：将黑表笔插头插进万用表的“COM”孔，红表笔插进万用表的“VΩ”孔。把万用表的挡位旋钮打到直流挡“V－”，然后将旋钮调到比估计值大的量程。把表笔测试端接电源或电池两端，并保持接触稳定。从显示屏上直接读取测量数值。若测量数值显示为“1.”，则表明量程太小，就要加大量程后再测量。如果在数值左边出现“－”，则表明表笔极性与实际电源极性相反，此时红表笔接的是负极。

交流电压的测量：将黑表笔插头端插进万用表的“COM”孔，红表笔插头端插进万用表的“VΩ”孔。把万用表的挡位旋钮打到交流挡“V～”，然后将旋钮调到比估计值大的量程。把表笔测试端接到电源的两端，然后从显示屏上读取测量数值。

b. 电流的测量。电流的测量分为直流电流的测量和交流电流的测量。

直流电流的测量：将黑表笔插头端插入万用表的“COM”孔。若测量大于 200 mA 的电流，则要将红表笔插入“10 A”插孔并将旋钮打到直流“10 A”挡；若测量小于 200 mA 的电流，则将红表笔插头端插入“200 mA”插孔，将挡位旋钮打到直流 200 mA 以内的合适量程。

交流电流的测量：测量方法与直流电流的测量基本相同，不过挡位打到交流挡位(A～)，电流测量完毕后应将红笔插回“VΩ”孔。

c. 电阻的测量。将黑表笔插头端插进“COM”孔，红表笔插进“VΩ”孔中。把挡位旋钮调到“Ω”中所需的量程，用表笔接在电阻两端金属部位。注意：测量中可以用手接触电阻，但不要把手同时接触电阻两端，这样会影响测量精确度的(人体是电阻很大的导体)。保持表笔和电阻接触良好，开始从显示屏上读取测量数据。

d. 二极管的测量。数字万用表可测量发光二极管，整流二极管。将黑表笔插头端插在“COM”孔，红表笔插头端插进“VΩ”孔。将挡位旋钮调到二极管挡。用红表笔接二极管的正极，黑表笔接负极，这时会显示二极管的正向压降。锗二极管的压降为 0.15～0.3 V，硅二极管为 0.5～0.7 V，发光二极管为 1.8～2.3 V。调整表笔，显示屏显示“1.”则为正常(因为二极管的反向电阻很大)，否则此管已被击穿。

2. 指针式万用表

指针万用表是以表头为核心部件的多功能测量仪表，测量值由表头指针指示读取。指针万用表的外观和数字万用表有一定的区别，但它们的转挡旋钮是差不多的，挡位也基本相同。

(1)指针万用表的挡位。

标有“Ω”标记的是测电阻时用的刻度尺；

标有“DCmA”标记的是测直流电流时用的刻度尺；

标有“DCV”标记的是测量直流电压时用的刻度尺；

标有“ACV”标记的是测量交流电压时用的刻度尺；

标有“HFE”标记的是测三极管时用的刻度尺；

标有“LI”标记的是测量负载的电流、电压的刻度尺；

标有“DB”标记的是测量电平的刻度尺。

(2)电阻的测量。将表笔测试端搭在一起短路，使指针向右偏转，随即调整调零旋钮，使指针指到零。将万用表的转挡旋钮调到电阻适当的挡位。将两根表笔分别接触被测电阻(或电路)两端，读出指针在欧姆刻度线上的读数。将读取的读数乘以该挡标的数字，就是所测电阻的阻值。

(3)直流电压的测量。首先估计一下被测电压的大小，然后将转挡开关拨至适当的 DCV 量程。将红表笔接被测电压“＋”端，黑表笔接被测量电压“－”端。根据该挡量程数字与标直流符号“DC－”刻度线(第二条线)上的指针所指数字，来换算读出被测电压的大小。

(4)交流电压的测量。测交流电压的方法与测量直流电压相似，所不同的是因交流电没有正、负之分，所以测量交流时，表笔也就不需分正、负。读数方法与上述的测量直流电压的读法一样，只是数字应看标有交流符号“AC”或“～”的刻度线上的指针位置。数值为有效值。

(5)直流电流的测量。先估计一下被测电流的大小，然后将转换开关拨至合适的毫安量程。把万用表串接在电路中，同时观察标有直流符号“DC”的刻度线读出数据。

(6)交流电流的测量。与直流电流的测量类似，只是指针式万用表是从标有“AC”或“～”符号的刻度线上读数的。

3. 万用表在维修中的应用

万用表是在维修中最常用、最简单方便的检测工具，万用表在维修中的应用主要有：①用万用表测量故障元器件的电阻值，判断元器件是否损坏；②用万用表测量电路有无短路或漏电，防止烧坏其他元器件；③用万用表测量二极管、三极管、可控硅、集成电路芯片以及其他怀疑有故障的元器件对地的电阻，查找故障元器件；④用万用表测量有故障元器件“压降”，快速判断元器件的好坏及周围电路是否正常；⑤用万用表测量晶体管偏置电路的电压情况，来判断晶体管的好坏；⑥用万用表测量交流电压，来判断脉冲信号的有无。

### 11.1.2　示波器

示波器(见图 11.2)是利用电子示波管的特性，将人眼无法直接观测的交变电信号转换成图像，显示在荧光屏上以方便测量的电子测量仪器。它是观察电路试验现象、分析试验问题、测量试验结果必不可少的重要仪器。示波器主要由示波管和电源系统、同步系统、X 轴偏转系统、Y 轴偏转系统、延迟扫描系统、标准信号源组成。

示波器可用于观察和测量电信号的波形，能观察到电信号的动态过程，且还能定量地测量电信号的各种参数。例如，交流电的周期、幅度、频率、相位等。在测试脉冲信号时，响应非常迅速，而且波形清晰可辨。

另外，示波器还可将非电信号转变为电信号，用来测量温度、压力、声、热等，用途非常广泛。

1. 示波器的分类

示波器按用途和特点可分为通用示波器，多踪示波器，取样示波器，记忆、存储示波器以及专用示波器等；按照内部是数字或模拟电子线路分为数字或模拟示波器。

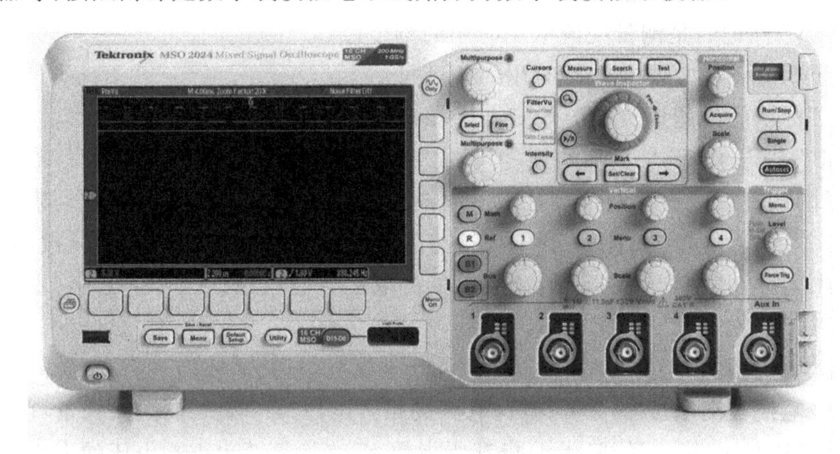


图 11.2　示波器

(1)通用示波器，采用单束示波管的宽带示波器，常见的有单时基单踪或双踪示波器。

(2)多踪示波器，又称多线示波器，能同时显示两个以上的波形，并对其进行定性、定量的比较和观测，而且每个波形都是单独的电子束产生的。

(3)取样示波器，是采用取样技术，把高频信号模拟变换成低频信号，再用通用示波器的原理显示其波形。

(4)记忆、存储示波器，不但具有通用示波器的功能，而且还具有对信号波形存储的作用。记忆示波器是利用记忆示波器来实现的，记忆时间可达数天。存储示波器是利用数字电路的存储技术实现存储功能的，其存储时间是无限的。

(5)专用示波器，是具有特殊用途的示波器，如矢量示波器、心电示波器等。

2. 示波器主要功能键及操作

(1)荧光屏。荧光屏是示波管的显示部分。屏上水平方向和垂直方向各有多条刻度线，指示出信号波形的电压和时间之间的关系，水平方向指示时间，垂直方向指示电压。水平方向分为 10 格，垂直方向分为 8 格，每格又分为 5 份。垂直方向标有 0%，10%，90%，100%等标志，水平方向标有 10%，90%标志，供测直流电平、交流信号幅度、延迟时间等参数使用。根据被测信号在屏幕上占的格数乘以适当的比例常数(V/DIV，TIME/DIV)能得出电压值与时间值。

(2)电源开关(Power)按钮。此按钮是示波器主电源开关，当此按钮按下时，电源指示灯亮，表示电源接通。

(3)辉度(Intensity)旋钮。此旋钮能改变光点和扫描线的亮度，观察低频信号时可亮度小些，高频信号时亮度大些，一般不应太亮，以保护荧光屏。

(4)聚焦(Focus)旋钮。调节电子束截面大小，将扫描线聚焦成最清晰状态。

(5)标尺亮度(Illuminance)旋钮。此旋钮调节荧光屏后面的照明灯亮度。正常室内光线下，照明灯暗一些好，室内光线不足的环境中，可适当调亮照明灯。

(6)垂直偏转因数(VOL. TS/DIV)旋钮。在单位输入信号作用下，光点在屏幕上偏移的距离称为偏移灵敏度，这一定义对 $X$ 轴和 $Y$ 轴都适用。灵敏度的倒数称为偏转因数。垂直灵敏度的单位是为cm/mV或者DIV/mV,DIV/V,垂直偏转因数的单位是V/cm,mV/cm或者V/DIV,mV/DIV。实际上,因习惯用法和测量电压读数的方便,有时也把偏转因数当灵敏度。

示波器中每个通道各有一个垂直偏转因数选择波段开关。一般按1,2,5方式从5 mV/DIV～5 V/DIV分为10挡。波段开关指示的值代表荧光屏上垂直方向一格的电压值。例如波段开关置于1 V/DIV挡时,如果屏幕上信号光点纵向移动一格,则代表输入信号电压变化1 V。

每个波段开关上都有一个微调小旋钮,用于微调每挡垂直偏转因数。将它沿顺时针方向旋到底,处于"校准"位置,此时垂直偏转因数值与波段开关所指示的值一致。逆时针旋转此旋钮,能够微调垂直偏转因数。垂直偏转因数微调后,会造成与波段开关的指示值不一致,这点应引起注意。

(7)时基(TIME/DIV)旋钮。与垂直偏转因数选择类似,时基选择也通过一个波段开关实现,按1,2,5方式把时基分为若干挡。波段开关的指示值代表光点在水平方向移动一个格的时间值。例如在1 s/DIV挡,光点在屏上移动一格代表时间为1 s。

时基旋钮上有一个微调小旋钮,用于时基校准和微调。沿顺时针方向旋到底处于校准位置时,屏幕上显示的时基值与波段开关所示的标称值一致。逆时针旋转旋钮,则对时基微调。旋钮拔出后处于扫描扩展状态。通常为×10扩展,即水平灵敏度扩大10倍,时基缩小到原来的1/10。

TDS试验台上有10 MHz,1 MHz,500 kHz,100 kHz的时钟信号,由石英晶体振荡器和分频器产生,准确度很高,可用来校准示波器的时基。

示波器的标准信号源,专门用于校准示波器的时基和垂直偏转因数。

(8)位移(Position)旋钮。此旋钮调节信号波形在荧光屏上的位置。旋转水平位移旋钮(标有水平双向箭头)左右移动信号波形,旋转垂直位移旋钮(标有垂直双向箭头)上下移动信号波形。

(9)选择输入通道。输入通道至少有三种选择方式:通道1(CH1)、通道2(CH2)、双通道(DUAL)。

1)选择通道1时,示波器仅显示通道1的信号。

2)选择通道2时,示波器仅显示通道2的信号。

3)选择双通道时,示波器同时显示通道1信号和通道2信号。

测试信号时,首先要将示波器的地与被测电路的地连接在一起,根据输入通道的选择,将示波器探头插到相应通道插座上,然后再将示波器探头上的地与被测电路的地连接在一起,示波器探头接触被测点。示波器探头上有一双位开关。此开关拨到"×1"位置时,被测信号无衰减送到示波器,从荧光屏上读出的电压值是信号的实际电压值。此开关拨到"×10"位置时,被测信号衰减为原来的1/10,然后送往示波器,从荧光屏上读出的电压值乘以10才是信号的实际电压值。

(10)输入耦合方式。输入耦合方式有三种选择:地(GND)、直流(DC)、交流(AC)。

1)当选择"地"时,扫描线显示出"示波器地"在荧光屏上的位置;

2)直流耦合用于测定信号直流绝对值和观测极低频信号;

3)交流耦合用于观测交流和含有直流成分的交流信号。

在数字电路试验中,一般选择"直流"方式,以便观测信号的绝对电压值。

(11)触发源(Source)。要使屏幕上显示稳定的波形,则需将被测信号本身或者与被测信号有一定时间关系的触发信号加到触发电路。触发源选择确定触发信号由何处供给。

通常有三种触发源:内触发(INT)、电源触发(LINE)、外触发(EXT)。

1)内触发使用被测信号作为触发信号,是经常使用的一种触发方式。由于触发信号本身是被测信号的一部分,在屏幕上可以显示出非常稳定的波形。双踪示波器中通道1或者通道2都可以选作触发信号。

2)电源触发使用交流电源频率信号作为触发信号。这种方法在测量与交流电源频率有关的信号时是有效的,特别在测量音频电路、闸流管的低电平交流噪声时更为有效。

3)外触发使用外加信号作为触发信号,外加信号从外触发输入端输入。外触发信号与被测信号间应具有周期性的关系。由于被测信号没有用作触发信号,所以何时开始扫描与被测信号无关。正确选择触发信号对波形显示的稳定、清晰有很大关系。例如,在数字电路的测量中,对一个简单的周期信号而言,选择内触发可能好一些,而对于一个具有复杂周期的信号,且存在一个与它有周期关系的信号时,选用外触发可能更好。

(12)触发耦合(Coupling)方式。触发信号到触发电路的耦合方式有多种,目的是为了触发信号的稳定、可靠。触发耦合方式主要有AC耦合、DC耦合、低频抑制(LFR)触发、高频抑制(HFR)触发和电视同步(TV)触发。

1)AC耦合,又称电容耦合。它只允许用触发信号的交流分量触发,触发信号的直流分量被隔断。通常在不考虑DC分量时使用这种耦合方式,以形成稳定触发。但是如果触发信号的频率小于10 Hz,会造成触发困难。

2)DC耦合,为不隔断触发信号的直流分量。当触发信号的频率较低或者触发信号的占空比很大时,使用直流耦合较好。

3)低频抑制(LFR)触发,触发时触发信号经过高通滤波器加到触发电路,触发信号的低频成分被抑制。

4)高频抑制(HFR)触发,触发时,触发信号通过低通滤波器加到触发电路,触发信号的高频成分被抑制。

电视同步(TV)触发,触发用于电视维修。

(13)触发电平(Level)旋钮。触发电平调节又叫同步调节,它使得扫描与被测信号同步。电平调节旋钮调节触发信号的触发电平。一旦触发信号超过由旋钮设定的触发电平时,扫描即被触发。顺时针旋转旋钮,触发电平上升;逆时针旋转旋钮,触发电平下降。当电平旋钮调到电平锁定位置时,触发电平自动保持在触发信号的幅度之内,不需要电平调节就能产生一个稳定的触发。当信号波形复杂,用电平旋钮不能稳定触发时,用释抑(Hold Off)旋钮调节波形的释抑时间(扫描暂停时间),能使扫描与波形稳定同步。

(14)触发极性(Slope)开关。触发极性开关用来选择触发信号的极性,拨在“+”位置上时,在信号增加的方向上,当触发信号超过触发电平时就产生触发;拨在“-”位置上时,在信号减少的方向上,当触发信号超过触发电平时就产生触发。触发极性和触发电平共同决定触发信号的触发点。

(15)扫描方式(SweepMode)。扫描方式有自动(Auto)、常态(Norm)和单次(Single)三种。

1)自动:当无触发信号输入,或者触发信号频率低于50 Hz时,扫描为自激方式。

2)常态:当无触发信号输入时,扫描处于准备状态,没有扫描线。触发信号到来后,触发扫描。

3)单次:单次按钮类似复位开关。单次扫描方式下,按单次按钮时扫描电路复位,此时准备好(Ready)灯亮。触发信号到来后产生一次扫描。单次扫描结束后,准备灯灭。单次扫描用于观测非周期信号或者单次瞬变信号,往往需要对波形拍照。

3. 示波器的使用及注意事项

(1)用示波器测量交流电压。

1)将输入耦合开关置于"AC"位置(扩展控制开关未拉出),将交流信号从 $Y$ 轴输入,这样就能测量信号波形峰峰间或某两点间的电压幅值。

2)从屏幕上读出波形峰峰间所占的格数,将它乘以量程挡位值,即可计算出被测信号的交流电压值。若将扩展控制开关拉出,则再除以 5。

(2)用示波器测量频率和周期。

1)将输入耦合开关置于"AC"位置。

2)观察屏幕上信号波形的一个周期内在水平方向上所占的格数,则信号的周期为扫描时间选择开关的挡位值与格数的乘积,信号的频率为周期的倒数。当扩展旋钮被拉出时,上述计算的周期应除以 10。

(3)使用注意事项。测试前,应首先估算被测信号的幅度大小,若不明确,应将示波器的 V/DIV 选择开关置于最大挡,避免因电压过大而损坏示波器。

在测量小信号波形时,由于被测信号较弱,示波器上显示的波形就不容易同步,这时,可采取以下两种方法加以解决:

1)仔细调节示波器上的触发电平控制旋钮使被测信号稳定和同步。必要时,可结合调整扫描微调旋钮。但应注意,调节该旋钮,会使屏幕上显示的频率读数发生变化(逆时针旋转扫描因素扩大 2.5 倍以上),给计算频率造成一定的困难。一般情况下,应将此旋钮顺时针旋转到底,使之位于校正位置。

2)使用与被测信号同频率(或整数倍)的另一强信号作为示波器的触发信号,该信号可以直接从示波器的第二通道输入。

示波器工作时,周围不要放一些大功率的变压器,否则,测出的波形会有重影和噪波干扰。

示波器可作为高内阻的电流电压表使用,电路中有一些高内阻电路,若作为普通万用表测电压,由于万用表内阻较低,测量结果会不准确,而且还可能会影响被测电路的正常工作,而示波器的输入阻抗比起万用表要高得多,使用示波器直流输入方式,先将示波器输入接地,确定好示波器的零基线,就能方便地测量被测信号的直流电压。

### 11.1.3　晶体管图示仪

晶体管图示仪(见图 11.3)简称"图示仪",它是一种能对晶体管的特性参数进行定量测试的仪器。以 DW4R22 晶体管特性图示仪为例。

(1)"电压(V)/度"旋钮开关。此旋钮开关是一个具有 4 种偏转作用共 17 挡的旋钮开关,用来选择图示仪 $X$ 轴所代表的变量及其倍率。在测试小功率晶体管的输出特性曲线时,该旋钮置"VCE"的有关挡。测量输入特性曲线时,该旋钮置"VBE"的有关挡。

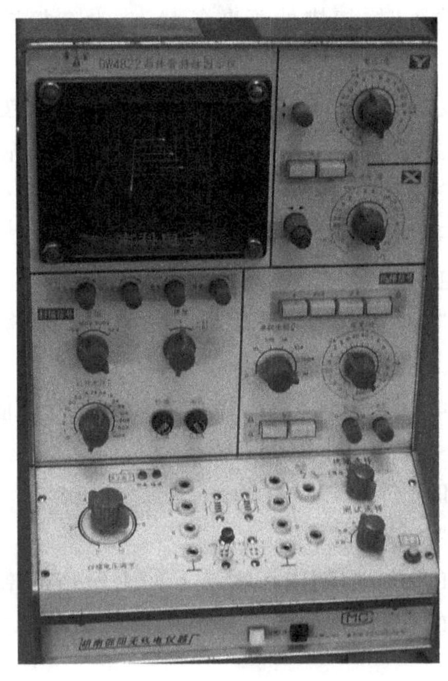

图 11.3　晶体管图示仪

(2)“电流/度”旋钮开关。此旋钮开关是一个具有 4 种偏转作用共 22 挡的旋钮开关，用来选择图示仪 $Y$ 轴所代表的变量及其倍率。在测试小功率晶体管的输出特性曲线时，该旋钮置“Ic”的有关挡。测量输入特性时，该旋钮置“基极电流或基极源电压”挡(仪器面板上画有阶梯波形的一挡)。

(3)“峰值电压范围”开关和“峰值电压%”旋钮。此旋钮是 5 个挡位的按键开关。“峰值电压%”是连续可调的旋钮。

它们的共同作用是用来控制“集电极扫描电压”的大小。不管“峰值电压范围”置于那一挡，都必须在开始时将“峰值电压%”置于 0 位，然后逐渐小心地增大到一定值。否则容易损坏被测管。一根管子测试完毕后，“峰值电压%”旋钮应回调至零。

(4)“功耗限制电阻”旋钮。它相当于晶体管放大器中的集电极电阻，串联在被测晶体管的集电极与集电极扫描电压源之间，用来调节流过晶体管的电流，从而限制被测管的功耗。测试小功率管时，一般选该电阻值为 1 kΩ。

(5)“基极阶梯信号”旋钮。此旋钮给基极加上周期性变化的电流信号。每两级阶梯信号之间的差值大小由“阶梯选择毫安/级”来选择。为方便起见，一般选 10 毫安/级。每个周期中阶梯信号的阶梯数由“级/簇”来选择，阶梯信号每簇的级数，实际上就是在图示仪上所能显示的输出特性曲线的根数。阶梯信号每一级的毫安值的大小，就反映了图示仪上所显示的输出特性曲线的疏密程度。

(6)“零电压”“零电流”开关。此开关是对被测晶体管基极状态进行设置的开关。当测量管子的击穿电压和穿透电流时，都需要使被测管的基极处于开路状态。这时可以将该开关设置在“零电流”挡(只有开路时，才能保证电流为零)。当测量晶体管的击穿电流时，需要使被测管的基、射极短路，这时可以通过将该开关设置在“零电压”挡来实现。

### 11.1.4　电烙铁

电烙铁(见图 11.4)是熔解锡进行焊接的工具,主要用来焊接,使用时只要用电烙铁头对准所焊元器件焊接即可。

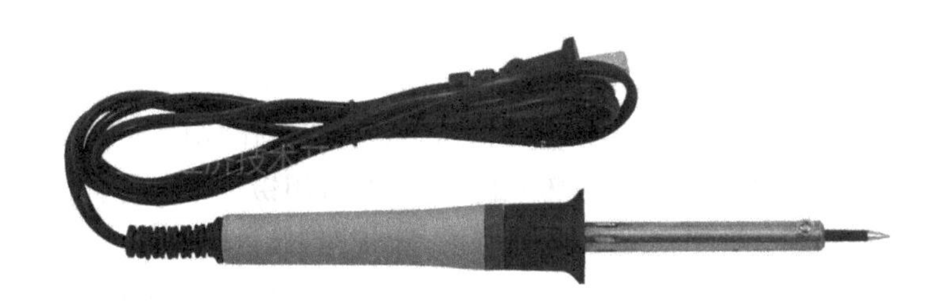

图 11.4　电烙铁

1. 电烙铁的类型

(1)外热式电烙铁。烙铁头安装在烙铁芯里面的电烙铁称为外热式电烙铁。

(2)内热式电烙铁。烙铁芯装在烙铁头里面的电烙铁,称为内热式电烙铁。内热式电烙铁发热块的热利用率高。

(3)恒温式电烙铁。在电烙铁头内,装有带磁铁式的温度控制器,通过控制通电时间而实现控制温度的电烙铁,称为恒温式电烙铁。由于在焊接集成电路、晶体管元器件时,温度不能太高,焊接时间不能过长,否则就会因温度过高造成元器件的损坏,因而对电烙铁的温度要给以限制。恒温式电烙铁就专门针对这一要求而设计。

(4)吸锡式电烙铁。吸锡式电烙铁是将活塞式吸锡器与电烙铁融为一体的拆焊工具。

2. 焊锡材料

焊锡材料是由锡铅合金及一定量的活性焊剂按一定比例配置而成,一般锡占 63%,铅占 37%。焊锡材料的液化温度在 400℃以下。常见的焊锡材料有锡条、锡锭、锡线、锡粉、预制锭、锡球与柱、锡膏等几种。其中焊锡丝主要用于各种电气、电子工业、印制电路板、微电子技术等手工焊接工艺。

3. 助焊剂

助焊剂主要是用来清除被焊物表面的氧化层,以使被焊物和焊锡很好地结合。因为被焊物必须要有一个完全无氧化层的表面才可与焊锡结合,而在电焊时,金属一旦暴露于空气中会生成氧化层,这种氧化层无法用传统溶剂清洗,此时必须依赖助焊剂与氧化层起化学作用,才能被清除干净。

常见的助焊剂主要有无机助焊剂、有机酸助焊剂、松香助焊剂等几种,其中松香助焊剂在手工焊接时比较常用。

4. 电烙铁的使用

焊接技术是进行电子设备维修人员必须掌握的基本技术,需要多练习才能熟练掌握。

(1)把焊盘和元件的引脚用细砂纸打磨干净,涂上助焊剂。

(2)将电烙铁烧热,待刚刚能熔化焊锡时,涂上助焊剂,再用焊锡均匀地涂在烙铁头上,使烙铁头均匀地涂上一层锡。

(3)用烙铁头蘸取适量焊锡,接触焊点,待焊点上的焊锡全部熔化并浸没元件引线头后,电烙铁头沿着元器件的引脚轻轻往上一提离开焊点。

(4)焊完后将电烙铁放在烙铁架上。

(5)接着用酒精把线路板上残余的助焊剂清洗干净,以防炭化后的助焊剂影响电路正常工作。

电焊时应注意以下问题:

(1)应选用合适的焊锡以及焊接电子元件用的低熔点焊锡丝。

(2)制作助焊剂,用25%的松香溶解在75%的酒精(质量比)中作为助焊剂。

(3)焊接时间不宜过长,否则容易烫坏元件,必要时可用镊子夹住管脚帮助散热。

(4)焊点应呈正弦波峰形状,表面应光亮圆滑,无锡刺,锡量适中。

(5)焊集成电路时,集成电路应最后焊接,电烙铁要可靠接地,或断电后利用余热焊接。或者使用集成电路专用插座,焊好插座后再把集成电路插上去。

(6)焊完后应将电烙铁放回烙铁架上。

### 11.1.5 热风焊台

热风焊台(见图11.5)是一种贴片元件和贴片集成电路的拆焊、焊接工具。热风焊台主要由气泵、线性电路板、气流稳定器、外壳、手柄组件、风枪组成。

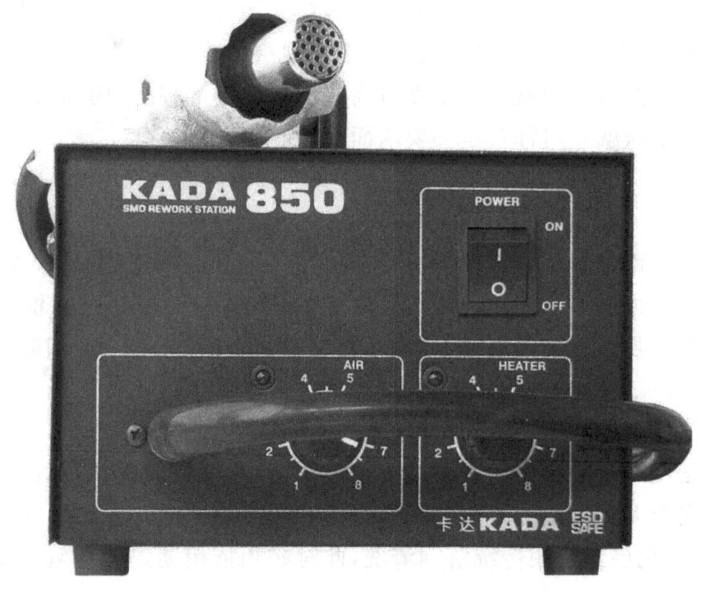


图11.5 热风焊台

以从电路板上取下芯片为例,热风焊台的使用方法如下:

(1)将风枪电源插头插入电源插座,打开热风焊台电源开关。

(2)调节热风枪的温度和风力,一般温度3～4挡,风力2～3挡。

(3)将风枪嘴放在芯片上方3 cm左右移动加热,直至芯片底下的锡珠完全熔化,用镊子夹起整个芯片。

(4)芯片取下后,芯片的焊盘上和机板上都有余锡,此时,在线路板上加足量的助焊膏,再用电烙铁将板上多余的焊锡去掉。

(5)焊接完毕后,将热风焊台电源开关关闭,此时风枪将向外继续喷气,直至喷气结束。

### 11.1.6　其他工具

维修工具除了以上介绍的工具外,还有螺丝刀、钳子、镊子、刀片、吸锡器、芯片拔取器等。

1.螺丝刀

螺丝刀的种类比较多,维修时常用的螺丝刀有十字形螺丝刀和一字形螺丝刀。

2.钳子

维修时常用的钳子主要有尖嘴钳子、鸭嘴钳子、剥皮钳子、斜口钳子等。尖嘴钳子和鸭嘴钳子用来拆卸、安装、调整、插拔跳线,修正变形的器件等。剥皮钳子用来剥去导线外层保护套皮。斜口钳子用来剪掉无用的管脚或导线等。

3.吸锡器

吸锡器是用来拆卸电路板上的元器件时,将元器件脚上的焊锡吸掉,以方便拆卸。吸锡器分为自带热源的和不带热源的两种。

吸锡器的使用方法如下:

(1)将吸锡器后部的活塞杆按下。

(2)用右手拿电烙铁将元器件的焊锡点加热,直到元器件上的锡融化(如果吸锡器自带加热元件,则不用电烙铁加热,直接用吸锡器加热即可)。

(3)等焊点上的锡融化后,用左手拿吸锡器,并将吸锡器的嘴对准融化的焊点,同时按下吸锡器上的吸锡按钮,元器件上的锡就会被吸走。

## 11.2　常见故障分类和常用维修方法

核辐射监测仪器种类多,各个仪器的结构比较复杂,故障现象较复杂,分布也较分散。因此,了解设备种类、结构,不仅对正确使用有帮助,同时对于分析和排除故障也非常重要。

### 11.2.1　故障分类及故障产生的原因

1.故障分类

根据故障产生源,故障可分为探测器故障、电源故障、连接线路故障、核电子学电路故障、微处理器故障等。

(1)核辐射监测仪器使用到的探测器包括电离室、GM 计数管、硫化锌(银)闪烁体、塑料闪烁体、半导体等。探测器故障将会出现无计数,或者计数忽高忽低现象。

(2)电源故障包括电路板低压电源和高压电源故障。低压电源负责提供电路板正常工作所需要的电压,可使用检测电压法检测相应关键点。对探测器需要提供合适的直流高压电,无高压会导致无数据。

(3)连接线路故障包括仪器与探头连接线路断裂、插座连接不良等故障。

(4)核电子学电路故障包括前置放大器、线性放大器、幅度甄别器、定标器、计数电路故障。

微处理器故障包括晶振不起振、控制引脚损坏、微处理器损坏等故障。

2. 故障产生的原因

(1)人为故障:带电插拔 I/O 卡,以及在装板卡及插头时用力不当造成对接口、芯片等的损害。

(2)环境不良:静电常造成电路上芯片(特别是 CMOS 芯片)被击穿。另外,电路板遇到电源损坏或电网电压瞬间产生的尖峰脉冲时,往往会损坏系统板供电插头附近的芯片。如果电路板上布满了灰尘,也会造成信号短路等。

(3)元器件质量问题:由芯片和其他器件质量不良导致的损坏。

(4)操作不当:如加电源不当。

### 11.2.2 故障常用维修方法

电路板故障常用的维修方法如下。

1. 观察检查法

观察检查法是指通过观察电路板的外观及板上的元器件是否有异常,来检查故障的方法。在维修电路板时,首先观察板上的电容是否有鼓包、漏液或严重损坏,电阻、电容引脚是否相碰,表面是否烧焦,芯片表面是否开裂,板上的铜箔是否烧断;查看各插头、插座是否歪斜;接着查看是否有异物掉进电路板的元器件之间,遇到有疑问的地方,可以借助万用表量一下;触摸一些芯片的表面,如果异常发烫,可换一块芯片试试。

2. 比较法

比较法是一种简单易行的维修方法。一般维修时准备和故障板卡相同型号的板卡,当怀疑某些模块时,分别测试两块板卡的相同测试点,用正确的特征(波形或电压)与有故障机器进行比较,看哪一个模块的波形或电压不符,再针对不相符的地方逐点检测,直到找到故障并解决。

3. 测量法

(1)电阻测量法,是用测量阻值大小的方法来大致判断芯片以及电子元器件的好坏,以及判断电路的严重短路和断路的情况。例如,用二极管挡测量晶体管是否有严重短路、断路情况来判断其好坏,或者对 IsA 插槽对地的阻值来判断南桥好坏情况等。

(2)电压测量法,则主要是通过测量电压,然后与正常主板的测试点比较,找出有差异的测试点,最后顺着测试点的线路(跑电路)最终找到出故障的元件,排除故障。

4. 替换法

替换法就是用好的元器件去替换所怀疑的元器件,若故障因此消失,说明怀疑正确,否则便是判断失误,应进一步检查、判断。用替换法可以检查系统中所有元器件的好坏,并且结果一般都是正常无误的,很少出现很难判断的情况。

5. 升降温法

升降温法主要针对由于某个元器件的热稳定性差而引起故障的情况。当被怀疑的元器件温升异常,并可感知(用手摸)时,用降温法迫使其降温(通常用酒精药棉敷贴于被怀疑元器件),如故障消失或趋于减轻,可判断该元器件热失效。当故障在通电较长时间后才产生或故障随季节变化出现,用升温的方法对被怀疑元器件加热,使其升温,若随之故障出现,便可判定其热稳定性不良。

6. 清洁检查法

清洁检查法适用于工作环境比较脏，怀疑可能由于灰尘等造成电路板故障的情况。清洁时可用毛刷轻轻刷去电路板上的灰尘。另外，电路板上的一些插卡、芯片采用插脚形式，常会因为引脚氧化而接触不良，可用橡皮擦去表面氧化层，重新插接。

## 11.3　核辐射监测仪器维修流程

### 11.3.1　故障维修注意事项

(1)在维修过程中，维修人员必须小心谨慎，主要的注意点如下：

1)仪器拆卸过程中使用合适工具，不野蛮操作。

2)所有连接电缆线、连接线、有底座集成电路，在拆卸后重装时必须准确，不能颠倒安放。除了应逐一做记号帮助准确安装以外，应牢记，即使部分电路板、电缆、IC 集成块有缺口识别时，反插不能到位，并且有的无此保护措施。

3)加注入信号或电路上人为短路需要综合考虑，不能超过允许范围，以免损坏元器件。

4)运用换板法时，至少要确认故障仪器电源无故障，以免将好板损坏。

(2)常见防范措施如下：

将所有电子元件作为易受静电破坏的元件。维修前先将静电释放，如手碰接地导电体或使用专门的人体接地手腕导线。拿电路线时，手把持在边缘不导电部分。焊接时，烙铁功率要适当，它的外壳最好接地。有条件的在防静电工作台上操作。合适安置、运输静电敏感元件。

### 11.3.2　故障维修主要流程

要做好辐射剂量监测仪器的检修工作，必须具备一定的电工基础、电子线路和核辐射探测的理论知识，懂得常用测试仪表的正确使用与操作方法，了解辐射剂量仪器故障产生原因的基本原理，并在此基础上遵循科学的工作程序。通常可将辐射剂量仪器的检修过程归纳为九条，即了解故障情况、观察故障现象、初步表面检查、研究工作原理、拟定测试方案、分析测试结果、查出毛病并整修、修后性能鉴定和填写检修记录。

1. 了解故障情况

在检修仪器之前，要确切了解仪器发生故障的经过情况，以及已发现的故障现象。这对于初步分析仪器故障的产生原因很有启发作用。了解被使用仪器的使用周期、出现故障时的操作和故障现象，由此推断仪器出现故障的一切可能原因。究竟是什么原因，需要进一步观察故障现象才能加以确定。

2. 观察故障现象

检修辐射剂量监测仪器必须从故障现象入手。对待修仪器进行定性测试，进一步观察与记录故障的确切现象与轻重程度，对于判断故障的性质和发生毛病的部位很有帮助。但是必须指出的是，对于烧熔丝、跳火、冒烟、焦味等故障现象，必须采用逐步加压的方法进行观察，以免扩大仪器的故障。

3. 初步表面检查

为了加快查出故障产生原因的速度，通常是先初步检查待修仪器面板上开关、旋钮、度盘、插头、插座、接线柱、表头、探测器等是否有松脱、滑位、断线、卡阻和接触不良等问题；或者打开盖板，检查内部电路的电阻、电容、电感、电子管、石英晶体、电源变压器、熔丝管等是否有烧焦、漏液、击穿、霉烂、松脱、破裂、断路和接触不良等问题。一经发现问题，予以更新修整。

4. 研究工作原理

如果初步表面检查没有发现问题，或者对已发现的问题进行整修后仍存在原先的故障现象，甚至又有别的元器件损坏，就必须进一步认真研究待修仪器说明书所提供的有关技术资料，即电路结构框图、整机电路原理图和电路工作原理等，以便分析产生故障的可能原因，确定需要检测的电路部位；必须认真研究仪器的工作原理，仔细查对电路原理图，联系故障现象进行思维推理，拟定测试方案，并根据测试的结果，进一步分析和确定故障的原因与部位。

5. 拟定测试方案

根据仪器的故障现象，以及对仪器工作原理的研究，拟定出检查故障原因的方法、步骤和所需测试仪表的方案，以便做到心中有数，这是进行仪器检修工作的重要程序。检测故障的方法通常有两种：一种检测方法是所谓的信号注入法，在电路的各级输入端逐级加入激励信号，观察显示现象，从而判断故障产生的原因；另一种检测方法是所谓的信号寻迹法，用直流电压加到仪器的输入端(通常采用万用表电阻挡的 1.5 V 内电池电压)，然后借助电子示波器观测各级输出信号波形和电压是否正常。

6. 分析测试结果

根据测试所得到的结果——数据、波形、反应，进一步分析产生故障的原因和部位。通过再测试再分析，肯定完好的部分，确定故障的部分，直至查出损坏、变值、虚焊的元器件为止。因为仪器的修理者对于故障原因的正确认识，只有在不断地分析测试结果的过程中，才能由片面到全面，由个别到系统，由现象到实质。这是检修仪器的整修程序中最关键而且最费时的环节。

7. 查出毛病并整修

检测查出毛病后，就可进行必要的选配、更新、清洗、重焊、调整、复制等整修工作，使仪器恢复正常功能。最简单的整修方法是更新一只同类型规格的部件。但是应该指出的是，对于某些比较贵重或者比较难买的元器件，应该仔细检查其损坏的程度，如果可以进一步地整修，或者适当调整电路参数尚能使用者，应尽量加以利用。此外，有些元器件的选配要求不一定非常严格，其规格、数值略有出入也可替代，主要是根据修后性能检定的结果来决定取舍。

8. 修后性能鉴定

所有维修的仪器在使用前都需经过校准才能使用，对 FJ－367，FH－463B，ZW3043A，FJ－2207等仪器可使用随装备配备的放射源进行探测效率标定，但对其他剂量仪器的校准、刻度需要到有资质的计量单位进行。

9. 填写检修记录

一般来说，检修记录包括的内容为待修仪器的名称、型号、厂家、机号、送修日期、委托单位、故障现象、检测结果、原因分析、使用器材、修复日期、修后性能、检修费用、检修人、验收人等。

# 第 12 章　FJ－367 通用闪烁探头

## 12.1　FJ－367 通用闪烁探头的工作原理

本探头配合北京核仪器厂生产的 FH－463B 型定标器供工农业、医疗卫生和科学研究等单位中 α 射线、β 射线、γ 射线放射性同位素强度测量。FJ－367 通用闪烁探头结构示意图如图 12.1 所示。

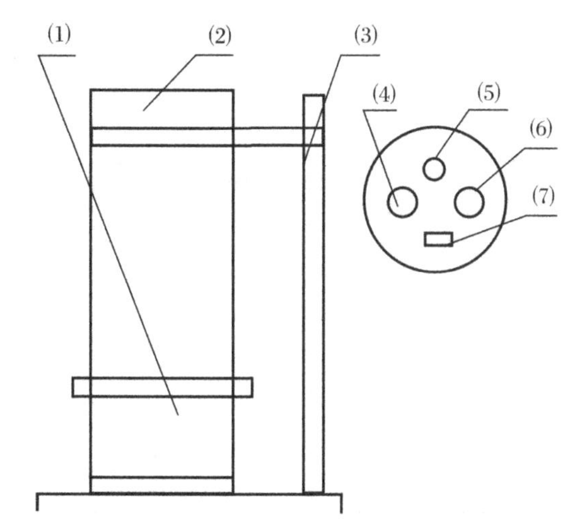


图 12.1　FJ－367 通用闪烁探头结构示意图

(1)—样品托盘；(2)—探头；(3)—支架；(4)—高压电缆接口；
(5)—信号线接口；(6)—低压电缆接口；(7)—放大倍数调整开关

### 12.1.1　使用环境条件

供电：高压、低压均由 FH－463B 型定标器供给。

温度：0～40℃。

相对湿度：≤90％(30℃)。

### 12.1.2　主要技术性能

(1)α 测量。

1)用 Φ65 硫化锌(银)晶体无铝箔时探测效率≥60％($^{239}$Pu Φ20～30 面源)。自然本底≤5 脉冲/10 min。

2)用 Φ65 硫化锌(银)晶体有铝箔时探测效率≥30％($^{239}$Pu Φ20～30 面源)。自然本底≤5 脉冲/10 min。

(2)β 测量。用 Φ65×0.7 塑料晶体时探测效率≥40%(对$^{90}$Sr Φ20～30 面源)。自然本底≤60脉冲/ min。

(3)γ 测量。用 Φ40×40 碘化钠(铊)晶体可作 γ 放射性同位素测量。

(4)室温 0～40℃,计数率变化≤1%/℃。

(5)在相对湿度 90%±3%(30℃±2℃)条件下存放 48 h 后能正常工作。

(6)在正常条件下,开机预热半小时后,连续工作 8 h。其中,最大、最小计数与起始计数之比误差[−5%,+5%](统计误差应小于 1%)。

### 12.1.3 工作原理

本探头由闪烁体、光电倍增管和前置放大器组成,配合北京核仪器厂生产的 FH-463B 型定标器进行放射性同位素强度测量,其方框图如图 12.2 所示。

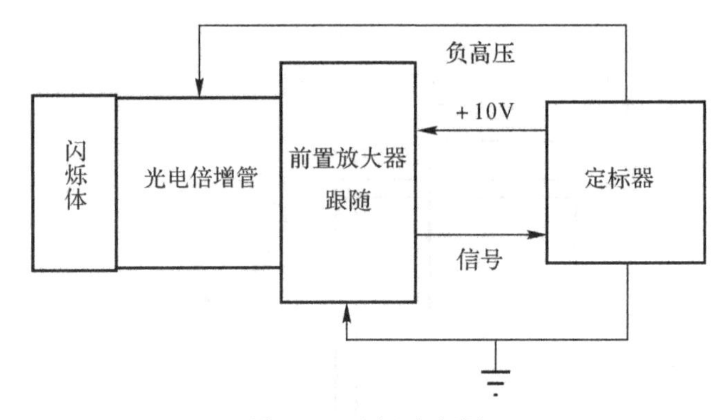


图 12.2 原理方框图

全套系统作放射性强度测量,闪烁体采用硫化锌(银)、塑料、碘化钠(铊),三种闪烁体分别用于测量 α 粒子、β 粒子、γ 射线。光电倍增管选用 CR105 型。各倍增极间的分压电阻均为 1/4 W的 1 MΩ 金属膜电阻。

光电倍增管采用负高压供电,故输出电容不需高压电容,而采用 0.01 μF 的涤纶电容。其输出负载电阻为 51 Ω。

前置放大器由前级怀特跟随器 $T_1$,$T_2$和 10 倍左右的放大器 $T_3$,$T_4$及后级怀特跟随器 $T_5$,$T_6$组成。晶体管全部选用 3DK2 或 3DG6 系列。$T_3$,$T_4$的 $\beta$ 值选在 20～50 范围内。其余的晶体管 $\beta$ 值都在 50～150 范围内。

测量时,当放射性同位素的射线打入闪烁体时,激发闪烁体中的原子而产生荧光,利用良好的 275 号硅脂作光耦合物质,使荧光能很好地被光电倍增管光阴极所收集。光子在光阴极上又打出光电子,并受到光电倍增管中各个倍增极的倍增放大,经倍增放大后的电子束在阳极上产生电压脉冲。当光电倍增管输出的负脉冲幅度大于 1 V 时,脉冲只需经过前置放大器的前级怀特跟随器直接输出给定标器记录下来。当光电倍增管输出的负脉冲小于 1 V 时,需经过前置放大器中 10 倍左右的放大器放大,再经后级的怀特跟随器输出给定标器,一般在测量 α 放射性和能量较高的 γ 放射性时不用乘以 10,而在测量 β 放射性和较低能量的 γ 放射性时则需乘以 10。×1,×10 的转换由探头体放大倍数开关来实现。

### 12.1.4 探测效率

探测效率计算公式如下：

$$\eta=\frac{N-N_0}{A/2}\times 100\% \tag{12.1}$$

式中：$\eta$—— 探测效率，%；

$N$—— 记录脉冲数，脉冲 /min

$N_0$—— 本底脉冲数，脉冲 /min；

$A$—— 放射源强度，蜕变 /4πmin。

## 12.2 FJ－367 通用闪烁探头的使用与维护

1. 安装

(1)取出探头体，先检查元件有无互碰与断线等现象，插上光电倍增管，套上海绵定心环，使光电倍增管定位在探头体的正中心，并保证管脚接触良好。

(2)取出所要用的闪烁体和相应的部件，用镜头纸将闪烁体和光电倍增管光阴极接触的面皆擦干净，并加适量 275 号(2～3 滴)，然后将闪烁体、光电倍增管和探头体组合成一体，固定在暗盒支架上(为了避免硅脂与塑料产生化学作用，用 β 闪烁头时可以不加硅脂)。

(3)连线：用高压电缆、低压电缆与信号电缆将探头与 FH－463B 型定标器连接好。使用前要有一定避光时间。放射性气溶胶浓度测量系统如图 12.3 所示。

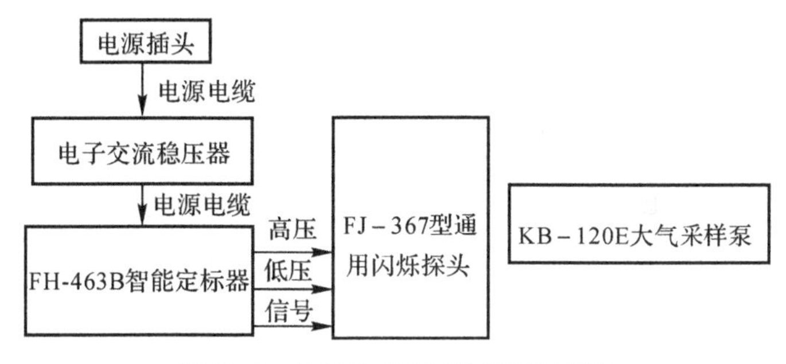


图 12.3　放射性气溶胶浓度测量系统

2. 使用步骤与方法

(1)定标器有关旋钮。开关位置输入极性选择开关置“－”。阈值调在 1 V 左右(选好后固定不变)，高压极性选择开关置“－”，高压量程选择视光电倍增管阳极灵敏度而定。高压细调旋钮反时针调到头。

(2)按上述条件检查无误后，接通电源，打开电源开关预热 30 min。在不连续 8 h 工作或要求不高时，预热时间可缩短。注意，光电倍增管严禁带高压曝光。

(3)α 测量。将探头体放大倍数开关置×1 挡，打开高压，被测样品放入样品台暗盒内，用固定环定正，源与闪烁体距离 1～3 mm。调整高压，开始计数后，每隔 20～40 V 测一个点，最后使高压值固定在计数较平稳区域的中心，并算出探测效率。如果效率指标不够，可将样品尽量接近闪烁体。如本底满足指标，亦可适当增加高压或降低阈值。如果本底平均值超过每分钟 0.5 个脉冲，而效率远好于指标，可适当降低高压或提高阈值。

测量前或测量强 α 制剂后需再测弱 α 制剂，或硫化锌(银)闪烁体经强光照射后，再避光 10～15 min，否则本底增高。

(4)β 放射性测量。将探头体放大倍数开关置×10 挡，源与 β 闪烁体距离 1～3 mm。避光时间和测量本底时间可短一些。距周围的 γ 源应在射程以外或将 γ 源存放在铅室内。其余方法同前。带铝箔时也可直接用于 β 表面沾污测量用。

(5)γ 放射性测量。依能量高低合理选择放大倍数，把 γ 闪烁头正确安装好，γ 源放入托盘内，找出合适的阈值和高压值，就可测量计数。

## 12.3 FJ-367 通用闪烁探头的故障分析与维修

FJ-367 通用闪烁探头可能出现的故障、原因排除方法见表 12.1。

表 12.1 FJ-367 通用闪烁探头故障及排除方法

| 故 障 | 原 因 | 排除方法 |
| --- | --- | --- |
| 加合适的高压没有计数 | (1)高压极性不对；<br>(2)高压未加到管子上；<br>(3)光电倍增管管脚接触不良；<br>(4)低压+10 V 未加上；<br>(5)前置放大器工作不正常；<br>(6)信号引线电缆不通；<br>(7)地线不通；<br>(8)光电倍增管损坏；<br>(9)定标器有故障 | (1)检查极性为“一”；<br>(2)检查高压电缆和高压引线；<br>(3)重新插好；<br>(4)用万能表检查；<br>(5)用万能表检查静态工作点；<br>(6)用万能表欧姆挡检查；<br>(7)用万能表欧姆挡检查；<br>(8)换管子；<br>(9)按定标器故障及排除方法进行检查 |
| 计数不规律，忽快慢(远超过统计涨落误差)忽停 | (1)地线接触不良；<br>(2)接触不好；<br>(3)定标器阈值太低；<br>(4)高压加得过高；<br>(5)周围有电磁波干扰，如扫描机、电风扇等发生的电磁波；<br>(6)周围有用电设备，如电冰箱及其他用电仪器等，忽开忽关 | (1)用万能表欧姆挡或直观法检查地线；<br>(2)检查所有活动连接部位；<br>(3)提高阈值和适当增加高压；<br>(4)降低高压；<br>(5)避开或交错使用；<br>(6)避开或单独加稳压电源 |
| 本底过高 | (1)阈值太低；<br>(2)有漏光现象；<br>(3)被放射性物质污染；<br>(4)周围有 γ 放射性同位素干扰；<br>(5)避光时间不够 | (1)提高阈值或适当降低高压；<br>(2)检查所有可能漏光的部位或加黑罩；<br>(3)清洗污染；<br>(4)去除干扰；<br>(5)延长避光时间 |

续 表

| 故　障 | 原　因 | 排除方法 |
| --- | --- | --- |
| 效率低 | (1)晶体效率低;<br>(2)光耦合不好;<br>(3)测 α 射线、β 射线效率低;<br>(4)脉冲幅度小 | (1)硫化锌、塑料探头失效或被硅脂浸透背面,NaI(Tl)晶体潮解后脱油;<br>(2)硅脂太少,闪烁体与光阴极面不平行;<br>(3)源距离闪烁体太远;<br>(4)增加高压或适当降低阈值 |
| 高压调不上去 | (1)高压表指针在 300～400 V 处摆动,去掉光电倍增管就好;<br>(2)高压负载有短路现象 | (1)更换管子;<br>(2)用万能表检查 |

# 第13章　FH－463B智能定标器

## 13.1　FH－463B智能定标器的工作原理

### 13.1.1　概述

1.用途

本仪器由单道分析器、定标器、单片微处理机、打印机等组成。它与GM计数管探头、闪烁探头配成测量系统，用于α射线、β射线、γ射线、X射线等放射性强度测量和能谱分析，可广泛用于核测量领域。

2.特点

(1)本仪器采用单片机进行计数和数据处理，并打印记录。单片机把采集的数据进行统计计算并给出标准误差。

(2)分辨时间、计数速率、计数容量、定时时间等技术性能指标都高于一般定标器。

(3)内设单道分析器，用“微分”挡可作为能谱分析；用“窄窗”寻峰；用“宽窗”测量可降低本底。

(4)内设电源抗干扰电路，可抑制外界干扰信号。高压电源连续可调，用数字表显示高压值。

(5)本仪器可与计算机联机通信，把采集的数据上传计算机。波特率设置为9600，可用Windows 98操作系统下的“超级终端”程序接收数据。RS232接口插头3－TXD，5－地。

### 13.1.2　使用环境

温度：5～40℃。

湿度：90％(30℃)。

供电电源：220 V±10％，50 Hz。

### 13.1.3　技术性能

阈值可调范围：0.1～5 V连续可调。线性偏差[－0.5％，＋0.5％]。

道宽可调范围：0.1～3 V。

输入脉冲极性：正或负。

输入阻抗：1 kΩ。

输入耦合：AC。

输入脉冲宽度：0.1～100 μs。

分辨时间：≤200 ns。

定时范围：$K\times10^{n}$ s（$K=1\sim9$，$n=0\sim6$）。

最高计数率：≤5 MHz。

最大计数容量：$1.6\times10^{7}$。

高压输出极性：正或负。

高压输出范围：0～1 500 V。

高压输出电流：≤600 μA。

高压纹波电压：≤50 mV（有效值）。

高压长期稳定性：开机预热 30 min 后，连续工作 8 h，高压输出变化[−0.3%，+0.3%]。

高压温度系数：[−0.05%，+0.05%]/℃。

甄别阈温度系数：[−3%，+3%]/℃。

低压输出：±10 V，+5 V。

### 13.1.4　工作原理

(1)仪器组成。本仪器由高压电源、低压电源、单片机、单道分析器、打印机等组成。仪器前后面板分别如图 13.1 和图 13.2 所示，工作原理方框图如图 13.3 所示。

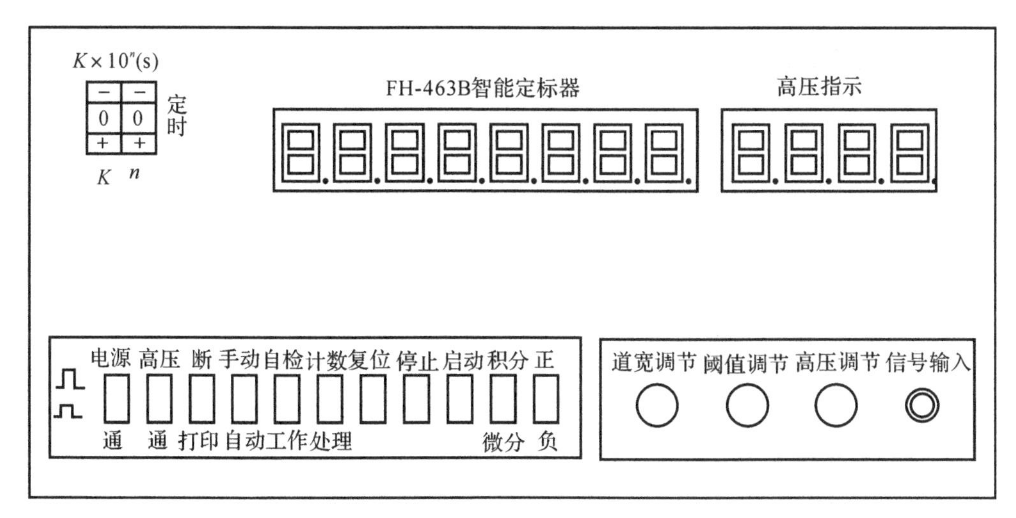


图 13.1　FH-463B 智能定标器的前面板

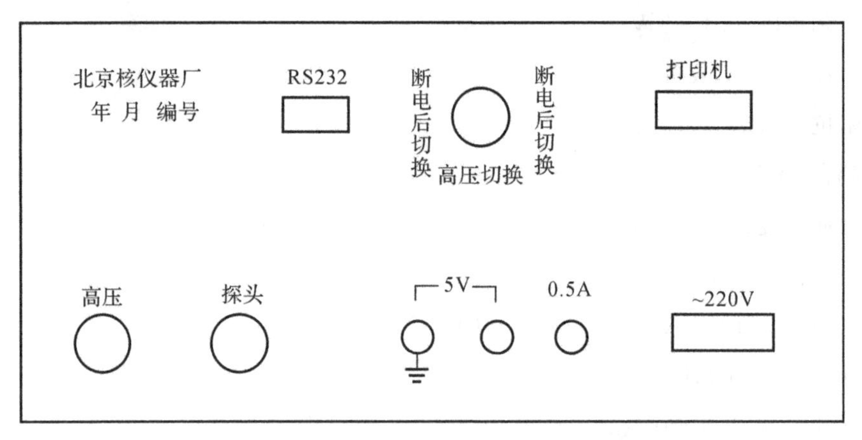


图 13.2 FH-463B智能定标器的背面板

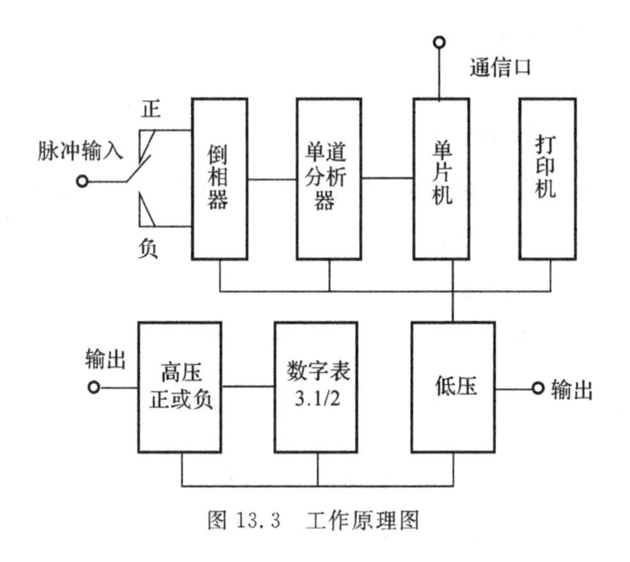


图 13.3 工作原理图

(2)前面板按键位置及功能。前面板琴键示意图(见图 13.4)琴键处于原位，琴键按下处于。

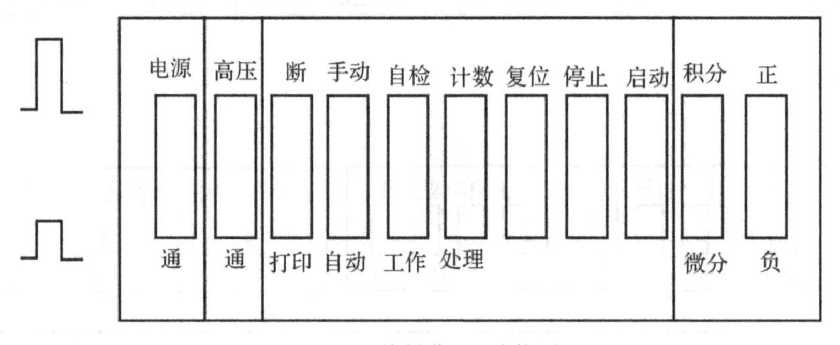


图 13.4 按键位置、功能图

琴键位置与功能对照表见表 13.1。

**表 13.1　琴键位置与功能对照表**

| 琴键位置 | 电源开关键 | 执行键(自动复位) | 功能键 | | | | |
|---|---|---|---|---|---|---|---|
| | 电源、高压、打印 | 复位、停止、启动 | | | | | |
| 琴键原位 | 电源断开 | | 手动 | 自检 | 计数 | 积分 | 正脉冲 |
| 琴键按下 | 电源接通 | 执行命令 | 自动 | 工作 | 数据处理 | 微分 | 负脉冲 |

(3)定时器:控制仪器的定时时间。

前面板的定时器(拨字轮)(见图 13.5)分上下两端,设有按键;上端按键按动时,数码为“减”;下端按键按动时,数码为“增”。

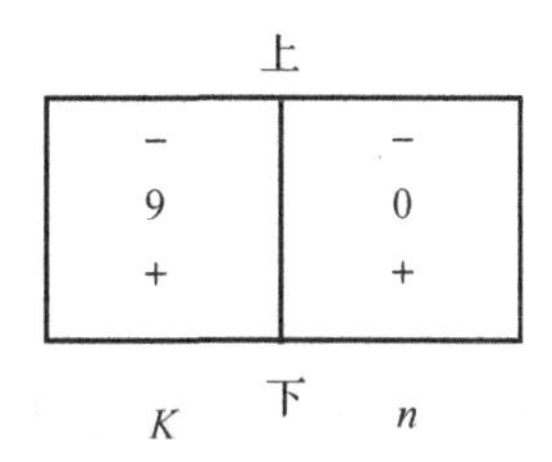


图 13.5　定时器拨字轮图

(4)前面板设有 3 个十圈电位器刻度盘,分别是道宽调节、阈值调节和高压调节。顺时针方向旋转为“增”,逆时针方向旋转为“减”。

(5)单道分析器由双比较器、反符合电路等组成。道宽为 0.1～3 V 连续可调。阈值为 0.1～5 V连续可调。输入脉冲为正或负极性。

(6)定标计数电路。定标计数电路由单片机控制,设有启动、停止、复位、手动、自动、计数、处理等按键。定时时间由定时器控制。

定时时间:$T=K\times10^{n}$ s,$K=1\sim9$,$n=0\sim6$,时间单位:s;

定时最长时间:$T=9\times10^{6}$ s,约 2 500 h;

最短时间:$T=1\times10^{0}=1$ s。

1)手动计数:琴键置于“计数”“手动”位置时,每按一下“启动”键,只是一次定时计数,时间单位是秒。

2)自动计数:琴键置于“计数”“自动”位置时,按“启动”键,按照定时时间循环计数。

3)若定时时间较长时,琴键置于“计数”“手动”,按“启动”“停止”键可达到通常所说的手动计数。

(7)打印。未连接打印机时,打印按键应置于断开的位置。连接好打印机的电源和电缆插头后,按下“打印”键,打印结果见表 13.2。

**表 13.2　打印结果**

| $T$=定时时间，单位：s |
| --- |
| $C$=计数/s。 |

(8)数据处理。只有连接打印机，琴键置于“打印”“处理”“手动”位置时，方可把采集的数据进行处理。未放被测样品，首次计数是本底计数(三次统计平均数)并自动寄存。把样品放置样品盘上测量计数(三次平均数)自动存取。不论测量多少个样品，本底计数不能自动清除。如要清除本底计数，只能按“复位”键。

测量的数据按下式处理：

$$n=(n_a-n_b)\pm(n_a/t_a+n_b/t_b)^{1/2} \tag{13.1}$$

式中，$n_a$—— 每秒的本底加样品计数；

$n_b$—— 每秒本底计数；

$t_a$，$t_b$—— 测量时间，单位：s

数据处理打印结果见表 13.3。

**表 13.3　数据处理的打印结果**

| BKG=本底计数率 |
| --- |
| TMR=本底测量时间，单位：s |
| CNT=混合计数率 |
| TMR=测量时间，单位：s |
| $N_k$(S)=混合计数/s－本底计数/s |
| Delta——标准误差=$(n_a/t_a+n_b/t_b)^{1/2}$ |

(9)低压电源。低压电源由变压器、滤波电路、±12 V、±10 V、+5 V 稳压块组成。

(10)高压电源。高压电源由正、负高压模块组成，电压连续可调。高压值由数字表指示。

(11)打印机。本仪器配通用微型打印机，型号为 TpμP - T16P(台式)。打印机的电源由后面板上+5 V 电源供给。

## 13.2　FH - 463B 智能定标器的使用与维护

(1)打开电源后，显示器自动按顺序显示“8”，定时时间设为 1 s(定时器：$K=1$，$n=0$)，选“自检”挡，按“启动”键，仪器显示“19456”，证明定标器计数正常。如果接通打印机，打印出“19456”，说明打印机连通正常。

(2)定时器的 $K$，$n$ 拨到如下的值，选“自检”挡，检查定时时间：

$K=3$，$n=0$ 按下“启动”键显示 58368；

$K=5$，$n=0$ 按下“启动”键显示 97280；

$K=8$，$n=0$ 按下“启动”键显示 155648。

说明定时时间准确。

(3)根据输入脉冲的极性，选择单道输入的正或负脉冲极性。

1)放射性强度测量：把琴键置于“计数”“积分”“工作”的位置上，“道宽调节”十圈刻度盘置满度(10 格)。

2)能谱测量：琴键置“计数”“微分”“工作”的位置上，根据测量能谱的需要，选择“道宽调节”和“阈值调节”十圈电位器。

(4)定时器(拨字轮)。其用于设置定时时间。

(5)放射性强度或能谱测量。若选用手动计数，琴键置于“手动”位置上，按“启动”键，只是一次定时计数。

(6)需要循环测量放射性强度或能谱时，把琴键置于“自动”位置上。

(7)放射性强度或能谱测量，需要记录时，接好打印机，按下“打印”键。

(8)放射性强度测量需要数据处理时，琴键应置于“手动”“处理”“打印”位置上，此时仪器必须连接打印机。

(9)数据处理。第一次按“启动”键为测量本底计数率，计数率是 3 次统计的平均值，可自动存储；以后按“启动”键为样品测量，然后打印出数据。每次测量完毕，必须按复位键，才能清除上次本底，再进行下一次测量。

(10)使用高压时，按下“高压”琴键，预热 30 min 后方能使用。

在后面板上设有切换高压极性的开关和输出高压的插孔。前面板设有高压可调十圈电位器。

十圈电位器正、负高压共用，正、负高压均为顺时针调整增大。

(11)本仪器可配用各种闪烁探头、计数管探头。

在后面板上设有外接探头的四芯插座。1 芯是输入脉冲信号，2 芯是 +10 V 电源，3 芯是地线，4 芯是 −10 V 电源，如图 13.6 所示。

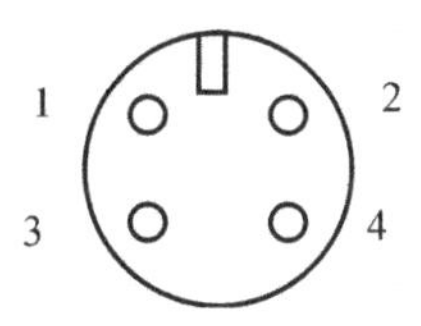


图 13.6　四芯插座

(12)与打印机连接。本仪器外接台式打印机。按箭头指引方向拉开台式打印机上盖后，取出双股电源线，把白线连接到定标器后面板上的 +5 V 电源上的红接线柱，黑线连接到黑柱上。电缆线连接到后面板上“打印”插座上,另一端连接到打印机输出插座上。更换色带和打印带,请看打印机说明书。出厂时打印纸带没有装入机内。

(13)与计算机连接。本仪器可与计算机联机通信。通过 RS232 接口把采集的数据上传计算机。接好仪器与计算机的 RS232 串口电缆,用 Windows 98 操作系统下的“超级终端”程序接收数据。进入 Windows 98 操作系统下的流程如图 13.7 所示。

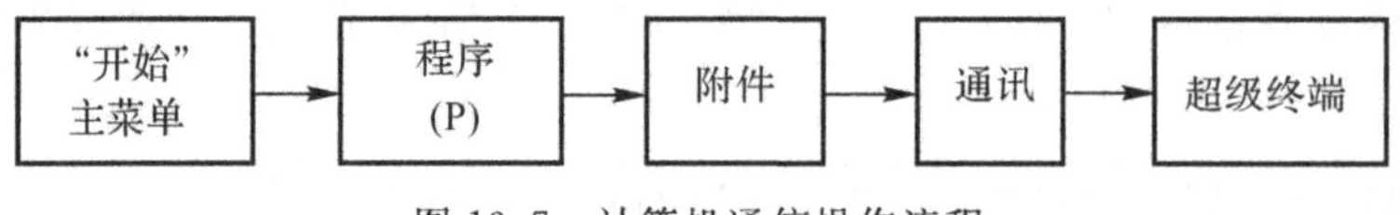


图 13.7　计算机通信操作流程

计算机进入“超级终端”程序:选择“新建图标”→输入新文件名→选择串口型号 COM1(串口型号应与所接计算机串口一致)→COM1 属性。

COM1 属性见表 13.4。

**表 13.4　COM1 属性**

| 波特率 | 数据位 | 奇偶校检 | 停止位 | 流量控制 |
|---|---|---|---|---|
| 9 600 | 8 | 无 | 1 | 硬件 |

## 13.3　FH－463B 智能定标器的故障分析与维修

### 13.3.1　一般故障与排除

注意:～220V 电源三芯插座的保护地必须接地,仪器后面板的地应与实验室的地线连接;严禁带电切换正负高压极性。

未使用打印机时,打印机按键必须置于“断”位置上。否则,计数显示自动熄灭只有按“复位”键,方恢复常态。

FH－463B 智能定标器故障与排除方法见表 13.5。

**表 13.5　FH－463B 智能定标器故障与排除方法**

| 故障现象 | 原　因 | 解决方法 | 位　置 |
|---|---|---|---|
| 开机后无显示 | ～220V 电源插头接触不良 | 重新插好电源插头 | 在后面板 |
| | 保险丝熔断 | 更换保险丝 0.2 A | |
| | 显示板的插头接触不良 | 打开仪器上盖,检查显示板的带状电缆插头是否接触良好,重新插好插头 | 在前面板上 |
| 以上排除后仍无显示 | +5 V 电源工作不正常;W323(供整机和打印机+5 V) | 直接测量仪器后面板+5 V 输出端;若没有输出电压,可更换器件,或与厂家联系 | 在底板上 |

续 表

| 故障现象 | 原　因 | 解决方法 | 位　置 |
| --- | --- | --- | --- |
| 无计数 | ±12 V 电源工作不正常：7812(供单道分析器和高压模块+12 V)；7912(供单道分析器－12 V) | 测量低压板上±12 V 输出端；若没有输出电压，可更换 7812 或 7912 器件，或与厂家联系 | 在低压板上 |
| 以上排除后仍无计数 | 接触不良或器件损坏 | 请用示波器观测：检查探头、倒相器、比较器是否有脉冲信号输出，若没有输出信号，或与厂家联系 | 在单道板上 |
| 高压数字表无显示或显示不正常 | 接触不良 | 打开仪器上盖，检查高压数字表的四根输入线是否接触良好，重新插好插头 | 高压数字表在仪器前面板的右上方 |
| 以上排除后仍无显示 | +5 V 电源工作不正常；7805(供高压数字表+5 V) | 测量低压板上+5 V 输出端；若没有输出电压，可更换 7805 器件，或与厂家联系 | 在低压板上 |
| 高压无输出 | +12 V(7812 供高压模块电源和单道分析器)接触不良 | 高压模块有 5 条线输出：黑色为地线、红色为+12 V 电源线，绿和白色线为调整端，正高压输出线为橙色，负高压输出线为黄色。检查切换正负高压极性的转换开关，红色线是否有+12 V，若没有+12 V，说明高压模块没有供电 | 高压有正负两组模块：在仪器的底板上，上面是正高压模块下面是负高压模块 |
| 以上排除后仍无高压无输出 | 高压模块损坏 | 正或负高压模块输出线是否有高压，注意：在测量高压输出时，先把高压的十圈电位器调到 0，测量用的表笔应接触好，然后慢慢升高压值进行观测。若无输出可能是高压模块损坏。若高压模块有质量问题，可与厂家联系 | 正高压输出线为橙色、负高压输出线为黄色 |

### 13.3.2　仪器线路原理图

(1)单道分析器原理图，如图 13.8 所示。
(2)显示板原理图，如图 13.9 所示。
(3)单片机原理图，如图 13.10 所示。
(4)低压电源原理图，如图 13.11 所示。
(5)高压电源原理图，如图 13.12 所示。

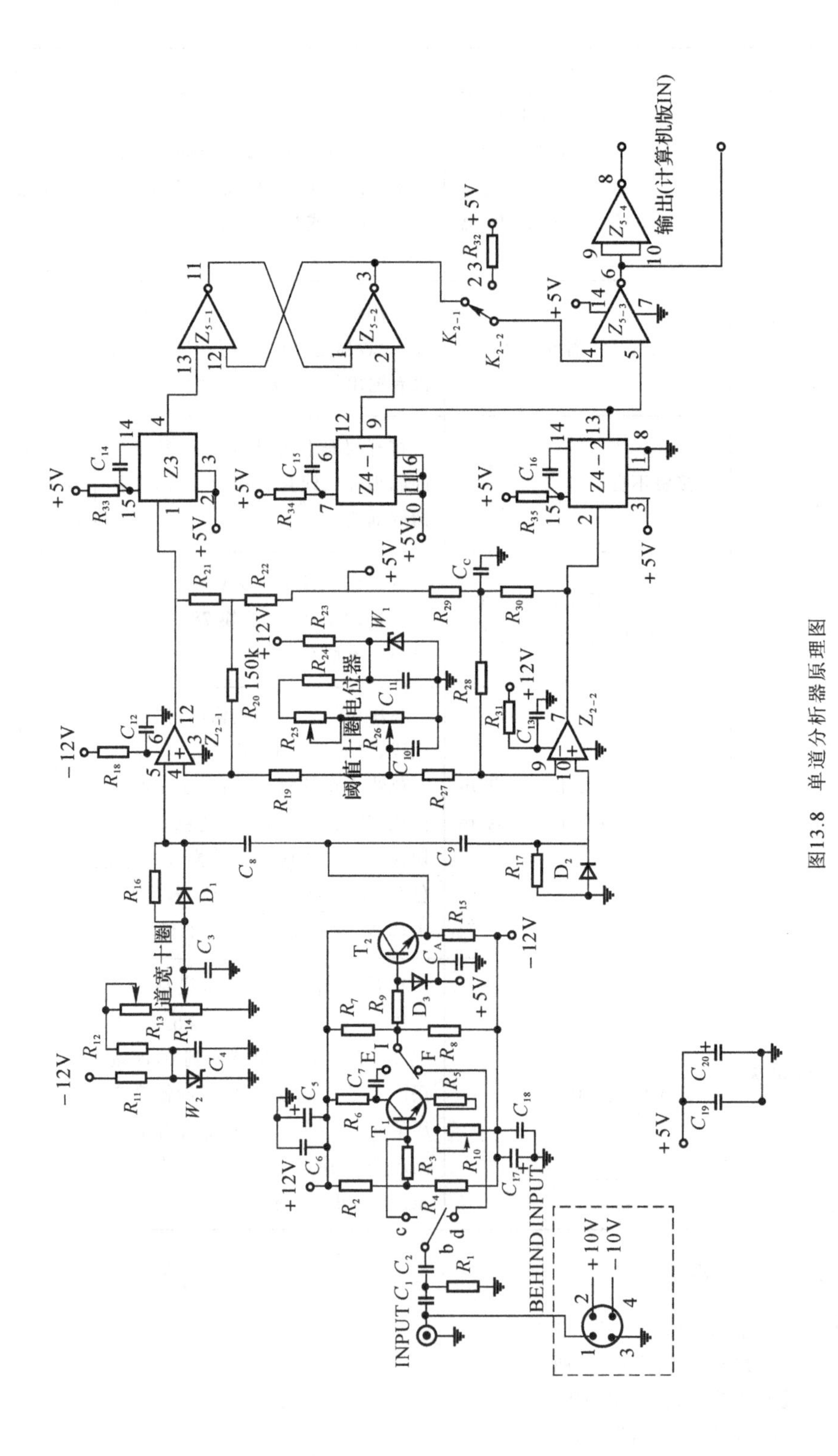


图13.8 单道分析器原理图

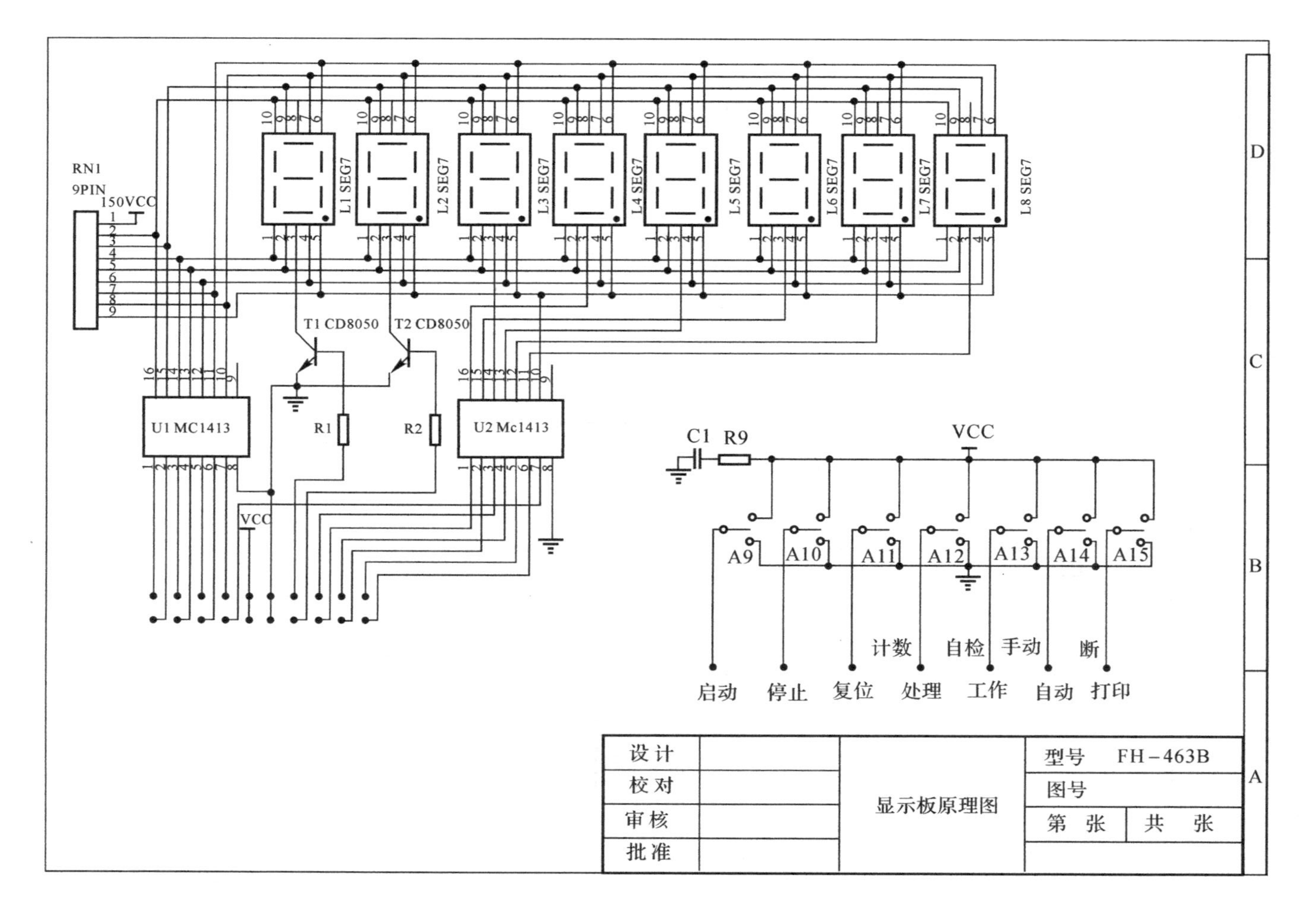
RN1
9PIN
150VCC
L1 SEG7
L2 SEG7
L3 SEG7
L4 SEG7
L5 SEG7
L6 SEG7
L7 SEG7
L8 SEG7
T1 CD8050
T2 CD8050
U1 MC1413
U2 Mc1413
R1
R2
VCC
C1 R9
VCC
A9
A10
A11
A12
A13
A14
A15
计数
自检
手动
断
启动
停止
复位
处理
工作
自动
打印
设计
校对
审核
批准
显示板原理图
型号　FH-463B
图号
第　张　共　张
D
C
B
A

图13.9 显示板原理图

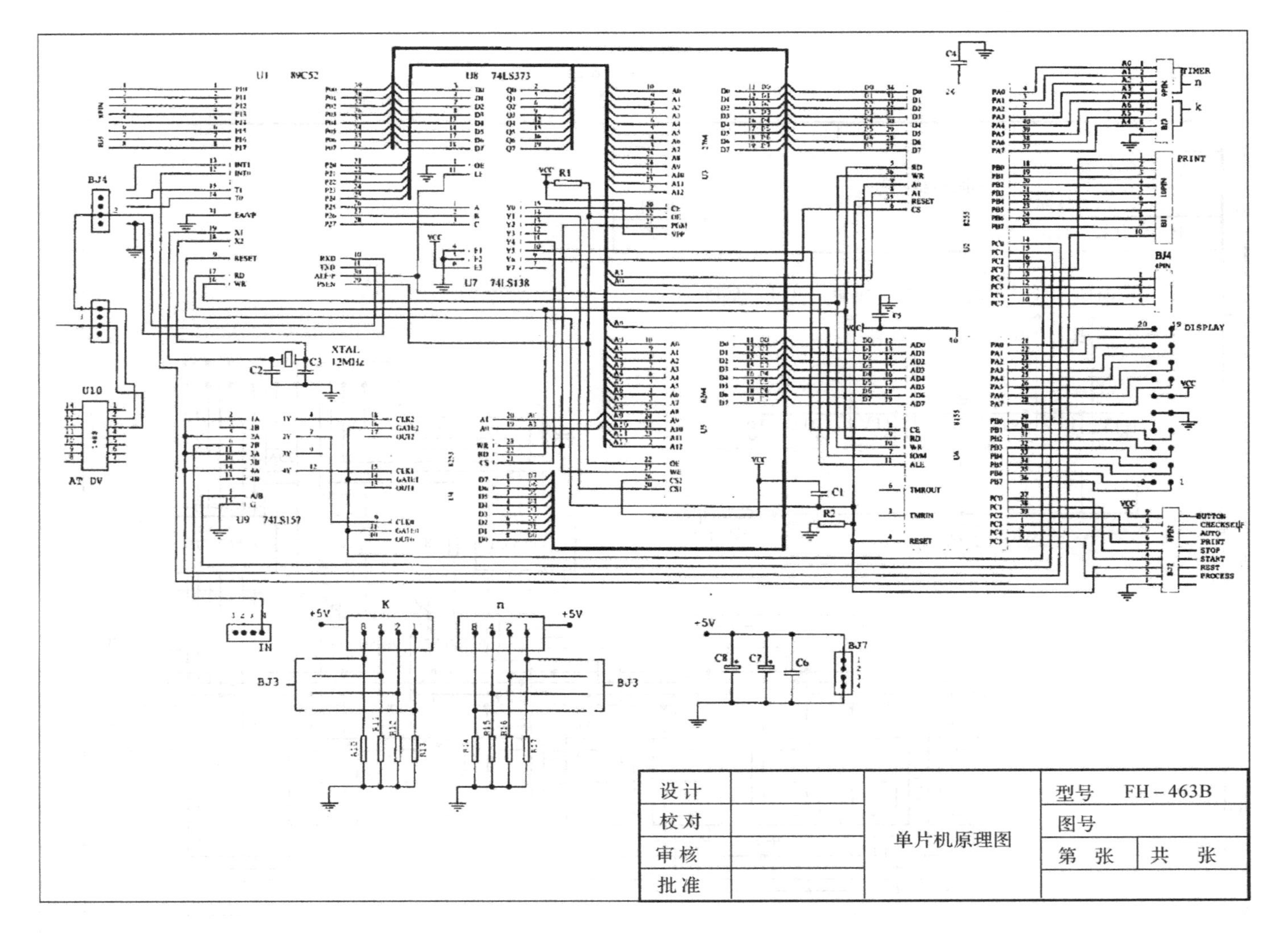


图13.10 单片机原理图

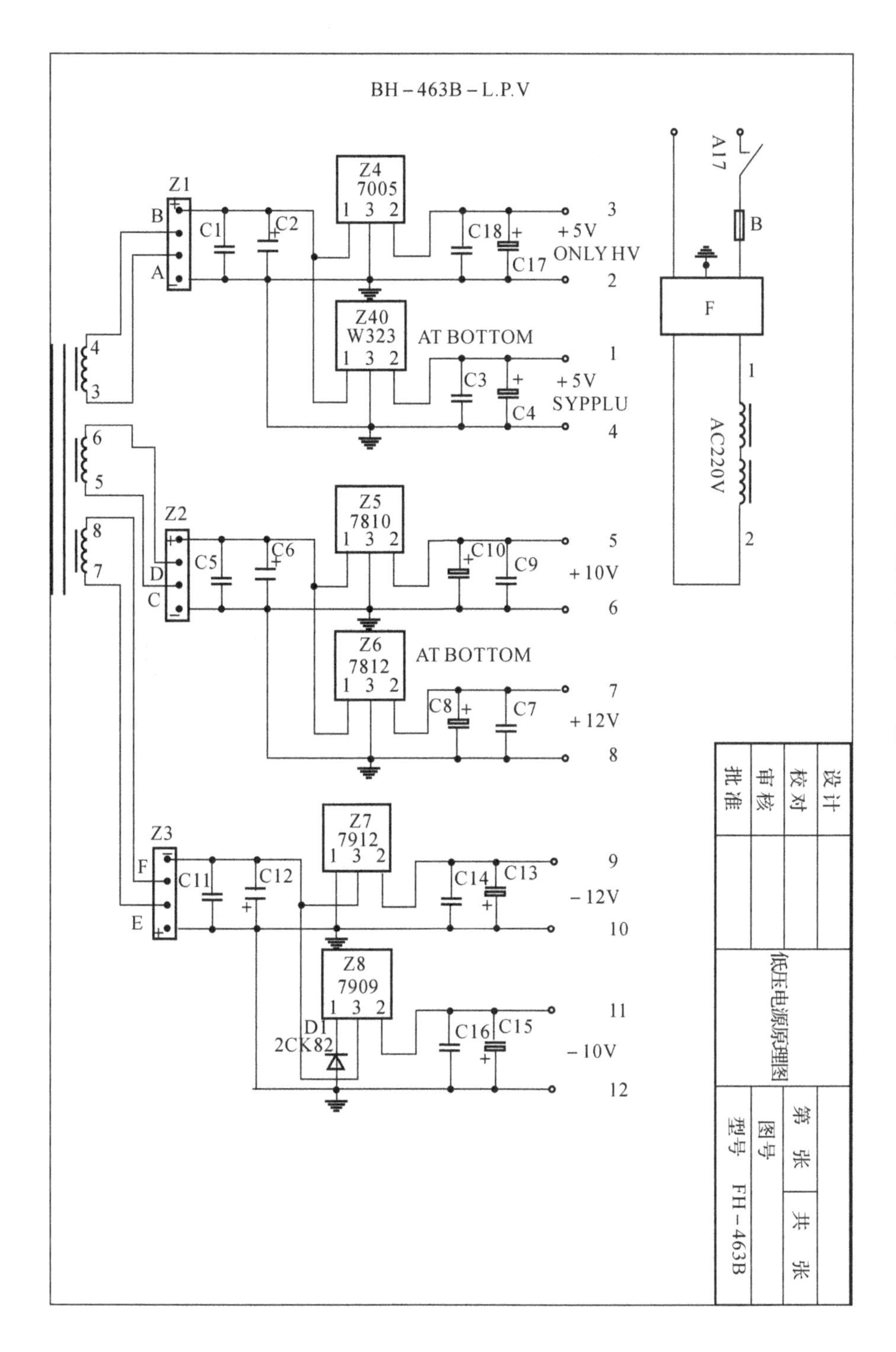


图13.11　低压电源原理图

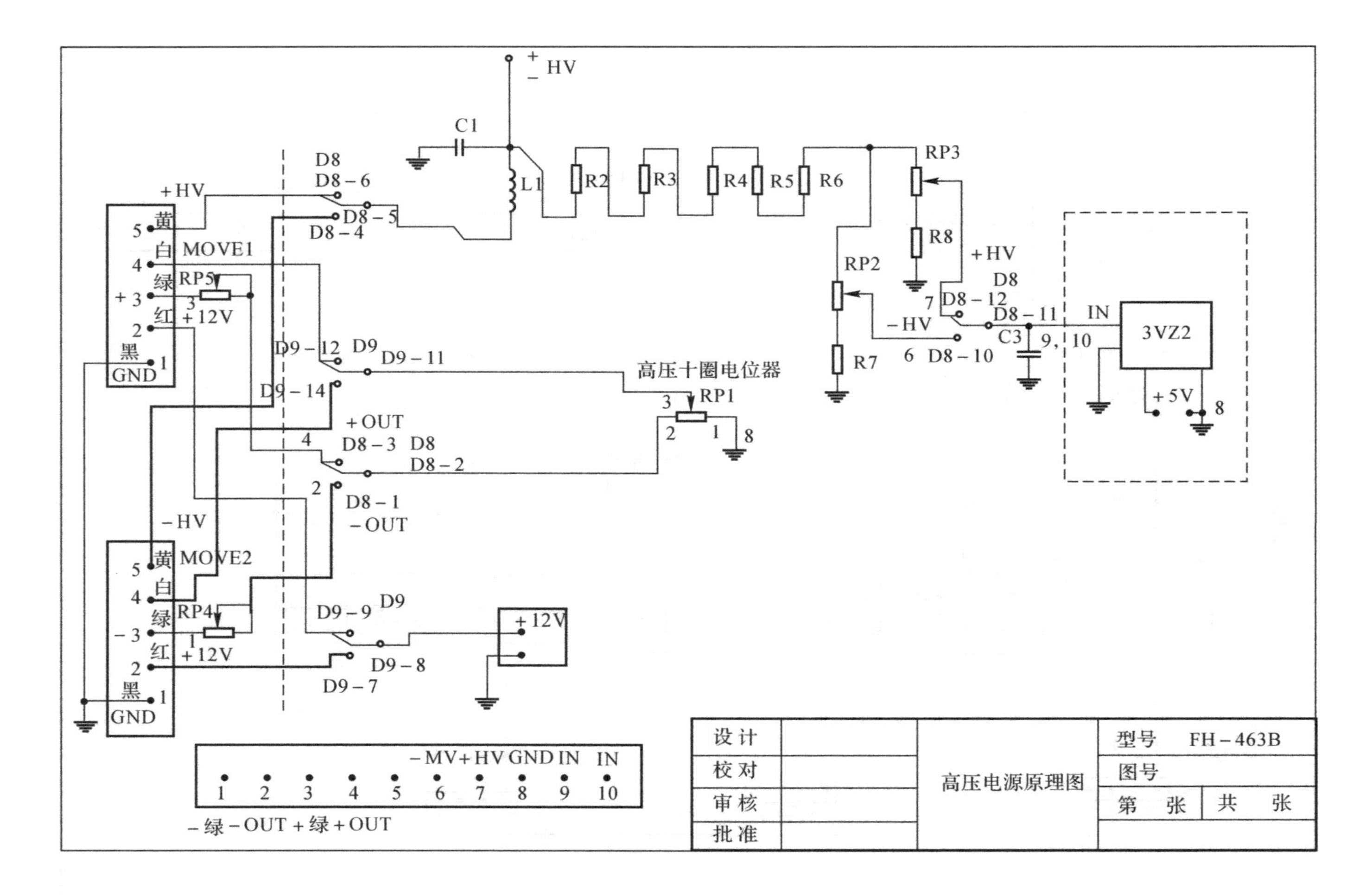


图13.12 高压电源原理图

# 第 14 章　KB－120E 型 TSP 中流量采样器

## 14.1　KB－120E 型 TSP 中流量采样器的工作原理

### 14.1.1　概述

KB－120E 型 TSP 中流量采样器由采样探头（切割器）、抽气泵、流量计、时控装置等部分组成。按照国家环保局（89）环科字第 199 号文件颁布的 HYQ1－89《总悬浮微粒采样器技术要求暂行》提出的标准研制和生产。整套仪器经北京市环境监测中心和山东省监测中心站对该采样器进行指标的测试表明，符合 HYQ1－89 的技术要求，并分别和符合世界卫生组织（WHO）标准和美国国家（EPA）标准的大流量 TSP 采样的对比试验，其采样效果完全一致。可以用此中流量采样器进行 TSP 的常规测试。

采样器采用 KB－120E 空气采样泵作抽气动力。该泵已为全国各大系统的环保监测、劳动卫生、科研等部门普遍装备，经受了长期不同条件、有时是恶劣的条件下的考验，证明该泵性能优异，以可靠耐用著称，深得用户欢迎。探头（切割器）和时控器均按新标准研制生产，对已购有 KB－120E 型空气采样泵的单位，只需要改变采样探头（切割器）和增设时控器，即可配套作为中流量 TSP 采样器使用。

### 14.1.2　主要技术指标

采气流量：100 L/min；

当电源电压 AC220 V±10％，滤膜负荷变化为 3.0～6.0 kPa 时，采样口平均抽气速度为 0.3(1±8％) m/s；

采样头滤膜有效直径为 $\Phi$80 mm，单位面积滤膜在 24 h 内滤过的气体量 $Q$＝2.8 $m^3/cm^2/24\ h$；

无故障工作时间：＞2 000 h；

工作噪声：≤65 dB(A)；

环境温度从 10～35℃，相对湿度≤85％时电机端子对机壳或地的绝缘电阻＞20 MΩ；

使用时间控制器采样时能自动扣除电源停电时间并能在来电时自动开启抽气泵。

### 14.1.3　结构与功能

整机由采样探头（切割器）、抽气泵、转子流量计、时控装置及连接管道等部分组成，结构示意图如图 14.1 所示。

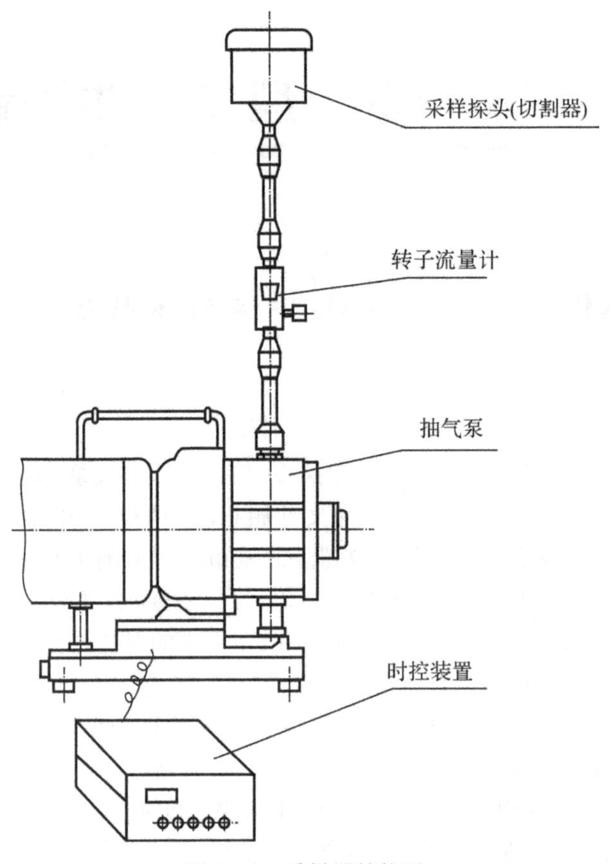


图 14.1　采样器结构图

(1)采样探头(切割器):QG-100 型 TSP 切割器。

该探头采用轻金属结构,外形尺寸为 $\Phi$158 mm×225 mm,其空气入口处是一个方向向下的同心圆环带,其面积误差<0.2%,采样入口流速为 0.3(1±5%)m/s,采样头内装有滤膜夹,滤膜距采样头压盖顶端为 13 mm,滤膜的直径为 $\Phi$90 mm,采样面积的有效直径为 80 mm。

(2)流量调节及恒流装置。该装置采用 LZB-120 型转子流量计为采样器的流量调节及恒流装置,流量计精度为±2.5%。可以按照“孔口压力计”校准的流量进行调节,消除系统中的流量误差。同时,在工作时监视采样泵的运转情况。由于抽气泵的负压大,在流量调节阀处气流的流速为跨音速或音速,使流量恒定不变,保证了采样口抽气速度为 0.3(1±8%) m/s。

(3)抽气泵:KB-120E 型空气采样泵。

该泵具有抽气负压高、流量恒定、无油润滑、连续运转、质量轻、携带方便、工作噪声小、使用维修方便等特点。其主要性能指标如下:

空载流量:$Q_{空}$≥130 L/min;

入口处极限压强:$P$>17.3 kPa;

最大负载:60 kPa;

额定电流:≤2.4 A。

(4)控制器:名称为 SK 型定时控制器。

该控制器可在 1～24 h 内任意预置开关采样时间,并有断电后自行再启动的功能,自动扣除停电时间，24 h 累积计时误差优于 0.1％。

### 14.1.4　满足中流量 TSP 采样的条件

该采样器最主要的技术指标就是采样头入口流速为 0.3(1±8％) m/s，在采样过程中一定要满足此项要求，否则就偏出了 TSP 指标。此项指标实质就是入口处流量稳定性问题。

根据理论及试验证明，当采样器的恒流装置使抽气管某处的流速达到音速时，采样负荷引起的负压变化对流量的影响不大。本采样器在泵入口处负压变化 3.0～6.0 kPa 时，其流量变化为 0～3％，完全满足采集 TSP 时对流量稳定性精度的要求。

### 14.1.5　仪器的安装

本采样器可安放在任何测尘的点、站、厂矿等地作为采集大气中 TSP 用。

拆开包装箱取出各部件，按图 14.1 所示把四部分组装好，接口处旋紧不得漏气，各种电源接头插接牢靠。

## 14.2　KB－120E 型 TSP 中流量采样器的使用与维护

### 14.2.1　仪器的使用及注意事项

(1)仪器的标定：在采样前需事先对采样器的流量进行标定，标定工作在室内和采样现场均可进行。标定时，先旋下采样探头压盖(连同风罩同时卸下)，取出滤膜夹装好滤纸，再一起装入采样头内。将孔口压力计装在采样头顶部(见图 14.2)，开启抽气泵调节流量计旋扭，按照孔口压力计的流量曲线值将浮子流量的流量校准在 100 L/min。卸下孔口压力计便可进行采样工作。

(2)采样操作：将平衡好的滤纸装入滤膜夹(绒毛面向上)，放入采样探头的橡皮圈上，拧上压盖即可开启采样器工作。

采样探头为精密加工器件，在旋下和上紧压盖及取放滤膜时应小心仔细轻拿轻放，避免磕碰和摔坏。

(3)若使用时间控制器，要根据需要，预置采样时间。

(4)抽气泵由于温度的影响，在开始运转的 20 min 左右时间内，流量有下降的现象，建议在采样前先开机运转 20 min 左右，待温度平衡后，再正式开始采样。

(5)采完样品后，要将采样头一起拿离采样现场，在无风处取出采样滤膜。

(6)仪器安装后应检查所有的连接处牢固可靠，不得漏气，否则影响流量值。

(7)当采样完成后，取下采样管道，要及时用塑料盖将进气口盖上，以免掉进杂物，损坏抽气泵。

(8)流量计和孔口压力计应由计量部门定期鉴定检验后方可继续使用。

### 14.2.2　保养和维修

(1)QG－100 型 TSP 切割器(采样探头)为高精密加工装配，除使用中仔细外，不用时应清洁后妥善存放。

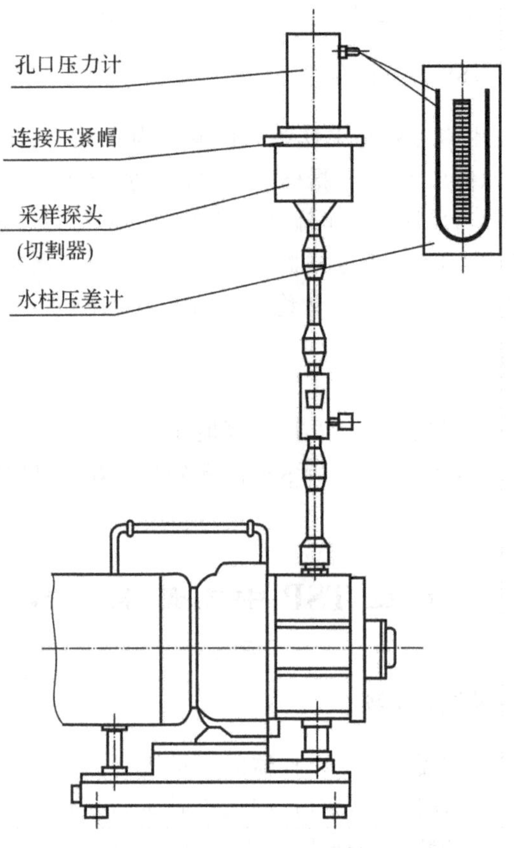


图 14.2　流量标定示意图

(2)KB－120E 型空气采样泵。

1)该泵为无油润滑,严禁往气缸内加注润滑油。但应注意每使用一段时间后,或者感到泵体过热,电机启动困难时,可将泵体拆开,用酒精清洗气缸、转子和滑片。具体操作如下:

用随仪器带的专用六角扳手拧下靠泵散热片的 3 个 M6 内六角螺丝并拧开泵排气嘴下方与底座的固定螺帽,卸下整个泵体后,再拧下固定端盖的 3 个 M6 内六角螺丝,卸下后端盖,此时就可取出滑片,并露出转子和气缸,此时即可很容易地用纱布沾着酒精清洗转子、缸套和滑片槽,注意在拆下滑片时,同时做好滑片与槽的相应记号和记下滑片的正、反方向,待泵的各部分清洗并干燥后,滑片按原来位置装回滑片槽。这样,由于滑片与转子和气缸的自配合作用,以保证原有的负载特性指标。

2)该泵的磨损件主要是滑片(叶片),它的使用寿命大于 1 000 h。随着滑片磨损量的增大,流量和压差会有所降低。当发现流量有降低现象时,应检查滑片的宽度,正常应不低于 15 mm,如低于 15 mm 应考虑更换。如正常检修中测量宽度虽低于 15 mm,但流量正常大于 120 L/min。可继续使用,如低于 13 mm 则不能再用。

刚换上的滑片因为与缸套的配合不好,负载特性有可能降低,但经过 1～2 h 的运转后,由于自配合的作用,性能可达到技术指标的要求。

3)经常使用时应根据使用情况(累计时间、断续和连续)应定期(一般半年至一年)清洗泵两端和电机两端的轴承,清洗并检查转动灵活后,注入高速润滑脂,并清洗清洁泵的电机的内外各部分。

4)采样泵如较长时间放置不用,应用酒精将泵体内清洗干净,放在干燥处保存。启用时,先拨动电机一端的散热风轮,如转动感到不太紧时,方可通电运行。

(3)LZB－120 型转子流量计。除一般的清洁保养和防止外部损坏外,每年应送计量部门进行一次计量标定。

### 14.2.3　运输和保管

(1)运输中应遵守一般“精密仪器”运输手则,不得倒置、碰撞。

(2)存放:应放在温度－20～15℃、相对湿度不大于 85%,且空气中不应有腐蚀性杂质的房间存放。

## 14.3　KB－120E 型 TSP 中流量采样器的故障分析与维修

### 14.3.1　接通电源后不转动(多数情况下是由于泵转子卡住不能启动所致)

(1)从进气口处掉进杂物(如沙子)转动后,将滑片打碎而卡住转子,打开端盖更换滑片。

(2)由于滑片本身原因(如过硬)启动致使破碎而将泵转子卡住,按上一条办法处理。

(3)较长时间未使用,且在保管中处于受潮状态,使缸套内壁生锈将泵转子卡死,清洁泵的缸套和转子。

(4)缸套内进入油类液体与叶片粉末形成黏状物将泵转子卡住,清洁泵的缸套和转子。

(5)因启动电流过大烧断保险丝造成不启动,检查抽气泵上述 4 项的故障现象分别处理。

(6)检查启动运转电容器和接线有无短路和断路,分别加以处理。

(7)交流 220 V 电源有关插座插头接触不良。

注意:接通电源后如抽气泵不转动,时间过长会造成烧坏电机的后果。如接通电源只听到电机发出较大的“蜂鸣”声而泵不转,应立即关断电源查找原因。如电机已烧坏,可全套返回厂家修理。

### 14.3.2　流量低达不到 120 L/min

(1)检查各管道接头处是否漏气,流量计调节阀和接头是否漏气。

(2)滑片的宽度磨损过大,参看 14.2.2。

(3)抽气泵的端盖不密封,如前端盖中央石墨片破损,可将端盖寄回厂家修复。

(4)电源电压过低也会造成流量不够。

在维修抽气泵安装端盖时,允许用橡皮锤和木槌轻轻敲打端盖上下方,以调整安装使流量达 120 L/min 的最佳状态。上述调整可在固定端盖的三个内六角螺丝但未完全紧固时通电转动情况下进行。但应注意安全,发现卡住应立即关断电源。

# 第15章　FJ-2207型α、β表面污染测量仪

## 15.1　FJ-2207型α、β表面污染测量仪的工作原理

### 15.1.1　用途

FJ-2207型α、β表面污染测量仪采用闪烁探测法，用来检测放射性工作场所和试验室的工作台面、地板、墙面、手、衣服、鞋等表面的α放射性污染或β放射性污染的洁度。

本仪表系数字显示的小型可携式仪表，仪器测量时能发出音响信号，且对α放射性污染和β放射性污染发出不同的响调。一旦探头上的屏蔽薄膜破裂或遇到极大污染辐射时，就能发出报警音响，同时数字显示的最高位右下部点亮。数字显示部分可指示高压指示值和电池指示值，电路采用微分测量法，可将入射的α放射性对β污染测量的影响减小到最低程度。

### 15.1.2　使用条件

温度：－10～＋45℃。

相对湿度：≤90±3％（30±2℃）。

### 15.1.3　标准条件

温度：20±5℃。

相对湿度：≤65％。

### 15.1.4　技术性能

计数容量：0～9 999。

定时：1 s，6 s，60 s，手动四挡。

测量范围：α：0～9 999 cps；

β：0～9 999 cps。

表面活度响应：

β：对于$^{204}$Tl＞7 cps/Bq/cm$^2$；

α：对于$^{239}$Pu＞7 cps/Bq/cm$^2$。

或用探测效率表示：$E_β$≥30％本底≤4 cps；

$E_α$≥30％本底～3 cpm。

相对固有误差：在正常使用条件下，整个测量范围内相对固有误差[－25％，＋25％]。

变异系数：仪表对于随机的统计涨落而产生的指示值变异系数＜20％。

电池寿命：在正常使用条件下，仪表采用R20P-SUM-1-1.5 V纸板电池一次能连续使

用 24 h 以上，采用 1 号充电电池可连续使用 12 h 以上。

高温误差：仪器在(45±2)℃条件下，通电 4 h，其测量误差[－20%，＋20%]。

低温误差：仪器在(－10±2)℃条件下，通电 4 h，其测量误差[－20%，＋20%]。

潮湿误差：仪器在相对误差度为 90±3%[(30±2)℃]条件，不通电放置 48 h 时，其测量误差[－10%，＋10%](因温度引起的误差除外)。

耐冲击误差：仪表放置在内包装箱内，加速度为 30 *g*，持续时间 18 ms 的冲击。在仪表的 3 个垂直轴的每个方向上连续冲击 3 次，共 18 次，其误差[－25%，＋25%]。

### 15.1.5　成套设备

操作台：1 台；

α 探头、β 探头：各一个；

信号连接电缆：1 根；

使用说明书：1 份；

产品合格证：1 份；

备件探头拆卸保护板：1 块；

本仪表工作电压：$HV_\alpha$ 为 1004V；$HV_\beta$ 为 792V(依仪表的不同，电压不同)；

本仪表探测效率：$E_\alpha>30\%$，$E_\beta>30\%$。

### 15.1.6　质量

操作台：1.55 kg；

探头：0.35 kg/个。

### 15.1.7　测量仪的工作原理及电路

1. 工作原理

当 α 射线或 β 射线通过闪烁体，闪烁体吸收入射粒子能量，闪烁体的原子或分子被激发，退激时发出电子。光子被光电倍增管的光阴极吸收，转化成光电子，经各打拿极放大，在光电倍增管的输出极上形成一个电信号送到放大器。放大成所需要的幅度后，由甄别器甄别 α 信号或 β 信号，此信号被送到计数电路，通过 4 位数码管显示相应的值。同时，α 信号或 β 信号经过成形驱动送到音响电路，使蜂鸣器对 α 信号或 β 信号发出不同音调的音响。工作原理方框图如图 15.1 所示。

2. 电路简介

(1)放大器：其作用为放大探头来的小信号，以满足窗甄别器的需要。放大器采用集成电路。

(2)窗甄别器：将放大器来的被放大的信号按幅度大小，甄别出 α 信号或 β 信号。

(3)音响电路：分为成形驱动和音响两部分。由于成形驱动的控制，可发出三种不同音调的音响，即 α 或 β 和过载三种不同的音调。

(4)计数电路：分为定时、计数、显示三部分。定时由石英时钟晶体输出基准信号，分频而成。计数由四位计数译码电路组成。显示由四位数码管组成。

(5)电源：仪器由 3 V 电池供电。低压为 6 V，供给测量电路 6 V 电压。高压为 300～

1 200 V连续可调,给光电倍增管提供工作电压,高压可通过高压电位器来调节。

(6)测量电路:主要用以测试高压和电池值,所测电压由数字显示直接给出所测得的结果。

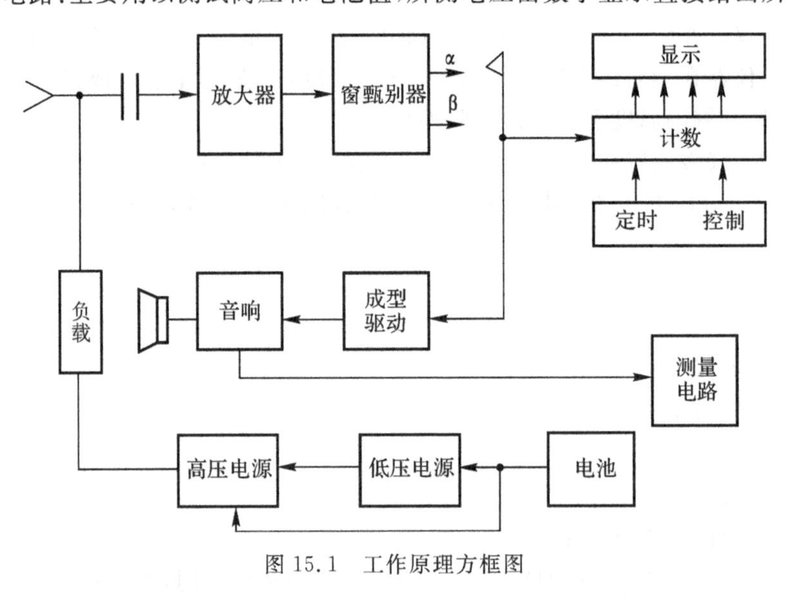


图 15.1　工作原理方框图

## 15.2　FJ－2207 型 α、β 表面污染测量仪的使用与维护

### 15.2.1　操作

当工作开关置 α(或 β)仪表与电池通电,可正常工作,首先电压选择开关置“低压”,时间选择开关置“1”,按下电池检查按钮,检查电池电压是否大于 2 V,否则将更换电池。

(1)测量 α:首先将 α 探头与仪表用单芯电缆连接,而后再将工作开关置 α 挡,此时,先将电压选择开关置“高压”,时间选择开关置“1”,按下高压检查按钮,将高压调至 α 探头的高压工作点(本说明书提供),探头前窗塑料罩打开,就可以对 α 进行测量。

(2)测量 β:首先将 β 探头与仪表用单芯电缆连接,而后再将工作开关置 β 挡,同样先将电压选择开关置“高压”,时间选择开关置“1”,按下高压检查按钮,将高压调至 β 探头的高压工作点(本说明书提供),探头前窗塑料罩打开,就可以对 β 进行测量。

(3)选取高压工作点:利用合适的放射源(面源)将探头置于源面上,时间开关置于“1”,电压选择开关置于“高压”,按下高压检查按钮,顺时针调节“高压调节”电位器,每升高一次一定量的电压,相应记下数码管显示的数值,画出计数率/高压曲线。在曲线的坪区(即高压变化,计数随高压变化很小的曲线段)选取一点为高压工作点。注意:仪表在此工作点工作时,本底很低。在要求范围以内,这样就可以对不同的探头找到正确的工作点。

如果无放射源辐射,指示值很大,且最高位左边的数码管点亮,则说明探头前面的铝膜受到损坏或探头遇到极大的放射性辐射;仪器工作在极高计数率超载状态,也会出现上述现象,这种情况为过载。以上两种情况都应立即关机。

### 15.2.2 包装、运输、存放和保用期

经检查合格的产品装入包装箱置于运输箱内，箱内应有减震物质，保证仪器在箱内不晃动。

仪器应存于干燥仓库内，其环境温度为10～30℃，相对湿度不超过65%，且勿与酸碱或其他散发腐蚀性气体的物质存放在一起。

## 15.3 FJ-2207型α、β表面污染测量仪的故障分析与维修

将开关置α或β，时间选择开关置"1"，电压选择开关置低压，按下电池检查按钮，数字显示出电池的实际电压值，若低于2 V，则应更换电池；若一段时间不用，则应将电池取出。

若仪表探头未经任何放射源辐照，有较高的计数，则应检查：①探头前的镀铝膜是否有破损；②探头是否被放射源污染；③光电倍增管是否损坏放电；④高压选择是否合适。

若仪表探头在放射源辐照下无计数，则应：①按下"电池检查"，检查电池是否有电；②工作开关挡是否正确；③按下"高压检查"看是否有高压；④关机，探头与仪表断开，将探头后盖拧开，取出光电倍增管和后盖，观察光电倍增管是否与管座脱落或损坏。

# 第16章　FJ－427A1型热释光剂量仪

## 16.1　FJ－427A1型热释光剂量仪的工作原理

### 16.1.1　概述

FJ－427A1型微机热释光剂量仪采用最新设计的单片机和液晶显示器组成操作台，既可以独立使用，也可以和计算机通信，并连接数字打印机。该系统可以对经过β射线、γ射线、中子射线、X射线等辐照后的热释光剂量元件进行测量，读出累计剂量值，具有参数编辑、发光曲线显示、数据处理、自动校准、自动扣除本底、数据库编辑与检索等功能，造型美观，操作方便。

本仪器主要用于放射性工作人员的个人剂量监督，也广泛用于环境测量、医疗卫生、科学研究等方面。

本仪器由50 Hz、交流220 V工业电网供电，可在温度为5～40℃，相对湿度≤85%(30℃)环境条件下正常工作。本仪器的设计符合GB 10264—1988国家标准的规定。

### 16.1.2　主要技术性能

(1)本仪器的线性度范围为100 μGy～4 Gy(此处系指用JR1152A型热释光剂量片标定的$^{60}$Co γ源剂量，该指标主要取决于所用剂量片的性能)，在线性度范围内响应的变化不大于10%。

(2)仪器的加热系统采用线性程序升温，可分为预热、读出、退火三个阶段，其中预热阶段的升温速度为最大值，温度为室温至500℃，持续时间为0～50 s；读出阶段的升温速度为0～40℃，温度为预热温度至500℃，持续时间为0～50 s；退火阶段的升温速度为最大值，温度为读出温度至500℃，持续时间为0～50 s。以上参数均可通过键盘以数字方式在相应范围内设置，但持续时间三个阶段之和不应超过150 s。亦可以采用两个阶段或一个阶段的升温程序或连续慢速线性升温。

(3)本仪器可适用于5种形式的剂量计：①方片，最大面积为5×5 mm$^2$；②圆片，最大直径为10 mm；③圆棒，$\Phi$2×12 mm；④圆棒，$\Phi$1×6 mm；⑤粉末。

(4)仪器中可同时设置并储存5套测量参数，通过键盘设置可调用其中任何一套。每套参数包括升温程序、高压值、本底、标准光源计数率、刻度系数和日历时钟等，可适应测量不同剂量片的需要。参数存入仪器中，关机时不丢失，开机时自动调出。

(5)光电倍增管的高压可在仪器校准时设置，其范围为－1 000～－400 V。

(6)校正系数在仪器校准时确定。每次测量结束，抽屉拉出后仪器对标准光源进行测量，根据标准光源产生的计数率对校正系数自动进行修正，保持整机灵敏度不变。

(7)仪器启动后每30 min可自动测量本底并自动存储，从测量结果中自动扣除光电倍增管暗电流及线路的零点漂移。

(8)操作台可设置和显示剂量计编号，其范围为 0 000～9 999；还可显示日期、时间、升温程序、计数率、温度和升温曲线；在读出阶段求出积分值；显示积分值和剂量值。如果连接计算机，可显示发光曲线；还可以对发光曲线进行解谱分析等。

(9)连接计算机后，数据获取和处理软件具有数据库功能，具有查阅功能，可打印出当前主页的内容和数据库的内容。

(10)测小剂量时为减小误差，可以通入氮气。

(11)仪器在环境温度为 5～40℃，相对湿度≤85%(30℃)，大气压强为 86～106 kPa 环境条件下能正常工作，仪器灵敏度的变化≤5%。

(12)仪器可连续工作 8 h，其最大相对误差[－5%，＋5%]。

### 16.1.3　仪器的主要组成

操作台 1 台、台式微机 1 套(最低配置：PⅡ级 CPU、64 MB 内存、20 GB 硬盘、40 倍速光驱、15 寸显示器)、喷墨打印机(惠普 HP Deskjet200 型)1 台、FJ427A1 微机热释光剂量计(读出器)数据获取和处理软件 1 套、连接电缆 1 根、氟化锂剂量片(JR－1152A)10 片、加热盘 8 个。

### 16.1.4　仪器的工作原理

热释光剂量学的原理是基于某些物质(例如 LiF，$CaF_2$，$CaSO_4$，$Mg_2SiO_4$，BeO 等)所具有的热释光特性。它们经过放射性辐照后，物质结构内部的电子能级发生变化，部分电子跃迁到较高的能级，并被晶体掺杂后形成的陷阱俘获。把经过照射的材料加热，则受热激发的电子返回基态能级，同时把储存的能量以发光的形式释放出来。发光强度与加热温度之间的关系曲线称为发光曲线，它通常具有一个或几个峰值，如图 16.1 所示。在某一温度范围内的发光峰的面积与材料所受到的剂量成正比。热释光材料可以做成方片、圆片、粉末等各种形式，由从事放射性操作的人员佩带在身上，定期地用热释光剂量计(读出器)测量。在测量过程中，仪器对剂量片进行加热，同时测出在一定温度范围内释放出来的总光亮，便可以确定所受剂量的大小。利用特殊的设计，把若干个剂量片组合起来，构成卡片式剂量计，可同时测出 β 粒子、γ 粒子、中子等剂量值。热释光技术具有测量范围宽、精度高、线性好、携带方便、可重复使用等优点。

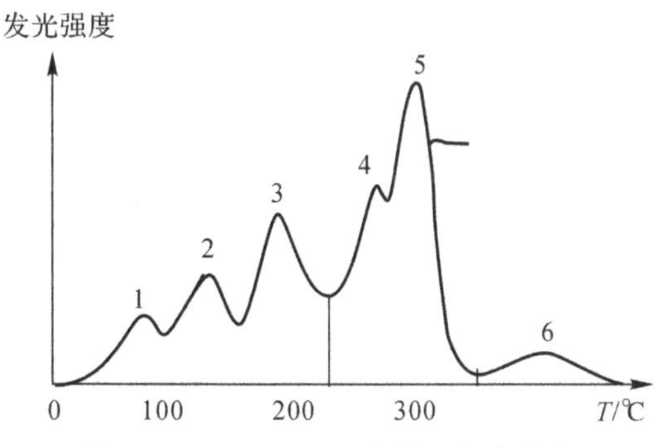


图 16.1　LiF：Mg，Ti 的典型发光曲线

仪器由操作台、台式微机和打印机三部分组成。台式微机和打印机为可选件。微机通过标准接口与其余部分连接。仪器的操作及参数的设置可通过操作台上的键盘进行，也可以由微机的键盘进行直接操作控制。测量结果在操作台的液晶显示屏上显示，也可在微机的显示器上显示。本仪器操作台采用单片机控制。操作台包括液晶显示器、键盘、换样的抽屉、加热变压器、光电倍增管、电流-频率变换器、高压和低压电源等。仪器中的计数、定时、显示、工作程序、升温程序、加热、数据处理等功能均由大规模集成电路芯片及专用软件完成，从而大大地简化了硬件电路设计，扩大了功能，降低了成本，并提高了工作可靠性。

仪器的方框图如图 16.2 所示。待测的剂量片 15 放在加热盘 16 中，并随抽屉 17 一起被推入测量位置。单片机检测到抽屉被推入后给出信号，通过固体继电器 SSR14 及加热变压器 18 进行加热。加热盘的反面焊有测量温度的镍铬-镍铝热电偶，其输出信号经过冷端补偿 9 和直流放大器 10 放大后加到取样保持电路 11，然后由单片机的模拟-数字变换器转换成数字量，通过软件程序与设定的升温程序相比较。根据加热盘的实际温度低于或高于给定值来相应地控制固体继电器 SSR14 的导通或截止。加热变压器 18 的初级通过固体继电器 SSR14 接入交流电网，从而完成了闭环反馈控制，使加热盘的温度变化规律与给定的程序一致。加热程序通常包括预热、读出、退火三个阶段，每一阶段均可包括升温及恒温两部分，升温速度、恒温温度及持续时间均可根据需要设置。如果选择退火时间等于零，则程序只包括预热和读出两个阶段；如操作台预热和退火时间均等于零，则为一阶段(不分阶段)的线性升温。因此，本仪器具有很大的通用性和灵活性，可以适应不同材料和形状的剂量片及各种不同用途。其中，只有在读出阶段才进行积分计数，而预热和退火阶段只用于消除低温和高温时的发光峰，达到预热和退火目的。升温程序结束后开始降温，在冷却后拉出抽屉，更换剂量片，同时进行自动校准。

剂量片在加热过程中释放出的光到达光电倍增管 1 的阴极。在剂量片与光电倍增管之间加有蓝色滤光片(QB21 型)和红外滤光片(GRB1 型)各一片，用于滤去与信号无关的干扰光，改善仪器的信噪比。光电倍增管采用 GDB-20 型，呈垂直位置。这是一种锑钾铯双碱光阴级的小直径倍增管，具有极小的暗电流和良好的温度稳定性，适合于测量微弱信号。光电倍增管把接收到的光信号变成电流信号，并进一步通过电流-频率变换器 2 转变成脉冲频率，进入计数器 3 进行记录并显示。如果操作台与计算机相连，则计算机显示器上可以显示出发光曲线和升温曲线。

本仪器中采用自动校准灵敏度和自动扣除本底的工作原理，可以对仪器长期工作中由光电倍增管和电路引起的灵敏度变化和零点漂移进行自动修正，从而大大提高了测量的准确性和稳定性，降低了误差，简化了操作。仪器用装在抽屉后部的标准光源 19 进行校准。该光源用塑料闪烁体加上$^{14}C$同位素制成，其发光强度具有极高的稳定性。当拉出抽屉时光源恰好对准测量位置。仪器把光电倍增管的电流(与光源强度成正比)转换成脉冲频率后送入计数器进行显示。如发现该频率(每 1 s 内的计数值)有变化，则说明灵敏度不稳定，需要进行补偿。本仪器对上述过程实现了自动化。每次当拉出抽屉更换剂量片时，标准光源产生的计数被送入单片机或计算机，与预置的光源计数相比较，如发现二者不一致，则通过单片机或计算机软件计算，确定新的校正系数。由于调整过程极快，不会影响正常的测量。每测一个片子(平均

1 min 左右)，即可自动校准一次灵敏度，使仪器保持极高的长期稳定性。

测量仪器本底可用两种方法。方法一是不放剂量片，不升温，这时的本底(BG1)主要来自光电倍增管(PMT)的暗电流和电子线路的零点漂移。方法二是用一组退火后未经照射的标准剂量片(本底片，通常为 10 片)放在仪器中加热并测量。这时测出的本底除了本底 BG1 外还包括高温时剂量片和加热盘发出的红外线。仪器可按事先设定的时间间隔(例如 30 min)自动测量本底 BG1，也可以在认为需要时手动测量本底 BG1。本底 1 测量结束时，自动计算出本底 1 的平均值 BG1(c/s)，同时修正本底 2(BG2)，并存入操纵台和计算机。在测量剂量片时，仪器自动从每个剂量片读数中扣除本底 2(BG2)。

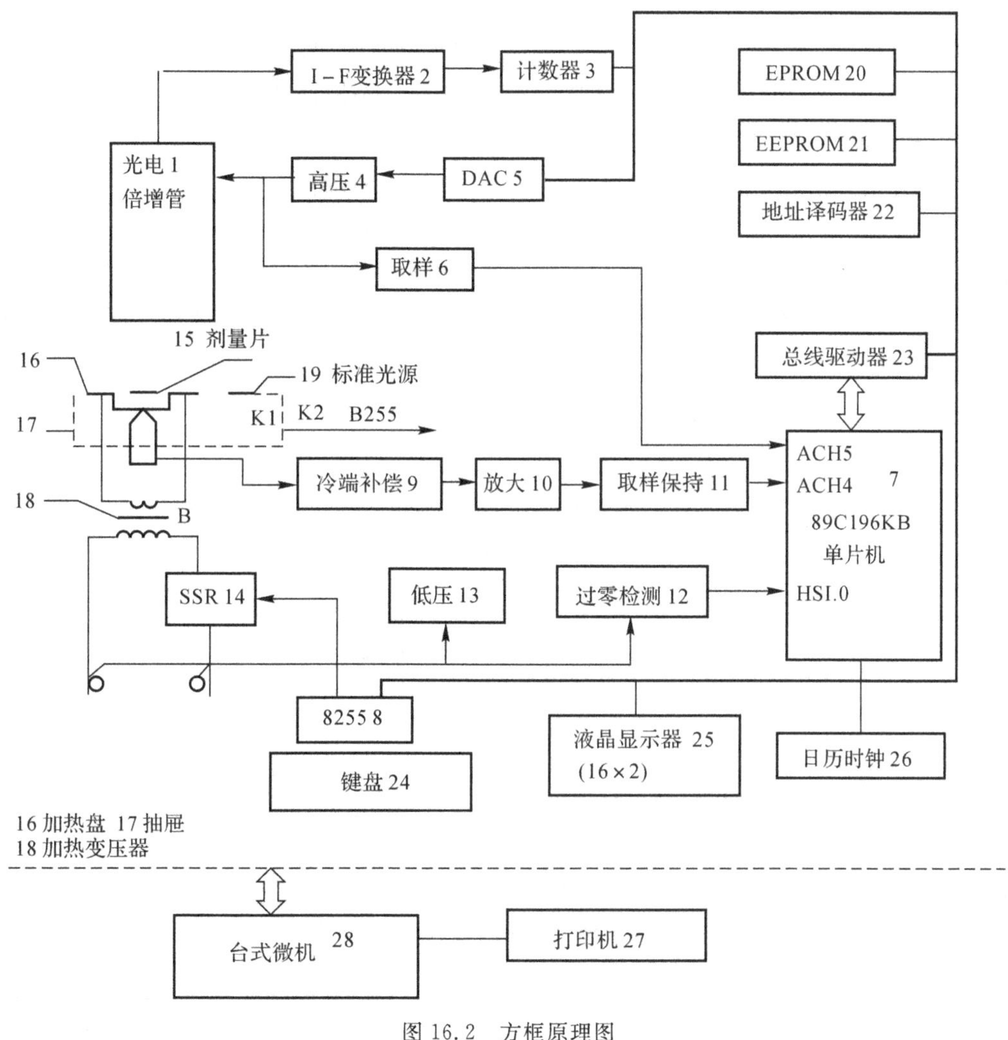


图 16.2　方框原理图

除了上述的测量状态外，仪器还具有“校准”工作状态。每次计数时间分为 1 s，10 s，100 s 三挡，可通过键盘相应的键进行选择，计数及显示过程周而复始，循环进行。“校准”状态时，抽屉处于拉出状态，仪器测量标准光源计数代表灵敏度。

以下对各主要单元的工作原理做一简要说明：

(1)电流-频率变换器(I-F 变换器)。高输入阻抗运算放大器及反馈电容构成电流积分器。光电倍增管 GDB20 输出负电流,经积分后在放大器输出端形成正相锯齿电压,其斜率与输入电流成正比。当该电压达到比较器的触发电平时,其输出端的电压发生负跳变,使单稳态触发器翻转,给出一个复原脉冲,通过复原网络加到输入端,使积分电压下降,比较器复原,然后又重复同样的周期。单稳态触发器(74LS122)的 Q 端输出的正脉冲为 TTL 电平,其重复频率 $F$ 与输入电流 $I$ 成正比,变换比为 $K=F/I=10^{11}/\mathrm{C}$(每库仑产生 $10^{11}$ 个计数,即 $I=10^{-11}$ A 时,$F=1/\mathrm{s}$),最大线性输出频率为 $F_{\max}=300$ k/s(相应的计数为 300 k/s)。

(2)加热电路。由于热电偶焊在加热盘的底面,而加热盘本身又直接与加热变压器次级相连,当 100A 左右的加热电流通过加热盘时,不可避免地对热电偶输出信号产生干扰,即在直流电动势上叠加一个交流 50 Hz 的信号。为了准确地测量温度,本仪器中采用了“过零检测”(见图 16.3)和“整周期加热”的方案,即当电网电压的每一个周期开始时交流电压通过零的瞬间产生“过零脉冲”,通过取样保持电路对热电偶的信号进行采样和测量,避免了交流信号干扰。经过单片机判断,如果认为需要加热,则通过 8255 控制固体继电器 SSR 导通,接通加热变压器 B 的初级,进行加热。下一个周期开始时首先使 SSR 关断,然后重复同样的取样、判断和控制过程。因此加热变压器的导通均以整周期为单位,避免了由于正负半周不平衡可能引起的变压器磁饱和、发热甚至烧毁的现象,实现了“整周期加热”。过零脉冲还同时送入单片机,以申请中断的方式工作。

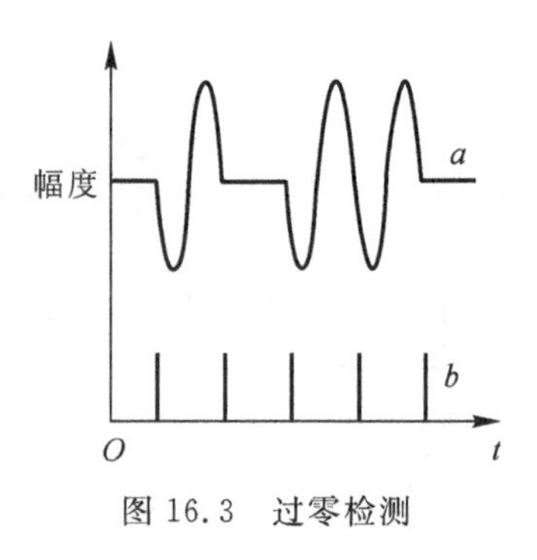


图 16.3 过零检测

(3)冷端补偿放大。热电偶的冷端温度补偿电路是用四个电阻构成的电桥,其中一个是用普通漆包线(铜线)绕成的电阻,具有一定的温度系数。当环境温度变化时,电桥失去平衡,其输出端产生电位差,用于补偿热电偶冷端温度变化引起的电动势变化。热电偶信号经过冷端补偿后由直流运算放大器放大,其输出电压经过取样保持电路加到单片机 ACH4 端。该电压每 1 V 相当于 100℃,最大值为 5 V。

(4)高压电源。探头中光电倍增管的工作高压 HV 由直流高压变换模块产生,在其输出端可获得−1 000～−400 V 的负高压。单片机通过 DAC 对高压实行控制,高压值经过取样还同时输入单片机的 ACH5 进行显示,并与设定的高压值比较,如二者不符,则通过 DAC 实行负反馈调整。

(5)低压电源。本仪器中采用新型的电源模块,它可以从交流电网的电压经变换后直接获得+5 V,+15 V 和−15 V 三组低压,供测量装置的各部分线路使用。

## 16.2　FJ-427A1 型热释光剂量仪的使用与维护

### 16.2.1　安全事项

仪器与外部设备的连接均应在总电源开关断开的情况下进行。仪器工作时，底板上的“高压电源”模块有可达 1 kV 的直流高压；变压器、电源滤波器、保险丝、低压电源模块和电源开关等处也都带有 220 V 交流电火线，因此在操作和检修时应注意绝对不能与人体直接接触，确保人身安全。

### 16.2.2　仪器的连接

仪器开箱后，应打开上盖检查，如发现因运输震动出现电路板从插座中脱出、连接电缆接触不良等现象，应予修复。

仪器电源插头座采用国家标准单相三芯插头座，插座的上脚为地线，应接大地；左脚为电网零线；右脚为电网火线。在交流电网不稳的地区，如使用交流稳压器或 UPS 电源，应注意电压正弦波形不得有畸变，否则将影响仪器正常工作。使用计算机时，将信号电缆一端接仪器后面板 RS-232 插座，另一端接计算机的 RS-232 插座。

仪器所带软件属“FJ427Al 型微机热释光剂量计(读出器)”专用软件，运行于个人微机上，用于控制“FJ427A1 型微机热释光剂量计(读出器)”[以下简称“剂量计(读出器)”]的运行并处理测量数据。

### 16.2.3　软件的启动与退出

软件安装成功后，软件的图标便出现在桌面上，在桌面上直接点击即可。也可单击任务栏上“开始”菜单，选择“程序→FJ427A1 型热释光剂量计(读出器)→FJ427A1”可以启动本软件。软件启动后，进入如图 16.4 所示程序界面，要退出本程序，直接点击右上角“×”(关闭按钮)，或者选择主菜单“程序”→“退出”也可以退出本程序。

在计算机处于关机的状态下，使用仪器所配的电缆连接剂量计(读出器)“RS232”数据端口和计算机串口(Com1 或 Com2)。

注意：由于本软件用于控制剂量计(读出器)设备，所以不能同时打开本程序的两个或多个应用。

(2)软件对先启动程序或先打开剂量计(读出器)电源无特定的要求，但建议用户在开机时先打开剂量计(读出器)电源再启动本程序，关机时先关闭本程序，再关掉剂量计(读出器)电源。

### 16.2.4　软件的主要功能介绍

本软件主要分为主界面窗口、测量窗口、校准窗口、参数窗口、数据库窗口五个部分，分别介绍如下：

(1)主界面窗口程序启动时进入的画面如图 16.4 所示。本窗口无其他功能。

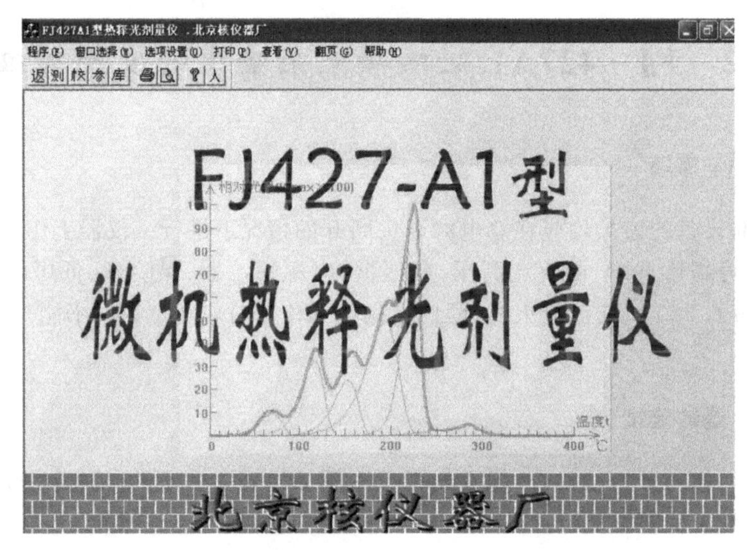


图 16.4 程序主界面

(2)测量窗口,用于测量剂量片或样品,并对测量的数据进行处理。在此窗口中,可以对测得的发光曲线进行分析,保存所测剂量片的剂量值到个人剂量数据库。可以选择主菜单“窗口选择”→“测量窗口”进入此窗口。

(3)校准窗口,用于对测量所需的参数(如标准光源计数率、本底 1、本底 2、校正系数等)进行计算和校准。可以选择主菜单“窗口选择”→“校准窗口”进入此窗口。

(4)参数窗口,用于显示并允许用户修改各套升温程序的各个参数。可以选择主菜单“窗口选择”→“参数窗口”进入此窗口。

(5)数据库窗口,用于管理“测量窗口”测得的个人剂量数据,适用于个人剂量管理。可以选择主菜单“窗口选择”→“数据库窗口”进入此窗口。

### 16.2.5 软件操作说明

1.菜单及工具条

(1)程序主菜单及工具条。程序主菜单及工具条如图 16.5 所示。

图 16.5 主菜单及工具条

(2)主菜单项程序(ALT+F)。

程序→退出,退出此应用程序。

(3)主菜单项窗口选择(ALT+W)。

1)窗口选择→主界面,进入主界面窗口。

2)窗口选择→测量窗口,进入测量窗口。

3)窗口选择→校准窗口,进入校准窗口。

4)窗口选择→参数窗口，进入参数窗口。

5)窗口选择→数据库窗口，进入数据库窗口。

(4)主菜单项选项设置(ALT+O)。

1)选项设置→发光曲线保存方式→自动，选择此菜单，测量窗口在测量样品完毕后将自动保存发光曲线。此菜单项在程序处于测量窗口时有效。

2)选项设置→发光曲线保存方式→询问，选择此菜单，测量窗口在测量样品完毕后将询问用户是否保存发光曲线。

3)选项设置→发光曲线保存方式→手动，选择此菜单，测量窗口在测量样品完毕后将不保存发光曲线，但用户可以点击“保存曲线”按钮手动保存发光曲线。

4)选项设置→测量剂量保存方式→自动，选择此菜单，测量窗口在测量样品完毕后将自动保存测量剂量结果到个人剂量数据库。

5)选项设置→测量剂量保存方式→询问，选择此菜单，测量窗口在测量样品完毕后将询问用户是否保存测量剂量结果到个人剂量数据库。

6)选项设置→测量剂量保存方式→不保存，选择此菜单，测量窗口在测量样品完毕后将不保存测量剂量结果。

7)选项设置→串口选择→串口一，将剂量计(读出器)连接到计算机串口一(Com1)上。

8)选项设置→串口选择→串口二，将剂量计(读出器)连接到计算机串口二(Com2)上。

9)选项设置→人员管理，选择此菜单将弹出一对话框。此对话框分所属单位、姓名、剂量计编号三个块。操作员可以分别在三个块中添加单位、姓名、剂量计编号，比如，要添加单位那在所属单位块中写上单位名称，然后点“添加”按钮就可以加上了，姓名和剂量计编号也用同样方法加入(一个单位可有多个人名，每个人有多个剂量计编号)。操作员想删除时先要点要删除的“项”，然后点“删除”按钮即可，删除时软件将会提示用户。在工具栏里点击“人”也可以弹出此对话框。用户在删除单位时一定要慎重，因为删除一个单位将会删除该单位下的很多人名，还有每个人的剂量计编号。

(5)主菜单项打印(ALT+P)。

1)打印→打印，打印当前窗口的打印内容，这里打印的纸型都是A4纸。

2)打印→打印预览，模拟打印机显示当前窗口的打印内容。

3)打印→打印设置，设置打印机。

(6)工具条。当鼠标光标停留时，根据提示与对应菜单功能相同，直接点击可进入相应的窗口或执行相应的功能。

2.测量窗口

选择主菜单窗口选择→测量窗口，程序进入如图16.6所示测量界面。

(1)样品测量步骤。测量一个剂量计或样品，可以参考以下测量步骤：

1)进入测量窗，从“升温程序选择”下拉列表框中选择在校准窗口标定此类样品时所用的升温程序套号；“配片方式”是操作员选择剂量计在工作人员身上的佩带方式，有的工作人员是佩带了一个剂量计，而有的人佩带了两个或多个，这样在测量时软件将根据你选择的配片方式在剂量计编号和姓名栏里会相应的变化，使得用户少一些麻烦。例如，某个工作人员同时佩带了两个剂量计，但是同一编号，此时可以选择“配片方式”是每人一编号/每号二剂量计，这样操作员测完一个剂量计后，测下一个剂量计时编号就不会变化，存入数据库时将自动算出两个剂量计的平均值作为这个剂量计编号的值。建议操作员在测量剂量计前对“配片方式”的不同情况先试一下，这样可以熟悉各种不同的“配片方式”下的变化。

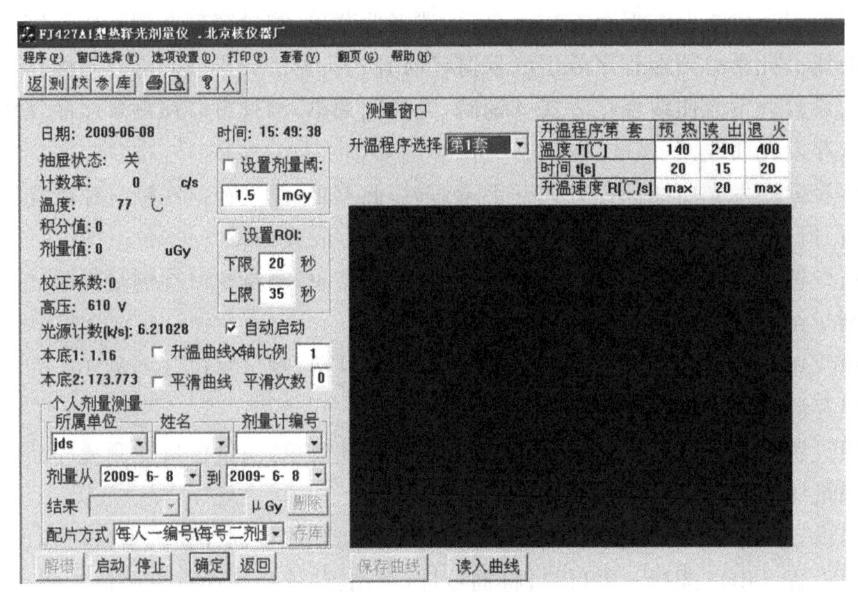


图 16.6　测量窗口

2)时间选择就是选择工作人员佩带剂量计的时间，操作人员务必要选对时间，因为该时间存入数据库的“限定剂量起止时间”项。

3)在主菜单选项设置→发光曲线保存方式、测量剂量保存方式子菜单中选择希望的保存方式，一般按默认的保存方式即可。

4)若进行个人剂量测量，用户在测量窗里的“所属单位、姓名、剂量计编号”等组合框里选择所需要的单位、姓名、剂量计编号。

以上步骤准备完毕后拉开剂量计(读出器)抽屉，更换样品，推进剂量计(读出器)抽屉，测量将自动启动。若测量未启动或被停止，请按“启动”按钮启动测量，在结果栏中操作员可以查看测量完的相应剂量值；再次测量样品时核对一步骤即可，看所测剂量计是否与所属单位、姓名、剂量计编号符合。

当升温程序套号或在参数窗口改变了参数之后，请等待并观察仪器高压稳定到设定值时再启动测量。若启动测量后仪器并未启动测量，请按“停止”按钮，稍后再次启动。测完一个剂量计，测下一个剂量计时，前一个剂量值将自动保存到数据库当中，但是如果不进行下一次测量，最后一个剂量值只能通过手动方式存入数据库。建议用户最好每测完一次都按一次“存库”键。在测量过程当中不能拉出仪器的抽屉，这一点操作员务必注意，如果想中途停止测量，按“停止”键即可。如果用户选择第五套参数，界面将出现发光曲线解谱分析的部分。所以第五套参数是专门用来进行解谱分析的。具体说明见后“发光曲线解谱分析”部分。

(2)复选框功能介绍。

1)设置剂量阈，若选中此项，测量时，当测量剂量大于所设阈值时，剂量值将闪烁以报警。

2)设置 ROI,设置感兴趣区域(累积计数时的左、右边界)。程序默认的感兴趣区域为读出阶段。

3)自动启动,表明推进剂量计(读出器)抽屉时,程序将自动启动测量。

4)升温曲线 $X$ 轴比例,按其右边编辑框中的比例重新显示发光曲线。

5)平滑曲线,用 5 点光滑的方法平滑计数率曲线指定的次数。

6)使用解谱分析方法选择或取消解谱测量,具体说明见后“发光曲线解谱分析”部分。

(3)按钮功能介绍。

1)解谱,具体说明见后“发光曲线解谱分析”部分。

2)启动,启动测量。

3)停止,停止测量。

4)确定,本窗口中的编辑框内容改变时,按此按钮以确认修改。

5)返回,返回“主界面窗口”。

6)剔除,数据存入数据库前删除认为不对的测量值。

7)存库,保存测量结果到数据库中。

8)保存曲线,测量完毕后按此按钮,将发光曲线保存为“.crv”文件或其他格式的文件。

9)读入曲线,读入用本程序保存的“.crv”类型的文件。

(4)显示说明。窗口右上角的表格显示当前测量所用的升温程序各阶段的参数。发光曲线红色曲线代表温度,绿线代表计数率。在测量样品时若计数率大于某一值,程序将压缩计数率曲线 $Y$ 轴。

### 3. 校准窗口

选择主菜单窗口选择→校准窗口程序进入校准界面,如图 16.7 所示。

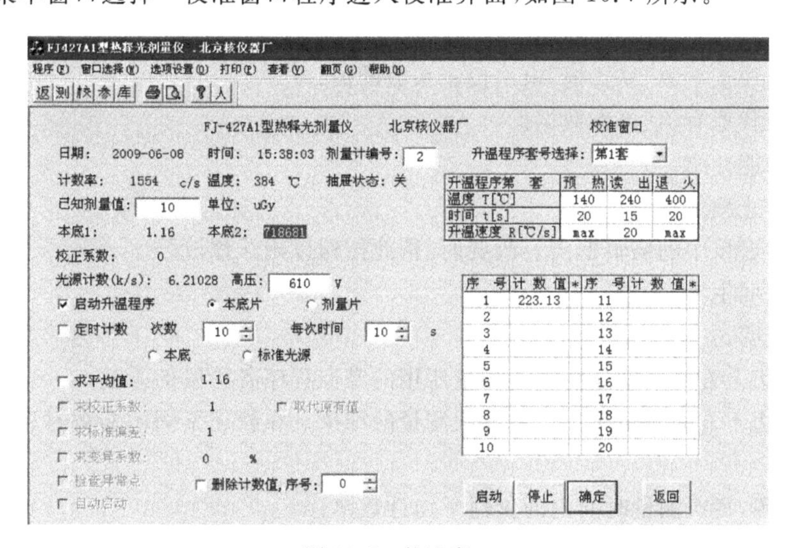


图 16.7　校准窗口

(1)校准步骤。在参数窗口中设置好预热、读出、退火各阶段的温度和时间,具体方法见“参数窗口”;在“高压”编辑框中设置剂量计(读出器)所需的高压;校准某一套升温程序的各参数,可以参考以下步骤。

1)校准标准光源。

a. 选中“标准光源”单选按钮；

b. 分别在“次数”和“每次时间”中输入适当的值；

c. 打开“剂量计(读出器)”抽屉，按“启动”按钮；

d. 测量完毕后点击“求平均值”复选框，求出平均值；

e. 点击“取代原有值”更新数据。

2)校准仪器本底(本底 1)。

a. 选中“本底”单选按钮；

b. 以后步骤同上步中的 b～e。

3)校准本底片(本底 2)。

a. 选中“本底片”单选按钮；

b. 拉出剂量计(读出器)抽屉，放入经过退火的剂量片或样品；

c. 关好剂量计(读出器)抽屉，点击“启动”按钮启动测量；

d. 测量完毕后，重复 b，c 步直到样品测量完毕；

e. 以后步骤同上步中的 c，d。

4)求校正系数(每一计数代表的剂量值)。

a. 选中“剂量片”单选按钮；

b. 在“已知剂量值”编辑框中输入样品所受的剂量值；

c. 拉出剂量计(读出器)抽屉，放入经过退火的剂量计或样品；

d. 关好剂量计(读出器)抽屉，点击“启动”按钮启动测量；

e. 测量完毕后，重复 b，c 步直到样品测量完毕；

f. 点击“求平均值”复选框，求出平均值；

g. 点击“求校正系数”复选框，求出校正系数的值；

h. 点击“取代原有值”更新数据。

(2)按钮功能介绍。

1)停止，停止测量。

2)确定，本窗口中的编辑框内容改变时，按此按钮以确认修改。

3)返回，返回主界面窗口。

(3)显示说明。

1)窗口右边上方的表格显示当前测量所用的升温程序各阶段的参数。

2)窗口右边下方的表格显示当前各次测量的结果。在校正不同的参数时显示值的意义分别如下：

a. 标准光源，每次测量时间内的仪器平均计数率；

b. 仪器本底(本底 1)，每次测量时间内的仪器平均计数率；

c. 本底片(本底 2)，一次样品测量的读出阶段的仪器平均计数率；

d. 校正系数，一次样品测量的读出阶段仪器累积计数(扣除本底 2)。

(4)参数窗口。

1)主菜单窗口→参数窗口，程序进入参数界面。

2)修改表格中的每一项数据后请点击“确定”按钮以确认修改。

(5)数据库窗口。主菜单窗口→数据库窗口，程序进入数据库界面，也可在工具栏点击“库”字。

按如下步骤可以查看操作员想要的数据：

1)“报表类型选择”下拉框里有“测量记录、累积剂量”两个选项，选择“测量记录”可以查看每一编号剂量计值，选“累计剂量”可以查看同一编号使用多次后的多次测量的累积值。

2)选择“所属单位、人员姓名、输出剂量值单位”下拉框里的操作员想要的一项。

3)选择“限定剂量起止时间”，可以查看某一时间内佩带的剂量计的详细信息，这个时间是操作员在测量时输入的，选择“限定测量时间段”，可以查看在某一段时间内测量的剂量计的详细信息。

4)按“生成报告”按钮，可以在数据库窗口的右边导出测量的各个剂量计的详细信息。

以上是一般的操作顺序，当然如果不选择两个选择时间段，那生成的报告包括了所有保存在数据库里的数据，操作员也可以按“导出数据”按钮把数据保存在自己的目录里。对于“删除记录”按钮，希望操作员慎重，因为此按钮会删除在数据库里所有数据(删除记录后，重新启动软件后数据库里的测量记录将不存在)。

4. 发光曲线解谱分析

(1)方法介绍。发光曲线解谱分析的方法，是将探测器(如 LiF 剂量片)在被加热时的发光强度和温度的关系曲线分解为若干个独立的发光峰，并将仪器本底与探测器产生的发光曲线分别计算出来。解谱将依据如下关系式进行：

$$Y(T)=\sum_i P_i(T)+C+a\exp\left(\frac{b}{T}\right) \tag{16.1}$$

$$P_i=I_{m_i}\exp\{1+W_i(T-T_0)-\exp[W_i(T-T_0)]\} \tag{16.2}$$

式中：$Y(T)$—— 温度 $T$ 时，探测系统接收到的光子数；

$P_i(T)$—— 第 $i$ 峰的发光曲线；

$T$—— 温度；

$C$—— 仪器白噪声；

$a,b$—— 仪器中与温度相关的噪声；

$I_{m_i}$—— 第 $i$ 峰的峰高参数；

$W_i$—— 第 $i$ 峰的半高宽相关参数；

$T_0$—— 第 $i$ 峰的峰位参数。

由于噪声与探测器的发光曲线被分解开来，所以从理论上来说，仪器的测量下限将降低。同时，由于发光曲线被分解为单个峰，仪器的测量精度将大大提高。对于高精度的测量或进行热释光的相关研究，程序的解谱功能提供一定的帮助。

由于热释光发光曲线表示的是发光强度和温度的关系，因此用于解谱的数据区间必须为线性升温区间。程序截取读出阶段的数据，将其转化为计数率随温度的关系后作为解谱程序的原始数据。由于曲线拟合需要足够的数据点，因此需要程序在读出阶段缓慢地线性升温。

(2)发光曲线解谱测量。在测量窗口中，选中“使用解谱方法”或选择升温程序第 5 套参数后回答“是”可进入能使用解谱方法的测量。

程序指定使用第 5 套参数用于解谱测量。解谱测量参考步骤如下：

选中“使用解谱方法”复选框；若在解谱前先逐点扣除本底曲线，执行 c～d 步骤。当选中逐点扣除本底曲线后，发光曲线公式(16.1)将简化为 $Y(T)=\sum_i P_i(T)$，仪器本底 $C+a\exp(b/T)$ 将不参与解谱计算。本底曲线的测量可以只测一次，不需每个样品都测本底曲线。

选中“测本底曲线”复选框并输入测量本底曲线的次数。多次测量的本底曲线将逐点求平均值作为仪器的本底曲线，这样可以减小本底测量的统计误差。在剂量计(读出器)中放入已退火的样品，按“启动”按钮。仪器在测量本底曲线指定的次数后方可允许进行样品的测量。在剂量计(读出器)中放好待测量样品，关上抽屉启动测量。若希望解谱前逐点扣除本底曲线，请选中“逐点扣除本底曲线”复选框，否则，清除“逐点扣除本底曲线”复选框的选中状态。样品测量完毕后，点击“解谱”按钮，程序弹出“热释光曲线解谱分析”对话框。

(3)“热释光曲线解谱分析”对话框。“热释光曲线解谱分析”对话框包含“分析计算”和“探测材料参数管理”两个选项卡，用鼠标点击“分析计算”和“探测材料参数管理”选项卡。

(4)探测材料参数管理。在“探测材料参数管理”选项卡中，需要对所用的材料的峰位和峰宽(这里指半宽度)置入一初值。这是由于用 Marquardt 法进行非线性曲线拟合时必须置入拟合初值，并且初值的选取往往决定着拟合是否收敛。

材料参数的初值可以查阅相关资料获得该材料的峰位和半宽度数据作为参考，也可以在“分析计算”选项卡中通过手动填入参数后刷新曲线，通过比较和观察获得此参数。材料参数管理要求确定峰位和峰宽，因为峰位和峰宽由材料的性质决定。峰高大小由材料所受的照射剂量大小决定。峰位和峰宽的单位均为℃。

(5)分析计算。在“探测材料参数管理”选项卡中输入参数后，点击“分析计算”选项卡后便可进行解谱计算了，其操作方法如下：

1)手动在参数编辑框中输入参数或在热释光材料下拉列表框中选择所用的材料。

2)点击“刷新曲线”按钮，观察拟合曲线和测量曲线的差别，如果差别过大，请重新输入参数后点击“刷新曲线”按钮再观察。

3)点击“拟合”按钮进行拟合计算。

如果参数置入差别过大，多次拟合可能出现发散，拟合可能不成功。程序在拟合发散后可能出现死机的现象，如果程序长时间无反应，请按 CTRL＋ALT＋DEL 组合键，强行关闭本程序。

## 16.3 FJ-427A1 型热释光剂量仪的故障分析与维修

FJ-427A1 型热释光剂量仪的常见故障与维修见表 16.1。

**表 16.1 FJ-427A1 型热释光剂量仪的常见故障与维修**

| 故障 | 现象 | 原因 | 检修方法 |
| --- | --- | --- | --- |
| 本底大 | 推入抽屉后本底计数高，不能补偿 | 光电倍增管受潮 | 倍增管和管座用乙醚或纯酒精清洗，烧烤＋70℃，2 h，趁热装入探头，避光 24 h |
| | 同上 | 光电倍增管不良 | 更换光电倍增管 |
| | 同上，但用黑布遮挡探头后正常 | 探头漏光 | 检查探头密封状况，拧紧螺钉，消除漏光 |

续表

| 故　障 | 现　象 | 原　因 | 检修方法 |
| --- | --- | --- | --- |
| 不计数 | I-F 变换器 V0 端加负压，校准挡无计数 | I-F 变换器坏 | 检修 I-F 变换器 |
|  | 变换器未坏，加光源后校准挡无计数 | 光电倍增管坏 | 更换光电倍增管 |
|  |  | 无高压 | 检修高压电源 |
|  |  | 接触不良 | 检查高压插头及光电倍增管插座 |
| 标准光源读数不对 | 定时或计数不对 | 组件坏或组件插座接触不良 | 检查或更换计算机板上的 8253 |
| 不升温 | 加热变压器初级无电压 | 固体继电器 SSR 或保险丝 BXII 坏 | 检查、更换固体继电器 SSR 或保险丝 BXII |
| 升温慢 | 温度高时升不上去 | 导流柱与加热变压器次级或加热盘之间接触不良 | 拧紧螺钉 |
| 温度失控 | 温度持续上升 | 固体继电器 SSR 坏 | 更换固体继电器 SSR |
| 工作不正常 | 多种故障现象同时出现 | 低压电源坏 | 检查各组低压输出，检修或更换低压电源 |
|  |  | 软件程序运行混乱 | 关机后，重新开机 |

# 第17章　FJ-417型热释光照射器

## 17.1　FJ-417型热释光照射器的工作原理

FJ-417型热释光照射器是热释光剂量仪配套的一个关键仪器。用该仪器对经过退火处理后的热释光探测器进行辐照，以便刻度热释光剂量仪和筛选热释光探测器，提供相对标准的辐照场，可以解决不具备建造标准辐照射室的单位，热释光探测器重复使用的问题，同时也可供其他小型样品（如石英粉），做小剂量辐照用。

本仪器采用了微机化设计方法。采用Z-80A型微机作为智能控制的核心，通过接口和专用软件设计，将微机与仪器设计为一体，有体积小、便于使用的特点。本机能自动计算放射源的衰变；根据选定的照射量，自动计算照射时间；计算和控制辐照盘的转速及转动圈数，可减少操作人员的烦琐计算与操作，自动化水平优于英国Vinter公司623型照射器。同时提供新、旧两种照射量（即C/kg和mR）单位，由用户自己选择使用。

### 17.1.1　使用环境

供电电源：～220(1±10%)V，50 Hz，最大功耗不超过100 V·A；

温度：0～40℃；

相对湿度：≤90%(40℃)。

### 17.1.2　技术性能

(1)照射量范围：$1\times10^{-7}\sim1\times10^{-3}$ C/kg或$1\sim1\times10^{4}$ mR；

(2)照射量精密度：(含热释光探测器重复性误差)优于8%；

(3)照射量准确度：优于10%（注：该项目指标没有确定的统一标准和相应的测量手段，是经过与中国计量院比对确定的，为参考指标）；

(4)照射器可以连续工作8 h以上；

(5)放射源和辐照射线种类：$^{137}$Cs源，辐照射线为γ射线；

(6)照射样品的规格和数量：

1)5×5×0.8 mm方片37片；

2)Φ10×0.8 mm圆片37片；

3)Φ2×12mm玻璃管37支；

4)其他规格的样品盘可以协商而定；

(7)外形尺寸：400 mm×330 mm×175 mm；

(8)质量：13 kg。

### 17.1.3　仪器的组成

FJ－417 型热释光照射器 1 台，电源线 1 条，专用镊子 1 把，三种规格的样品盘各 37 个。

### 17.1.4　仪器的工作原理

在热释光技术中，热释光探测器的剂量学特性是不可回避的问题。根据不同的使用条件和使用要求，需要对热释光探测器的某些特性进行筛选（例如，热释光探测器的重复性、计数率的高低等）；同时还要针对不同的使用条件和使用过程对热释光剂量仪进行校对。基于上述原因，在热释光探测器的测量过程中，应该有一个相对标准的辐射场，热释光照射器就是提供这样一个辐射场的小型台式仪器。

热释光照射器是根据热释光剂量学原理和主要被辐照物的剂量学特性，结合现代微机技术而设计的仪器。图 17.1 为仪器的原理框图，简要地画出了各主要单元及相互的联系。

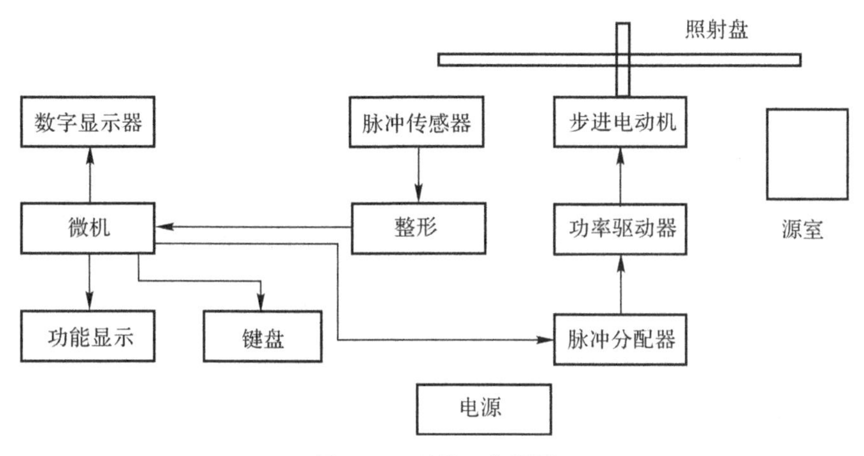


图 17.1　整机工作框图

仪器开机后，将待照射的热释光探测器摆放在照射器的样品盘中，通过键盘输入开机的日期 $t$（年、月）和需要的照射量 $X_i$，然后微机计算、控制进行工作。

（1）微机根据输入的开机日期 $t$ 和需要的照射量 $X_i$ 进行数据处理。先计算出届时放射源的活度 $A$，由于仪器已经确定了距离和其他参数，根据需要的照射时间 $T$ 与需要的照射量 $X_i$ 之间的函数关系：

$$T = f(X_i) \tag{17.1}$$

可以求出 $t$。然后根据照射盘的几何尺寸和线速度与转速 $\omega_t$ 的物理函数关系：

$$\omega_t = F(t) \tag{17.2}$$

可以求出转速 $\omega_t$，至此微机完成了数据处理工作。

（2）根据上述数据处理的结果，微机实施相应的自动控制。微机先发出信号使脉冲分配器开始工作。脉冲分配器按照步进电动机运行的要求，将单相脉冲信号分配成三相脉冲信号后，送入功率驱动器对其三相信号分别进行放大，成为能够直接驱动步进电动机转动的三相功率电流信号，使步进电动机按要求的转速正常转动；同时带动照射盘一起转动。由于照射盘与上面板之间装有一对脉冲传感器，在照射盘转动过程中，脉冲传感器和成形电路将照射盘转过的圈数送入微机，微机同时控制显示器，显示出当时的圈数。当达到计算的圈数时，微机控制步进电动机停止转动。

(3)根据照射盘转过的实际圈数和转动的速度，微机进行复算，求出实际的照射量并加以显示。在步进电动机停止转动后，微机从计算器取出圈数的实际值；同时从定时器取出决定转速的定时常数，重新进行相应的数据处理，最终得到实际的照射量值；并通过数字显示器显示出结果。

## 17.2 FJ－417型热释光照射器的使用与维护

FJ－417型热释光照射器(见图17.2)可以对不同规格的热释光探测器及其他小样品进行照射。在使用中热释光探测器应尽量摆放在样品盘的中央，对于其他被照射样品，用户可根据不同规格和情况自行决定。

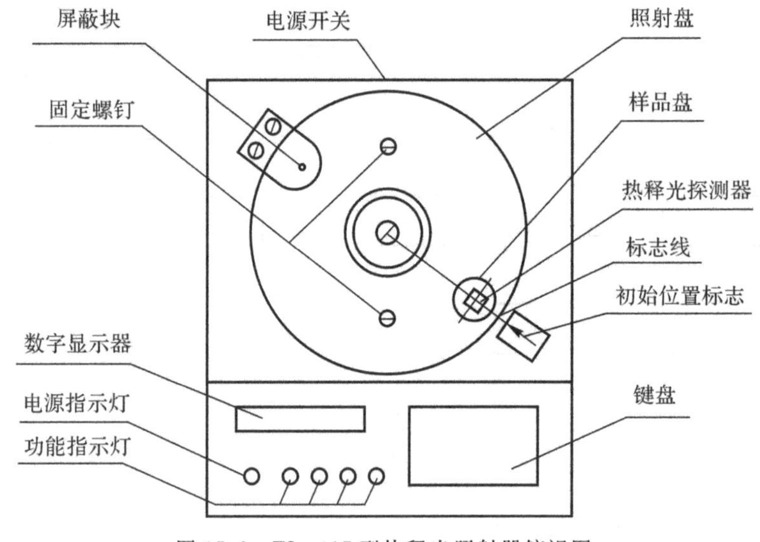


图17.2 FJ－417型热释光照射器俯视图

(1)仪器接通电源，用手将照射盘上的标志线(红色)转到与初始位置标志箭头对齐，打开电源开关，这时电源的指示灯亮，同时数字显示器左边第一位显示提示符“—”，照射盘被锁住。如无提示符显示，但指示灯亮，可按一下键盘上的“复位键(RESET)”，即可显示。

(2)用专用镊子将被照射样品均匀摆放在照射盘上的样品盘内，同时注意调整样品的摆放位置。

(3)样品摆放完毕，输入开机时间，先按一下“日期(DATE)键”，相应指示灯亮后，通过键盘的数字键顺序输入开机时的年和月。如2008年5月，按键顺序为2→0→0→8→0→5。

(4)输入需要的照射量值。该仪器有新、旧两种单位制，用户使用时可任意选择。按一下“照射量(C/kg或mR)”键，相应指示灯亮后，通过数字键顺序输入需要的照射量值。如以mR为例，需要照射100 mR，按键顺序为0→0→0→1→0→0。

(5)按下“运行(RUN)”键，照射盘立即转动，开始照射。数字显示器开始显示转过的圈数。

(6)待照射盘停止转动后，立即用专用镊子取出照射样品进行测量或进行其他处理。此时数字显示器显示值为实际的照射量值。

(7)至此一次样品照射的全部操作程序完成。如需继续进行照射，并为同等条件的照射量，只需将样品重新摆放好后，重复步骤(5)即可。若为不等照射量，需将样品摆放好后，重复步骤(4)(5)即可。但是每次输入数据必须输满六位数字，否则仪器不工作。

(8)如果输入数据，按“运行(RUN)”键后，仪器显示出“EE”，则表明输入数据有错误：一是开机时间输入有误；二是照射量值输入超出仪器照射量范围。需要重新检查更正后，再运行。

(9)在数据输入过程中，如发现有误可采用以下两种办法清除和修改：

1)继续输入，待六位数据输入完，再继续输入正确数据，前次错误数据可自动清除。

2)按一下“复位(RESET)”键，此前设置的所有功能和输入的数据全部清除，重复步骤(3)(4)(5)执行。

(10)在照射过程中，若显示出“EE”或其他内容时，应用复位键复位，将样品重新退火处理后，才可再进行照射。

## 17.3　FJ－417 型热释光照射器的故障分析与维修

该仪器为剂量仪器，开箱后应轻搬、轻放，上盖避免重压。

仪器通电前，必须卸掉照射盘上的两个固定用螺钉；运输和长距离搬动时，应将此两个螺钉装上，拧紧过程中应保持照射盘原有水平度；否则会破坏仪器的原有精度。

用前，应用无水乙醇清洗样品盘、擦洗照射盘及专用镊子，并用净水擦拭仪器外表各部分。在使用中要保持环境及仪器的清洁。

仪器出厂后，在使用过程中各部位不得随意调动。

仪器可能出现的故障及排除方法见表 17.1。

**表 17.1　FJ－417 型热释光照射器可能出现的故障及排除方法**

| 故　障 | 现象及原因 | 排除方法 |
|---|---|---|
| 启动后照射盘抖动 | 照射盘前、后抖动着转动。开机时有强干扰进入仪器或照射盘没有完全静止就再次启动，启动后由于惯性造成 | 临时用手指轻缓摩擦照射盘侧边，至其抖动消失即可 |
| 照射过程中失控 | 可能在仪器周围有较强干扰源进入仪器，显示不正常，出现只有一位数字或两位数字的固定显示 | 按复位键，重新进入照射 |
| 仪器使用一段时间后，易受干扰或经常失控 | 仪器抗干扰能力变差，对弱干扰也失控，工作过程中很不稳定，如数据未输入完，就已失控或显示不正常 | 可检查仪器 5 V 电源是否偏低，若超过 5(1±5%) V 的范围时，应通过调节印制板上电源部分的电位器加以修正 |

# 第 18 章　FJ－411B 型热释光退火炉

## 18.1　FJ－411B 型退火炉的工作原理

### 18.1.1　概述

FJ－411B 型热释光退火炉，可与热释光剂量仪、热释光照射器配套使用。对新热释光探测器老化处理，对经过 β 射线、γ 射线及 X 射线照射后的热释光探测器进行高温退火处理，消除测量后的残留本底，恢复探测器的原有灵敏度，以供探测器的重复使用，特别适合对批量热释光探测器的老化、筛选和测量，可提高热释光测量的一致性和精密度，也可提高热释光测量过程中的工作效率。

改进后的热释光退火炉，采用了平板式加热，在扩大容积一倍的情况下，由于减少了退火处理批次，因此使探测器之间的退火温度差异减少；炉内所有退火物体温度一致性较好，更加有利于热释光探测器的重复使用，且由原来的指针式显示，改为数字式显示，温度指示准确、清晰。

### 18.1.2　使用环境

供电方式：交流 220(1±10%) V、50 Hz 电网供电；

工作方式：5～40℃ 连续工作；

大气压强：86～106 kPa；

湿热储存：≤90%(30℃)。

### 18.1.3　技术性能

温度控制范围：室温至 450℃；

温度测量误差：[－5%，＋5%]；

温度稳定性：8 h[－3%，＋3%]；

温度上冲误差：≤2%；

升温速度：由室温升至 450℃，80 min；

表面温度：≤70℃；

最大容量：一次退火 5 mm×5 mm×0.8 mm 方片探测器 400 片；

最大功耗：≤0.8 kV・A。

### 18.1.4　仪器的组成

FJ－411B 型热释光退火炉 1 台，电源线 1 根，搪瓷盘 1 个，散热板 1 块，加热盘 4 个，医用钳 1 把，医用镊 1 把，玻璃温度计(500℃)1 根，内热式烙铁芯(备用)4 个。

### 18.1.5　仪器的工作原理

热释光退火炉由炉体和温度控制电路两部分组成，其原理方框图如图 18.1 所示。

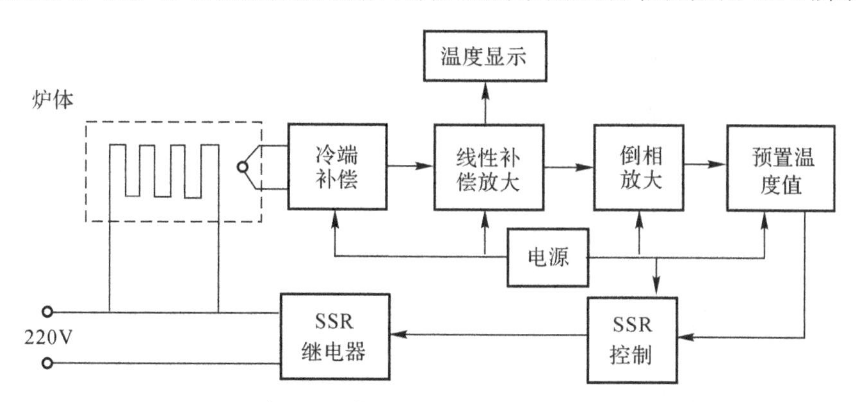


图 18.1　热释光退火炉原理方框图

热释光退火炉采用负反馈控制自动连续调节系统的设计。在一定温度范围内可任意选择预置恒温温度值，长时间保持恒温。炉内温度用特制的热电偶测量，将热电偶的信号经“冷端补偿”后送至“线性补偿放大”，推动“倒相放大”和“温度显示”，然后与预置温度电压值比较，结果送给“SSR 控制”电路，根据比较结果控制“SSR 继电器”的导通角，以此改变了加热体的实际加热功率，达到控制退火炉温度的目的，实现了温度负反馈控制自动调节系统的设计。

热释光退火炉电路的最大优点是采用了比例微积分(PID)原理控制，使温度调整过程达到平稳，无上冲现象出现，退火炉在恒温阶段能保持较高的精度。

在退火炉的工作过程中采用自动连续调节，用改变 SSR 继电器导通角的方法达到调节温度的目的，使炉温无明显起伏波动现象。

### 18.1.6　仪器使用注意事项

(1)新仪器第一次使用前或长期停用后再使用前，应用净水或酒精对炉腔内部及上盖内侧进行仔细擦拭清洁，避免炉内存有不应有的异物，造成升温后炉内异物烧结。

(2)新仪器或仪器长期停用，再通电前应认真检查“温度调节”旋钮的温度设置，不应超过仪器使用的控制温度范围(即室温至 450℃)。

(3)新仪器第一次使用前或长期停用后再次使用时，必须进行烘炉，烘炉程序及时间如下：室温至 200℃，恒温 3～4 h；200～400℃，恒温 3～4 h。

(4)仪器附带的玻璃温度计，在通过上盖过孔插入时，应轻轻插入，避免水银端与加热体的碰撞，造成水银外泄，这对环境和身体是有害的，应特别注意。

(5)仪器升温及恒温过程中，打开仪器上盖前必须小心取出玻璃温度计，否则开盖时将折断温度计。

(6)从加温或恒温的炉中取出的玻璃温度计，小心前端不要触及人体或其他怕热之物，以免灼伤人体及其他物品，且不可触及与炉内温差过大的物体，避免温度计炸裂损坏。

(7)从升温或恒温炉腔内取放物品，应使用仪器专门配套的医用取物钳，以保证操作者安全。

(8)仪器上盖开启、关闭时，应小心轻开轻闭，避免用力过猛产生不良后果。

## 18.2 FJ-411B型热释光退火炉的使用与维护

1.仪器(见图18.2)各部分功能、位置说明

(1)操作面板——仪器操作指示。

(2)扣锁——仪器运输、加热或恒温过程中锁紧上盖用。

(3)把手——仪器打开上盖用。

(4)测温过孔——插入玻璃温度计通过此孔。

(5)上盖——仪器保温、防尘。

(6)保险丝盒——防止仪器工作时短路及过流保护。

(7)220 V插孔——仪器输入220 V电源。

(8)电源开关——控制仪器工作状态的开闭。

(9)温度调节钮——预置仪器恒温温度。

(10)温度显示窗——指示仪器内部的温度。

(11)加热开关Ⅱ——控制加热及速度。

(12)加热开关Ⅰ——控制加热及速度。

(13)炉腔——热释光探测器退火放置区。

(14)加热盘——摆放热释光探测器退火。

(15)测温孔——玻璃温度计水银端放置定位点。

(16)后盖——检修及更换部件。

2.操作使用说明

当需要打开热释光退火炉的上盖时，需要按下“(2)扣锁”的按钮方可打开上盖，关闭上盖时仍需同样操作。

(1)在完成清洁工作后，打开“(8)电源开关”预热15 min。此时“(12)加热Ⅰ”“(11)加热Ⅱ”开关置于关断状态。

(2)旋转“(9)温度调节”旋钮，以内圈“0”通过中圈刻度线与外圈数字对准为一圈，使刻度盘旋至所需设定温度值的位置上(50℃/圈)。具体温度值的确定，依据所使用探测器种类(即依据所使用的探测器的说明书中规定的相应温度值)而定。

(3)当预热时间满15 min后，闭合“(12)加热Ⅰ”“(11)加热Ⅱ”开关，使退火炉开始升温，此时待退火的热释光探测器不能放入炉内。

(4)经过一段时间升温后，炉内温度通过面板的“(10)温度显示窗”显示，可观察到温度逐渐趋于稳定(即温度值变化减慢，最终稳定在某一固定值)。此后进入“恒温”状态，若恒温后，温度值与要求的温度值有少量差异可适当调整“(9)温度调节”旋钮进行补偿调节。待恒温10 min后，方可放入热释光探测器进行退火处理。

(5)准备退火的热释光探测器，应提前依序摆放在圆形“(14)加热盘”内，待退火炉满足恒温时间后，将其“(14)加热盘”通过“医用取物钳”平稳放入到炉腔内。在移动“(14)加热盘”过程中不能破坏热释光探测器在“(14)加热盘”中固有的排序，进行退火处理。

(6)热释光探测器退火时间的长短，依退火目的而定。新热释光探测器进行老化退火，时间应该长一些。筛选、测量退火时间可短一些。

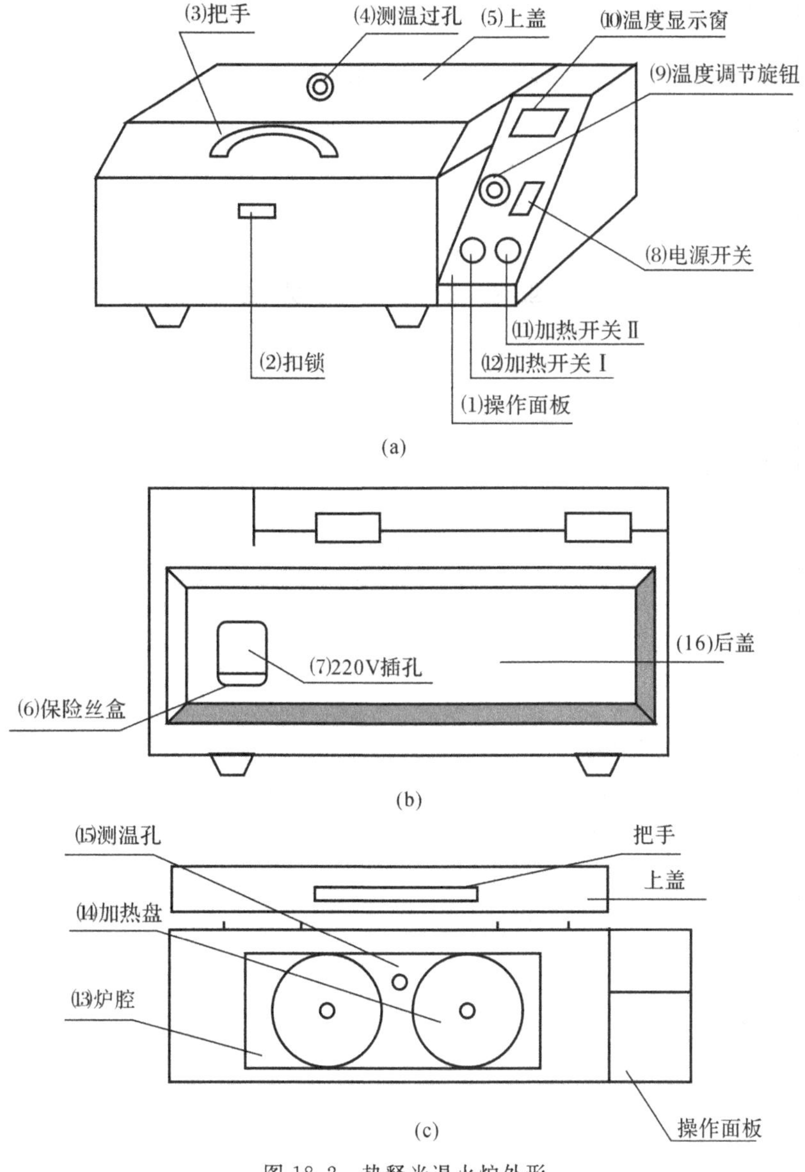


图 18.2　热释光退火炉外形

(7)当退火时间达到预定时间时，用“医用取物钳”由炉内平稳取出“(14)加热盘”立即放置到散热板的中心位置上。在提取“(14)加热盘”的过程中，应保持热释光探测器在“(14)加热盘”排列顺序不变，且保证其与“(14)加热盘”不产生滑动摩擦，因为产生滑动摩擦会影响热释光探测器的退火效果。

(8)待热释光探测器冷却至室温，方可进行下一步操作。

(9)若有多批热释光探测器连续进行退火处理时，可在取出前一批退火探测器后，继续放入第二批探测器，以此类推，直至全部热释光探测器退火完毕，中间不需有间隔，但每批退火时间应相同。

(10)本退火炉附带"(14)加热盘",只有放在炉腔底部的一层盘内摆放待退火的热释光探测器。将装有探测器的加热盘放好后,在其上面加盖一层空盘(不摆放探测器)做防护用。取出时逆序操作即可。

(11)热释光退火炉使用后,应先关断"(12)加热开关Ⅰ"和"(11)加热开关Ⅱ"后,再关断"(8)电源开关"。

(12)热释光退火炉温度设定后,若在同一温度退火,可重复使用,不必每次重新设置温度,且温度重复性好于每次重新设置温度的操作方法。

## 18.3 FJ-411B 型热释光退火炉的故障分析与维修

FJ-411B 型热释光退火炉的常见故障与维修见表 18.1。

**表 18.1 FJ-411B 型热释光退火炉的常见故障与维修**

| 故　障 | 现　象 | 原　因 | 检修方法 |
|---|---|---|---|
| 温度不能正常指示 | 温度显示负值或不稳定 | 热电偶断线或热电偶损坏 | 接好断线或更换新热电偶 |
| 炉子不能升温或升温速度很慢 | 加热开关Ⅰ或加热开关Ⅱ指示灯变暗 | 加热用的烙铁芯有损坏 | 打开后盖检测四个烙铁芯,将损坏的更换 |
| 温度失控 | 数字表有指示,但温度不能控制 | 控制电路有故障 | 打开后盖,检测电路各点工作电压及波形,找出故障加以排除 |

# 第19章　FJ－347A型X射线、γ射线剂量仪

## 19.1　FJ－347A型X射线、γ射线剂量仪的工作原理

### 19.1.1　仪器概述

FJ－347A型X射线、γ射线剂量仪是一种通用的辐射防护仪表，具有灵敏度高、能量响应范围宽、质量轻和功耗低、可测量剂量率和剂量等特点。经过校正，还可以测量β射线的吸收剂量率和剂量，适用于X射线医疗、放射性同位素应用、原子能工业等部门，对探测高电压器件，(如彩色显像管、雷达装置等)产生的低能X射线也是适用的。

### 19.1.2　仪器工作原理

FJ－347 A型X射线、γ射线剂量仪原理图如图19.1所示，它由电离室、MOSFET放大级、运算放大器、反馈网络、指示电表和电源等组成。其电路图见图19.2。当有X射线或γ射线作用于电离室时，电离室产生电离电流，此电流流过高兆欧电阻$R$或电容$C$产生端电压。此电压经MOSFET和运算放大器放大，再按10∶1或3∶1或全反馈至电阻$R$或电容$C$低端。运算放大器的输出电压由电表指示，电表读数与X射线或γ射线产生的剂量率或剂量成正比。

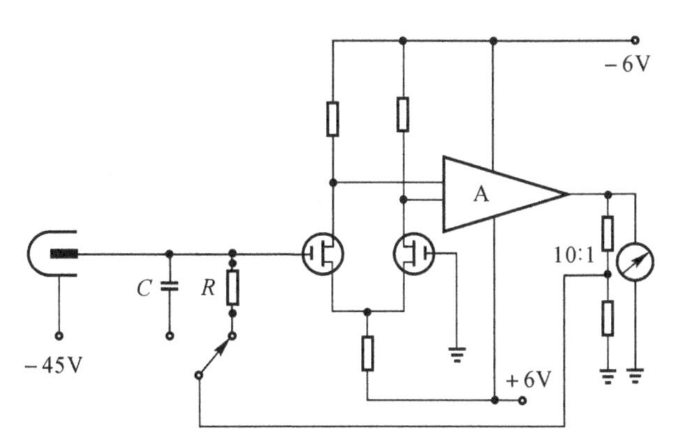


图19.1　FJ－347 A型X射线、γ射线剂量仪原理简图

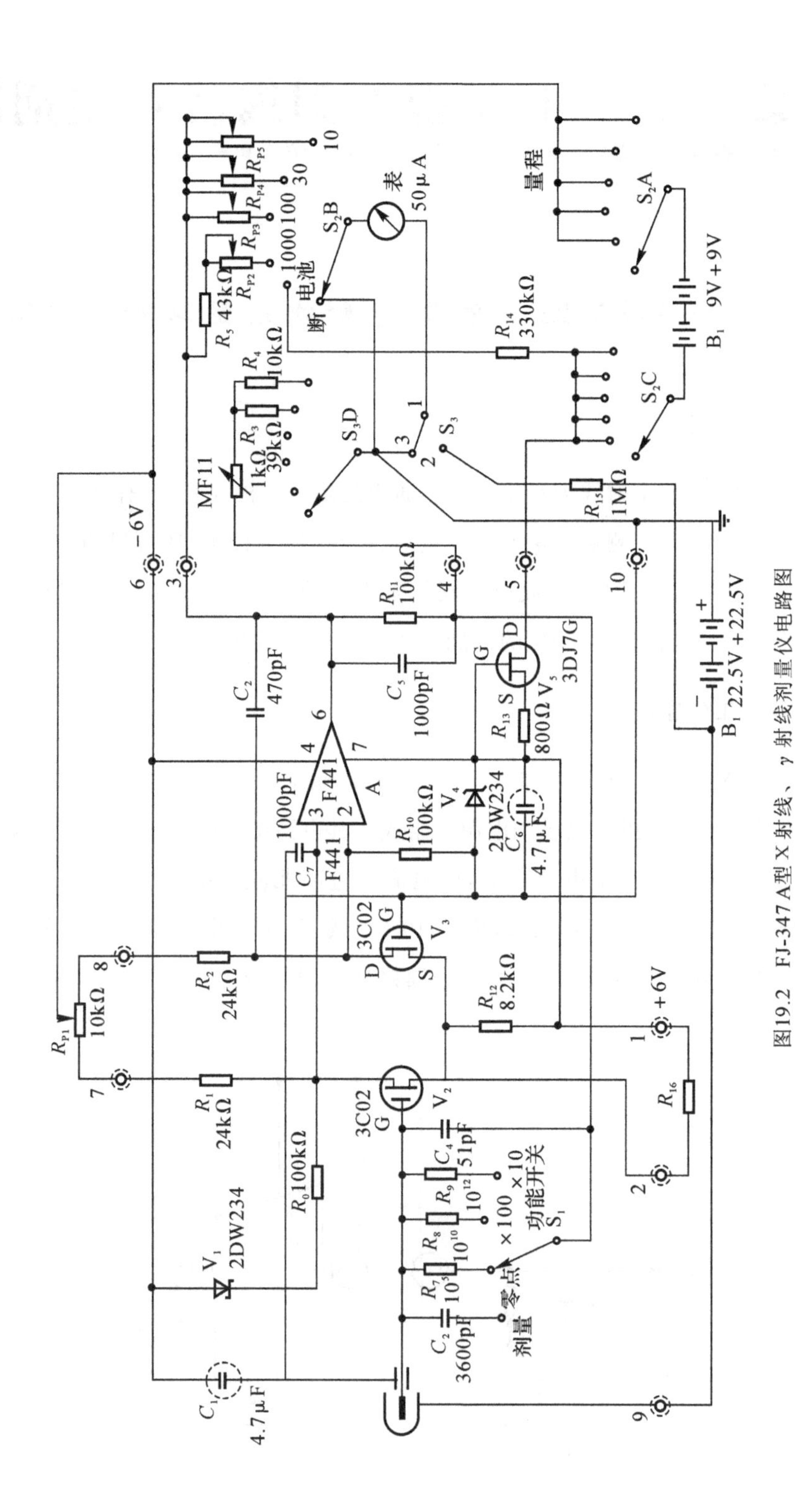


图19.2 FJ-347A型X射线、γ射线剂量仪电路图

1. 电离室

仪器的探测器是一个密封的空气电离室，实现能量转换。电离室为圆柱形，由原子序数接近空气的塑料压铸而成，室壁质量厚度为 200 $mg/cm^2$，前端窗为 3 $mg/cm^2$ 聚酯薄膜，室内喷涂胶体石墨导电层，电离室容积约为 300 $cm^3$。电离室外有一铝保护筒与基座用螺纹结合。筒前端垫有 300 $mg/cm^2$ 的塑料板。此保护筒为电离室提供保护；当测量高能X射线或γ射线起电子平衡壁作用。

空气对X射线或γ射线能量吸收的研究表明，在温度20℃，大气压力101.3 kPa条件下，1 $cm^3$ 干燥空气，吸收 10 μGy / h 的剂量率，所产生的正负离子全部收集后，可得到电流 $9.8\times10^{-17}$ A。此电离室容积是 300 $cm^3$，所以 10 μGy / h 挡满刻度指示的电流为 $2.94\times10^{-14}$ A。由于温度和元件误差的关系，实际指示值与计算值有一定的差别。

2. 测量电路

测量电路由一组高绝缘 3C02 MOSFET 放大器和一组 F441 运算放大器组成。这种电路的优点是有高的输入阻抗、短的时间响应和宽的动态范围。由高阻抗 3C02 MOSFET 实现输入变换至低阻抗输出。此管的工作点选择在温度系数变化小的区域，漏极电流约为 200 μA，且工作电流稳定，要求栅极绝缘电阻大于 $10^{16}$ Ω。运算放大器 F441 在低电压、低电流条件下工作，由于 F441 的高放大倍数，经反馈后，整个电路的时间常数很短，能实现一个高兆欧电阻跨三个输入信号量级。

3. 电源

用两只 15F20 22.5 V 电池串联作电离室的极化电压，可以保证在测量范围内，收集电流达到足够饱和。实际上，此两只电池几乎不消耗电流。用两只 6F22 9 V 电池串联，经恒流、稳压后供给测量电路±6 V 电源，消耗少于 1.6 mA。电表上有一红色标记，低端校准电压为+8.25 V，量程开关在“电池”挡时，指示+6 V 和恒流管电压降之和。如果电表指示低于红色标记低端，应更换两只 9 V 电池。

4. 控制

此仪器的量程开关是特制的六位开关。除“断”挡外，电池始终是接通的，可以避免旋转开关时，电路瞬时断电而引起打表的不良现象。“电池”挡，检查 9 V 电池状态。“1000”“100”指示输出信号，满量程为“1000”“100”，测量电路为全负反馈。“30”“10”也指示输出信号，满量程为“30”“10”，测量电路放大输入电压 3 倍或 10 倍。

仪器的功能开关为高绝缘开关，接点控制方式为小距离、先接后断，四个位置，实现“剂量”“零点”“×100”“×1”四种功能变换。“零点”供快速调零或在γ场中调零用。“×100”把仪器基本量程扩展 100 倍，即降低输入高兆欧电阻 100 倍。“剂量”供多变的辐射场或要求了解累积剂量的场所使用。

5. 仪器的技术性能

(1)测量范围：

1) 剂量率量程：×1，0～10μGy/h，30μGy/h，100μGy/h，1 000 μGy/h；×100，0～1 000μGy/h，3 000μGy/h，10 000μGy/h，100 000 μGy/h；

2)剂量量程：0～10μGy，30μGy，100μGy，1000 μGy；

(2)相对固有误差：[－10%，＋10%]；

(3)探测辐射：X 射线和 γ 射线；

(4)探测器：密封空气电离室；

(5)材料：端窗 3 $mg/cm^2$ 聚酯膜；

(6)室壁：200 $mg/cm^2$ 空气等效塑料；可旋去的补偿盖 300 $mg/cm^2$；

(7)读数表：50 μA 电流表，刻度弧长 6.5 cm；

(8)控制：外部的功能开关；剂量，零点，×100，×1；

(9)量程开关：

关，电池，1000，100，30，10；

内部的校准电位器；

高压检查开关；

(10)能量响应：

带补偿盖：从 100 keV～10 MeV (见图 19.3)；

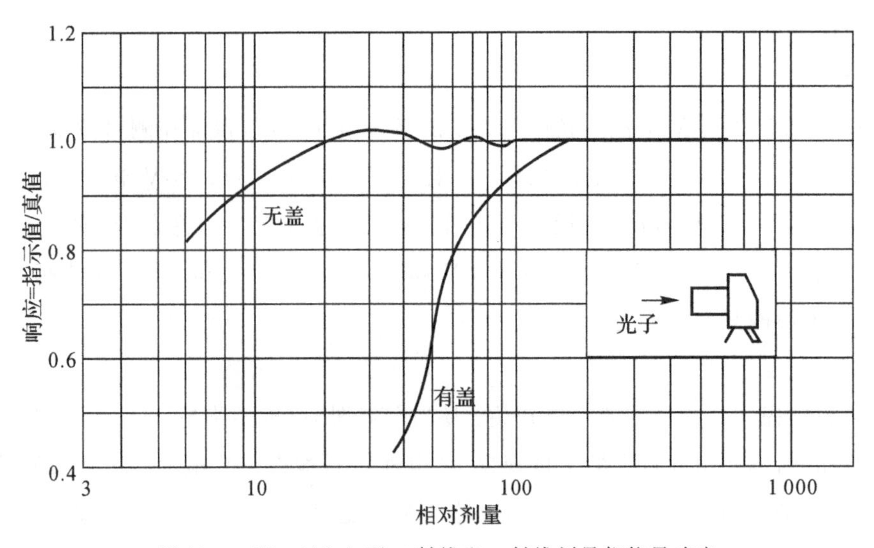


图 19.3　FJ－347 A 型 X 射线和 γ 射线剂量仪能量响应

去掉补偿盖：响应下延至 10 keV；

角响应：2π 立体角内响应变化在 10%内(见图 19.4)；

响应时间：少于 8 s；

电池：6F22 9 V 电池两只和 15F20 22.5 V 电池两只；

电池寿命：6F22 连续工作 150 h 以上，15F20 为保存期；

零点调节：在辐射场内能调零；

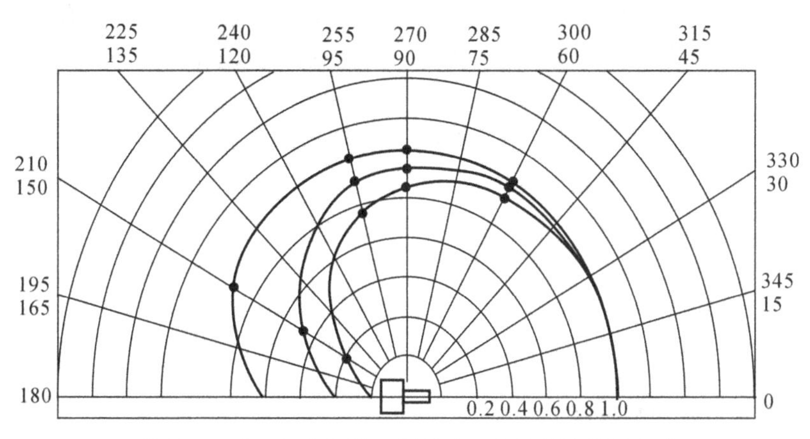


图 19.4　FJ－347 A 型 X 射线和 γ 射线剂量仪角响应

(11)环境影响：

温度：－10～＋40℃；

相对湿度：达 95％(＋35℃)；

大气压力：86～106 kPa；

地磁影响：可以忽略；

(12)对其他辐射的响应：

穿透电离室的最小能量：α为 4.5 MeV，β 为 70 keV；

高频场影响：上至 12.5 mW/cm$^2$对仪器工作没有影响；

(13)尺寸、质量：

尺寸：27 cm×10.5 cm×21 cm；

质量：约为 1.8 kg(包括电池)。

## 19.2　FJ－347A 型 X 射线、γ 射线剂量仪的使用与维护

### 19.2.1　仪器的操作方法

(1)装置电池：将量程开关放在“断”位置，功能开关放在“零点”位置。拧下把手上的两个螺钉，按“＋”“－”标记装 22.5 V 电池，不能有松动现象。拧下仪器右侧板三个固螺钉，可以看到电池的安装位置，装好 9 V 电池，用小板压紧。

(2)调节指示表的机械零点旋钮使指针至零。

(3)按下 9 V 电池旁按钮开关，表针必须指示“8.0”以上，即电离室的极化电压在 40 V 以上。

(4)量程开关转至“电池”位置，检查 9 V 电池电压，指针指示应在红色标记区域内。

(5)量程开关转至“1000”位置,用“调零”电位器调整表指示至零;再依次转至“100”“30”“10”位置,再调“调零”电位器使表指示至零,预热 5 min 后,电表指示不应有大的漂移。然后将功能开关转至“×100”“×1”,应无打表现象,电表指示偏差应小于 0.5。

(6)据辐射剂量率的大小,选择相应的量程,功能开关转至相应的位置,即可获相应的读数。若不知剂量率的大小,可以从大剂量率量程开始,逐次转换。

(7)若 X 射线,γ 射线的有效能量低于 100 keV,或要求测角质层以下的剂量时,应旋去电离室保护筒进行。注意,不要损坏薄膜窗。若需快速读数,可以使用“10”或“30”与“×100”配合工作。

(8)辐射场是脉冲状态或强度多变。应使用仪器的“剂量”功能去测量:转换功能开关至“零位”,调好表零点,再转换至“剂量”,即可获得一积累剂量读数。

### 19.2.2 仪器的维护和校准

(1)FJ-347A 型剂量仪已经由工厂用$^{60}Co$刻度源校准,1R 相当于 8.7 mGy。为了校准仪器,要打开仪器的左盖板,能看到“1000”“100”“30”“10”的四个电位器。“10”电位器供 10 μGy/h和 10 μGy 两量程使用。“30”电位器供 30 μGy/h 和 30 μGy 两量程使用。“100”电位器供 100 μGy/h,10 000 μGy/h 和 100 μGy 三量程使用。“1000”电位器供 1000 μGy/h,100 000 μGy/h和 1000 μGy 三量程使用。高兆欧电阻和电容器工厂已经配套好。由于长期使用,元件参数可能发生变化,可以使用校准系统重新校准。带电离室保护筒时,电离室中心距前端面 5.6 cm,筒上有一红点标记。校准仪器时,要求放射源距电离室中心不少于 1 m。

(2)由于 15F20 电池不消耗电流,能使用 1～2 年。当 6F22 电池电压低于表上红色区域时,必须用新电池更换。如果仪器不经常使用,6F22 电池可以使用半年多。如果仪器长期不使用,特别是夏天,必须拆去电池,以免腐蚀仪器。按照要求仪器每年都必须进行一次校准。

(3)运输、开箱检查:运输搬运过程中应尽量避免摔、碰等。仪器从携带箱取出后,应检查有无运输中的损坏现象。按操作方法进行检查。用试验性小 γ 源靠近电离室,若有指示,说明仪器工作良好。

## 19.3 FJ-347A 型 X 射线、γ 射线剂量仪的故障分析与维修

如果仪器由于某些故障而不能很好工作或完全不工作,其检修程序如下:

(1)去掉电离室保护筒。

(2)旋去电离室滚花螺环,使电离室活动,用小镊子退去收集极线,拿下电离室。

(3)如果故障来自漏电,可拆掉保护环上的 3 个螺钉,拿出收集极,清洁绝缘子两面上的脏物,干燥后再装好。

(4)如果故障来自 MOSFET,则用一对新的 MOSFET 更换它。新的 MOSFET 必须精心地选择。

(5)经过拆卸的仪器,故障排除后,应在 45℃的干燥条件下连续干燥 4 h 以上,按相反次序复原仪器。需要特别注意的是,电离室和 MOSFET 的盒是密封的,它们是决定仪器高质量的关键因素,因此没有必要,不要打开电离室。由于不适当地打开电离室,可能会引起 MOSFET

特性变坏。

仪器常见故障现象及其分析、排除方法见表19.1。

**表19.1　仪器常见故障现象及其分析、排除方法**

| 故障现象 | 原因分析 | 排除方法 |
| --- | --- | --- |
| 仪器无指示 | 电池没电；<br>电离室连线脱落 | 更换电池；<br>去掉保护罩，旋下电离室，用镊子将连接线插上。<br>注意：<br>(1)安装完成后，第二天再开机试验；<br>(2)保持环境干燥、清洁 |
| 无法调节零点 | 场效应管损坏 | 更换场效应管 |
| 开机不正常 | 场效应管或稳压管损坏 | 更换场效应管或稳压管 |

# 第 20 章　FJ－2000 型个人辐射剂量仪

## 20.1　FJ－2000 型个人辐射剂量仪的工作原理

### 20.1.1　概述

FJ－2000 型个人剂量仪是智能型袖珍仪器，它采用功能较强的新型单片机技术制作而成，主要用来监测 X 射线和 γ 射线，可直接读出个人剂量和个人剂量率；在测量范围内，可以固定或预置报警阈值，超过阈值或计数阻塞时发出声光报警。防止超量剂量，保护工作人员安全。仪器主要技术指标符合国家标准和国际标准，是目前国内同类仪器中体积小、功耗低的佩带式仪器，它广泛适用于工业无损探伤、核电站、核潜艇、同位素应用和医院钴治疗等领域。仪器外形如图 20.1 所示。

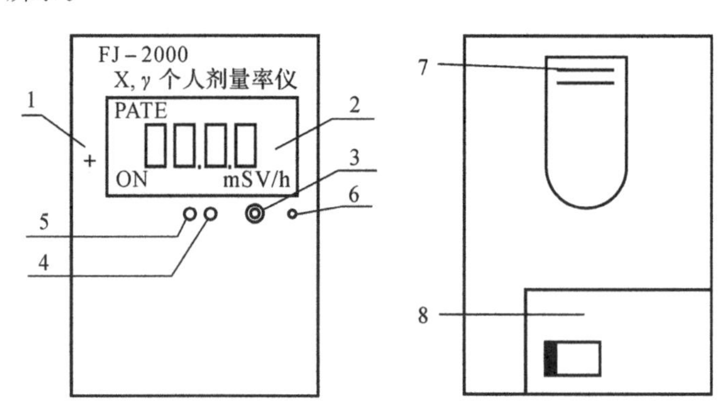


图 20.1　仪器外形图

1—探测器中心 DETECTORCENTER；　2—液晶显示 LCD；　3—工作开关 work switch；
4—显示转换键 MODE；　5—报警指示灯 LED；　6—蜂鸣器 buzzer；　7—夹子 carryclip；　8—电池盒 batterybox

### 20.1.2　仪器特点

灵敏度高，稳定可靠；同时测量个人剂量和剂量率，有多种报警功能；功耗低、体积小，携带方便。

### 20.1.3　工作原理

探测器在 X 射线、γ 射线照射下，输出序列脉冲，此脉冲数与 γ 射线剂量率相对应，并经过输入成形后，形成一定幅度的标准脉冲送入单片机，单片机完成全部的数字处理功能，输入 LCD 显示；超阈信号输入声光电路报警。电路工作方框图如图 20.2 所示。

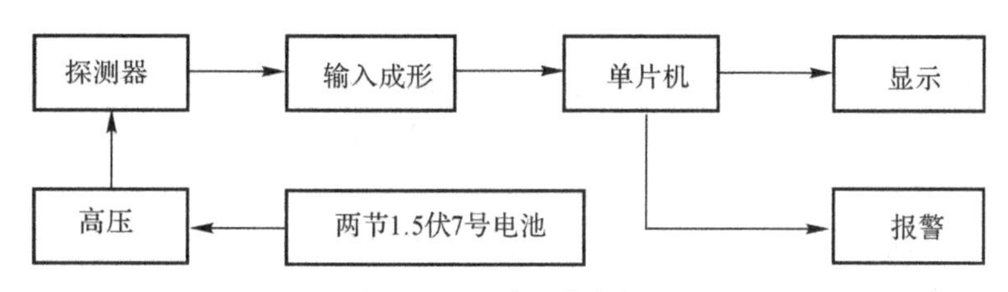


图 20.2　电路工作方框图

1. 探测器

用灵敏度较高的 GM 计数管，经过能量补偿，降低高、低能响应的差别。计数管把 X 射线、γ 射线转换成电脉冲信号，经输入成形后输入单片机电路。

2. 单片机

单片机是使用带液晶显示驱动的 8 位单片机，它的特点是高速、低压、低功耗、单电源供电，总线时钟 0～4 MHz，LCD 驱动 4×32。单片机完成全部的数字处理功能：脉冲计数、计算显示、时基发生、输出报警信号等。

3. 显示器

显示器是专门配备的一块 4 背极段式液晶显示器，显示 4 位数字及一些字符，显示清晰。全显示字符如图 20.3 所示。

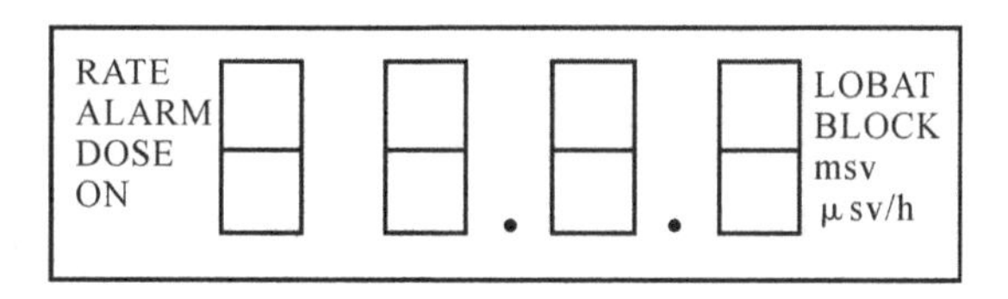


图 20.3　字符显示

RATE—剂量率；　ALARM—报警；　DOSE—剂量；　ON—仪器工作指示；
LOBAT—电池欠压指示；　BLOCK—阻塞指示；　mSvμSv/h—计量单位

4. 报警器

报警电路由 LED 和蜂鸣器构成，超阈值时，发出声响和闪光。

5. 按钮

仪器上有两个按键开关。一个是工作开关，控制高压工作的，打开时，高压有输出供给计数管工作，开关断开时，无“ON”显示，高压不工作无输出，仪器停止工作；另一个是显示转换按键“MODE”，按触此键，可转换显示“DOSE”和“RATE”。

6. 高压电源

两节 1.5 V 干电池供给直流变换器，产生高压，供给计数管工作。

### 20.1.4　技术指标

(1)探测器：GM 计数管，测量 X 射线或 γ 射线。

(2)显示量程：4 位 LCD。

(3)累积剂量当量：$H_p(10)$0.0 μSv～99.99 mSv。

(4)剂量当量率：$H_p(10)$0.1 μSv/h～99.99 mSv/h。

(5)响应时间:3.6～36 s。

(6)剂量率响应:[-20%,+20%](1 μSv/h～99.99 mSv/h)。

(7)能量响应:[-30%,+30%](50 keV～1.3 MeV)。

(8)相对固有误差:[-20%,+20%]($^{137}$Cs)。

(9)报警功能和报警阈值:剂量率和累积剂量在测量范围内可预置报警阈值。本仪器现设有固定报警阈值如下:

1)累积剂量:每增加 0.1 μSv,响一短声,发光一次;≥50 μSv,声光报警 5 s,有"ALARM"显示。

2)剂量率:≥25 μSv/h,声光报警约为 6 s,有"ALARM"显示。

3)阻塞报警:当计数管计数阻塞时,连续报警不停,有"ALARM"显示。报警声音强度,在 30 cm 处约为 80 dB。

(10)电池欠压指示:电池电压<2.7 V±0.05 V 时,仪器显示电池欠压符号"LOBAT"。欠压符号出现后,在较低辐射场所内仍可连续工作 24 h 以上。

(11)电池和功耗:用 AAA 型 1.5 V 碱性电池两节(7 号电池),环境本底下,功耗<2 mW,连续使用 720 h。

(12)温度特性:[-10%,+10%](-10～+50℃)。

(13)湿度特性:[-10%,+10%],95%RH(35℃)。

(14)外形尺寸:55 mm×92 mm×18 mm。

(15)质量:<75 g(含电池<98 g)。

## 20.2 FJ-2000 型个人辐射剂量仪的使用与维护

### 20.2.1 使用方法

1.电池安装和上电复位

打开电池盒盖,把 7 号电池按正确极性装入盒内,这时仪器发出一声响,显示"DOSE",000.0 μSv。

本仪器有上电复位功能。仪器需要复零时,重新安装电池即可。更换电池时,应先记录原存贮累积剂量后再更换。

2.仪器自检

测量前,应对仪器进行自检。在环境本底条件下,打开工作开关,按触显示转换键。显示"DOSE"时,约 20 min 记录 0.1μSv,并响一短声,LED 闪一下;显示"RATE"时,仪器约 36 s 显示一个数,反复继续测量本底水平,一般<0.5 μSv/h。电池电压不足时,仪器显示"LOBAT",应更换电池。

3.测量

按下工作开关,仪器显示"ON",开始测量。按触显示转换键"MODE",可分别显示"RATE"和"DOSE"字符。

显示"RATE"时,测量剂量当量率,单位为 μSv/h 或 mSv/h。本仪器现设报警阈值 25 μSv/h,辐射场所水平≥25 μSv/h 时,声光连续报警 6 s,并有"ALARM"字符显示,如果连续超过阈值时，则声光不报警，但“ALARM”仍显示，直到低于阈值时才消失。当场所水平>99.99 mSv/h 时，只显示 99.99 mSv/h。

显示“DOSE”时，测量累积剂量当量，单位为 μSv 或 mSv。每记录 0.1 μSv，仪器发出一短声响。仪器现设有报警阈值 50 μSv，每增加 50 μSv 剂量，仪器连续报警 5 s。

4. 停机

关闭工作开关，仪器不显示“ON”，停止测量。停机后，显示转换开关仍能工作，累积剂量一直保存并显示原计数，剂量率数据一直为 000.1 μSv/h。

### 20.2.2　维护

仪器长期不用，电池必须取出，以免损坏仪器。

## 20.3　FJ－2000 型个人辐射剂量仪的故障分析与维修

仪器常见故障现象及其分析、排除方法见表 20.1。

**表 20.1　仪器常见故障现象及其分析、排除方法**

| 故障现象 | 原因分析 | 排除方法 |
|---|---|---|
| 仪器无指示 | 电池没电<br>LCD 液晶板损坏 | 更换电池<br>更换 LCD 液晶板 |
| 仪器无示数 | GM 损坏 | 更换 GM |

# 第21章　FJ－2402A便携式测氚仪

## 21.1　FJ－2402A便携式测氚仪的工作原理

### 21.1.1　用途

FJ－2402A便携式测氚仪主要用于测量空气中低能β放射性气体浓度。仪器探测器部分由两个同轴γ补偿电离室组成，能在0.03 μγ/s均匀γ场中测量。仪器收集测量气体所用的离心鼓风机，每分钟大约可吸取10 L的气体。空气中悬浮的微小粒子经过滤器过滤和离子捕集器捕集，从而保证了仪器的最大可测灵敏度。

本仪器在使用场合曾用空气中的氚气标定，达到了预定指标。

### 21.1.2　主要技术性能

(1)测量灵敏度：$5\times10^{-9}$ Ci/L(Ci是放射性活度的旧单位，应用时注意将其换算为国际单位Bq，1Ci＝$3.7\times10^{10}$ Bq)。

(2)量程：各量程测量误差不大于满刻度的±25%，其量程见表21.1。

**表21.1　FJ－2402A便携式测氚仪量程**

| 空气中的氚含量 | 对应的满度电流值/A | 相当于空气中最大氚允许浓度 |
|---|---|---|
| $3\times10^{-8}$ | $3\times10^{-14}$ | 6 |
| $3\times10^{-7}$ | $3\times10^{-13}$ | 60 |
| $3\times10^{-6}$ | $3\times10^{-12}$ | 600 |
| $3\times10^{-5}$ | $3\times10^{-11}$ | 6 000 |
| $3\times10^{-4}$ | $3\times10^{-10}$ | 60 000 |

(3)工作环境温度：0～40℃；相对湿度：85±3%(在25±2℃时)。

(4)供电。MOS场效应管静电计由4F22(6V)电池供电。电离室极化电压由两节15F20(22.5 V)电池串联供电(测量室和补偿室分别加－45 V和＋45 V)，离子捕集器高压在600 V以上，它由4F22(6 V)电池供电，电机由8汞23电池供电。

(5)空气流量：约为10 L/min。

(6)仪器质量：约为10 kg。

(7)仪器最大外形尺寸：450 mm×210 mm×340 mm。

(8)记忆效应：在环境温度0～40℃，相对湿度不大于85%(25±2℃)情况下，测量不大于$3\times10^{-4}$ Ci/L的浓度氚气1 min后，用新鲜干燥空气清洗约30 min，仪器可恢复到测量前的本底水平。

### 21.1.3 工作原理

FJ-2402A便携式测氡仪系统如图21.1所示。它由过滤器、离子捕集器,流气差分电离室、空气泵、MOS场效应管静电计和电源等部分组成。

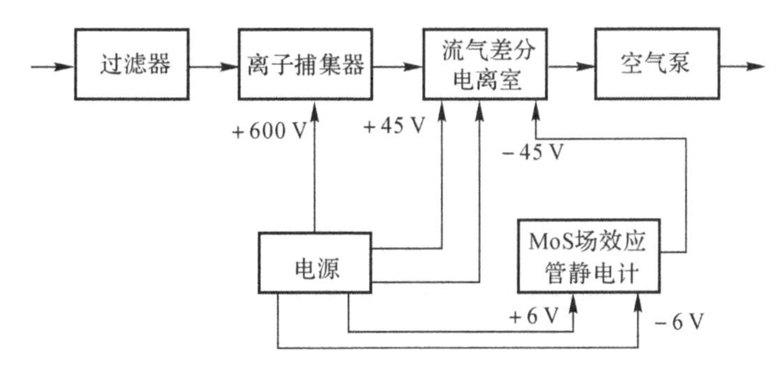


图21.1 FJ-2402A测量系统简图

被测气体由空气泵以大约10 L/min的速度抽取,通过过滤器和离子捕集器到达两个同轴圆柱形差分电离室。气体中的微粒和带电粒子分别被过滤器和离子捕集器捕集,从而保证电离室产生的电离电流是由放射性衰变引起的,电离电流经过高阻产生电压降,然后经场效应管和运算放大器放大,再反馈至高阻低端。运算放大器输出由表头指示,表头读数与被测气体浓度成正比。FJ-2402A便携式测氡仪的工作原理如图21.2所示。

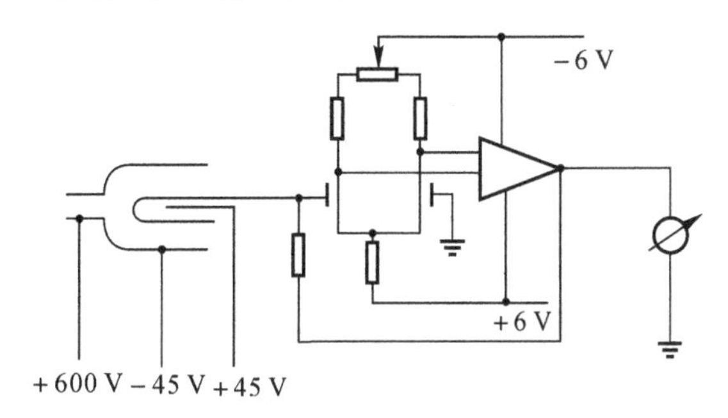


图21.2 FJ-2402A便携式测氡仪工作原理图

## 21.2 FJ-2402便携式测氡仪的使用与维护

### 21.2.1 仪器使用与维修

1.使用前的准备工作

(1)仪器从携带箱中取出后,应检查在运输中有无损坏。

(2)检查电表指针是否在零点。

(3)仪器出厂时,电源检查开关K2在"关"位,量程开关K1在"0"位,电机开关K4在"关"位,第一次启用仪器前,应检查各开关是否良好。

(4)从仪器面板上卸下电池盒盖板，按规定将电池装好，打开电源检查开关K2，检查各组电压是否在电表红色刻度线以上。

(5)各组电压检查正常后，将电源检查开关K2打至“工作”位，此时量程开关K1在“0”位量程，扩展开关K3在“×1”位，调节调零电位器W1，使电表指示到0.5处，预热5 min，把量程开关K1由“0”位逐渐转至“$3\times10^{-8}$”(量程开关K1转至最灵敏量程“$3\times10^{-8}$”时，由于放大器输入端接地，开关转换引起瞬时充电，在表头读数之前，需等候约2 min)，在$3\times10^{-8}$挡观察电表指示值，指针摆动不大于满度值的±15%说明仪器性能正常工作良好，可以使用。

2. 仪器使用

(1)把量程开关转至“0”位，量程开关K3转至“×1”位，调节好零点，然后将量程开关K1转至“$3\times10^{-4}$”等候使用。

(2)将电机开关K4打开，使离子捕集器高压及空气泵开始工作。根据被测气体浓度，依次转换量程开关K1及量程扩展开关K3，使电表给出适当偏转。例如：表针指示在1.5，量程开关在$3\times10^{-8}$，量程扩展开关在K3在“×10”，这时所测气体的浓度值为$1.5\times10^{-8}\times10=1.5\times10^{-7}$ Ci/L。

(3)仪器不用时，应将量程开关K1转至“0”位，然后关掉电机，再将电源检查开关转至“关”位，注意节约用电，尤其是电机供电。

(4)当仪器进行长时间测量时，应随时注意检查零点和电池供电状况，尤其是检查电机电压(+9 V)。在进行电源电压检查和调节零点时，一定要将量程转换开关K1转至“0”位。

(5)如果仪器储存或工作在潮湿的情况下，必须将仪器放在高温箱中加温干燥，并通以干燥热空气至电离室使仪器恢复到正常工作状态才能使用。

(6)仪器电池盒右侧装有电离室极化电压控制开关K5，此开关不常用，平时使用时，此开关都打至“±45”位，即测量室和补偿室分别加上−45 V和+45 V极化电压。如果不使用补偿室，可将K5打至“−45”位，此时补偿室不工作，只有测量室工作。如果要检查补偿室沾污情况，可将K5打至“+45”位，此时测量室不工作，只有补偿室工作。

3. 仪器校准

本仪器每年应当进行一次电刻度，有条件单位，还可用氚气标定，仪器中静电计部分的电子元件改换或修理，也应当重新刻度。

用标准直流电压发生器或类似的设备对仪器进行电刻度，首先将仪器上下两部分分开，把电离室和静电计的连接电缆插头拔掉，把九芯插头、插座分开，面板上各开关处于如下位置：量程开关K1在“0”位，电源检查开关在“工作”位，量程扩展开关K3在“×1”位，电机开关在“关”位，调节好零点，在静电计盒上第五个绝缘子对静电计输入端接上负极性电压(注意，当量程开关K在“0”位时，切勿输入电压，以免输入信号短路造成信号源及3002B受损)，再校好零点，然后把量程开关K1转至“$3\times10^{-4}$”，调节电压发生器使输出电压为300 mV，此时电表表针应指满度，再把量程开关K1转至$3\times10^{-6}$，$3\times10^{-8}$，电表指针也应指满度。将量程扩展开关打至“×10”位，使电压发生器输出电压3 V，如同上述操作，在$3\times10^{-4}$，$3\times10^{-6}$，$3\times10^{-8}$挡电表表针均指满度，电压刻度误差不大于满度值的±3%，如在电压刻度过程中，发现指示值超差，可调节面板下印刷板右侧的电位器，予以修正。

再将标准直流电流源输出插头接在静电计输入端插座上(注意电流输入时是地对静电计输入端)，同上操作一样分别输入($3\times10^{-14}$，$3\times10^{-13}$，$3\times10^{-12}$，$3\times10^{-11}$，$3\times10^{-10}$)A电流，电表表针指满度。电流刻度误差＝电压刻度误差＋高阻误差。仪器出厂时高阻误差分别为 $10^9\Omega$，±2%；$10^{11}\Omega$，±5%；$10^{13}\Omega$，±10%（注：随着时间增长，高阻值要减小）。

## 21.3　FJ－2402 便携式测氡仪的故障分析与维修

过滤器应保持干燥和清洁，滤布需经常更换，尤其是在潮湿度较大和高浓度氡气情况下测量后应立即更换滤布。没有过滤器，绝对不允许开机测量，因为空气中尘埃被抽进电离室，会降低电离室绝缘，引起严重后果。

当电源电压检查时，表针指示低于电表红色刻度线，应及时更换电池，仪器长期不用时，应将电池取出，以免腐蚀仪器。

补偿电离室和场效应管静电计盒都是密封的，一般情况下禁止拆卸。如发生故障需拆开检修，则需要在干燥、清洁的室内进行（最好在手套箱内），静电计盒内装有变色硅胶（$SiO_2 \cdot nH_2O$）从小窗口看到硅胶由蓝色变白则说明静电计盘内受潮，需放入恒温箱内烘烤，温度为 45～50℃，以去除潮气。

在检修过程中如需要焊接，一定要将电烙铁加热后断掉电烙铁电源后再进行焊接，否则将会损坏 3002B 场效应管。另外，仪器的量程为 $3\times(10^{-8},10^{-7},10^{-6},10^{-5},10^{-4})$Ci/L，在 $3\times10^{-3}$Ci/L 量程，经试验证明可以正常使用，如测量 $3\times10^{-4}\sim3\times10^{-3}$Ci/L 的氡气后，相应地要加长清洗时间。